高等院校电气信息类专业“互联网+”创新规划教材

物联网基础概论

主 编 胡春生
参 编 张鹏飞 唐 博 张 帅

内 容 简 介

本书共 6 章，系统地对支撑物联网的基础知识进行了介绍，具体内容为：第 1 章对物联网的基本概念、发展历史、架构和前景进行概述；第 2 章对物体识别技术包括 RFID、条形码与二维码、智能卡、IP 地址、图像识别、生物特征识别以及在识别中常用的分类算法进行介绍；第 3 章对感知技术包括传感器基础知识、常用传感器、数据滤波、数据融合等进行介绍，并介绍了控制的基本概念；第 4 章对定位技术包括室外定位技术和室内定位技术进行介绍；第 5 章对数据传输技术包括编码、数据传输原理、互联网接入进行介绍；第 6 章展示了一个环境信息采集系统的开发流程，帮助读者完成从理论到实践的进阶。

本书可供普通高等学校物联网工程专业的本科生使用，也可供计算机科学与技术、电子与电气工程、机械工程、自动控制、工业自动化等相关专业或方向的本科及研究生选修使用，或供希望了解物联网技术的普通读者参考。

图书在版编目(CIP)数据

物联网基础概论 / 胡春生主编 . —北京： 北京大学出版社， 2021. 6
高等院校电气信息类专业“互联网+”创新规划教材
ISBN 978 - 7 - 301 - 32088 - 4

Ⅰ. ①物… Ⅱ. ①胡… Ⅲ. ①物联网-高等学校-教材 Ⅳ. ①TP393. 4 ②TP18

中国版本图书馆 CIP 数据核字（2021）第 054560 号

书　　名 物联网基础概论
WULIANWANG JICHU GAILUN
著作责任者 胡春生　主编
策 划 编 辑 郑　双
责 任 编 辑 郑　双
数 字 编 辑 蒙俞材
标 准 书 号 ISBN 978 - 7 - 301 - 32088 - 4
出 版 发 行 北京大学出版社
地　　址 北京市海淀区成府路 205 号　100871
网　　址 http://www. pup. cn　新浪微博：@ 北京大学出版社
电 子 信 箱 pup_6@ 163. com
电　　话 邮购部 010 - 62752015　发行部 010 - 62750672　编辑部 010 - 62750667
印 刷 者 河北滦县鑫华书刊印刷厂
经 销 者 新华书店
787 毫米 × 1092 毫米　16 开本　21. 25 印张　516 千字
2021 年 6 月第 1 版　2021 年 6 月第 1 次印刷
定　　价 59. 00 元

前　言

近年来，物联网被称为继计算机、互联网之后世界信息产业发展的第三次浪潮，正在以极快的发展速度改变人们的日常生活。现在已经有不少高校相继开设了物联网专业或者是在某些专业中开设了物联网方向的课程。随着物联网技术和相关标准的逐步成熟，相信会有越来越多的高校开设此专业或此方向的课程。

物联网不是一项专门的技术，它是若干项技术的综合体，是一个综合性极强的领域。它一方面集合了计算机科学与技术、电子与电气工程、信息与通信、机械工程、自动控制、遥感与遥测等多个专业的知识，另一方面又和互联网、云计算、大数据、人工智能等多个新兴领域有着千丝万缕的联系。在这种情况下，需要有一本基础型的书对物联网相关技术和内容进行总括式概述，并对物联网从底层到顶层的技术细节进行讲解。

市面上有不少有关物联网的书，大致可以将其分为三类，第一类书使用大量的篇幅进行科普、政策解读、技术简介、应用介绍、前景展望，但是缺少对技术细节和实现方法的描述，导致读者看完之后只记住了宏观的概念，不知道如何进行具体的实现；第二类书将重点放在物联网的基础支撑技术上，诸如 RFID、Wi-Fi 等的理论研究上，这类书是多个专业教材部分内容的融合，缺乏对物联网全局的掌控和实现细节的介绍；第三类书是介绍使用各种开发板和传感器实现简单物联网项目的实战操作，缺乏理论支撑和深度。鉴于此情况，有必要推出一本面向本科生和研究生的，有一定深度的，涵盖物联网项目开发周期的，从底层到顶层进行理论和技术讲解的，能给读者展示完整技术路线的，并能指导读者构建自己的物联网项目的书。

本书定位于技术入门类书，力图以最简练的文字对支撑物联网的重要知识进行简介，简单清晰地解释各种技术的基本原理和基本使用方法，使读者从感性上理解各种技术，并从宏观上理解和把握物联网项目的整体结构，为学习更深层次的技术和知识打下基础，最后通过一个物联网项目的实例，为读者展示完整的项目开发流程，帮助读者完成从理论到实践的进阶。本书在内容和章节的设计上，进行了如下考虑和权衡。

（1）尽量涵盖支撑物联网的最重要的基础知识。

（2）按照项目实施的思路和逻辑从底层到顶层介绍相关技术的原理和实现方式。

（3）不针对任何特定专业，尽量避免因背景知识不同引起的学习困难，平缓学习曲线。

（4）精简和整合碎片化知识，以物联网为主线，将各个知识点串联起来。

（5）力图为读者构建完整的知识体系框架，为后续深入学习打下基础。

（6）通过实例示范，为读者展示完整的物联网项目开发流程。

希望读者学习完本书之后能全面了解物联网的基本概念和相关技术，形成完整的知识体系框架，能自己动手开发简单的物联网项目。

本书由宁夏大学的胡春生老师主编和统稿。宁夏大学的唐博老师和张帅老师编写了第3章，中北大学的张鹏飞老师编写了第4章，其余章节由胡春生老师编写。在收集素材和整理书稿的过程中，宁夏大学的硕士生李莹、周阳、赵汇东、王德、刘建勇、王国杰提供了帮助，在此表示感谢。

此外，为了将书中涉及的知识点尽量讲解得通俗易懂，编者参考了多名专家、学者的图书、论文和来自互联网的资料，在此向这些作者表示衷心的感谢。

编　者

2021年1月

目　　录

第1章 物联网概述

教学目标

本章主要介绍物联网的基本概念，以及它和互联网、传感网、泛在网的联系和区别，随后介绍它的发展历史、架构和前景。

通过本章的学习，读者应该形成对物联网的整体认知，了解物联网所要解决的主要问题，了解物联网的发展历史和前景，熟悉物联网的体系结构以及物联网项目的典型逻辑结构，并能初步规划一个物联网项目。

教学要求

知识要点	能力要求	相关知识
物联网的基本概念	(1) 了解物联网的基本概念 (2) 了解物联网与互联网、传感网、泛在网的联系与区别 (3) 了解物联网的发展历程和前景	(1) 物联网 (2) 互联网 (3) 传感网 (4) 泛在网
物联网的架构	(1) 熟悉物联网的体系结构 (2) 熟悉物联网项目的典型逻辑结构 (3) 能初步设计一个物联网项目	(1) 物联网体系结构 (2) 物联网项目的典型逻辑结构

引言

随着信息技术、计算机技术、微电子技术的高速发展，信息产业经历了计算机、互联网两次浪潮，而物联网则被人们称为信息产业的第三次浪潮。

物联网（Internet of Things，IoT）从字面上看有两层含义：第一，它的核心和基础仍然是互联网，其是互联网的延伸和扩展；第二，它面向的对象主要是“物”，所要进行的是物物之间的信息交换。

本章主要介绍物联网的基本概念，让读者对物联网有一个基本的认识。

1.1 物联网的基本概念

1.1.1 什么是物联网

随着科学技术的发展，物联网的内涵在不断地丰富，人们对物联网的认识与研究也在不断地深入，关于物联网的定义，到目前为止，仍在不断地扩展与更新。

国际电信联盟（International Telecommunications Union，ITU）发布的 ITU 互联网报告，对物联网做了如下定义：通过二维码识读设备、射频识别设备、红外感应器、全球定位系统和激光扫描器等信息传感设备，按约定的协议，把任何物品与互联网相连接，进行信息交换和通信，以实现智能化识别、定位、跟踪、监控和管理的一种网络。

根据国际电信联盟的定义，物联网主要解决物体与物体（Thing to Thing，T2T）、人与物体（Human to Thing，H2T）、人与人（Human to Human，H2H）之间的互联。与传统互联网不同的是，H2T 是指人利用通用设备与物体之间的连接，从而使得物体连接更加简化，而 H2H 是指人与人之间不依赖于计算机而进行的互联。因为互联网并没有考虑到物体连接的问题，所以使用物联网来解决这个传统意义上的问题。

人们对于物联网的愿景包括三个方面：一是互联，即需要采集信息数据的物体处在物联网中，要能实现互联互通；二是通信，即物联网中的物体要有自动识别和传输信息的功能；三是智能，即网络系统应具有自我反馈、智能控制的功能。

1.1.2 物联网与其他概念的联系与区别

物联网至今都没有一个统一的定义，有人认为物联网就是射频识别（Radio Frequency Identification，RFID）设备的互联，有人认为物联网就是传感器网络，还有人认为物联网就是从互联网的客户端扩展到任何物体与物体之间。下面将通过介绍几个相近的概念来更加深入地了解物联网的内涵。

1. 物联网与互联网

互联网（Internet）又称网际网络，或音译为互联网。互联网始于 1969 年美国的阿帕网，是网络与网络之间所串联成的庞大网络，这些网络以一组通用的协议相连，形成逻辑上的单一且巨大的国际网络。互联网是 20 世纪最重要的信息产物，它的出现完全打破了国界，联通了地球上任意一个可以联通的角落，形成了一个巨大的虚拟世界。

有学者认为物联网是互联网的一部分，它是互联网在一定的科学、社会、信息发展条件下自然而然形成的产物，互联网可包容一切，包括任何人和物，因此，物联网是存在于互联网之内的。还有学者认为物联网和互联网是并列的网络，互联网是指人和人之间通过计算机而形成的一个互相交流的网络，而物联网则是物与物之间的信息交流，这些信息最

终会被人识别和获取，最终的服务对象还是人，因此，物联网和互联网是两个平行的概念，只是面向对象不同而已。

最初的互联网是关于计算机的网络，终端用户是人，它提供了一种方便的人到人的信息沟通途径，互联网的世界是由各种各样的数据组成的，而这些数据主要是为人提供服务。随后互联网的外延逐渐扩展，当有人试图使用互联网控制一个物体时，它的终端用户扩展到了物，它被扩展为提供人和物之间的信息沟通途径，物联网概念的萌芽诞生了。

从某种角度来说，物联网是互联网发展到一定阶段的产物，物联网是关于物的网络，但是事实上物联网把“人”也看成“物”，所以物联网可以说是互联网的延伸和扩展。

从另外一个角度来说，物联网可以独立地创建一个全新的网络，实现物物互联，但是在已经有互联网存在的情况下，利用现有的互联网技术以及对互联网进行扩展才是一种合情合理的方法，因此，也可以说物联网是选择了以互联网为基础构造的物物相连网络。

由上可见，物联网既不是互联网的平行网络，也不是互联网的一个部分，而是互联网的延伸与拓展。

2. 物联网与传感网

传感网（Sensor Network）又称传感器网，是指集成有传感器、数据处理单元和通信单元的微小节点，组织在一起构成的有线或无线网络。现在所提的传感网，一般是指无线传感网（Wireless Sensor Networks，WSN）。无线传感网是由许多功能相同或不同的无线传感器节点组成的，每一个传感器节点由数据采集模块（传感器、A/D 转换器）、数据处理和控制模块（微处理器、存储器）、通信模块（无线收发器）和供电模块（电池、DC/AC 能量转换器）等组成，以监测、感知、采集网络覆盖地理区域内被感知对象的信息，并把信息通过无线通信方式发送出去。

传感网的主要功能是数据的采集、处理和传输，它与通信技术和计算机技术共同构成信息技术的三大支柱。无线传感网技术是典型的具有交叉学科性质的军民两用战略高技术，在国防军事、国家安全、环境科学、交通管理、灾害预测、医疗卫生、制造业、城市信息化建设等领域得到了广泛的应用。

如果认为物联网就是传感网的话，就等于把物联网的概念范围缩小了。传感网的通信是在物与物之间进行的，就是通过各种传感器把一个物体的信息传递给另一个物体，通常情况下这种信息传输里没有互联网的参与，而且这个过程里没有人的参与。

传感网只是物联网的一部分，它利用传感器感知物体的信息，通过近距离无线通信技术，把信息传递给上一级，从而实现物理世界与信息世界的融合。

3. 物联网与泛在网

泛在网（Ubiquitous Network）来源于拉丁语 Ubiquitous，意思就是广泛存在的网络，也就是说，人处在无所不在的网络之中，利用各种网络技术，在任何时间、地点，使用任何网络与任何人与物的信息交换，为个人和社会提供广泛存在的、无所不含的信息服务和应用。泛在网以“无所不在”“无所不包”“无所不能”为基本特征，目的是实现 4A 化通信，即在任何时间（Anytime）、任何地点（Anywhere）、任何人（Anyone）、任何物

(Anything)都能顺畅地通信。

物联网与泛在网有着很多相似之处，它们都是在实现物与物、人与物、人与人之间的通信。但是，物联网只是泛在网发展阶段中的一个实现模式，更进一步说，泛在网是信息技术未来发展的一个愿景和蓝图，内涵要比物联网更加广泛，不管是物联网还是互联网，都是人类感知外界信息的一种手段和技术，更加注重的是人与周边的和谐交互。

综上所述，传感网只是物联网的组成部分，是物联网感知外界信息的一种关键技术，物联网是互联网的延伸与拓展，泛在网是物联网发展的愿景。图 1.1 描述了物联网与互联网、传感网和泛在网的关系。

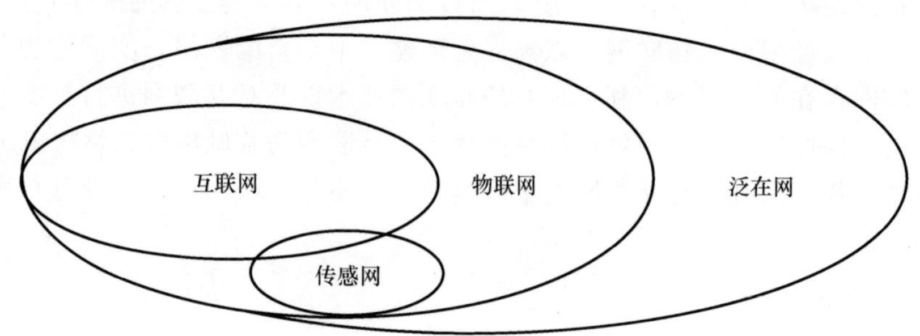

图 1.1 物联网与互联网、传感网和泛在网的关系

1.2 物联网的发展历程

自人类文明诞生以来，语言就是人和人之间必不可少的交流工具，人们通过交流来从他人那里获取信息。随着科学和技术的发展，人们懂得使用工具来获取物理世界甚至是虚拟世界的信息，但人和物、物和物是怎么实现信息交流的呢？物联网就是为了解决这个问题而诞生的。世界上的万事万物，小到手表、钥匙，大到汽车、楼房，只要嵌入微型感应芯片，把它变得智能化，这个物体就可以“自动开口说话”，再借助网络技术，人们就可以和物体“对话”，物体和物体之间也能“交流”。

1.2.1 物联网概念的产生

早在 1995 年，微软的总裁比尔·盖茨写过一本名为 *The Road Ahead*（《未来之路》）的书，他在这本书中首次提到了“物联网”的构想，他认为互联网仅仅实现了计算机之间的联网，而没有实现其他物体的联网。但是由于当时信息水平的限制，这一构想并未引起重视，也无法实现。

1998 年，英国工程师 Kevin Ashton 教授提出了“物联网”这一概念。Kevin Ashton 教授本来是宝洁公司营销副总裁，由于受当时的流通手段和调货速度的限制，公司每年因为物品流通不畅造成了很大的经济损失，因此，他研究问题的症结，并提出了解决方案：采用 RFID 技术取代条形码，在每个商品上贴上电子标签，以此得到商品的供求信息。1999 年，他与美国麻省理工学院的教授一起，把这次方案做了进一步的扩展，提出在计算机互联网的基础上，加入 RFID、无线传感网、数据通信等技术，将世界上所有物体连

在一起，构造出一个全球互联的网络。

Kevin Ashton 对物联网的定义仅仅是指基于无线 RFID 技术构建的一种物流网络，而物联网概念的正式确立是 2005 年 11 月 17 日在突尼斯举办的信息社会世界峰会（World Summit on the Information Society，WSIS）上。会议上，国际电信联盟发布了《ITU 互联网报告 2005：物联网》（*ITU Internet Report 2005：The Internet of Things*），正式引用了 Internet of Things 这个概念，国内译为“物联网”。该报告指出：通信将进入无所不在的物联网时代，世界上所有物体，从轮胎到牙刷、从房屋到手表都可以通过互联网进行数据交换，RFID 技术、传感器技术、纳米技术、智能嵌入技术等都将得到更加广泛的应用。

1.2.2 物联网的发展历程

自从物联网的概念被提出以来，一直备受关注，各国纷纷抓住机遇，出台一些鼓励政策、战略方案，力求在这信息产业的第三次浪潮中取得先机，物联网逐渐成为各国提高综合国力的一种手段和方式。

1. 欧盟

欧盟是世界上第一个提出物联网发展和管理计划的组织。欧盟在 RFID 和物联网等方面进行了大量的研究，通过竞争和创新框架项目下的信息通信技术（Information Communications Technology，ICT）政策支持项目推动并开展应用试点。

2009 年 6 月，欧盟委员会在比利时向欧盟议会、理事会、欧洲经济和社会委员会及地区委员会递交了《欧盟物联网行动计划》（*Internet of Things-An Action Plan for Europe*），提出欧盟政府要加强对物联网的管理，描绘了物联网技术的应用前景，以确保欧洲在构建物联网的过程中的主导地位。公告列举了 14 项行动计划，主要有管理、隐私及数据保护、“芯片沉默”的权利、潜在危险、关键资源、标准化、研究、公私合作、创新、管理机制、国际对话、环境问题、统计数据和进展监督等一系列工作。

欧盟的物联网行动计划主要发展信息和通信技术在经济、生活、社会各大领域的应用，将 RFID/物联网作为信息社会进入新阶段的起点，并进行了大量的研究，大力推广 RFID 技术，着力解决国际治理、安全隐私、无线频率与标准等问题。欧盟提出要让欧洲在基于互联网的智能基础设施发展上领先全球，同时明确了 12 项关键技术，主要是智能汽车和智能建筑。另外，欧盟于 2009 年与中国成立了中欧物联网专家组。

2. 美国

1993 年，克林顿政府提出“信息高速公路”战略。美国耗费巨资建设信息基础结构，加快发展互联网，创造了巨大的经济和社会效益。美国无疑在这场信息革命中收获良多，同时在一定程度上推动了全球信息产业的发展。那么作为新时代的领导人，奥巴马的振兴战略当然也起到举足轻重的作用，“智慧地球”这一概念由此产生。

2008 年 11 月，IBM 首席执行官彭明盛（英文名为 Samuel Palmisano）在纽约的外国关系理事会上，发表了《智慧的地球：下一代领导人议程》一文。2009 年 1 月 28 日，奥巴马就任美国总统后，与美国工商业领袖举行了一次“圆桌会议”，首次提出“智慧地球”这一概念，建议新政府投资新一代的智慧型基础设施，并阐述了其经济效益。而物联网就是这些智慧型基础设施中的一个概念。彭明盛无疑是卓有远见的，很快，这一建议得到了奥巴马的积极响应。同年2月17日，奥巴马在丹佛签署了经济刺激计划，总额为7 870亿美元，并把基础设施和新能源作为两大投资重点，鼓励物联网在能源、宽带、医疗这三大领域的推广，该计划几乎涵盖了美国所有的经济领域。当年，新能源和物联网被列为振兴经济的两大核心武器。

美国在物联网领域的优势地位在一步步扩大，美国国家情报委员会（National Intelligence Council，NIC）曾发表一篇题为《2025对美国利益潜在影响的关键技术》的报告，其中将物联网列为六大关键技术之一。

3. 日本

日本是亚洲国家中研究物联网较早的国家，也是第一个提出“泛在战略”的国家。

2000年，日本政府提出了“IT基本法”，之后又提出了e-Japan战略。2003年3月，泛在识别中心（Ubiquitous ID Center，UID Center）在东京成立，主要研究在所有的物品上植入微型芯片，组建网络进行通信，即建立物联网。

2004年，日本信息通信产业总务省提出u-Japan战略，计划在2012年建成一个随时、随地、任何物体、任何人均可连接的泛在网络社会。

2009年3月，日本IT战略本部颁布了新的信息计划——i-Japan战略2015，为了实现“以国民为中心的数字安心、活力社会”的目标，该战略主要将目标放在政府、医院和学校三大公共领域，希望以此来推动其他社会产业，并强调了物联网在交通、医疗、教育、环境监测等领域的应用。

4. 韩国

2006年韩国确立了u-Korea计划，该计划旨在建立无所不在的社会（Ubiquitous Society），在民众的生活环境里建设智能型网络（如IPv6、BcN、USN）和各种新型应用（如DMB、Telematics、RFID），让民众可以随时随地享有科技智慧服务。2009年韩国通信委员会出台了《物联网基础设施构建基本规划》，将物联网确定为新增长动力，提出到2012年实现“通过构建世界最先进的物联网基础设施，打造未来广播通信融合领域超一流信息通信技术强国”的目标。

韩国启动了以应用为主，提升各个行业乃至整个城市信息化水平的多个USN项目，是包括智能家居在内的数字家庭业务相对领先和应用最广的国家，其80%以上的新建小区都采用了智能家居系统。

整体而言，韩国希望通过构建物联网，达到4S Korea——安全（Safe）、智慧（Smart）、强大（Strong）、永续（Sustainable）目标。

5. 中国

互联网诞生于美国，一直以来美国都在引领着互联网的发展。而物联网作为一个新型的概念，我国与其他国家同处一个起跑线，这无疑为我国摆脱发达国家在网络技术上的垄

断提供了一个良好的机遇。事实上，物联网在我国的发展起步较早。

1993年，“四金工程”（金桥、金卡、金关、金税）启动了我国的信息化建设，始终坚持“以人为本”，从我国基本国情（农业没有完全实现机械化，工业没有完全实现自动化）出发，制定了一系列政策，优先发展信息产业，坚持自力更生、自主创新，促进工业化与信息化融合（“两化融合”），走出了一条中国特色社会主义信息之路。

2004年4月22日，全球产品电子代码中国管理中心（EPCglobal China）在北京正式成立，并在国际会议中心举行了隆重的揭牌仪式。

国家标准化管理委员会和科技部于2004年12月，在北京召开了“物流信息新技术——物联PC网及产品电子代码（EPC）研讨会暨第一次物流信息新技术联席会议”。

2009年8月，温家宝总理在中科院无锡研发中心调研考察，并发表了“感知中国”的重要讲话。他指出，物联网的发展要从以下三方面实现：一是把传感系统和3G中的TD技术结合起来；二是加快推进传感网在国家重大科技专项中的发展；三是尽快建立“感知中国”中心。同年11月，温家宝总理在人民大会堂发表了题为《让科技引领中国可持续发展》的讲话，再次强调发展新兴战略产业的重要性，并提出把传感网、物联网作为关键技术研究。至此，物联网被正式列为国家五大新兴战略性产业之一，并写入政府工作报告，物联网在中国受到了全社会极大的关注，其关注程度远远超过了美国、欧盟等其他国家和组织。

无锡市率先建立了“感知中国”研究中心，中国科学院、通信运营商及多所大学在无锡建立了物联网研究院。2010年6月10日，为进一步整合相关学科资源，推动相关学科跨越式发展，提升战略性新兴产业的人才培养与科学研究水平，服务物联网产业发展，江南大学信息工程学院和江南大学通信与控制工程学院合并组建成立物联网工程学院，这也是全国第一个物联网工程学院。作为国家倡导的新兴战略性产业，物联网备受各界重视，并成为就业前景广阔的热门领域，使得物联网成为各家高校争相申请的一个新专业。

1.3　物联网的架构

1.3.1　物联网的体系结构

物联网中的“物”既可以是设备，如传感器、家电，也可以是生活生产中的环境参数，如温度、湿度、光照强度等，还可以是人。物联网的最大价值在于给物体增加了“智慧”，相当于可以“开口说话”，从而实现人与人、人与物、物与物之间的交流。要想使物体具有思考、交流的能力，就要像人一样，具备可以感知外界的五官、可以传递信息的神经系统、可以思考判断的大脑。相对应地，物联网要有采集、传递、处理信息的功能，而这些功能的实现，就要依靠相对应的结构。

如同其他的网络系统一样，物联网作为一个系统网络，也有其内部特有的架构。按照我国工业和信息化部电信研究院给出的定义，物联网有三个层次：一是感知层，能够实现对物理世界的识别感知、信息采集和处理控制；二是网络层，主要通过现有的互联网、通信网或者下一代通信网，实现信息的可靠传递、路由和控制；三是应用层，主要包括基础

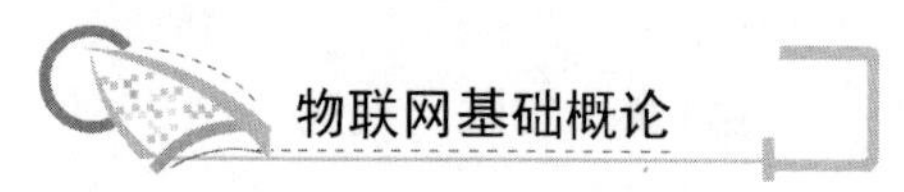

设施中间件和各种物联网应用。具体如图 1.2 所示。

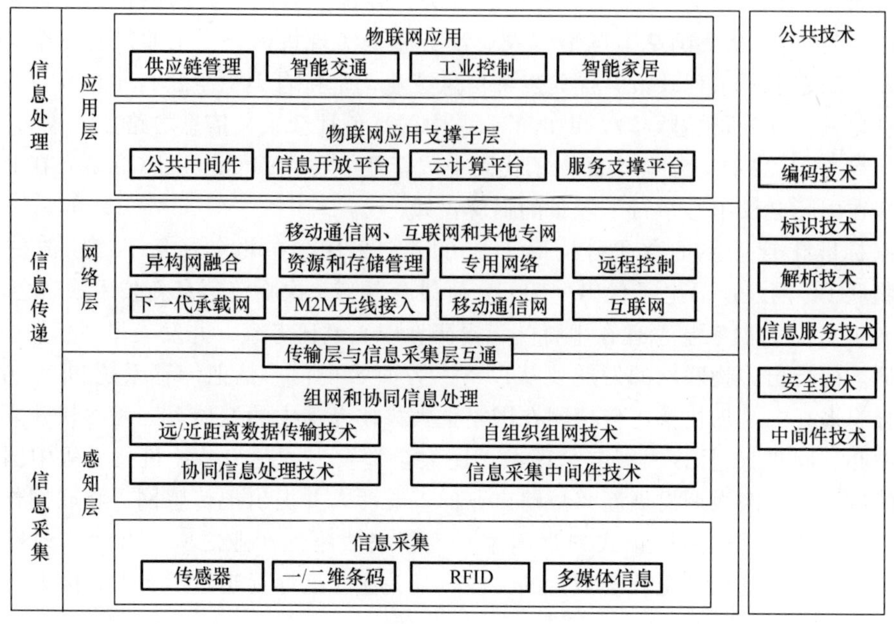

图 1.2　物联网的体系结构

在物联网的体系结构中，这三层的概念可以这样理解：感知层相当于人的五官和皮肤，用来识别物体以及感知信息；网络层相当于人的神经系统和大脑，用来实现信息的传递和处理；应用层相当于人的社会分工，在其对应的行业发挥作用，最终形成人类社会，从而实现智能化。各层结构都不是单独存在的，这其中会有信息的融合，包括各种信息通信技术的交叉，传递的信息也是各种各样。

下面对这三层的功能分别进行详细介绍。

1. 感知层

感知层，从字面上看，就是"感"和"知"两个部分，"感"是物体相关数据的采集，"知"是物体相关信息的识别。感知层是整个物联网的基础，它利用各种数据获取手段，如声音/图像/视频采集、RFID、传感器、电子标签、嵌入式等技术，获取"物"的信息，并经由网络层上传至应用层。感知层主要包括数据采集和数据传输两个部分，涉及的主要技术包括声音/图像/视频采集技术、传感器技术、物体识别技术、数据处理及数据传输技术。

值得注意的是，感知层可以"只感不知"，也可以"又感又知"，即感知层可以只采集数据，而将信息识别的任务交给应用层完成，也可以在采集数据的同时完成信息识别的任务，随后将后续数据交给应用层完成。

按照分层的概念和逻辑，感知层不应该包含数据处理，它应该只负责对物理世界的信息进行数据采集并上传，但是事实上通常在感知层即进行了简单的数据处理（感知层设备已具备一定的计算能力），并将处理之后的数据进行上传。

以目前应用较多的RFID技术为例，安装在设备上的RFID标签和用来识别RFID信息的读写器等就属于物联网感知层中“感”的部分；被采集的数据就是RFID标签的内容，而负责将RFID标签的数据解析为有意义的信息则是“知”的部分，它通常是由上位机及其中的应用系统完成的。高速公路的不停车收费系统、大型超市的仓储管理系统，就是用这一方式来获取车辆、物料和设备信息的。而对于温度、湿度等自然环境信息来说，其感知层则由智能传感器节点和接入网关组成。智能节点自动感知环境参数（温度、湿度、气体浓度等），并自行组网传递到上层网关节点，再由网关节点将收集到的信息通过网络层提交到后台处理。

2. 网络层

物联网是物物相连的网络，而物物相连的核心是网络。感知层作为物联网架构的最底层，收集了大量的数据，需要依靠一个巨大的网络系统进行整合和管理，而网络层为实现这一功能提供了支撑。网络层在整个物联网架构中起承上启下的作用，它由各种有线及无线网络组成，是整个物联网的中枢，负责向应用层传递感知层获取的数据。

网络层完成小范围和大范围内的数据传输，主要借助于已有的局域网、广域网及移动网等通信网络把感知层感知到的数据快速、可靠、安全地传送到地球的各个地方，使“物”具备远距离、大范围通信的能力，以实现在地球范围内的通信。

3. 应用层

物联网最终的目的是实现人与人、人与物、物与物的交互，各种交互行为的主要逻辑都是在应用层中实现的。应用层要完成数据的汇总、协同、共享、互通、分析、决策等功能，并为各种交互行为定制具体的功能实现。

应用层是物联网和用户的接口，这里的用户可以是人，也可以是其他“物”，它与具体的行业需求密切结合，是各种行业需求的具体实现。物联网前面两层将物体的信息大范围地收集起来，汇总在应用层进行统一分析、决策，用于支撑跨行业、跨应用、跨系统之间的信息协同、共享、互通，提高信息的综合利用度，最大限度地为人类服务。其具体的应用服务又回归到各个行业应用，如智能交通、智能医疗、智能家居、智能物流、智能电力等。

1.3.2　物联网项目的逻辑结构

对一个物联网项目来说，虽然可能用到各种不同的技术，但是其项目的逻辑结构却是大同小异的。图1.3展示了一个物联网项目的典型逻辑结构。

一旦将人作为物联网的一部分，则整个物联网项目就形成了一个闭环，即物联网项目以“物”为起点，也以“物”为终点。

首先，实体层包含了各种实体，包括人、物和环境，这些实体的相关数据可能能被直接采集，也可能不能被直接采集。因此在“物”实体层上附加了一个“物”附加层，它的作用是将一个可以被采集的附着物附着于目标实体上，使不能被直接采集的物体数据变得可以被采集。

感知层负责对“物”实体层或者“物”附加层进行感知，由信息采集设备和传感器对实体或附着物进行数据采集，待数据采集完成之后，可以在该层进行初步的数据处理，也可以直接将采集的原始数据发送出去。感知层的实体通常是连接各种信息采集设备、传感器的嵌入式设备或者上位计算机。

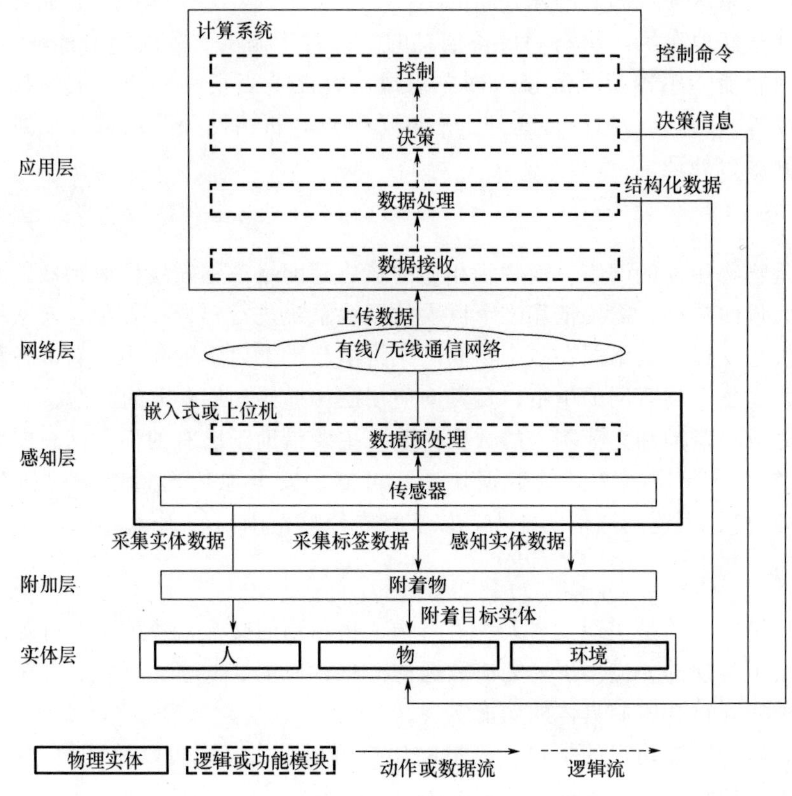

图 1.3　一个物联网项目的典型逻辑结构

网络层是各种有线/无线通信网络以及与它们相连的互联网。

应用层的主要任务是根据感知层提供的数据实现各种业务逻辑，根据不同应用对数据进行处理的“深度”不同，可以大致分为四层，第一层是数据接收，第二层是数据处理，第三层是决策，第四层是控制。数据接收层负责接收通过互联网上传过来的数据，随后对数据进行必要的处理（如滤波、排序、组织等），如果该应用不需要进行更深层次操作的话，数据处理层会将组织好的结构化数据返回给“物”实体层，这时返回数据针对的目标是人。决策层需要运行比数据处理层更复杂的算法来根据数据实现决策，随后将决策信息返回给“物”实体层，这时返回的信息针对的目标也是人。应用层“深度”最深的层次是控制层，它是在前面几层的基础上实现的，它将决策层的结果转化成控制命令返回给“物”实体层，这时返回的信息针对的目标主要是物，实现物物交互。

1.4　物联网的前景

物联网是国家战略性新兴产业的重要组成部分，是继计算机、互联网和移动通信之后的新一轮信息技术革命。

欧洲智能系统集成技术平台（European Technology Platform on Smart Systems Integration，EPoSS）在 *Internet of Things in 2020* 报告中预测，物联网的发展将经历以下四个阶段。

（1）2010 年之前，广泛应用于物流、零售和制药等领域。

（2）2010—2015 年，实现物与物之间的互联。

（3）2015—2020 年，进入半智能化时代。

（4）2020 年之后，进入全智能化互联时代。

我国在《物联网产业发展研究（2010）》报告中描绘了中国物联网产业发展线路图。根据此报告，可以总结出我国物联网产业未来发展的四大趋势。

（1）我国物联网产业的发展是以应用为先导，存在着从公共管理和服务市场到企业和行业应用市场，再到个人家庭市场逐步发展成熟的细分市场递进趋势。

（2）物联网标准体系是一个渐进发展、逐步成熟的过程，从成熟应用中提炼方案，形成行业标准，以行业标准逐步演变成关键技术标准，最终形成体系标准。

（3）随着行业应用的逐渐成熟，新的通用性强的物联网技术平台随之出现。物联网的创新是应用集成型的创新，一个单独的部门或企业无法完成一个独立的解决方案。

（4）物联网的商业创新模式是把技术与人的行为模式充分结合，将机器、人、社会的行动都互联在一起。

习　题

一、简答题

1. 简述物联网与互联网的区别与联系。
2. 简述物联网的三层结构和每层的功能。
3. 简述物联网项目的典型逻辑结构和每层的功能。

二、思考题

1. 至少列举三个周围符合物联网特征的应用和项目。
2. 设计一个物联网项目，描述其要实现的功能，按照层次结构对其进行层次划分，并描述每个层次需要实现的核心功能。

第2章 物体识别

教学目标

本章主要介绍几种常见的物体识别技术，包括RFID、条形码/二维码、智能卡、IP地址、图像识别、生物特征识别，并对物体识别中常用的分类算法进行简介。

通过本章的学习，读者应该了解不同物体识别方法的原理、应用场景和局限性，并能在具体的物联网项目中根据需求选择合理的物体识别方法。

教学要求

知识要点	能力要求	相关知识
RFID	（1）了解RFID的工作原理 （2）了解RFID的工作频率和不同频率的特征 （3）理解RFID标签的数据结构组成 （4）理解读卡器、天线和标签的工作原理 （5）理解RFID的应用场景和局限性 （6）能够根据具体的需求对RFID进行选型	RFID
条形码/二维码	（1）了解条形码的发展历史 （2）理解条形码的信息编码方法 （3）理解条形码的信息读取方法 （4）了解二维码的编码原理 （5）理解条形码/二维码的应用场景和局限性	（1）条形码 （2）二维码 （3）编码方法
智能卡	（1）了解常见的智能卡和其分类 （2）了解智能卡的结构 （3）理解智能卡的应用场景和局限性	智能卡

续表

知识要点	能力要求	相关知识
IP地址	（1）了解IPv4的基本概念 （2）了解IPv6的基本概念 （3）了解MAC地址的基本概念 （4）理解IP地址的应用场景和局限性	（1）计算机网络 （2）IPv4地址 （3）IPv6地址 （4）MAC地址
图像识别	（1）了解图像的基础知识 （2）了解图像处理的常用方法 （3）了解图像识别的基本原理和一般步骤 （4）理解图像识别的应用场景和局限性	（1）图像 （2）数字图像处理 （3）图像识别
生物特征识别	（1）了解生物特征的概念 （2）了解指纹识别和声纹识别的基本原理 （3）了解虹膜识别和静脉识别的基本原理 （4）理解生物特征识别的应用场景和局限性	（1）生物特征 （2）生物特征识别
常见分类算法	（1）理解分类和聚类 （2）掌握常见的距离的概念及其计算方法 （3）理解常见的分类算法及其基本原理	（1）分类和聚类 （2）距离 （3）分类算法

引言

物联网中，“物”的概念包含了人、物体和环境，物联网的首要任务是识别“物”是什么以及“物”的属性是什么，或者是通过“物”的属性来识别“物”是什么。不同种类的物体和不同的应用场合决定了物体识别的方法，通常对于无法直接进行识别的物体，采用的方法是在物体上附着一个附属物，比较常用的就是RFID和条形码，此外还可以利用图像识别、声音识别等方法，而对于人来说，则可以利用各种生物特征进行识别。本章对物体识别中比较常用的技术进行介绍。

2.1　RFID技术

RFID是一种无线通信技术，可以通过电磁场识别和跟踪粘贴于特定目标上的电子标签，并读取电子标签内部所存储的信息，而无须识别系统与特定目标/电子标签之间建立机械或光学接触。

RFID中文译为射频识别，即利用射频（Radio Frequency，RF）对物体进行识别的技术。首先了解射频的定义，射频是频率在3kHz～300GHz的电磁波频率。图2.1展示了电磁波谱和 RF 在其中的位置。

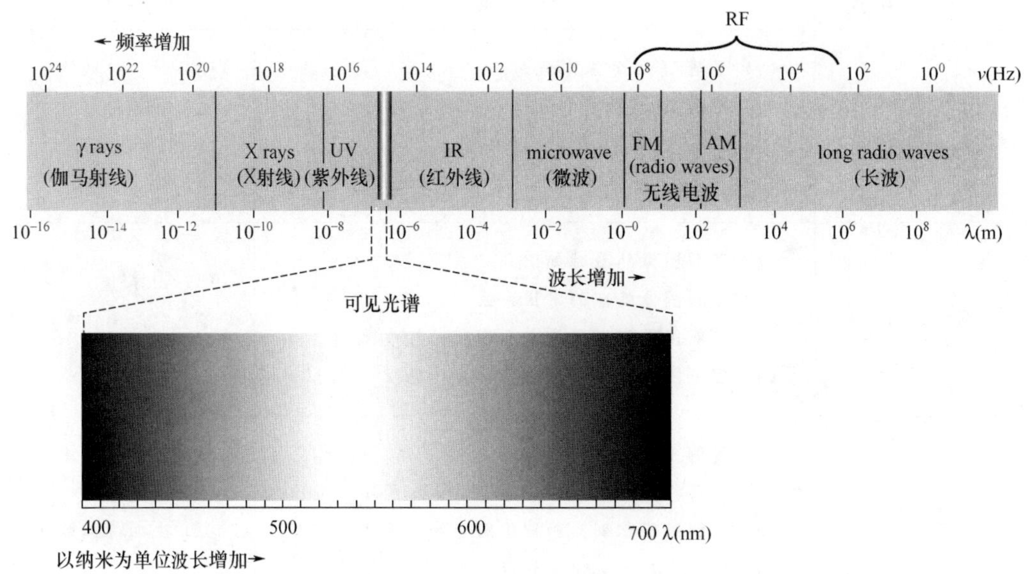

图 2.1 电磁波谱和 RF

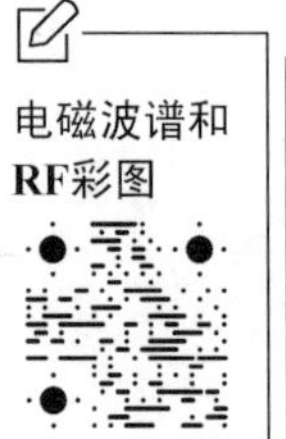

尽管 Radio Frequency 和它的缩写 RF 本来是一个表述频率的词，但是它的含义已经被异化为特指射频无线通信。从上面的定义可知，只要是利用 3kHz～300GHz 电磁信号进行识别的技术都可以归为 RFID 的范畴。

用射频进行物体识别的系统称为射频识别系统，即 RFID 系统。它通常由四部分组成，分别是电子标签（Tag）、读写器（Reader）、天线（Antenna）和信息传输及处理系统。下面对它的工作原理进行讲解。

2.1.1 工作原理

RFID 的工作原理是：①读写器连接一个天线，并通过天线向周围发送固定频率的射频信号，在其周围形成一个磁场；②电子标签内部有一个电感线圈，当电子标签进入天线的磁场范围之后，会在电感线圈中产生感应电流，从而激活电子标签；③电子标签将其内部所存储的信息调制到电子标签的电感线圈上（原理是有规律地改变电感线圈的阻抗，从而有规律地改变电感线圈的负载）；④读写器根据自身电感线圈感应到的负载变化规律将电子标签传递信息解调出来；⑤读写器将解调出来的信息传输至数据处理系统，完成信息解析和对象识别。该过程如图 2.2 所示。

读写器和电子标签之间的射频信号的耦合类型有以下两种。

（1）电感耦合。这种耦合方式原理是电磁感应定律，近似于变压器模型（负载调制），通过空间高频交变磁场实现耦合。它的原理是电子标签将要传输的信息转换成 0 和 1 的二进制码，然后改变电子标签天线上负载电阻的接通和断开来模拟 0 和 1 两种状态，使读写器天线上的感应电压发生变化，从而实现近距离将信息传输给读写器。这种调制方式在 125kHz 和 13.56MHz 射频识别系统中得到了广泛的应用。

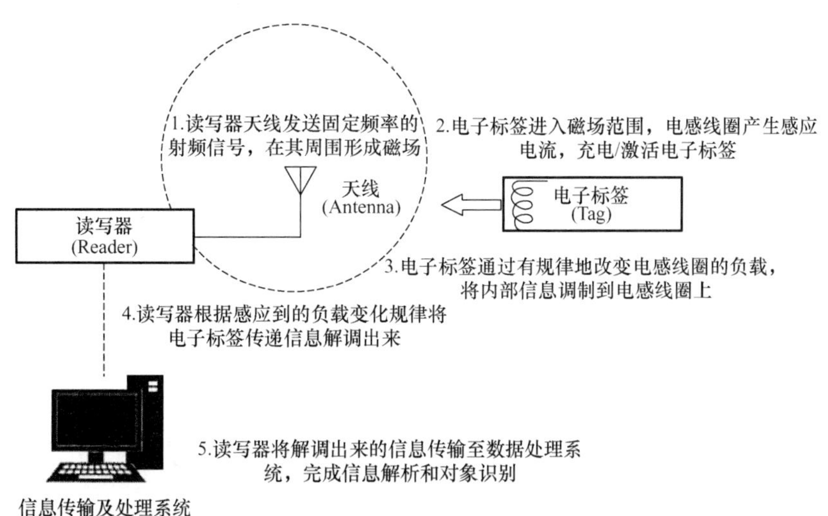
1.读写器天线发送固定频率的射频信号，在其周围形成磁场
2.电子标签进入磁场范围，电感线圈产生感应电流，充电/激活电子标签
天线
(Antenna)
电子标签
(Tag)
读写器
(Reader)
3.电子标签通过有规律地改变电感线圈的负载，将内部信息调制到电感线圈上
4.读写器根据感应到的负载变化规律将电子标签传递信息解调出来
5.读写器将解调出来的信息传输至数据处理系统，完成信息解析和对象识别
信息传输及处理系统

图 2.2　RFID 系统的工作原理

(2) 电磁反向散射耦合。这种耦合方式近似于雷达原理模型，发射出去的电磁波碰到目标后，电磁能量一部分被吸收，另一部分散射向各个方向，反射能量的一部分最终返回到发射天线，同时携带回目标信息，这一过程依据的是电磁波的空间传播规律。

这两种耦合类型的主要区别如表 2-1 所示。

表 2-1　电感耦合和电磁反向散射耦合的主要区别

	电感耦合	电磁反向散射耦合
模型	变压器模型	雷达原理模型
工作原理	电磁感应定律	电磁波的空间传播规律
典型工作距离	10～20cm	3～10m
典型工作频率	125kHz，225kHz，13.56MHz	433MHz，915MHz，2.45GHz，5.8GHz
电子标签	具有环形天线的典型低频、高频电子标签	具有双极天线的超高频和微波电子标签

下面对 RFID 系统的几个组成部分进行讲解。

2.1.2　工作频率

RFID 的工作频率范围是 3kHz～300GHz，它是 RFID 系统的一个重要参数，它决定了系统的工作原理、通信距离、设备成本、天线形状和应用领域等特征。RFID 的工作频率分布在低频、高频和超高频三个区域。简单来说，频率越高，数据传输速率越快、天线线圈越短、工作距离越远、成本越低，但是穿透能力越弱；频率越低，数据传输速率越慢、天线线圈越长、工作距离越近、成本越高，但是穿透能力越强。RFID 的典型工作频率有 125kHz、133kHz、13.56MHz、27.12MHz、433MHz、860～960MHz、2.45GHz、

5.8GHz 等。

- 低频（Low Frequency）范围内（30～300kHz）有 125kHz 和 133kHz 两个典型的工作频率。
- 高频（High Frequency）范围内（3～30MHz）有 13.56MHz 和 27.12MHz 两个典型的工作频率。
- 超高频（Ultra High Frequency）范围内（300MHz～3GHz）有 433MHz、860～960MHz 和 2.45GHz 三个典型的工作频率。
- 超过了 3GHz 的典型工作频率只有 5.8GHz。

RFID 的频率谱如图 2.3 所示。

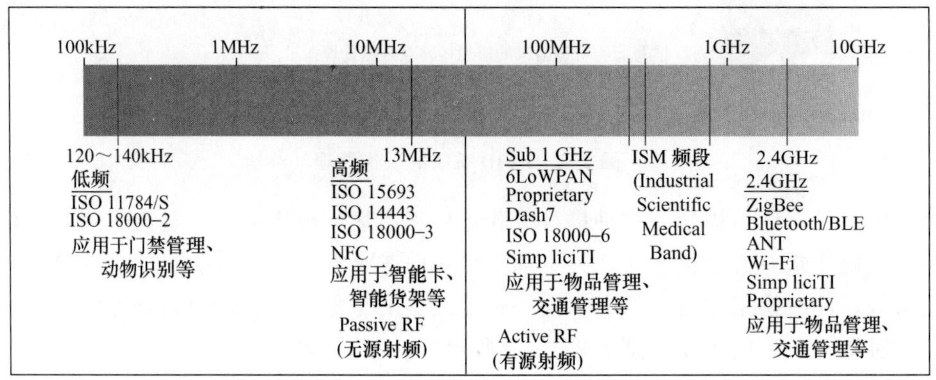

数据传输速率	更慢	更快
穿透能力	更强	更弱
天线线圈	更长	更短
工作距离	更近	更远
成本	更高	更低

图 2.3　RFID 的频率谱

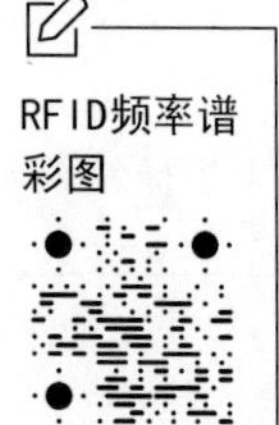

低频 RFID 系统中电子标签的天线匝数较多，因此成本较高，电子标签存储的数据量有限，传输速率较低，通信距离通常小于 1m，但是由于低频信号穿透能力比较强，可以穿过除金属材料之外的多数材料而不缩短读取距离，因此它非常适合近距离、低速、数据量要求较少的识别应用。此外，低频的 RFID 电子标签和读写器在全球没有任何特殊的许可限制，可以在全球范围内使用。典型的低频 RFID 应用包括交通卡、门禁卡、电子证件等。

高频 RFID 系统中电子标签的天线不再需要绕制，制作简单，价格有所降低，电子标签存储的数据量有所增加，传输速率有所提升，但是通信距离一般也小于 1m，同时该频段信号可以穿透大多数材料，但是会降低读取距离，因此它适合近距离、中速、数据量要求一般的识别应用。此外，高频的 RFID 电子标签和读写器在全球也没有任何特殊的许可限制，可以在全球范围内使用。典型的高频 RFID 应用包括零售、物流、资产管理、门锁、卡表收费等。

超高频 RFID 系统中电子标签的天线制作简单，价格低廉，电子标签存储的数据可达到 2 048bit（典型的数据容量包括 64bit、128bit、1 024bit、2 048bit 等），传输速率非常快，可以在极短的时间内读取大量的电子标签，通信距离一般大于 1m，通常情况下在 4～6m，在无干扰的情况下可以超过 10m，但是由于超高频信号穿透能力较弱，不能通过许多材料，包括水滴、灰尘、雾等悬浮颗粒物质，因此它适合在中距离进行高速、大数据量的识别应用。典型的超高频 RFID 应用包括物流、道路管理、生产线自动化、后勤保障等。需要注意的是，超高频 RFID 系统的频率并不是全球通用的，各个国家和地区都在制定自己的标准。

2.1.3　电子标签

不同频段的 RFID 电子标签的基本结构是类似的，通常都至少包括图 2.4 所示的几个部分。

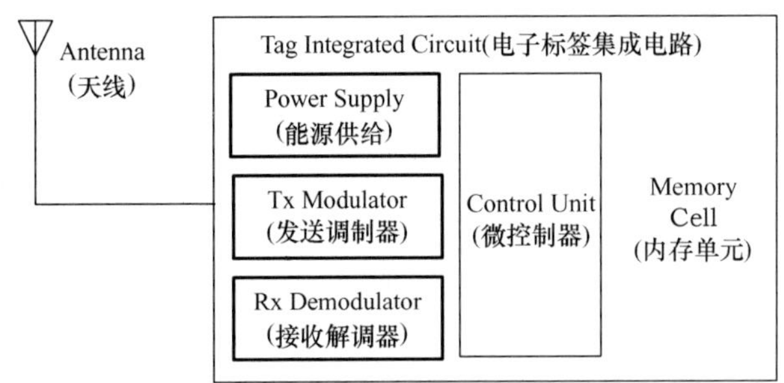

图 2.4　RFID 电子标签的基本结构

图 2.4 中各部分的解释如下。

- 能源供给负责为电子标签提供工作所需要的能量，根据能量的来源可以把 RFID 电子标签分为被动式和主动式两类。被动式标签内部没有电源设备（所以又称无源标签），依赖读写器发出的电磁波生成感应电流来驱动芯片工作。主动式标签内部携带电源设备（所以又称有源标签），依靠自身的电源来驱动芯片工作。另外还有半主动式标签混合了两者的特点。
- 内存单元负责存储电子标签的信息，该信息可以是只读的（出厂时由厂家写入）、可读写的（由用户自行写入）。最常见的存储器是电可擦可编程只读存储器（Electrically-Erasable Programmable Read-Only Memory，EEPROM）。
- 发送调制器在微控制器的控制之下，负责将内存里存储的信息加载到（调制）规律变化的波形信号（载波）上，形成载有特定信息的电磁波信号，通过天线发送出去。
- 和发送调制器正好相反，接收解调器在微控制器的控制之下，负责将从天线接收到的电磁波信号中分离出（解调）规律变化的波形信号（载波），从而得到发送端叠加的信息。

1. 被动式/主动式/半主动式标签

按照电子标签内部是否内置电源，可以把其分为三种类型：被动式标签、主动式标签、半主动式标签。

(1) 被动式标签 (Passive Tag) 又叫无源标签，是内部没有集成电源的电子标签。它依靠自身天线线圈感应到的由读写器发出的电磁波产生感应电流工作（驱动集成电路以及通过电线发射电磁波）。这种工作方式决定了被动式标签的通信距离有限，原因在于一方面读写器形成的磁场强度会随着距离迅速衰减，导致远处电子标签内部的天线线圈感应到的电流微弱（不足以驱动集成电路以及通过电线发射电磁波）；另一方面依靠电子标签天线线圈感应到的电流强度有限，不可能驱动自身天线发射大功率的电磁波信号。但是，由于没有电源模块，被动式标签体积可以做得非常小。第一代被动式标签多采用 13.56MHz 作为通信频率，通信距离在 1m 以内，多数不支持多标签识别（读写器同时识别多个电子标签）；第二代被动式标签多采用超高频通信，频段为 860～960MHz，通信距离通常在 3～5m，支持多标签识别。第二代被动式标签是现在应用最广泛的 RFID 电子标签。

(2) 主动式标签 (Active Tag) 又叫有源标签，是内部集成了电源的电子标签。它依靠自身的电源进行工作（驱动集成电路以及通过电线发射电磁波）。因为它自身携带了电源，保证了有足够的能量进行较大功率的电磁波信号发射（即可以实现长距离的数据传输），其通信距离在理想状态下可以达到上百米。然而由于需要集成电源，主动式标签比被动式标签体积更大、造价更昂贵。主动式标签有两种工作模式：一种是主动模式，即不管周围有没有读写器，电子标签都会主动向四周周期性广播自身携带的信息；另一种是唤醒模式，在这种情况下电子标签处于低耗电量的休眠状态，只有当收到周围读写器发出的唤醒指令之后才会开始广播自身携带的信息。

(3) 半主动式标签 (Battery-assisted Passive Tag)。被动式标签的一大缺点是，当它通过自身的天线对外发送电磁波信号时，需要同时利用该天线接收读写器发出的电磁波产生感应电流来驱动集成电路，而在它发送信号时是无法同步接收信号的。半主动式标签就是为了解决这个问题而产生的，它兼有被动式标签和主动式标签的所有优点。它类似于被动式标签，只不过多了一个电池，专门为电子标签内部集成电路的工作提供能量，而通过自身天线发射电磁波所需的能量则完全由天线感应到的电流提供。

2. 电子标签内置信息

电子标签内置的信息是人为写入的，理论上可以写入任意信息，但是缺乏统一规范的话，各个厂家生产的电子标签和读写器就不具备互操作性。为了在全球范围内实现电子标签和读写器的互操作，一些国家、组织和机构设立了通用标准。例如，现在常用的符合 EPC GEN2 标准电子标签的内存区域会被分为四个独立的存储区，分别是 Reserved（保留）区、EPC 区、TID 区和 User（用户）区，如图 2.5 所示。

各个存储区的功能如下。

Reserved 区：存储 Kill Password（灭活口令）和 Access Password（访问口令）。

EPC 区：存储 EPC 编码等。

TID 区：存储电子标签识别编码。每个 TID 编码应该都是唯一的。

User 区：存储用户自定义的数据。

下面着重对 EPC 和 TID 两个编码进行讲解。

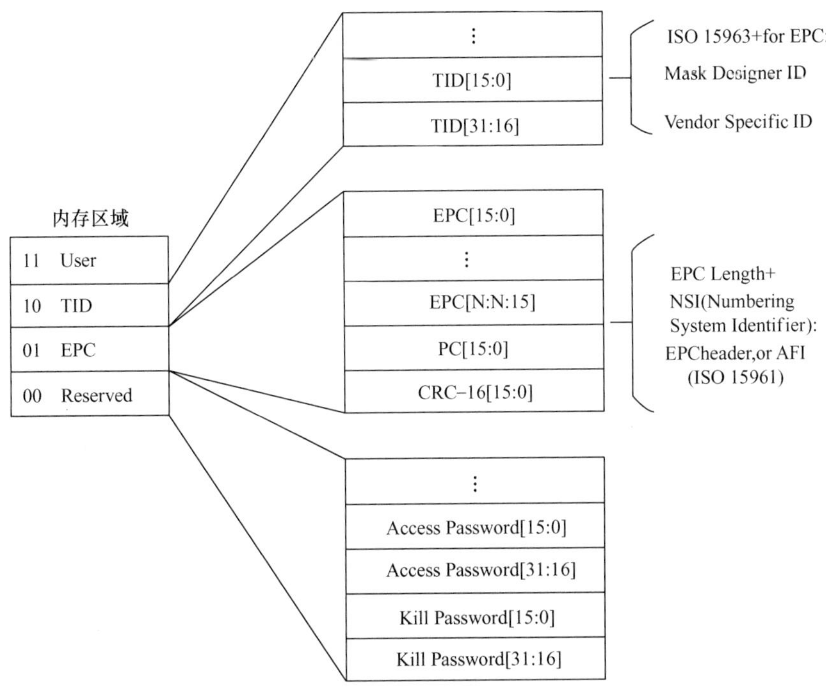

图 2.5 EPC GEN2 标准电子标签的内存区域分配

(1) EPC 编码

1973 年美国制定了一套 12 位数字通用产品代码（Universal Product Code，UPC）用于标识不同国家不同生产厂商生产的不同产品，一年之后欧洲也制定了一套类似的代码体系。1977 年成立了欧洲物品编码协会（European Article Numbering Association，EAN），其组织成员覆盖了全球 98 个国家（地区）。为了综合美国和欧洲的产品代码，设在美国的统一代码协会（Uniform Code Council，UCC）把现今使用的 EAN 称为 EAN · UCC。1981 年，EAN 发展为国际性组织，改名为国际商品编码协会，2005 年正式更名为国际物品编码组织（Global Standard One，GS1）。

EAN 码分为 13 位数字和 8 位数字两种，前者称为 EAN13 码，后者称为 EAN8 码。两种编码的最后一位均为校验位，由前面的 12 位或 7 位数字计算得出。目前使用较多的是 EAN13 码，该编码的结构如表 2-2 所示。

表 2-2 EAN13 码的结构

3 位	4 位	5 位	1 位
前缀码（国家/地区代码）	生产商代码	产品代码	校验位

前缀码是国际商品编码协会标识各会员组织的代码，我国为 690～695；生产商代码是在前缀码的基础上分配给生产商的代码；产品代码由生产商自行编码；校验位为了校验代码的正确性。在编制产品代码时，生产商必须遵守商品编码的基本原则。

- 对同一商品项目必须编制相同的产品代码。

- 对不同的商品项目必须编制不同的产品代码。
- 保证商品项目与其产品代码一一对应，即一个商品项目只有一个产品代码，一个产品代码只标识一个商品项目。

我国的通用商品条码与其等效。我们日常购买的商品包装上所印的条码一般就是EAN13码。另外，图书和期刊作为特殊的商品也采用了EAN13表示ISBN和ISSN。前缀977被用于期刊号ISSN，前缀978被用于图书号ISBN，我国被分配使用7开头的ISBN号，因此我国出版社出版的图书上的条码全部以978-7开头。

EAN码能唯一标识某个国家（地区）某个生产厂商生产的某类产品，但是它无法标识该类产品的每一个个体。随着社会的发展，跟踪每一个产品个体的需求变得越来越强烈。

正是在这个背景下，2003年当时的EAN和UCC联合成立了一个公司——EPCglobal建立电子产品编码（Electronic Product Code，EPC），对全球范围内的各类产品进行电子标识。EPC的最终目标是为每个商品建立一个全球的、开放的编码标准。

目前，EPC编码有64位、96位和256位三种版本。表2-3列举了现在的EPC编码方案。

表2-3　EPC编码方案

编码方案	编码类型	版本号	域名管理	对象分类	序列号
EPC-64	Ⅰ型	2	21	17	24
	Ⅱ型	2	15	13	34
	Ⅲ型	2	26	13	23
EPC-96	Ⅰ型	8	28	24	36
EPC-256	Ⅰ型	8	32	56	160
	Ⅱ型	8	64	56	128
	Ⅲ型	8	128	56	64

如果使用EPC-64 Ⅰ型的编码方案，则该方案可以支持$2^{21}=2\ 097\ 152$个不同的组织使用，每个组织内部支持$2^{17}=131\ 072$种商品，每种商品可以支持$2^{24}=16\ 777\ 216$个单品。

而使用EPC-96Ⅰ型编码方案的话，则可以支持$2^{28}=268\ 435\ 456$个不同的组织，每个组织内部支持$2^{24}=16\ 777\ 216$种商品，每种商品可以支持$2^{36}=68\ 719\ 476\ 736$个单品。

目前，EPC-96型编码已经远远超出了全球已标识商品的总容量。使用EPC的编码系统唯一标识了一个商品，并且通过在线查询可以得知该商品所属的制造公司（域名）、商品类别（对象分类）、单品编号（序列号）。

需要注意的是，EAN编码采用的是13个十进制数字来标识产品类型，而EPC编码则是用n个二进制位来标识产品个体的，通常情况下，会将EPC码翻译成十六进制（4位二进制对应1位十六进制）用于读写。图2.6展示了一个EPC-96Ⅰ型十六进制

编码。

图 2.6　EPC-96 Ⅰ型十六进制编码示例

(2) TID 编码

TID (Tag IDentifier) 又称电子标签识别码，是电子标签之间身份区别的标志（类似于身份证号或者钞票编号)。TID 具有唯一性，任何两个电子标签都不应该有相同的识别码。TID 编码是由电子标签的生产厂商和相关组织约定按照固定规则生成，并在出厂之时永久锁定的，不允许用户更改。下面以 EPC GEN2 标准电子标签的 TID 编码为例，它的结构如图 2.7 所示。

图 2.7　EPC GEN2 标准电子标签的 TID 编码结构示例

TID 编码包含四部分，总共 96 位。其中前 8 位用于标识电子标签的分类（Allocation class Identifier，分配类标志)，紧接着的 12 位用来标识电子标签的生产厂商（Mask-designer Identifier，掩码设计者识别标志)，接下来的 12 位用来标识电子标签的型号（Model Number，模型代号)，最后的 64 位用来唯一地标识一个电子标签。

从上面可以看出 EPC 和 TID 的区别，虽然两者都可以唯一地标识一种物体，但是两者的功能完全不一样。TID 用来唯一地标识一个 RFID 电子标签，它是出厂永久锁定、不可擦写、不可复制的，TID 只标识该电子标签而不管这个电子标签贴到什么物体上。EPC 是唯一标识一个物体的，对于 RFID 电子标签来说，它内部存储的 EPC 是可以擦写的，这也就意味着可以人为地建立 RFID 电子标签和一个拥有 EPC 编码的物体之间的联系。当把一个 RFID 电子标签贴到一个物体上之后，可以人为修改 RFID 电子标签内部的 EPC 编码来让这个 RFID 电子标签对应这个物体，这样 RFID 电子标签就可以将 EPC 信息广播出去，读写器收到这个 EPC 信息之后就可以通过网络查询到该物体的具体信息。

3. 调制解调

为了将 RFID 电子标签内部的信息广播出去，需要将二进制信息转化为电磁波，这就需要调制（Modulation)，而为了收到读写器发出的信息，则需要将收到的电磁波转化为二进制信息，这就需要解调（Demodulation)。

调制的基本手段包括调幅（Amplitude Modulation)、调频（Frequency Modulation）和调相（Phase Modulation）三种。图 2.8 简单地展示了调相调制的基本原理。解调的原理和调制正好相反。关于此部分内容，如果想要进一步了解，可以参考通信原理相关书籍。

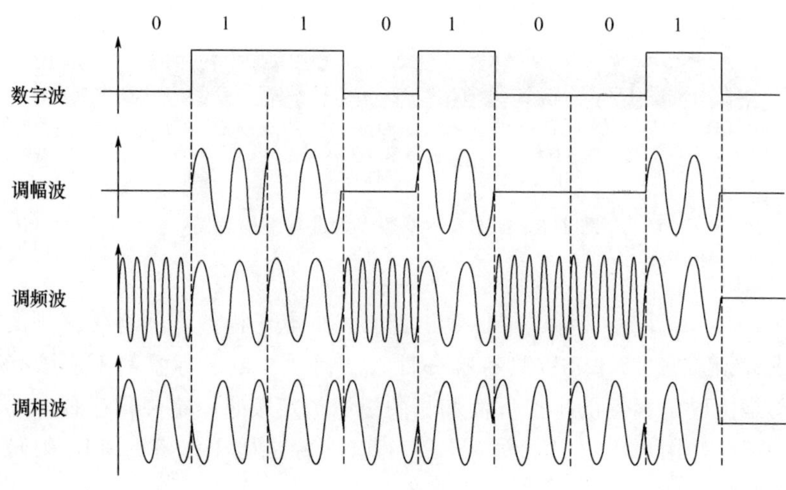

图 2.8　调制的基本原理

2.1.4　读写器

RFID 的读写器事实上就是一个单片机系统，它的基本结构如图 2.9 所示。

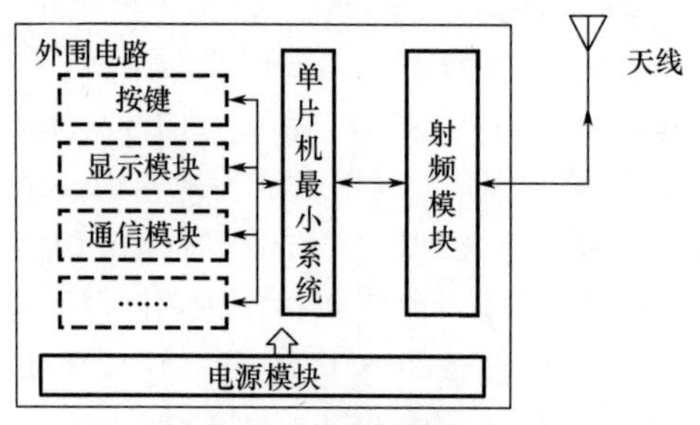

图 2.9　RFID 的读写器的基本结构

如图 2.9 所示，一个 RFID 的读写器主要由天线、射频模块、单片机最小系统、电源模块和其他外围电路组成。

- 天线负责发送和接收射频信号。
- 射频模块负责接收天线收到的射频信号，并进行检波、滤波、放大、解码，从而将射频信号转化为数字信号发送给单片机；接收单片机发送的数字信号，并进行编码、调制、功率放大，经由天线变成射频信号发射出去。
- 单片机最小系统包含了单片机工作必备的基础电路和晶振，单片机负责驱动所有与其相连接的模块工作。
- 外围电路负责对读写器功能进行扩展。例如，常见的按键可以负责对读写器进行开关、重置、设置等操作；显示模块可以负责对接收到的信息进行显示；通信模块可以负责通过有线或无线的方式将信息发送至上位机（计算机）和接收信息；执行机构可以负责控制电力或机械系统执行特定动作。

● 电源模块负责给单片机、射频模块和其他扩展模块供电。

在这些模块之中，最重要的部分是射频模块，它决定了读写器能和什么样的电子标签进行通信。针对不同频率的电子标签要选择对应频率的射频模块与其进行通信。下面以一个典型的13.56MHz的射频模块为例，简单介绍该模块和单片机系统的硬件连接等基础概念。

MFRC522是工作于13.56MHz非接触式通信中高集成度读写器系列芯片中的一员。它是NXP公司（前身为飞利浦半导体）推出的一款低电压、低成本、体积小的非接触式读写器芯片，主要用于智能仪表和便携式手持设备研发。MFRC522适用于各种基于ISO/IEC 14443A/MIFARE标准并且要求低成本、小尺寸、高性能以及单电源的非接触式通信的应用场合。

一个32引脚封装的MFRC522芯片及其引脚如图2.10所示。

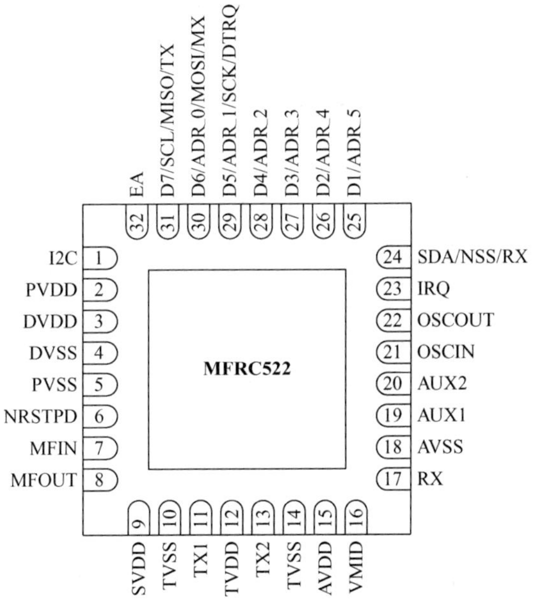

图2.10　32引脚封装的MFRC522芯片及其引脚

一个使用该芯片设计的射频模块及其引脚如图2.11所示，该模块有8根引脚。

最下方三根引脚分别是3.3V电源正极、重置和接地，从下往上数第四根引脚用于中断请求，上面四根引脚是用于数据通信的引脚，可以使用这四根引脚中的部分或全部利用UART（串口）、I2C或SPI三种总线与单片机进行通信。当使用UART通信的时候只需连接第一根和第四根引脚；当使用I2C协议进行通信的时候只需连接第一根和第四根引脚；当使用SPI协议进行通信的时候需要连接全部四根引脚。这三种通信总线的主要区别是速度，其中SPI总线的传输速度高达10Mb/s；I2C总线包含两个模式，快速模式下为400kb/s，而高速模式下可达3.4Mb/s；UART总线的传输速度可达1 228.8kb/s。

如果将该模块和单片机系统相连，以Arduino UNO为例，如图2.12所示。

图 2.11　使用 MFRC522 芯片的射频模块及其引脚

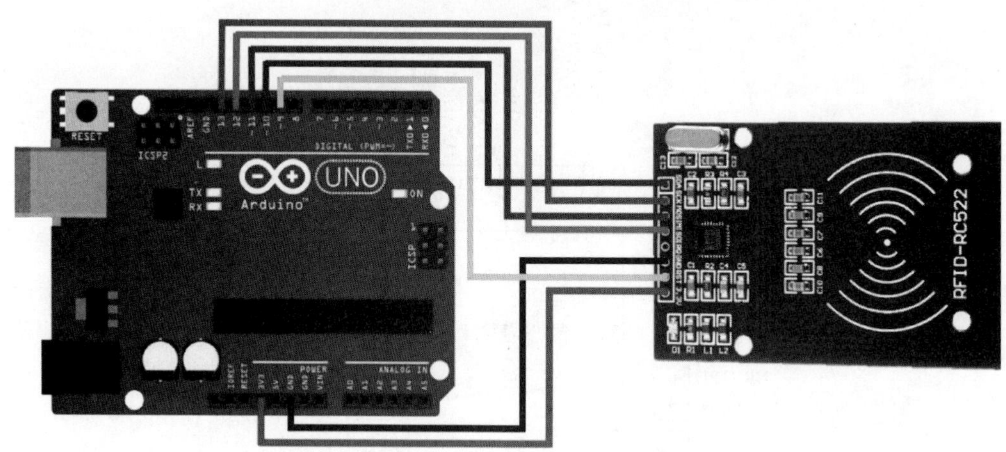

图 2.12　MFRC522 模块和单片机的连接

这种连接方法并不是唯一的，并且控制部分（单片机）的选择也不是唯一的。在进行物理连接之后，就需要针对具体的单片机芯片进行编程，来实现射频模块和电子标签的通信。

前文提到电子标签分为被动式和主动式两类。这两类电子标签对应了两类工作时序，分别是读写器先发言（Reader Talk First，RTF）和电子标签先发言（Tag Talk First，TTF）。以比较常见的被动式标签使用的 RTF 为例，其具体工作流程如下。

单片机芯片（Micro Control Unit，MCU）通过对读写器芯片内寄存器的读写来控制读写器芯片。读写器芯片收到 MCU 发来的命令后，按照非接触式射频卡协议格式，通过天线及其匹配电路向附近发出一组固定频率的调制信号（13.56MHz）进行寻卡。若此范围内有卡片存在，卡片内部的 LC 谐振电路（谐振频率与读写器发送的电磁波频率相同）在电磁波的激励下，产生共振，在卡片内部电压泵的作用下不断为其另一端的电容充电，获得能量，当该电容电压达到 2V 时，即可作为电源为卡片的其他电路提供工作电压。当有卡片处在读写器的有效工作范围内时，MCU 向卡片发出寻卡命令，卡片将回复卡片类型，建立卡片与读写器的第一步联系。若同时有多张卡片在天线的工作范围内，读写器通过启动防冲撞机制，根据卡片序列号来选定一张卡片，被选中的卡片再与读写器进行密码校验，确保读写器对卡片有操作权限以及卡片的合法性，而未被选中的则仍然处在闲置状态，等待下一次寻卡命令。密码验证通过之后，就可以对卡片进行读写等应用操作。

需要注意的是，不同读写器射频模块的读写操作指令是不同的，需要按照该模块所提供的数据手册进行编程。当使用不同频率RFID电子标签的时候，需要更换对应频率的读写器射频模块，并按照该电子标签所支持的协议和数据格式进行编程。

2.1.5　天线

RFID系统中的天线包括电子标签天线（Tag Antenna）和读写器天线（Reader Antenna）。根据天线理论，当天线发射电磁波时，在紧邻天线的空间中，有一个非辐射区和一个辐射场，根据离天线的远近又把辐射场分为辐射近场和辐射远场，故而通常将天线周围的场区分为无功近场区（非辐射区）、辐射近场区和辐射远场区。

- 无功近场区（非辐射区）是紧邻天线的一个区域，它是一个储能区，其中的电场和磁场的转换类似于变压器中的电、磁场转换，在该场中，电磁场不做功，只是不断进行能量的相互转换。
- 在辐射近场区中，辐射场占优势，并且辐射场的角度分布与距离天线口径的远近有关。在辐射近场区的电磁场已经脱离了天线的束缚，并作为电磁波进入空间。
- 辐射远场区即人们常说的远场区。严格来说只有在离天线无限远才能达到天线的远场区。但在某个距离上，当辐射场的角度与无穷远时的角度分布误差在允许的范围内时，即把该点至无穷远处的区域称为辐射远场区。在远场区，电磁能量沿矢径方向向外传播且不再返回，故而被称为辐射场。

下面对常见的电子标签天线和读写器天线进行介绍。

1. 电子标签天线

电子标签由于体积限制，所使用的天线通常体积较小，根据制作工艺的不同，主要可以分为绕线天线、蚀刻天线、印刷天线等几类。

(1) 绕线天线通常用铜线为材料，利用线圈绕式法在绕式工具上绕线圈并进行固定，按照不同的频率要求，绕制一定的匝数，如图2.13所示。该天线的制造主要用于低频125～134kHz与高频13.56MHz电子标签上面，很少用在超高频上面（除与超高频微模块的耦合天线外）。其最大的优点是在天线面积或体积较小的情况下，仍然表现出不错的性能。但其缺点是生产效率低、成本高、产品厚度高、不耐弯折。

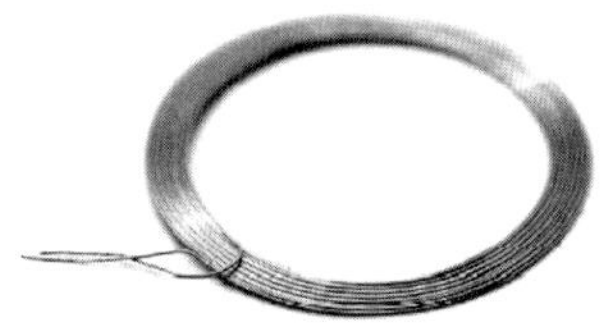
图2.13　绕线天线

(2) 蚀刻天线是当前RFID天线的主流制造工艺，市场占有率最高、工艺最成熟，如图2.14所示。其蚀刻方法有传统蚀刻法与精密蚀刻法。其中，传统蚀刻法主要是先采用柔版印刷方式用抗蚀刻油墨印出图形后蚀刻，而精密蚀刻法主要采用先曝光显影后蚀刻。采用精密蚀刻法刻出的天线线路平滑、线距线宽的公差小，铝蚀刻最小线距线宽可以达到 0.1mm/0.1mm，铜蚀刻天线最小线距线宽可以达 0.05mm/0.05mm，但成本会偏高些。从材质上来分，可以分为 PET（聚酯薄膜）天线、PI（聚酰亚胺）天线、PCB（印刷电路板）天线等，其中 PI 天线主要用于耐高温、耐化学性等特殊的环境。

（3）印刷天线是直接将天线电路用特殊的导电油墨或银浆，印刷或打印在基片上面，如图 2.15 所示。较为成熟的印刷方式是凹印和丝印，最大的特点是不需要蚀刻，无明显污染；而且工艺流程短，时间短，制造成本比较低，得到国家相关产业的支持，代表未来天线发展方向之一。不过，由于导电油墨或银浆的电阻大，而且导电材料的性能差异较大，且随着时间的推移，会出现性能衰减下降，尤其在超高频天线上面一致性与耐用性仍然存在一些问题，这是目前印刷天线还未能成为主流天线的主要原因。

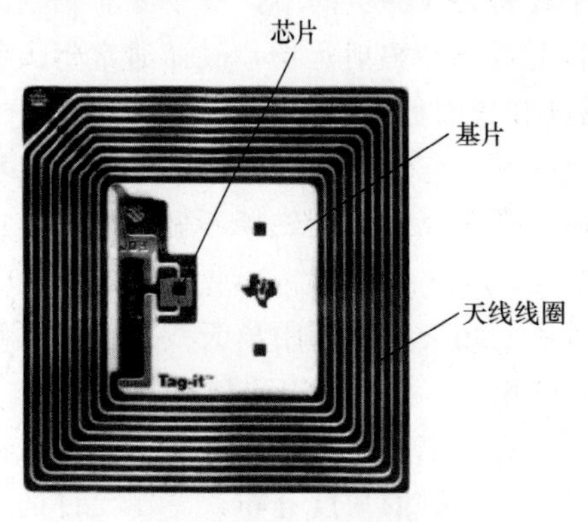

图 2.14　蚀刻天线

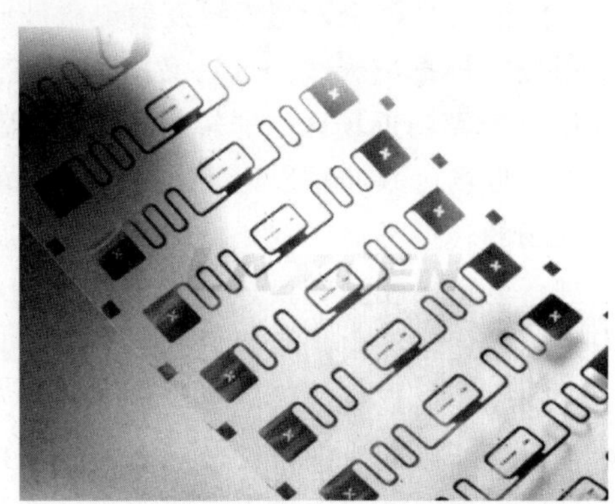

图 2.15　印刷天线

2. 读写器天线

读写器的天线类似于电子标签的天线，但是因为读写器尺寸限制较少，所以可以使用各种形式的内置或外置天线，如图 2.16 所示。

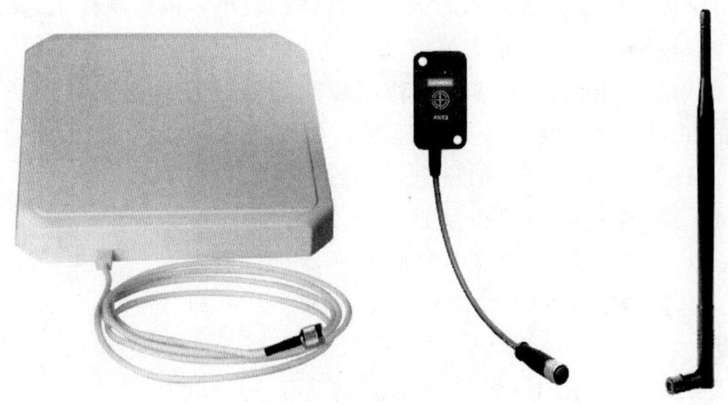

图 2.16　读写器天线

尽管RFID技术被称为支撑物联网的主要技术之一，但是对于不同的物体识别而言，它并不是唯一的手段。到目前为止，还有大量其他的物体识别手段同时存在，常见的如条形码/二维码、智能卡、MAC/IP地址、语音、图像、生物特征等。

2.2 条形码/二维码

尽管RFID技术发展势头迅猛，但是其造价、使用难度、适用范围等因素仍然限制了它的全面普及，而作为RFID技术的前身，条形码仍然在日常生活和物联网中扮演了重要且不可替代的角色。

条形码（Bar Code）又称条码，是将宽度不等的多个黑条和空白，按照一定的编码规则排列，用以表达一组信息的图形标识符。早先的条形码是由反射率相差很大的黑条（简称条）和白条（简称空）排成的平行线图案，这种形式的编码都是一维码。条形码可以标出物品的生产地、制造厂家、商品名称、生产日期、图书分类号、邮件起止地点、类别、日期等信息，因而在商品流通、图书管理、邮政管理、银行系统等许多领域都得到了广泛的应用。

二维码是二维条形码（Two-dimensional Bar Code）的简称，是指在一维码的基础上扩展出另一维具有可读性的条码，使用黑白矩形图案表示二进制数据，被设备扫描后可获取其中所包含的信息。一维码的宽度记载着数据，而其长度没有记载数据。二维码的长度、宽度均记载着数据。二维码有一维码没有的定位点和容错机制。容错机制在即使没有辨识到全部的条形码或是说条形码有污损时，也可以正确地还原条码上的信息。图2.17以二维码形式展示了北京大学出版社的首页。

图2.17 二维码示例

2.2.1 条形码

1. 条形码的发展历史

- 1949年，美国人诺曼·伍德兰（Norman Woodland）和伯纳德·西尔弗（Bernard Silver）申请了用于食品自动识别领域的环形条形码（俗称“公牛眼”）。

- 1963 年 10 月，《控制工程》杂志上刊登了描述各种条形码技术的文章。
- 1967 年，美国辛辛那提的一家超市首先使用条形码扫描器。
- 1969 年，比利时邮政业采用荧光条形码表示信函投递点的邮政编码。
- 1970 年，美国成立 UCC；美国邮政局采用长短形条形码表示信函的邮政编码。
- 1971 年，欧洲的一些图书馆采用 Plessey 码。
- 1972 年，美国人蒙那奇·马金（Monarch Marking）研制出库德巴码，同年交叉 25 码被开发出来。
- 1973 年，UCC 在 IBM 公司的条码系统基础上创建了 UPC 码系统，并且实现了该码制标准化。
- 1974 年，美国 Intermec 公司的 Davide Allair 博士研制出 39 码。
- 1977 年，欧洲在 UPC-A 码基础上制定出欧洲物品编码 EAN-13 码和 EAN-8 码，签署了欧洲商品编码协议备忘录，并且成立了欧洲物品编码协会（EAN）。
- 1978 年，日本在 EAN 码的基础上开发出 JAN 码。
- 1980 年，美国国防部采纳 39 码作为军事编码。
- 1981 年，欧洲物品编码协会改名为国际商品编码协会；实现自动识别的条形码译码技术；128 码被推荐使用。
- 1982 年，手持式激光条形码扫描器实用化；美国军用标准 1189 被采纳；93 码开始使用。
- 1983 年，美国制定了 ANSI 标准 MH10.8M，包括交叉 25 码、39 码和库德巴码。
- 1987 年，美国人 David Allairs 博士提出 49 码。
- 1988 年，可见激光二极管研制成功；美国人 Ted Willians 提出适合激光系统识读的 16K 码。
- 2005 年，EAN 更名为 GS1。

2. 条形码承载的信息

发明条形码的原因只有一个，就是为了使用计算机识别条形码所承载的信息，而不同格式的条形码所承载的信息并不同，早期不同的国家和组织独立地开发了自己的条形码编码体系，形成了不同的标准。

常见的条形码标准包括但不限于 Code11 码（标准 11 码）、Code25 码（标准 25 码）、Code39 码（标准 39 码）、Code39EMS 码（EMS 专用的 39 码）、Code93 码（标准 93 码）、Code128 码（标准 128 码）、EAN8 码（EAN8 国际商品条码）、EAN13 码（EAN13 国际商品条码）、Codabar 码（库德巴码）等一维码。而这其中应用最广泛的是 EAN 码（见第 2.1.3 节）。

在根据不同标准对信息进行编码时，需要首先确定对哪些字符进行编码，这涉及编码集的问题，基本的编码集分类如下。

- 数字编码集：只对 0～9 数字进行编码，则该条形码只能承载数字信息。
- 数字字符编码集：对 0～9 数字和部分字符进行编码，则该条形码能承载数字和字符组合的信息。

- ASCII 编码集：对 ASCII 码中的部分字符进行编码，则该条形码能承载数字、字母、字符组合的信息。
- 汉字编码集：对 GB 2312 对应的汉字和非汉字字符进行编码，则该条形码能承载除了数字、字母、字符之外的汉字组合信息。
- 其他语言编码集：对特定的语言符号进行编码。

下面简单介绍不同标准的条形码和它们使用的编码集。

- Code11 码：由 0～9、*（开始和结束符号）和-（连字符）组成，不支持中文，字符长度至少为 1，长度理论上没有限制。
- Code39 码：由 0～9、A～Z、+、-、·、/、%、$、* 和空格组成，不支持中文，字符长度至少为 1 位，长度理论上没有限制。
- Code93 码：与 Code39 码有相同的字符集，不支持中文，字符长度至少为 1 位，长度理论上没有限制。
- Code128 码：由 128 个 ASCII 码字符组成，不支持中文，字符长度至少为 1 位，最大长度纯字符为 32 位，纯字符加特殊符号为 44 位。
- EAN8 码：由 0～9 的数字组成，不支持中文，字符长度至少为 7 位。
- EAN13 码：与 EAN8 有相同的字符集，不支持中文，字符长度至少为 12 位。
- Codabar 码：由 0～9、$、/、: 和-组成，不支持中文，字符长度至少为 1 位。

图 2.18 展示了常见的不同标准的条形码示例。

图 2.18　常见的不同标准的条形码示例

3. 条形码的编码和读取原理

以广泛使用的 EAN13 码为例进行介绍。EAN13 码的结构如图 2.19 所示。

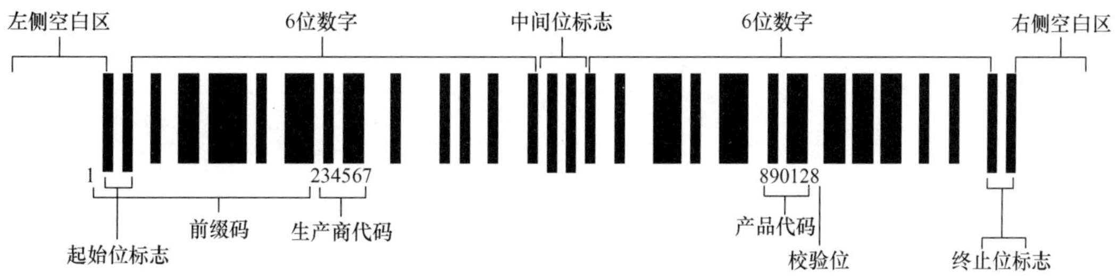

图 2.19　EAN13 码的结构

除去空白区之外，一个完整的 EAN13 码包含以下几个部分（按从左往右的顺序）。

- 起始位标志：标志该条形码的开始。
- 前缀码：由两位或三位标记的国家/地区代码，其中第一位称为前置码，不参与编码。
- 生产商代码：由五位或四位标记的生产商代码，是每个国家/地区的编码管理局为每个生产商分配的一个唯一的编码。一个生产商的所有产品将使用相同的生产商代码。
- 中间位标志：标志该条形码的中间。
- 产品代码：由五位标记的产品类型编码。产品代码是生产商为每个产品分配的唯一编码。
- 校验位：校验位是一个附加的位，用来验证一个条形码是否被正确地扫描。
- 终止位标志：标志该条形码的结束。

如图 2.19 所示，1234567890128 就是该条形码所承载的信息，其中 12 代表国家/地区代码，34567 代表生产商代码，89012 代表产品代码，8 为校验位。为了将条形码所承载的信息变成黑白相间的条纹，需要对字符进行编码。

1101

图 2.20 条形码的编码原理

条形码的编码原理是，将每个字符都表示为一组二进制编码，然后将二进制编码转为黑白相间的条纹，转变的原则是用黑条代表 1，白条代表 0，如图 2.20 所示。

以 8 位二进制形式对 0～9 这十个数字进行编码。不同于 ASCII 码的递增式编码形式，条形码编码中选取了特定的 0、1 组合模式，使得每个数字都表示为四条宽度不一、黑白相间的条纹。若干个连续的 1 表示一个较宽的黑色条纹，而若干个连续的 0 则表示一个较宽的白色条纹。表 2－4 展示了 EAN 码的三种编码方式。

表 2－4　EAN 码的三种编码方式

数　　字	A 方式	B 方式	C 方式
0	0001101	0100111	1110010
1	0011001	0110011	1100110
2	0010011	0011011	1101100
3	0111101	0100001	1000010
4	0100011	0011101	1011100
5	0110001	0111001	1001110
6	0101111	0000101	1010000
7	0111011	0010001	1000100
8	0110111	0001001	1001000
9	0001011	0010111	1110100

同时注意，表 2-4 中同一个数码的编码方式 C 和 A 是互补的，即交换 0 和 1；同一个数码的编码方式 B 是 C 的反序排列。

下面以图 2.21 中的条形码为例，介绍该编码是如何运作的。

图 2.21　条形码示例

先直接利用编码方式 C 对最右侧的 6 位数字 021471 进行二进制转码，则 021471 对应的 42 位二进制序列为：

1110010 1101100 1100110 1011100 1000100 1100110

接下来根据前置码（第 1 位数码，本例中为数字 6）的不同交替，使用编码方式 A 和 B 对左半部分剩余的 6 位（932571）进行编码，前置码不参与编码。不同前置码的编码方式如表 2-5 所示。

表 2-5　不同前置码的编码方式

第 1 位	第 2 位	第 3 位	第 4 位	第 5 位	第 6 位	第 7 位
0	A	A	A	A	A	A
1	A	A	B	A	B	B
2	A	A	B	B	A	B
3	A	A	B	B	B	A
4	A	B	A	A	B	B
5	A	B	B	A	A	B
6	A	B	B	B	A	A
7	A	B	A	B	A	B
8	A	B	A	B	B	A
9	A	B	B	A	B	A

在本例中，因为该条形码的第 1 位是 6，因此接下来 6 位的编码方式依次采用 ABB-BAA，参照表 2-4，932571 的编码应当为：

0001011 0100001 0011011 0111001 0111011 0011001

这样就得到了 932571201471 完整的二进制码。将每个 0 或 1 转换成固定宽度的白色或黑色条纹，然后插入起始位标志、中间位标志和终止位标志，就完成了条形码图案的生成。

要将按照一定规则编译出来的条形码转换成有意义的信息，需要经历扫描和译码两个过程。物体的颜色是由其反射光的类型决定的，白色物体能反射各种波长的可见光，黑色物体则吸收各种波长的可见光。因此，当条形码扫描器光源发出的光在条形码上反射后，反射光照射到条形码扫描器内部的光电转换器上，光电转换器根据强弱不同的反射光信号，转换成相应的电信号。电信号输出到条形码扫描器的放大电路增强信号之后，再送到整形电路，将模拟信号转换成数字信号。白条、黑条的宽度不同，相应的电信号持续时间长短也不同。然后译码器通过测量脉冲数字电信号 0、1 的数目来判断条和空的数目。通过测量 0、1 信号持续的时间来判断条和空的宽度。此时所得到的数据仍然是杂乱无章的，要知道条形码所包含的信息，则需根据对应的编码规则，将条形符号转换成相应的数字、字符信息。最后，由计算机系统进行数据处理与管理，物品的详细信息便被识别出来了。

2.2.2 二维码

二维码具有条形码的一些共性：每种码制都有其特定的字符集；每个字符都占有一定的宽度；具有一定的校验功能等。除此之外，它还支持对不同行的信息进行自动识别，以及支持对其图形进行旋转变化等特点。

二维码可以分为堆叠式二维码和矩阵式二维码。堆叠式二维码形态上是由多行短截的一维码堆叠而成；矩阵式二维码以矩阵的形式组成，在矩阵相应元素位置上用点表示二进制数码 1，用空表示二进制数码 0，由点和空的排列组成代码。

堆叠式二维码又称堆积式二维码或层排式二维码，其编码原理是建立在一维码基础之上的，按需要堆积成二行或多行，如图 2.22 所示。它在编码设计、校验原理、识读方式等方面继承了一维码的一些特点，识读设备和条码印刷与一维码技术兼容。但由于行数的增加，需要对行进行判断，其译码算法和软件与一维码不完全相同。有代表性的堆叠式二维码有 Code16K、Code49、PDF417 等。

图 2.22 堆叠式二维码

矩阵式二维码又称棋盘式二维码，它是在一个矩形空间通过黑、白像素在矩阵中的不同分布进行编码，如图 2.23 所示。矩阵式二维码是建立在计算机图像处理技术、组合编码原理等基础上的一种新型图形符号自动识读处理码制。有代表性的矩阵式二维码有 CodeOne、MaxiCode、QRCode、DataMatrix 等。

图 2.23 矩阵式二维码

我国于 2017 年 7 月 12 日对二维码的使用进行了规范，并发布了商品二维码的 GB/T 33993—2017。

日常生活中最常见的二维码是快速响应矩阵码（Quick Response Code，QR Code，对应的国际标准是 ISO/IEC18004），又称 QR 码，其结构如图 2.24 所示。QR 码是二维码的一种，是由日本 DENSO 公司于 1994 年发明的。QR 码使用四种标准化编码模式（数字、字母数字、字节和汉字）来存储数据。QR 码比普通条码可以存储更多数据，也无须像普通条码般在扫描时需要直线对准扫描仪。因此其应用范围已经扩展到产品跟踪、物品识别、文档管理、营销等方面。QR 码有几个主要特征：结构化、高速读取、高容量/高密度、支持纠错。

图 2.24 QR 码的结构

QR 码呈正方形，常见的是黑白两色。在三个角落印有较小的像“回”字的正方形图案，通常称为寻像图形（Finder Pattern）或定位图形（Timing Pattern）。这三个图案是帮助解码软件定位的，用户不需要对准，以任何角度扫描，数据都可以被正确读取。

版本信息区域存储该 QR 码所使用的版本。

格式信息区域存储用来标记纠错的级别。

数据及容错密钥区域存储被编码的数据和纠错信息码。

QR 码一共提供 40 种不同版本存储密度的结构，对应图 2.24 中的“版本信息”。版本 1 为 21×21 模块（模块为 QR 码中的最小单元），每增加一个版本，长宽各增加 4 个模块，最大的版本 40 为 177×177 模块。对于一个版本 40 的 QR 码来说，它可以存储的数据容量如表 2-6 所示。

表 2-6 QR 码最大数据容量（版本 40）

数据类型	最大容量	压缩方法	字符
数字	最多 7 089 个字符	每 3 个字符为一组，压缩为 10 位	0～9

续表

数据类型	最大容量	压缩方法	字　符
字母	最多 4 296 个字符	每 2 个字符为一组，压缩为 11 位	0～9、A～Z（仅支持大写字母）、空格、$、%、*、+、－、·、/、:
二进制数（8bit）	最多 2 953 个字节	8 位	ISO 8859-1 中的字符
日文汉字/片假名	最多 1 817 个字符	压缩为 13 位	Shift JIS X 0208 中的日文字符
中文汉字	最多 984 个字符	压缩为 13 位	UTF-8 中的中文字符
	最多 1 800 个字符	压缩为 13 位	BIG5/GB2312 中的中文字符

图 2.25 展示了 7 种不同版本的 QR 码示例。

Version 1 (21×21).Content: "Version 1"

Version 2 (25×25).Content: "Version 2"

Version 3 (29×29).Content: "Version 3 QR Code"

Version 4 (33×33).Content: "Version 4 QR Code,up to 50 char"

Version 10 (57×57).Content: "Version 10 QR Code,up to 174 char at H level, with 57×57 modules and plenty of Error-Correction to go around. Note that there are additional tracking boxes "

Version 25 (117×117 enlarged to 640×640)

Version 40 (177×177) .Content: 1264 characters of ASCII text describing QR codes

图 2.25　7 种不同版本的 QR 码示例

QR 码的一个重要特征是支持纠错。纠错功能可以让 QR 码在部分受到污染或损坏的情况下仍然能表达完整的信息。支持的纠错分为以下四个等级。

- level L：最大 7% 的错误能被纠正。
- level M：最大 15% 的错误能被纠正。
- level Q：最大 25% 的错误能被纠正。
- level H：最大 30% 的错误能被纠正。

目前，QR 码的应用基本渗透了人们生活的各个领域。

- 自动化文字传输。通常应用于文字的传输方面。利用快速方便的模式，让人可以轻松输入如地址、电话号码、日历等信息，进行名片、进程数据等的快速交换。
- 数字内容下载。通常应用于电信公司游戏及影音的下载、在账单中打印相关的 QR 码信息供消费者下载等方面。消费者通过 QR 码的解码，就能轻易跳转到下载网页，下载需要的数字内容。
- 网址快速链接通常应用于用户进行网址快速链接、电话快速拨号等方面。
- 身份鉴别与商务交易。许多公司现在正在推行 QR 码防伪机制，利用商品提供的 QR 码链接至交易网站，付款完成后系统发回 QR 码作为购买身份鉴别，应用于购买票券、贩卖机等。在消费者端，也开始有公司提供商品品牌确认的服务，通过 QR 码链接至统一验证中心，核对商品数据是否正确，并提供生产履历供消费者查询。

2.3　智　能　卡

智能卡（Smart Card）又称智慧卡、聪明卡、集成电路卡（Integrated Circuit Card，IC 卡），是指粘贴或嵌有集成电路芯片的一种便携式塑料卡片。智能卡包含了微处理器、I/O 接口及内存，提供了数据的运算、访问控制及存储功能。智能卡的大小、触点定义目前是由 ISO 规范统一，主要规范在 ISO 7810 中。常见的智能卡有电话卡、银行卡，以及一些交通卡和存储卡。图 2.26 展示了多种不同类型的智能卡样式。

智能卡是法国人罗兰·莫雷诺于 1974 年发明的，将具有存储加密及数据处理能力的集成电路芯片模块封装于和信用卡尺寸一样大小的塑料基片中，便构成了智能卡。法国布尔公司于 1976 年首先制成智能卡产品，并开始应用在各个领域。

智能卡的基片多为聚氯乙烯材质，也有塑料或是纸制。智能卡的接触面为金属材质，一般为铜制薄片，集成电路的输入/输出端连接到大的接触面上，这样便于读写器的操作，大的接触面也有助于延长智能卡使用寿命；触点一般有 8 个（C1、C2、C3、C4、C5、C6、C7、C8，C4 和 C8 设计为将来保留用），但由于历史原因有的智能卡设计成 6 个触点（C1、C2、C3、C5、C6、C7）。另外，C6 原来设计为对 EEPROM 供电，但因后来 EEPROM 所需的程序电压由芯片内直接控制，所以 C6 通常也就不再使用了。智能卡的集成芯片通常非常薄，在 0.5mm 以内，一般呈圆形，直径大约 0.25cm，方形的也有，内部芯片一般有 CPU、RAM、ROM、EPROM。

智能卡现在广泛应用在人们生活的各个领域。

- 电信领域，如电话卡、手机卡。数字蜂窝电话使用智能卡来存储信息和唯一识别用户身份，这种特定类型的智能卡往往被称为用户身份识别模块（Subscriber Identity Module，SIM）卡，正是由于智能卡提供了大容量存储的能力，因此电话号码簿可以存在智能卡上。另外智能卡中的微处理器大大提高了用户账号的安全性。
- 金融领域。以智能卡技术开发而成的银行卡即金融 IC 卡，除仍保留传统银行卡所具有的金融功能外，还可利用智能卡上的内存及微处理器来提供更多的增值金融服务。例如，由于智能卡的安全特性，目前许多的电子支付系统中都使用智能卡来作为电子钱包的载具。电子钱包可以方便地实现卡与卡之间资金无追踪地划拨，从而充分保证持卡人的支付隐私。

图 2.26　多种不同类型的智能卡样式

- 交通领域。非接触式智能卡（感应卡）在交通领域取得了广泛的应用。感应卡中包含了微型天线，用于在不接触的情况下读写和交换信息。一般而言，现在典型的感应卡的读写有效距离为 10cm、交易时间小于 0.1s，因此，在交通领域的很多使用场合（如公共汽车、地铁、轮渡、高速公路收费系统等）中能显著节省时间，提高效率。
- 医疗领域。医疗领域的智能卡一般分为公共卫生领域的社保卡、市民健康卡，医院使用的就诊卡、诊疗卡、体检卡。这些智能卡主要用于记录就诊患者的信息，如病历、身份、医疗保险号码、血型、过敏症、健康检查结果等。采用智能卡将全面提高医生诊断疾病的效率、准确性及医院的管理水平。
- 政府领域。为了提高管理效率，政府部门也开始采用智能卡技术。第二代中华人民共和国居民身份证是迄今为止全球最大的智能卡应用项目，发出量超过 10 亿张；社会保障领域的社保卡也是智能卡重要的应用项目。

2.3.1　智能卡的分类

智能卡的分类可以根据两个因素进行：①卡里的数据是如何读写的；②卡内植入的芯片类型和容量。

智能卡按界面可分为接触式智能卡和非接触式智能卡。

（1）接触式智能卡是通过智能卡读写设备的触点与智能卡的触点接触后进行数据的读写。国际标准 ISO 7816 对此类卡的机械特性、电器特性等进行了严格的规定。

（2）非接触式智能卡与智能卡设备无电路接触，而是通过非接触式的读写技术进行读写（如光或无线技术）。其内嵌芯片除了 CPU、逻辑单元、存储单元外，增加了射频收发电路。国际标准 ISO 10536 系列阐述了对非接触式智能卡的规定。此类卡一般用在使用频繁、信息量相对较少、可靠性要求较高的场合。GB/T 33242—2016 阐述了智能卡在数字城市中的应用技术要求和标准。

智能卡按内部芯片可分为存储器卡、逻辑加密卡和 CPU 卡三类。

（1）存储器卡内嵌芯片相当于普通串行 EEPROM 存储器。此类卡信息存储方便、使用简单、价格便宜，很多场合可替代磁卡，但由于其本身不具备信息保密功能，因此只能用于保密性要求不高的应用场合。

（2）逻辑加密卡内嵌芯片在存储区外增加了控制逻辑，在访问存储区之前需要核对密码，只有密码正确，才能进行存取操作。此类卡的信息保密性较好，使用上与普通存储器卡类似。

（3）CPU 卡内嵌芯片相当于一个特殊类型的单片机，内部除带有控制器、存储器、时序控制逻辑等外，还带有算法单元和操作系统。由于 CPU 卡有存储容量大、处理能力强、信息存储安全等特性，广泛应用于信息安全性要求特别高的场合。

2.3.2　智能卡的结构

目前市面上用得最多的三种智能卡是 SIM 卡、银行卡和一卡通。SIM 卡和银行卡都是接触式智能卡，而一卡通则属于非接触式智能卡（多数是利用 RFID 技术进行卡内数据读写）。通常接触式智能卡的接触面包含 8 个触点，从 C1 至 C8，其结构如图 2.27 所示。

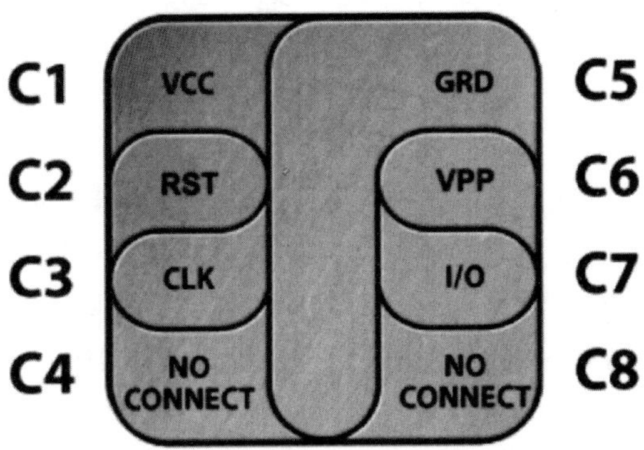

图 2.27　接触式智能卡的结构

这 8 个触点的作用分别如下。

- C1：电源 VCC，4.5～5.5V，ICC<10mA。
- C2：复位 RST。
- C3：时钟 CLK。
- C4：扩展用。
- C5：接地端 GND。
- C6：编程电压 VPP。
- C7：数据 I/O 接口。
- C8：扩展用。

读写器通过接通智能卡上对应的触点就可以完成对智能卡内部数据的读写。最小情况可以只连接 C1、C3、C5 和 C7 完成对卡数据的读写。

对于非接触式的智能卡来说，则需要通过 RFID 技术（详见 2.1 节）完成对卡内数据的读写。

通常情况下，智能卡中的数据存储区被分为不同的区域，称为扇区（Sector），每个扇区又分若干个块（Block），每个块包含若干个字节（Byte）。

以国内最常用的非接触式智能卡 M1 卡（芯片型号 S50，被广泛用作一卡通）为例，该卡有 1k 字节的存储容量，其结构如下。

- 共分为 16 个扇区，每个扇区 4 块（块 0、块 1、块 2、块 3，同时也将 16 个扇区的 64 个块按绝对地址编号为 0～63），每块 16 个字节。
- 第 0 扇区的块 0，用于存放生产商代码（前 4 个字节是卡的 UID，第 5 个字节是卡 UID 的校验位，剩下的是生产商数据），已经固化，不可更改。
- 每个扇区的块 0、块 1、块 2 为数据块，可用于存储数据。
- 每个扇区的块 3 为控制块，包括了密码 A（6 字节）、存取控制（4 字节）、密码 B（6 字节）。
- M1 卡每个扇区的密码和存取控制都是独立的，可以根据实际需要设定各自的密码及存取控制。

2.4 IP 地址

物联网要把各种不同的物体接入互联网，其接入端的 IP 地址也可以起到辅助识别物体的功能。

网络之间互联的协议（Internet Protocol，IP）也就是为计算机网络相互连接进行通信而设计的协议。在互联网中，它是能使连接到网上的所有计算机网络实现相互通信的一套规则，规定了计算机在互联网上进行通信时应当遵守的规则。任何厂家生产的计算机系统，只要遵守 IP 就可以与互联网互联互通。正是因为有了 IP，互联网才得以迅速发展成为世界上最大的、开放的计算机通信网络。因此，IP 也可以称为互联网协议。

互联网协议地址（Internet Protocol Address，IP Address）又称 IP 地址，是分配给网络上各种设备的数字标签，这类设备统一使用 IP 协议，它唯一标识了互联网上的一台设备。IP 地址分为 IPv4 与 IPv6 两大类。

2.4.1　IPv4

IPv4 是 IP 地址的 4 字节版本，它是一个 32 位的二进制数，通常被分割为 4 个 8 位二进制数。IP 地址通常用点分十进制表示成 XXX.XXX.XXX.XXX 的形式，其中，XXX 代表 0～255 的十进制整数。例如，点分十进制的 IP 地址 100.4.5.6，实际上是 32 位二进制数 01100100.00000100.00000101.00000110。理论上 IPv4 技术可能使用的 IP 地址最多可有 4 294 967 296 个（即 2^{32}），但是实际上由于早期编码和分配上的问题，使得很多区域的编码被空出或不能使用。图 2.28 展示了 IPv4 地址的结构。

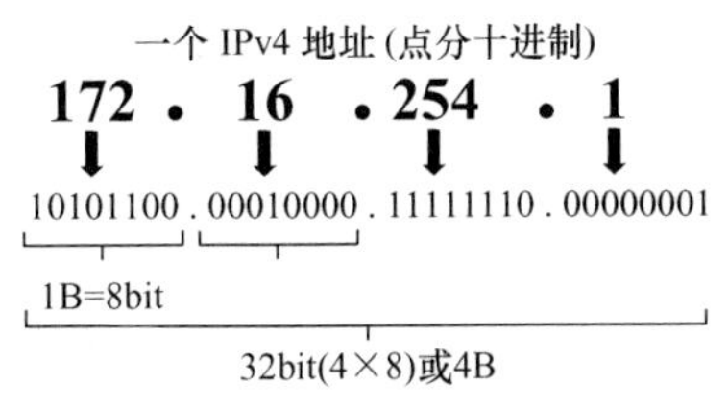

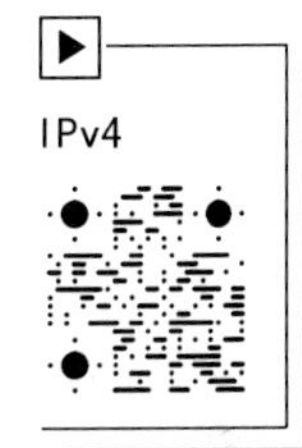

图 2.28　IPv4 地址的结构

IP 地址设计的初衷并不是为了连接单台主机，而是为了把不同大小的独立物理网络互相连接形成一个大的网络。基于这个初衷，一个完整的 IP 地址被分为网络号和主机号两部分，同一个物理网络上的所有主机都使用同一个网络号，网络上的每一个主机（包括网络上的工作站、服务器和路由器等）有一个唯一的主机号与其对应。因为 IP 地址总共有 32 位，理论上可以分配任意多的位数给网络号，把剩下的位数作为主机号。网络号的位数直接决定了可以分配的网络数；主机号的位数则决定了网络中最大的主机数。为了便于寻址以及层次化构造网络，互联网信息中心（Internet Network Informational Center，InterNIC）定义了 5 种 IP 地址类型，每一类具有不同的网络号位数和主机号位数，以适合不同容量的网络，即 A～E 类。

A、B、C 类由 InterNIC 在全球范围内统一分配（见表 2－7），D、E 类为特殊地址。

表 2－7　三类 IP 地址

类别	最大网络数	IP 地址范围	最大主机数	私有 IP 地址范围
A	126(2^7-2)	0.0.0.0～127.255.255.255	16 777 214	10.0.0.0～10.255.255.255
B	16382($2^{14}-2$)	128.0.0.0～191.255.255.255	65 534	172.16.0.0～172.31.255.255
C	2 097 150($2^{21}-2$)	192.0.0.0～223.255.255.255	254	192.168.0.0～192.168.255.255

1. A 类地址

一个 A 类 IP 地址是指在 IP 地址的四段号码中，第一段号码为网络号，剩下的三段号码为主机号。如果用二进制表示 IP 地址的话，A 类 IP 地址就由 1 字节的网络地址和 3 字节的主机地址组成。网络地址的最高位必须是 0，段数应该为 0XXXXXXX.YYYYYYYY.YYYYYYYY.

YYYYYYYY。A 类 IP 地址中网络号的长度为 8 位，主机号的长度为 24 位。理论上 A 类 IP 地址应该有 128（即 2^7）个网络，但是由于 0000000 被分配作为网络号，1111111 被分配作为广播号，因此剩下 126 个网络。

A 类网络数量较少，有 126 个网络，每个网络可以容纳的主机数达 1 600 多万台。

A 类 IP 地址的范围为 1.0.0.0～126.255.255.255，127.255.255.255 是广播地址。

A 类 IP 地址的子网掩码为 255.0.0.0，每个网络支持的最大主机数为 16 777 214（即 $2^{24}-2$）台。

2. B 类地址

同理，一个 B 类 IP 地址是指在 IP 地址的四段号码中，前两段号码为网络号，后两段号码为主机号。如果用二进制表示 IP 地址的话，B 类 IP 地址就由 2 字节的网络地址和 2 字节的主机地址组成，网络地址的最高位必须是 10。B 类 IP 地址中网络号的长度为 16 位，主机号的长度为 16 位。B 类网络地址适用于中等规模的网络，它有 16 382 个网络，每个网络所能容纳的主机数为 6 万多台。

B 类 IP 地址的范围为 128.0.0.0～190.255.255.255，191.255.255.255 是广播地址。

B 类 IP 地址的子网掩码为 255.255.0.0，每个网络支持的最大主机数为 65 534（即 $2^{16}-2$）台。

3. C 类地址

一个 C 类 IP 地址是指在 IP 地址的四段号码中，前三段号码为网络号，剩下的一段号码为主机号。如果用二进制表示 IP 地址的话，C 类 IP 地址就由 3 字节的网络地址和 1 字节的主机地址组成，网络地址的最高位必须是 110。C 类 IP 地址中网络号的长度为 24 位，主机号的长度为 8 位。C 类网络数量较多，有 209 万余个网络，因此适用于小规模的局域网络，每个网络最多只能包含 254 台主机。

C 类 IP 地址的范围为 192.0.0.0～222.255.255.255，223.255.255.255 是广播地址。

C 类 IP 地址的子网掩码为 255.255.255.0，每个网络支持的最大主机数为 254（即 2^8-2）台。

上述三类地址称为公有地址（Public Address），是由 InterNIC 负责分配的，要使用这些 IP 地址需向 InterNIC 提出申请。

4. 私有地址和特殊地址

为了给组织机构内部组网使用，专门从三类地址里分出来部分地址作为私有地址（Private Address），使用这些地址不用专门向 InterNIC 进行申请。以下为留出的内部私有地址。

- A 类 10.0.0.0～10.255.255.255。
- B 类 172.16.0.0～172.31.255.255。
- C 类 192.168.0.0～192.168.255.255。

另外，IP 地址中不能以十进制 127 作为开头，该类地址中 127.0.0.1～127.255.255.255 用于回路测试。

2.4.2 IPv6

随着互联网的快速发展，IPv4 的 42 亿个地址最终于 2011 年 2 月 3 日用尽。为了应对这种情况，InterNIC 提出了 IPv6，它采用 128 位地址，因此支持 2^{128}（约 3.4×10^{38}）个地址。IPv6 在二进制下的长度为 128 位，通常以 16 位为一组，可以分为 8 组，每组以 4 位十六进制数表示，因此总共有 32 个十六进制数。所以 IPv6 的可能地址也可以说成有 16^{32} 个，因为 32 位地址每位可以取 16 个不同的值。

IPv6

IPv6 有三种表示方法，分别是冒分十六进制表示法、0 位压缩表示法和内嵌 IPv4 地址表示法。

1. 冒分十六进制表示法

其格式为 X:X:X:X:X:X:X:X，其中每个 X 表示地址中的 16 位，以 4 位十六进制数表示。例如：

ABCD:EF01:2345:6789:ABCD:EF01:2345:6789

这种表示法中，每个 X 的前导 0 是可以省略的。例如：

2001:0DB8:0000:0023:0008:0800:200C:417A 可表示为 2001:DB8:0:23:8:800:200C:417A

2. 0 位压缩表示法

在某些情况下，一个 IPv6 地址中间可能包含很长的一段 0，可以把连续的一段 0 压缩为“::”。但为保证地址解析的唯一性，地址中“::”只能出现一次。例如：

FF01:0:0:0:0:0:0:1101 可表示为 FF01::1101

0:0:0:0:0:0:0:1 可表示为::1

0:0:0:0:0:0:0:0 可表示为::

3. 内嵌 IPv4 地址表示法

为了实现 IPv4 与 IPv6 的互通，IPv4 地址会嵌入 IPv6 地址中，此时地址常表示为 X:X:X:X:X:X:d.d.d.d，前 96 位地址采用冒分十六进制表示，后 32 位地址则使用 IPv4 的点分十进制表示。例如，::192.168.0.1 与::FFFF:192.168.0.1 就是两个典型的例子。注意在前 96 位中，压缩 0 位的方法依旧适用。

IP 地址可以在互联网上唯一标识一台主机，但是 IP 地址是可以修改的，修改 IP 地址可能会给识别主机带来混乱。因此，除了 IP 地址之外，MAC 地址也可以辅助起到标识的作用。

2.4.3 MAC 地址

MAC 地址的英文为 Media Access Control Address，可直译为媒体访问控制地址，也可称为以太网 ID 或物理地址，它是一个用来确认网络设备位置的地址。MAC 地址用于在网络中唯一标识一个网络设备。假如一台计算机中有多个网卡，则每个网卡都需要有一个唯一的 MAC 地址。

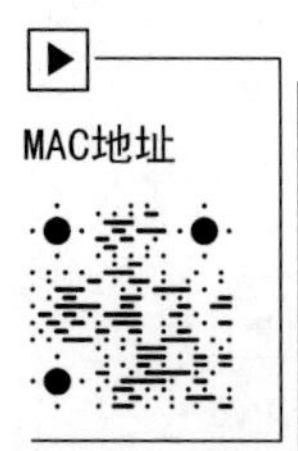

MAC 地址共 48 位（6 个字节），以十六进制表示。前 24 位是由电气与电子工程师协会（Institute of Electrical and Electronics Engineers，IEEE）的注册管理机构负责给不同厂家分配的代码，也称编制上唯一的标识符（Organizationally Unique Identifier）；后 24 位由实际生产该网络设备的厂商自行指定，称为扩展标识符，同一个厂商生产的网络设备中 MAC 地址的后 24 位是不同的。

网络设备的 MAC 地址通常是由网络设备生产厂商写入网络设备的 EPROM（一种闪存芯片，通常可以通过程序擦写），它存储的是传输数据时真正赖以标识发出数据的主机和接收数据的主机的地址，MAC 地址一定是全球唯一的。

既然每个网络设备在出厂时都有一个唯一的 MAC 地址，那为什么还需要为每台主机再分配一个 IP 地址呢？或者说为什么每台主机都分配有唯一的 IP 地址，为什么还要在网络设备（如网卡、集线器、路由器等）生产时内嵌一个唯一的 MAC 地址呢？主要原因有以下几个。

（1）IP 地址的分配是根据网络的拓扑结构，而不是根据谁制造了网络设备。若将高效的路由选择方案建立在设备制造商的基础上而不是网络所处的拓扑位置基础上，这种方案是不可行的。

（2）当存在一个附加层的地址寻址时，设备更易于移动和维修。例如，如果一个网卡坏了，可以被更换，而无须取得一个新的 IP 地址；如果一个 IP 主机从一个网络移到另一个网络，可以给它分配一个新的 IP 地址，而无须换一个新的网卡。

（3）无论是局域网还是广域网中的计算机之间的通信，最终都表现为将数据包从某种形式的链路上的初始节点出发，从一个节点传递到另一个节点，最终传送到目的节点。数据包在这些节点之间的移动都是由地址解析协议（Address Resolution Protocol，ARP）负责将 IP 地址映射到 MAC 地址上来完成的。

下面通过一个例子来看看 IP 地址和 MAC 地址是怎样结合来传送数据包的。

假设网络上要将一个数据包（名为 PAC）由北京的一台主机（名称为 A，IP 地址为 IP_A，MAC 地址为 MAC_A）发送到华盛顿的一台主机（名称为 B，IP 地址为 IP_B，MAC 地址为 MAC_B）。这两台主机之间不可能是直接连接起来的，因而数据包在传递时必然要经过许多中间节点（如路由器、服务器等），假定在传输过程中要经过 C1、C2、C3（其 MAC 地址分别为 M1、M2、M3）三个节点。A 主机在将 PAC 数据包发出之前，先发送一个 ARP 请求，找到其要到达 IP_B 地址所必须经历的第一个中间节点 C1 的 MAC 地址 M1，然后在其数据包中封装（Encapsulation）IP_A、IP_B、MAC_A 和 M1 地址。当 PAC 数据包传到 C1 节点后，再由 ARP 根据其目的 IP 地址 IP_B，找到其要经历的第二个中间节点 C2 的 MAC 地址 M2，然后再将带有 M2 的数据包传送到 C2。以此类推，直到最后找到带有 IP 地址为 IP_B 的 B 主机的地址 MAC_B，最终传送给主机 B。在传输过程中，IP_A、IP_B 和 MAC_A 不变，而中间节点的 MAC 地址通过 ARP 在不断改变（M1、M2、M3），直至目的地址 MAC_B。

IP 地址和 MAC 地址两者之间分工明确，默契合作，共同完成通信过程。IP 地址专注于网络层，将数据包从一个网络转发到另一个网络；而 MAC 地址专注于数据链路层，将一个数据帧从一个节点传送到相同链路的另一个节点。IP地址和MAC地址的相同点是它们都是唯一的，不同点有以下几个。

（1）对于网络上的某一个设备，如一台计算机或一台路由器，其IP地址是基于网络拓扑结构设计的，同一台设备或计算机上，改动IP地址是很容易的（但必须唯一），而MAC地址则是生产厂商烧录好的，一般不能改动。我们可以根据需要给一台主机指定任意的IP地址，如可以给局域网上的某台计算机分配IP地址为192.168.0.112，也可以将它改成192.168.0.200。而任一网络设备（如网卡、路由器）一旦生产出来以后，其MAC地址不可由本地连接内的配置进行修改。如果一台计算机的网卡坏了，在更换网卡之后，该计算机的MAC地址就变了。

（2）长度不同。IP地址为32位，MAC地址为48位。

（3）分配依据不同。IP地址的分配是基于网络拓扑结构，MAC地址的分配是基于生产厂商。

（4）寻址协议层不同。IP地址应用于开放式系统互联（Open System Interconnection，OSI）参考模型的第三层，即网络层，而MAC地址应用在OSI第二层，即数据链路层。数据链路层协议可以使数据从一个节点传递到相同链路的另一个节点上（通过MAC地址），而网络层协议使数据可以从一个网络传递到另一个网络上（ARP根据目的IP地址，找到中间节点的MAC地址，通过中间节点传送，从而最终到达目的网络）。

2.5　图像识别

图像识别（Image Recognition）是计算机对图像进行处理、分析和理解，以识别各种不同模式的目标和对象的技术。简单来说，图像识别就是计算机如何像人一样读懂图片的内容。借助图像识别技术，我们可以识别不能或难以用上述技术来进行识别的物体，最典型的图像识别的应用包括车牌识别、人脸识别等。

图像识别的发展大致经历了三个阶段：文字识别、数字图像处理与识别、物体识别。

- 文字识别的研究是从1950年开始的，一般是识别字母、数字和符号，从印刷文字识别到手写文字识别，应用非常广泛。
- 数字图像处理与识别的研究开始于1965年。数字图像与模拟图像相比具有存储、传输方便，可压缩，传输过程中不易失真，处理方便等巨大优势，这些都为图像识别技术的发展提供了强大的动力。
- 物体识别主要是指对三维世界的客体及环境的感知和认识，属于高级的计算机视觉范畴。它以数字图像处理与识别为基础，同时又结合了人工智能、系统学等学科，其研究成果被广泛应用在各种工业及探测机器人上。

2.5.1　图像的基础知识

要让计算机认出图像来，首先需要了解图像在计算机中的存储方式。计算机中的图像存储主要有两种形式：点阵图（位图）和矢量图。通常图像识别都是针对点阵图而言的，下面所说的图像都是指点阵图。

计算机中，图像是以二进制数的形式存储在计算机中的。按颜色分类的话，图像包括黑白图、灰度图和彩色图三类。

点阵图和矢量图的区别

黑白图是最简单的一种图像，它只包含黑白两种信息。对于一张黑白图来说，一张图像对应了一张二维表，表中的每一个单元格都对应一个像素点的黑白值。

灰度图除了黑白之外，还包含不同深浅的灰色信息。对于一张灰度图来说，一张图像对应了一张二维表，表中的每一个单元格对应一个像素点的灰度值。

黑白图、灰度图和彩色图的区别

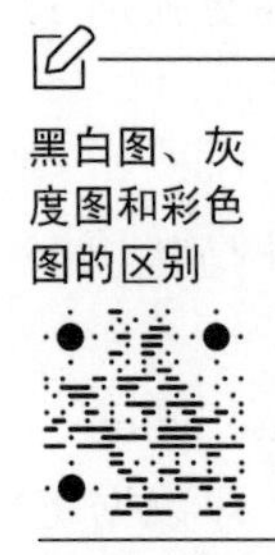

彩色图包含丰富的颜色信息，通常在计算机中用 RGB（红、绿、蓝）三原色模型来表示各种颜色信息。对于一张彩色图来说，一张图片对应了一张三维表，表中的每一个单元格对应了一个像素点的某种颜色的值。

对于 RGB 彩色图来说，其每个像素点的色彩由 R、G、B 三个分量共同决定。每个分量在内存所占的位数共同决定了图像深度，即每个像素点所占的字节数。以常见的 24 位深度 RGB 彩色图来说，其三个分量各占 1 个字节，这样每个分量可以取值 0～255，这样一个像素点可以有 1 600 多万（255×255×255）种颜色的变化范围。对这样一幅彩色图来说，其对应的灰度图则是只有 8 位的图像深度（可认为它是 R、G、B 三个分量相等），这也说明了灰度图图像处理所需的计算量确实要少。不过需要注意的是，虽然丢失了一些颜色等级，但是从整幅图像的整体和局部的色彩以及亮度等级分布特征来看，灰度图的描述与彩色图的描述是一致的。

对于计算机来说，要让它识别出图像中特定的物体，就是要让它识别出特定的数字组合，或者说特定的模式。而相关的研究表明，人类识别物体靠的是对物体外观轮廓的判断，因此利用计算机进行图像识别的一般过程包括图像预处理、图像分割、特征提取和判断匹配。

（1）图像预处理的作用是利用去色、二值化、锐化、去噪、平滑、变换、增强、滤波等各种处理手段来使得物体的特征更加明显。

（2）图像分割的作用是将包含所要识别物体的区域从图像之中切割出来。

（3）特征提取的作用是从分割出来的图像中将物体的特征找出来。

（4）判断匹配的作用是将图像中物体的特征和已有物体库中各种物体的特征进行比较，进而判断图像中的物体是哪种物体。

下面以车牌识别和人脸识别为例，讲解图像识别的大致过程。

2.5.2 车牌识别基础

车牌识别是目前图像识别应用最成功的一个领域。车牌识别要求能够将运动中的汽车牌照从复杂背景中提取并识别出来，通过车牌提取、图像预处理、特征提取、车牌字符识别等技术，识别车辆牌号、颜色等信息。目前最新的技术水平为字母和数字的识别率可达到 99.7%，汉字的识别率可达到 99%。车牌识别的基础是数字、字母和文字识别。

车牌识别的一般流程如下。

（1）将图像灰度化。

（2）对图像进行去噪处理。

（3）对图像进行二值化。

（4）对图像进行切割，将字符一个一个分割出来（特殊去噪）。

（5）提取每一个字符的特征，生成特征矢量或特征矩阵。

（6）分类与学习。将特征矢量或特征矩阵与样本库进行比对，挑选出相似的那类样本，将这类样本的值作为输出结果。

下面对该流程进行简单的说明。

1. 灰度化

图像灰度化的目的是抛弃颜色信息，将每一个像素点的颜色变成0～255的灰度值，其中0为黑色，255为白色。最常见的灰度化方法有以下五种。

（1）Gray＝B；Gray＝G；Gray＝R。

（2）Gray＝max(B,G,R)。

（3）Gray＝(B＋G＋R)/3。

（4）Gray＝0.072×B＋0.715×G＋0.212×R。

（5）Gray＝0.11×B＋0.59×G＋0.3×R。

第一种方法是以RGB三色中的某一个颜色的值作为该点的灰度值；第二种方法是以RGB三色中最亮的值作为该点的灰度值；第三种方法是以RGB三色的平均值作为该点的灰度值；第四种方法是OpenCV开放库所采用的灰度权值；第五种方法是从人体生理学角度所提出的一种权值（人眼对绿色的敏感度最高，对蓝色的敏感度最低）。最后两种方法都属于加权平均法。

2. 去噪

去噪是数字图像处理中的重要环节和步骤。去噪效果的好坏直接影响后续的图像处理工作，如图像分割、边缘检测等。没有一种普适的通用去噪方法，根据噪声污染的不同，需要选取不同的去噪方法。

根据噪声与信号（这里指图像）的关系，可以将噪声分为加性噪声和乘性噪声两类。加性噪声是指噪声和信号的关系是简单的叠加关系，不管有没有信号，噪声都存在，而且噪声不会随着信号而改变，即噪声和信号是相互独立的。乘性噪声是指噪声和信号的关系是乘法关系，有信号就有噪声，没有信号就没有噪声，乘性噪声和信号是相依存的，它依赖于信号的存在而存在。

总体来说，图像去噪可以分为空域滤波和频域滤波两类。空域滤波是指直接对图像像素进行处理，而频域滤波是指先对图像进行某种数学变换（傅里叶变换、小波变换等），然后在变换域中对图像进行滤波处理，最后再进行这种数学变换的逆变换，从而得到滤波后的结果。下面主要介绍空域滤波的经典算法。

（1）均值滤波算法也称线性滤波。其主要思想为邻域平均法，即每个像素点的灰度都由其周围的若干个像素点的灰度平均值来代替。这种算法能够有效抑制加性噪声，但容易引起图像模糊，可以对其进行改进，主要避开对景物边缘的平滑处理。

(2) 中值滤波。这是基于排序统计理论的一种能有效抑制噪声的非线性平滑滤波信号处理技术。中值滤波首先确定一个以某个像素为中心点的邻域，一般为方形邻域，也可以为圆形、十字形等，然后将邻域中各像素的灰度值排序，取其中间值作为中心像素灰度的新值。这里邻域被称为窗口，当窗口移动时，利用中值滤波可以对图像进行平滑处理。其算法简单，时间复杂度低，但对点、线和尖顶多的图像不宜采用中值滤波。

(3) 维纳滤波也称最小均方差滤波。它的目标是找到一个原图像 f 的估计图像 f'，使得它们之间的均方误差最小。它是一种自适应滤波器，根据局部方差来调整滤波器效果，对于去除高斯噪声效果明显。

3. 二值化

对灰度图进行二值化的目的是将每个像素点的灰度值变成 0 或 255，也就是将整个图像呈现出明显的黑白效果，以便于计算。最简单的二值化方法包括以下几种。

(1) 循环扫描每一点的灰度值，如果值小于 127 则将其灰度值设为 0（黑色），值大于等于 127 则将其灰度值设为 255（白色）。该方法的优点是计算量少，速度快，缺点是首先阈值为 127 没有任何理由可以解释，其次完全不考虑图像的灰度分布情况与灰度值特征。

(2) 计算全部像素点灰度的平均值 K，循环扫描图像的每个像素点的灰度值，如果值大于 K 则将其灰度值设为 255（白色），值小于等于 K 则将其灰度值设为 0（黑色）。该方法相比第一种方法，阈值的选取相对合理一些。但是使用平均值作为二值化阈值同样有个致命的缺点，可能导致部分对象像素或背景像素丢失，二值化结果不能真实反映源图像信息。

(3) 使用直方图方法来寻找二值化阈值。直方图是图像的重要特质，直方图方法选择二值化阈值主要是发现图像的两个最高的峰，然后阈值取值在两个峰之间的峰谷最低处。该方法相对前两种方法而言稍微精准一点。

(4) 使用近似一维 Means 方法寻找二值化阈值。该方法的具体步骤如下。

① 初始化一个阈值 T，可以自己设置或根据随机方法生成。

② 循环扫描图像的每个像素点，根据阈值将每个像素数据 $P(n,m)$ 分类为对象像素数据 G_1 或者背景像素数据 G_2。（n 为行，m 为列）

③ 计算 G_1 的平均值为 m_1，计算 G_2 的平均值为 m_2。

④ 设置一个新的阈值 $T'=(m_1+m_2)/2$。

⑤ 回到步骤②，用新的阈值继续分类像素数据为对象像素数据与背景像素数据。继续步骤②～④，直到计算出来的新阈值等于上一次阈值。

经过灰度化、去噪和二值化，一个车牌就由一张彩色图变成了一张黑白图，如图 2.29 所示。

A·DS200 A·DS200

图 2.29 二值化前后的车牌号码对比

4. 分割

图像分割的目的是将单个字符从图像中抽取出来。对于车牌这种尺寸大小、字符大小、字符个数都确定，而且字符分布规律的情况，常用的图像分割方法包括固定边界分割等方法。

(1) 固定边界分割的原理是利用固定大小或比例的长方形区块从车牌图像中截取对应的字符。这种方法的优点是分割简单、不受噪声影响、不依赖图像状况，缺点是要求车牌图像截取完整、变形不大，否则会造成截取的字符不完整。

(2) 投影分割的原理是将车牌像素灰度值按行或列（根据图中文字的方向而定）方向累加，由于车牌中字符之间的灰度值较低或为0，因此投影图将在字符之间形成谷底，通过寻找两个波峰之间的谷底，将其作为字符分割的位置，可以完成字符的分割，如图2.30所示。车牌边框和铆钉对这种方法有一定的影响，因为它们会影响字符之间的谷底位置，所以需要提前去除边框和铆钉。

图2.30　投影分割示意

经过分割之后，一张完整的车牌图像就变成若干张包含单个字符的黑白二值图像，如图2.31所示。

图2.31　单个字符的黑白二值图像

5. 提取特征

提取特征是进行识别的前提，针对不同的特征库，需要使用不同的特征提取方法。总的来说，分为结构特征和像素分布特征两类方法。

(1) 结构特征。结构特征充分利用了字符本身的特点，由于车牌字符通常都是较规范的印刷体，因此可以较容易地从字符图像上得到它的字符笔画信息，并可根据这些信息来判断字符。例如，汉字的笔画可以简化为四类：横、竖、左斜和右斜。根据长度不同又可分为长横、短横、长竖和短竖等。将汉字分块，并提取每一块的笔画特征，就可得到一个关于笔画的矩阵，以此作为特征来识别汉字。

(2) 像素分布特征。像素分布特征的提取方法很多，常见的有水平、垂直投影的特征，微结构特征和周边特征等。水平、垂直投影的特征是计算字符图像在水平和垂直方向上像素值的多少，以此作为特征。微结构特征是将图像分为几个小块，统计每个小块的像素分布。周边特征则计算从边界到字符的距离。优点是排除了尺寸、方向变化带来的干扰，缺点是当字符出现笔画融合、断裂、部分缺失时不适用。

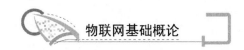

常见的像素分布特征提取方法有以下几种。

- 逐像素特征提取。逐像素特征提取是指对整幅二值图像进行扫描，若图像中的像素点为黑色像素点时，则令特征值为 1，否则特征值为 0。经过该方法提取的特征向量的维数与图像中的像素点的个数相同。
- 骨架特征提取。两幅图像由于它们线条的粗细不同，使得两幅图像差别很大，但是将它们的线条进行细化后，统一到相同的宽度，如一个像素宽时，这时两幅图像的差距就不那么明显。利用图像的骨架作为特征来进行数码识别，就使得识别有了一定的适应性。骨架特征提取是先细化字符图像，然后从细化后的字符图像中逐像素地提取特征。
- 垂直方法数据统计特征提取。垂直方法数据统计特征提取是，首先对字符图像进行水平投影，统计水平投影值，此处的水平投影值为黑色像素的数目；其次通过对字符图像进行垂直投影，统计垂直投影值，此处的垂直投影值仍为黑色像素的个数；最后将水平和垂直投影值作为字符的特征向量。
- 13 点特征提取。13 点特征提取的总体思路是，首先把字符平均分成 8 份，分别统计这 8 个区域中的黑色像素的数目，就可以得到 8 个特征；然后统计水平方向中间两行和垂直方向中间两列的黑色像素点的个数得到 4 个特征；最后统计所有黑色像素点的个数作为第 13 个特征。

不管用什么样的特征提取方法，最终得到的结果都可以理解为一组 N 维矢量，用来表示该字符的特征。

开源字符识别库

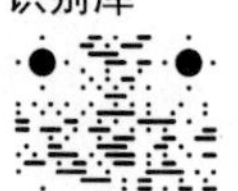

6. 字符识别

车牌字符识别是车牌识别的核心部分。车牌字符识别的准确率是衡量车牌识别系统的一个很重要的指标。一般字符识别的方法就是采用模式识别方法。简单来说，模式识别就是首先通过提取待识别字符的特征，其次对提取出来的特征跟字符模板的特征匹配，最后根据准则判断该字符所属的类别，从而识别出字符。不同的训练方法，不同的特征提取，不同的匹配规则，就相应的有不同的字符识别方法，但是基本思路都是一致的。经典的字符识别方法有以下三种。

（1）模板匹配字符识别算法是图像识别中的经典算法之一。该算法的核心思想是：通过比较待识别字符图像的字符特征和标准模板的字符特征，计算两者之间的相似性，相似性最大的标准模板的字符即为待识别的字符。该方法首先要建立标准模板库，其中标准模板库中的字符的大小是一样的；其次将待识别的字符规格化，其大小应该和模板库中的字符一样；最后将待识别的字符和标准模板库中的所有字符进行匹配，计算相似度。模板匹配字符识别算法适用于印刷字体、字体规范的字符等，但是对字符变形、弯曲、字符旋转等情况的抗干扰能力差。

（2）神经网络字符识别算法的主要思想是：通过神经网络（Neural Network，NN）

学习大量字符样本，从而得到字符的样本特征，当对待识别的字符进行识别时，神经网络就会将待识别字符的特征和之前得到的样本特征匹配，从而识别出字符。该算法主要利用神经网络的学习和记忆功能。神经网络字符识别算法虽然有其优点，但是由于采用神经网络识别字符依赖于初始样本的选择，并且容易陷入局部最优和收敛速度慢，因此采用神经网络识别字符的算法仍需要改进。

(3) 支持向量机的主要思想与神经网络字符识别算法相同，都是先得到样本特征，进行训练，然后再分类。支持向量机（Support Vector Machine，SVM）是目前用得最多的分类方法，一般适合于二分类问题，在这里就需要使用多分类器来构造。SVM 方法是建立在统计学习理论的 VC 维理论和结构风险最小原理的基础上的，根据有限的样本信息在模型的复杂性（即对特定训练样本的学习精度）和学习能力（即无错误地识别任意样本的能力）之间寻求最佳折中，以期获得最好的推广能力。

2.5.3　人脸识别基础

人脸识别是图像识别的另外一个重要应用，而且随着计算机处理能力的增加，人脸识别的准确率越来越高，其应用也越来越广泛。

广义上的人脸识别包括人脸检测和人脸识别两部分。其中最重要的部分是人脸检测，即在一张图像中检测到人脸，而人脸识别则是将检测到的人脸特征和数据库里的人脸特征进行对比，识别出是谁的脸。

开源人脸识别库

人脸识别本质上和车牌识别没有区别，它们的基本思路也是一致的，在这里仅介绍人脸识别的一般方法和思路。

1. 人脸检测

首先介绍人脸检测。主流的人脸检测技术包括基于特征的人脸检测算法、基于统计的人脸检测算法、基于模板匹配的人脸检测算法等。

(1) 基于特征的人脸检测算法。从检测的角度看，人脸由眼睛、鼻子、嘴巴、下巴等部件构成，正因为这些部件的形状、大小和结构上的各种差异才使得世界上每个人的脸千差万别，因此对这些部件的形状和结构关系的几何描述，可以作为人脸检测的重要特征。

采用几何特征进行正面人脸检测一般是通过提取人眼、口、鼻等重要特征点的位置和眼睛等重要器官的几何形状作为分类特征，如图 2.32 所示。

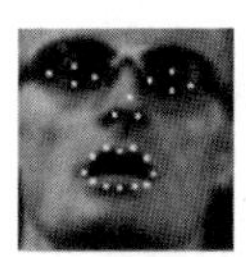
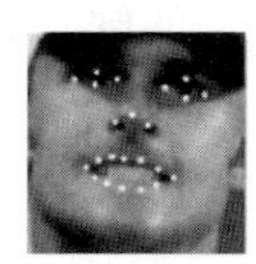

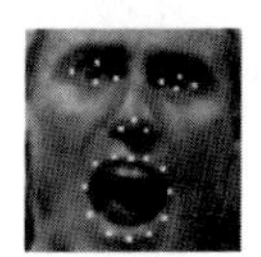

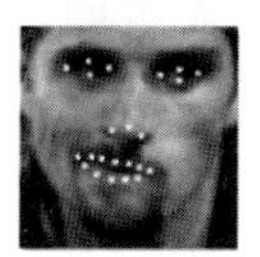
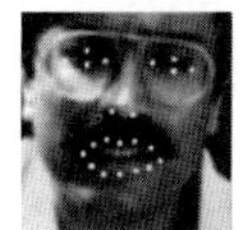

图 2.32　人脸的几何特征

这种方法所存在的问题主要有：检测率不高，如果图像背景中存在类人脸区域，则必然会导致误检；某些视角下人脸的某些特征不可见，不能使用这种方法检测；用于描述人脸特征之间关系的规则不易设计，规则制定的过高或过低会造成拒识或误识。基于面部重要器官特征的人脸检测方法在人脸识别研究的初期应用比较多，现在人们往往把它作为其他检测方法的辅助手段。

（2）基于统计的人脸检测算法。基于统计的人脸检测算法不是针对人脸的某一特征，它是从整个人脸的角度出发，利用统计的原理，从成千上万张人脸图像中提取出人脸共有的一些规律，利用这些规律来进行人脸的检测。由于人脸图像的复杂性，显式地描述人脸特征具有一定困难，因此基于统计的方法越来越受到重视。此类方法将人脸区域看成一类模式，使用大量的“人脸”与“非人脸”样本，构造并训练分类器，通过判断图像中所有可能区域属于哪类模式的方法实现人脸的检测。最终，人脸检测问题被转化为了统计模式识别中的二分类问题。

（3）基于模板匹配的人脸检测算法。基于模板匹配的人脸检测算法的原理是，首先建立一个标准的人脸模板，由包含局部人脸特征的子模板构成，然后对一幅输入图像进行全局搜索，对应不同尺度大小的图像窗口，计算与标准人脸模板中不同部分的相关系数，通过预先设置的阈值来判断该图像窗口中是否包含人脸。

2. 人脸识别

人脸的特征提取和特征识别（匹配）是人脸识别中最为关键的两个问题。事实上，人脸识别研究的发展主要就体现在这两个问题上，即提取人脸的什么特征和用什么手段进行分类。针对这两个问题，人们提出了许多种人脸识别算法：基于二维（三维）特征的人脸识别算法；基于特征脸（特征子空间）的人脸识别算法；基于模板匹配（静态匹配和弹性匹配）的人脸识别算法；基于人工神经网络的人脸识别算法。下面简单介绍这几种算法。

（1）基于二维（三维）特征的人脸识别算法。此方法首先定位一些人脸特征点或是特征区域，如眼睛虹膜、鼻侧翼点、嘴角、下巴轮廓、眉毛、脸型轮廓的大小、位置、距离、角度、曲线等二维几何特征量，这些二维几何特征量形成描述该人脸的特征向量，其维数通常因系统的不同而从 10 到 50 不等。这种方法到目前为止仍局限于正面视图，而且因其丢失掉了许多纹理和结构信息，对大的人脸库来说其识别效果也是未知的。对于基于二维特征的方法，早期人脸识别用得比较多，目前一般作为一种辅助的识别手段。

针对利用二维特征进行人脸识别的缺点，人们提出了基于三维特征的方法。采用三维识别与传统的方法最大的区别就在于，人脸的信息可以更好地表现和存储，如人脸特征点的深度信息及点之间的拓扑结构等。

（2）基于特征脸（特征子空间）的人脸识别算法。特征脸方法是从主成分分析（Principal Component Analysis，PCA）导出的一种人脸识别和描述技术。PCA 通过线性变换将原始数据变换为一组各维度线性无关的表示，可用于提取数据的主要特征分量，常用于高维数据的降维。这种方法将包含人脸的图像区域看成一组随机向量，采用 K-L 变换得到正交 K-L 基，对应其中较大特征值的基具有与人脸相似的形状，因此又被称为特征脸。利用这些基的线性组合可以描述、表达和逼近人脸图像，所以可进行人脸识别与合成。识

别过程就是将人脸图像映射到由特征脸组成的子空间中，并比较其在特征脸空间中的位置，然后利用对图像的这种投影间的某种度量来确定图像间的相似度，最常见的就是选择各种距离函数来进行度量分类实现人脸识别，取最小距离所对应的人脸图像的身份作为测试人脸图像的身份。

(3) 基于模板匹配（静态匹配和弹性匹配）的人脸识别算法。基于模板匹配方法的人脸识别算法的思想是：库中存储着已知人脸的若干模板，这些模板既可以是整张人脸的灰度图像，也可以是各生理特征区域的灰度图像，如眼睛模板、鼻子模板、嘴模板，还可以选择经过某种变换的人脸图像作为模板存储。识别时，首先利用积分投影的方法确定面部特征点，提取局部特征的模板，然后和库中的模板进行相关度分析，从而达到分类的目的，完成人脸的识别。

(4) 基于人工神经网络的人脸识别算法。人工神经网络是一种非线性动力学系统，具有良好的自组织、自适应能力。基于人工神经网络的人脸识别算法的思想是：提取多张人脸的特征作为训练样本，将其作为神经网络的输入，对神经网络进行训练，使其识别训练样本的人脸对应谁。当出现新的人脸数据的时候，神经网络就会根据自身训练的结果，识别出人脸。

2.6 生物特征识别

毫无疑问，物联网概念中的“物”不仅包括非生命的物体，也包括作为生命体的人。上一节已经简单介绍了利用图像对人体进行识别的一种方法，下面介绍其他利用生物特征对人体进行识别的方法。

生物特征识别技术（Biometrics Authentication）也称生物测定学，是指通过计算机与光学、声学、生物传感器、生物统计学以及数理统计方法等技术结合，利用人体固有的生理特征来进行个人身份鉴定的技术。研究领域主要包括语音、脸、指纹、手掌纹、虹膜、静脉、视网膜、体形、个人习惯（如敲击键盘的力度和频率、签字）等，相应的识别技术就有声纹识别、人脸识别、指纹识别、掌纹识别、虹膜识别、静脉识别、视网膜识别、体形识别、键盘敲击识别、签字识别等。

2.6.1 指纹识别

指纹识别（Fingerprint Recognition）是目前应用最广泛的生物特征识别技术，大量用于门禁系统、考勤系统、计算机登录、银行内部处理、银行支付、手机登录等。

指纹是指人的手指末端正面皮肤上凸凹不平产生的纹线。纹线有规律的排列形成不同的纹型。纹线的起点、终点、结合点和分叉点，称为指纹的细节特征点（Minutiae）。指纹识别即指通过比较不同指纹的细节特征点来进行鉴别。由于每个人的指纹不同，就是同一个人的十根手指之间，指纹也有明显区别，因此指纹可用于身份鉴定。

1892 年，Galton 出版了 *Fingerprints* 一书，确定了指纹有两个重要特点，即独特性和稳定性。独特性是指几乎没有两枚指纹的特征完全相同，稳定性是指除非受到严重伤残，否则从出生起，每个人的指纹形态都终生不变。指纹现如今已几乎成为生物特征识别的代名词。图 2.33 展示了 9 种形态的指纹特征。

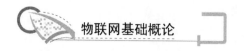

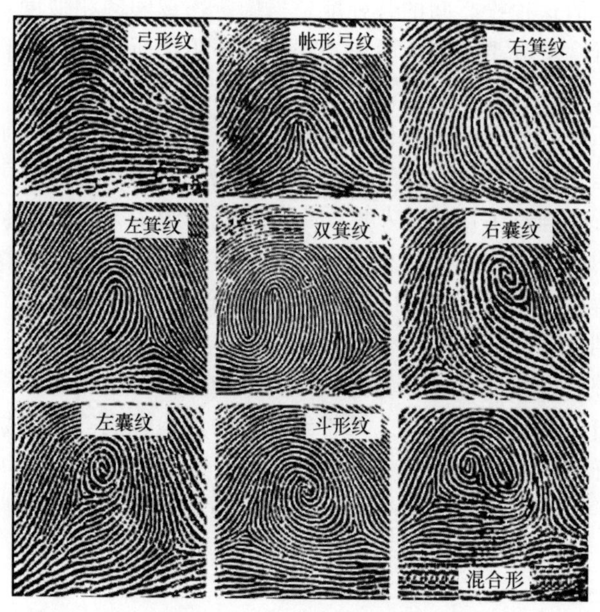

图 2.33　9 种形态的指纹特征

由于每次捺印的方位不完全一样，着力点不同会带来不同程度的变形，又存在大量模糊指纹，如何正确提取特征和实现正确匹配，是指纹识别技术的关键。指纹识别技术涉及图像处理、模式识别、机器学习、计算机视觉、数学形态学、小波分析等众多学科。

1. 发展历史

到目前为止，指纹识别技术的发展大致经历了三代，分别是光学识别、电容式识别和生物射频识别。

第一代指纹识别技术是光学识别，利用光学反射成像来识别指纹。其原理是光源发出的光线以特定角度射入三棱镜，当没有手指按上时，入射光线在三棱镜发生全反射，而当有手指按上时，因为嵴线将接触棱镜表面，而谷不能接触，棱镜与嵴线的接触将破坏全反射条件，从而使一部分光线泄漏，反射光线变弱，从而在图像传感器上形成明暗条纹相间的指纹图像，如图 2.34 所示。光学指纹识别系统由于光不能穿透皮肤表层（死性皮肤层），所以只能够扫描手指皮肤的表面，或者扫描到死性皮肤层，但不能深入真皮层。在这种情况下，手指表面的干净程度，直接影响到识别的效果。如果手指上粘了较多的灰尘，可能就会出现识别出错的情况。并且，如果按照手指做一个指纹手模，也可能通过识别系统，对于用户而言，使用起来不是很安全稳定。

第二代指纹识别技术是电容式识别。其原理是两个电极之间的距离远近会影响电容器的电压，将半导体表面分割成很多硅晶元，每个硅晶元的宽度一般小于嵴线宽度，当把手指放在硅晶元上之后，硅晶元与手指导电的皮下组织液构成一个“电容器”，指纹的高低起伏就会在不同的硅晶元上形成不同的电场，于是就把指纹信息转化成了电信号，如图 2.35 所示。但是由于传感器表面是使用硅材料，容易损坏导致使用寿命降低，还有它

是通过指纹的谷和嵴之间的凹凸来形成指纹图像的，所以对脏手指、湿手指等困难手指识别率低。目前，大多数手机的指纹识别使用的都是电容式指纹识别。

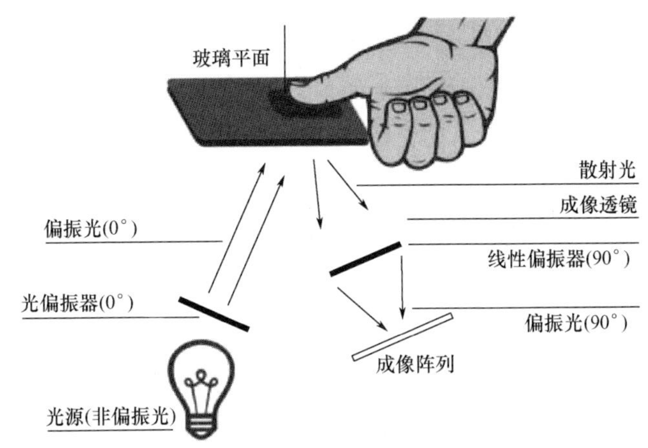

图 2.34　光学指纹识别原理

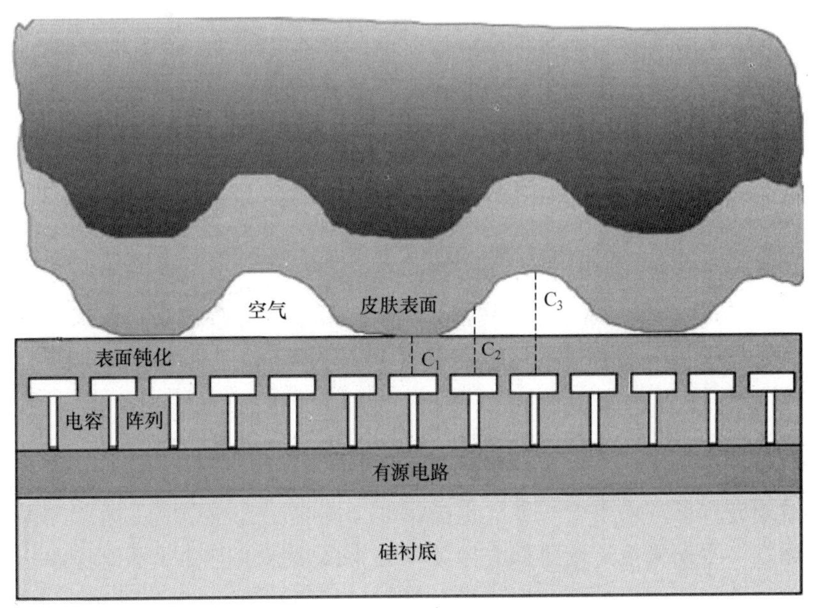

图 2.35　电容式指纹识别原理

第三代指纹识别技术是生物射频识别，分为射频指纹识别和超声波指纹识别。前者是将射频信号从侧面射入手指，手指和半导体芯片之间形成电磁场，此电磁场的分布与皮肤表面的形态有关，而半导体芯片上的每个晶元则是微型天线阵列，可感知电磁场分布，从而获得指纹图像，如图 2.36 所示。射频信号具有良好的穿透性，可穿透至真皮层，获得更可靠的指纹图像。通常射频技术获得的指纹图像要比电容式的图像质量更好，但是潮湿的手指仍严重影响其成像效果。

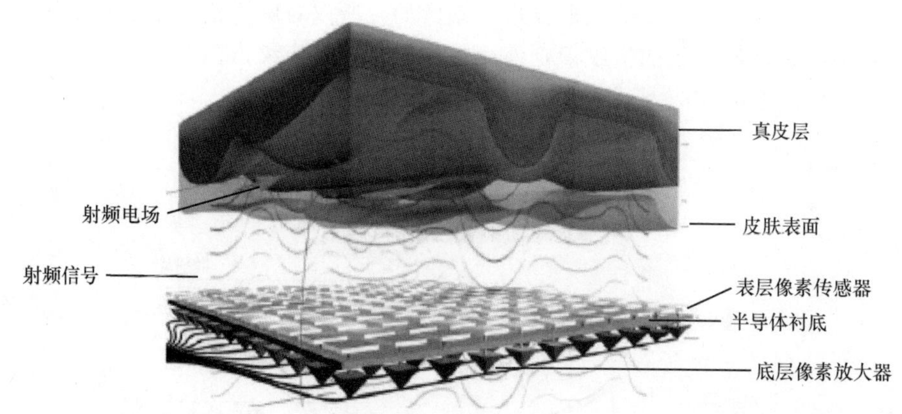

图 2.36　射频指纹识别原理

超声波指纹识别是发射出超声波信号，并接受回波，嵴和谷会产生不同的回波信号，根据回波信号即可产生指纹图像，如图 2.37 所示。

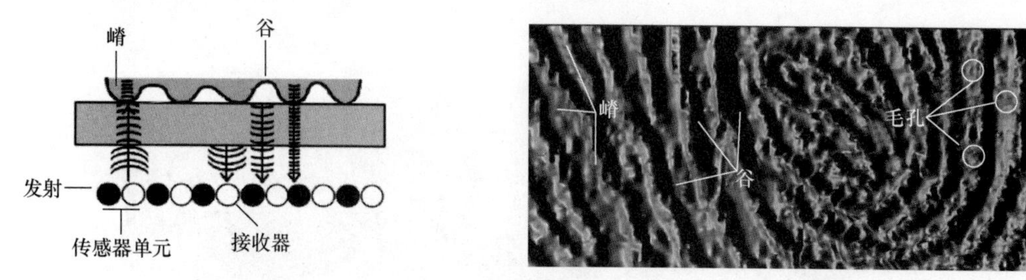

图 2.37　超声波指纹识别原理

指纹识别系统是一个典型的模式识别系统，包括指纹图像获取、处理、特征提取和比对等模块。

2. 指纹图像获取

通过专门的指纹采集仪可以采集活体指纹图像。指纹采集仪主要有光学式、电容式和超声波式。对于分辨率和采集面积等技术指标，公安行业已经形成了国际和国内标准，但还缺少统一标准。根据采集指纹面积大体可以分为滚动捺印指纹和平面捺印指纹，公安行业普遍采用滚动捺印指纹。另外，也可以通过扫描仪、数码相机等获取指纹图像。

目前，国际上广泛接受的指纹图像分辨率为 500dpi，而对于指纹图像的采集面积来说，不同的国家有不同的标准。例如，美国联邦调查局要求指纹采集面积为 832×768 像素，约 42.3mm×39.0mm；中国刑侦应用要求采集面积为 640×640 像素，约 32.5mm×32.5mm；中国二代身份证指纹采集要求采集面积为 256×360 像素，约 13mm×18.3mm。

3. 指纹图像压缩

从指纹传感器输出的是指纹原始图像。以原始图像 512×512 点阵计算，灰度级假定为 256，其数据量可达 256kb。这对整个指纹识别系统的处理和存储都是个不小的负担。

尤其是在远程采集系统中，这个数据量对通信带宽会造成较大负荷，因此需要对指纹图像进行压缩存储。主要方法包括 JPEG、WSQ、EZW 等。JPEG 压缩是一种常用的静态图像压缩算法标准，是国际标准化组织（ISO）和国际电联（CCITT）联合制定的压缩编码标准，其压缩比较高，失真率较低，已被广泛使用在各种需图像压缩的场合。WSQ 是由美国联邦调查局提出的压缩算法，称为指纹研究领域通用的标准压缩算法，是一种自适应的标量量化和小波分解的指纹图像压缩算法，对指纹特征点信息还原效果较好。EZW 是一种基于嵌入式零树小波（Zerotree Wavelet）（这是最先由 Shapiro 提出的一种针对小波的树状结构进行压缩的嵌入式编码方法）的指纹图像数据压缩与恢复方式，该方法被列入中国公安部刑侦领域指纹图像压缩的国家标准。

4. 指纹图像处理

类似于车牌识别，指纹识别也需要对指纹图像进行处理，包括指纹区域检测、图像质量判断、滤波、增强、平滑、二值化和细化等。

指纹图像增强的目的主要是减少噪声，增强嵴谷对比度，使得图像更加清晰真实，便于后续指纹特征值提取，如图 2.38 所示。指纹图像增强的方法较多，通常需设定合适的过滤阈值，使得嵴线相对背景更加清晰，特征点走向更加明显。

图 2.38　指纹图像增强

平滑处理是为了让整个图像取得均匀一致的明暗效果。最常用的平滑处理方法是选取整个图像的像素与其周围灰阶差的均方值作为阈值来处理的。

二值化是将灰度图转变成黑白图。在原始灰度图中，各像素的灰度是不同的，并按一定的梯度分布。在实际处理中只需要知道像素是不是嵴线上的点，而无须知道它的灰度。所以每一个像素对判断嵴线来讲，只是一个“是与不是”的问题。所以，指纹图像二值化是对每一个像素点按事先定义的阈值进行比较，大于阈值的，使其值等于 1（假定），小于阈值的，使其值等于 0。图像二值化后，不仅可以大大减少数据量，而且使后面的处理过程少受干扰，大大简化其后的处理。

图像细化就是将嵴的宽度降为单个像素的宽度，得到嵴线的骨架图像的过程。这个过程进一步减少了图像数据量，清晰化了嵴线形态，为之后的特征值提取做好准备。由于我们所关心的不是嵴线的粗细，而是嵴线的有无。因此，在不破坏图像连通性的情况下必须去掉多余的信息。因而应先将指纹嵴线的宽度采用逐渐剥离的方法，使得嵴线成为只有一个像素宽的细线，这将非常有利于下一步分析。指纹图像处理的前后效果如图 2.39 所示。

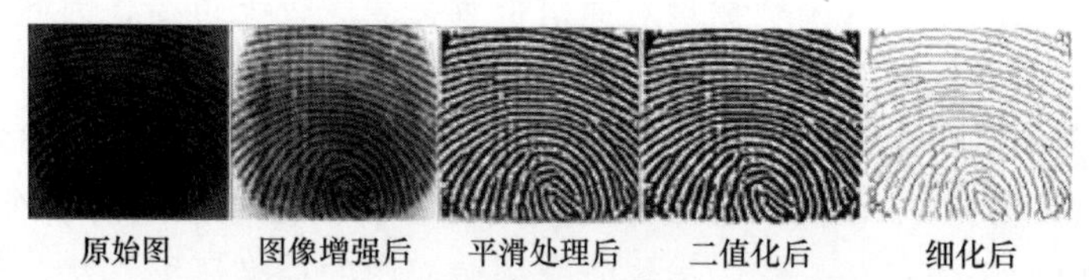

图 2.39 指纹图像处理的前后效果

5. 指纹形态和细节特征提取

指纹形态和细节特征被分为三级，第一级是指纹的纹形，不同的分类方法对纹形有不同的分类。Galton-Henry 分类法将指纹分为五大类型，即平弓（Plain Arch）、帐形弓（Tented Arch）、桡侧箕（Radial Loop）、尺侧箕（Uinar Loop）、斗（Whorl），美国联邦调查局基本采用 Galton-Henry 分类法；中国公安部标准将纹形分为四类，即弓、左箕、右箕、斗型。

第二级是指纹的细节点，即端点、分叉点等。端点是一条纹线终止的地方，分叉点则是一条纹线分裂成两条的地方。端点和分叉点是最常用的细节点特征。

第三级是指纹线上的汗孔、纹线形态、早生纹线、疤痕等。第三级特征更加细致，但是稳定性不如第二级特征。

6. 指纹比对

通常的指纹比对流程是先以指纹的纹形进行粗匹配，进而利用指纹形态和细节特征进行精确匹配，给出两枚指纹的相似性得分，根据应用的不同，对指纹的相似性得分进行排序或给出是否为同一指纹的判断结果。依据使用的特征不同，可以将指纹比对方法分为图像统计法、纹线匹配法、细节特征法、汗孔特征法等。总的来说，指纹比对的方法和算法类似于字符识别，在此不再赘述。

掌纹识别和指纹识别类似，在此不再赘述。

2.6.2 声纹识别

声纹是用电声学仪器显示的携带言语信息的声波频谱。声纹识别（Voice Print Recognition，VPR）即是利用计算机技术对声纹进行分析，以识别出说话者的过程。

声纹识别有别于语音识别，语音识别是判断所说的内容（说的是什么），而声纹识别是判断说话者的身份（是谁说的）。

1. 基本概念

现代科学研究表明，声纹不仅具有特定性，而且有相对稳定性的特点。成年以后，人的声音可长期保持相对稳定不变。实验证明，无论说话者是故意模仿他人声音和语气，还是耳语轻声讲话，即使模仿得惟妙惟肖，其声纹却始终不相同。

人的发声器官实际上存在着大小、形态及功能上的差异。发声控制器官包括声带、软腭、舌头、牙齿、唇等；发声共鸣器包括咽腔、口腔、鼻腔。这些器官的微小差异都会导致发声气流的改变，造成音质、音色的差别。此外，人发声的习惯亦有快有慢，用力有大有小，也造成音强、音长的差别。音高、音强、音长、音色在语言学中被称为语音四要

素，这些要素又可分解成九十余种特征。这些特征表现了不同声音的不同波长、频率、强度、节奏。语图仪可以把声波的变化转换成电信号的强度、波长、频率、节奏变化，仪器又把这些电信号的变化绘制成波谱图形，就成了声纹图（语谱图）。图 2.40 展示了某个体发数字 0～10 语音的声纹。

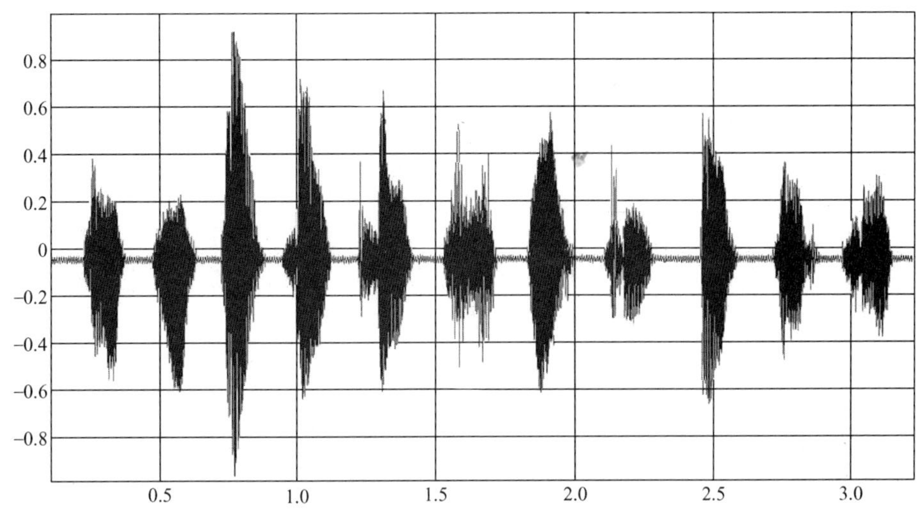

图 2.40　某个体发数字 0～10 语音的声纹

从理论上讲，声纹同指纹一样具有身份识别（认定个人）的作用。虽然由于技术和经验的问题，暂时还不能完全达到指纹那样的精确程度，但它已经被越来越多的国家认可为法庭科学的一项新技术。1981 年在美国密歇根州成立了国际声纹鉴定协会，该协会旨在进一步完善声纹鉴定技术，加强培训和宣传，推动声纹鉴定成为世界公认的一种身份识别的科学方法。

2. 优缺点

声纹识别的应用有以下几个缺点。

- 同一个人的声音具有易变性，易受身体状况、年龄、情绪等的影响。
- 不同的麦克风和信道对识别性能有影响。
- 易受环境噪声的干扰。
- 多人说话的情形下人的声纹特征不易被提取等。

尽管如此，与其他生物特征相比，声纹识别的应用也有一些特殊的优势。

- 蕴含声纹特征的语音获取方便、自然，声纹提取可在不知不觉中完成，因此使用者的接受程度也高。
- 获取语音的成本低廉、使用简单，一个麦克风即可，在使用通信设备时更无须额外的录音设备。
- 适合远程身份确认，只需要一个麦克风或电话、手机就可以通过网络（通信网络或互联网）实现远程登录。
- 声纹辨认和确认的算法复杂度低。

● 配合一些其他措施，如通过语音识别进行内容鉴别等，可以提高准确率。

这些优势使得声纹识别的应用越来越受到系统开发者和用户的青睐，声纹识别的市场仅次于指纹和掌纹的生物特征识别，并有不断上升的趋势。

3. 分类

按照识别任务，声纹识别可以分为两类，即说话者辨认（Speaker Identification）和说话者确认（Speaker Verification）。前者用以判断某段语音是若干人中的哪一个所说的，是“多选一”问题，其性能评价标准主要是正确识别率；而后者用以确认某段语音是否是指定的某个人所说的，是“一对一判断”问题，其最重要的两个指标是错误拒绝率（拒绝真实说话者而造成的错误概率）和错误接受率（接受冒认者而造成的错误概率）。不同的任务和应用会使用不同的声纹识别技术，如缩小刑侦范围时可能需要辨认技术，而银行交易时则需要确认技术。不管是辨认还是确认，都需要先对说话者的声纹进行建模，这就是所谓的“训练”或“学习”过程。图 2.41 展示了两者的区别。

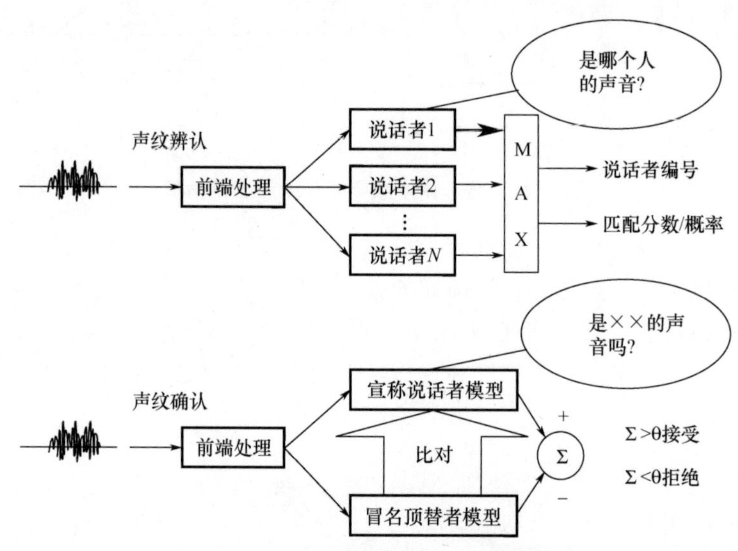

图 2.41　声纹辨认和声纹确认的区别

按照说话内容，声纹识别还可以分为文本相关的（Text-dependent）和文本无关的（Text-independent）两种。与文本相关的声纹识别系统要求说话者按照规定的内容发音，每个人的声纹模型逐个被精确地建立，而识别时也必须按规定的内容发音，因此可以达到较好的识别效果，但系统需要用户配合，如果说话者的发音与规定的内容不符合，则无法正确识别说话者。而与文本无关的识别系统则不规定说话者的发音内容，模型建立相对困难，但用户使用方便，可应用范围较宽。根据特定的任务和应用，两种是有不同的应用范围的。例如，在银行交易时可以使用文本相关的声纹识别，因为用户自己进行交易时是愿意配合的；而在刑侦或侦听应用中则无法使用文本相关的声纹识别，因为无法要求犯罪嫌疑人或被侦听者配合。

4. 基本原理

声纹识别的基本原理和图像识别类似。声纹识别系统的工作过程一般可以分为两个过程：训练过程和识别过程。无论训练还是识别，都需要先对输入的原始语音信号进行预处理，如采样、量化、预加重等，以实现语音特征的提取功能。在训练过程中，声纹识别系统要对所提取出来的说话者语音特征进行训练，建立声纹模板或语音模型库，或者对系统中已有的声纹模板或语音模型库进行适应性修改。在识别过程中，声纹识别系统要根据系统已有的声纹模板或语音模型库对输入语音的特征参数进行模式匹配计算，从而实现识别判断，得出识别结果。图 2.42 展示了声纹识别的流程。

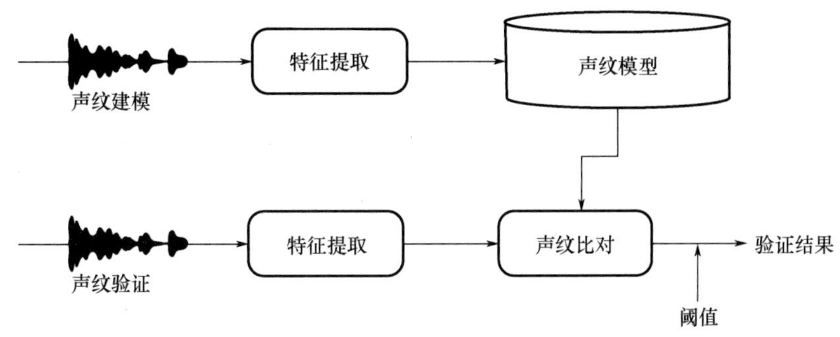

图 2.42　声纹识别的流程

5. 关键技术

从声纹识别系统实现的基本原理来看，其关键技术在于语音预处理后的特征参数提取技术及系统识别过程中的模式匹配识别判断技术。

特征参数提取的目的就是从说话者语音中提取出能够表征说话者特定器官结构或习惯行为的特征参数。该特征参数对同一说话者具有相对稳定性，不能随时间或环境变化而变化，对同一说话者的不同话语也应该是一致的；而对于不同的说话者即使说同样的话语也应该易于区分，具有不易模仿性和较强的抗噪性。常见的几种特征参数包括语音频谱参数、线性预测参数和小波特征参数。

(1) 语音频谱参数。这种参数的提取主要是基于说话者发声器官，如声门、声带和鼻腔等的特殊结构而提取出说话者语音的短时谱特征（即基音频率谱及其轮廓）。它是表征说话者声音的激励源和声道的固有特征，可以反映说话者语音器官的差异，而短时谱随时间或幅度变化的特征，在一定程度上反映了说话者的发音习惯。

(2) 线性预测参数。这种参数的提取则是以若干过去的语音抽样或已有的数学模型来逼近当前的语音抽样，用相应的逼近参数来估计的语音特征。它能够实现用少量的参数有效地表现语音的波形和频谱特性，具有计算效率高、应用灵活的特点。

(3) 小波特征参数。这种参数的提取是利用小波变换技术对语音信号进行分析处理以获得表示语音特征的小波系数。小波变换具有分辨率可变、无平稳性要求和时频域兼容表征等优点，能够有效地表征说话者的个性信息。因此，它在声纹识别系统的实际应用中体现出计算量小、复杂度低、识别效果好等优点。

模式匹配识别判断的目的在于获取表现说话者个性的特征参数的基础上，将待识别的特征参数模板或模型与训练时得到的模板或模型库进行相似性匹配，得到特征模式之间的相似性距离度量，并选取适当的距离度量作为阈值，从而识别判断出可能结果中最好的结果。常用的模式匹配技术包括矢量化模型、随机模型和神经网络模型。

（1）矢量化模型。这种模型通过某种矢量化方法，将提取的说话者特征参数编辑为某种具有代表性的特定矢量，识别时将待识别参数按此特定矢量进行编辑，依照一定的判断标准来得出识别结果。

（2）随机模型。这种模型是一种基于转移概率和传输概率的模型。在使用随机模型进行识别时，为每个说话者建立发声模型，通过训练得到状态转移概率矩阵和符号输出概率矩阵，识别时计算待识别语音在状态转移过程中的最大概率，根据最大概率对应的模型进行识别判断。其优点是计算有效，性能较好，因此成为主流的模式匹配识别判断技术。

（3）神经网络模型。这种模型利用神经网络作为工具，将提取到的说话者特征参数作为训练样本，对神经网络进行训练，在训练过程中能不断调整神经网络的参数权值和结构拓扑，待将新的样本作为输入时，就可以通过神经网络得到输出。

2.6.3 虹膜识别

人的眼睛结构由巩膜、虹膜、瞳孔、晶状体、视网膜等部分组成，如图 2.43 所示。巩膜即眼球外围的白色部分，约占眼睛总面积的 30%；眼睛中心为瞳孔部分，约占眼睛总面积的 5%；虹膜位于巩膜和瞳孔之间，约占眼睛总面积的 65%。虹膜的形成由遗传基因决定，人体基因表达决定了虹膜的形态、颜色和总的外观。虹膜包含了最丰富的纹理信息，其中包括很多相互交错的斑点、细丝、冠状、条纹、隐窝等细节特征，跟指纹一样，不同人的虹膜纹理是不一样的。而且虹膜在胎儿发育阶段形成后，在整个生命历程中基本是保持不变的。不同于指纹，虹膜很难伪造，要改变虹膜外观，需要非常精细的外科手术，而且要冒着视力损伤的危险。虹膜的高度独特性、稳定性及不可更改的特点，是虹膜作为身份鉴别的物质基础。因此，可以将眼睛的虹膜特征作为每个人的身份识别对象。

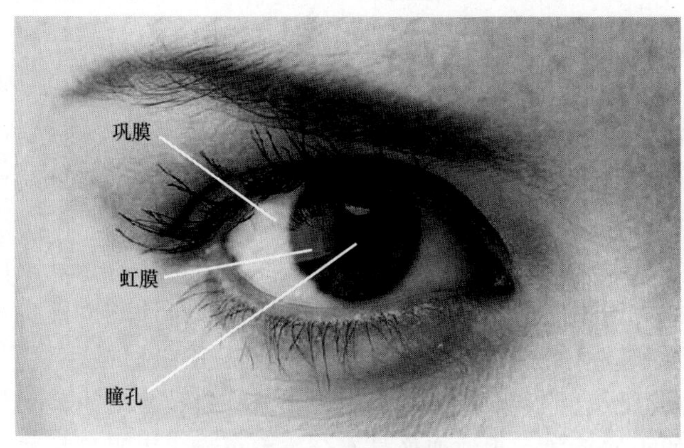

图 2.43　人的眼睛结构

在包括指纹在内的所有生物特征识别技术中，虹膜识别是当前应用最为精确的一种。虹膜识别的误识率可低至百万分之一，与之相比，指纹识别的误识率为 0.8%，人脸识别的误识率则为 2%。

类似于指纹识别，虹膜识别也是通过比对虹膜图像特征之间的相似性来确定人的身份。虹膜识别技术的过程一般来说包含以下四个步骤。

（1）虹膜图像获取。使用特定的摄像器材对人的整个眼部进行拍摄，并将拍摄到的图像传输给虹膜识别系统的图像预处理软件。

（2）图像预处理。对获取的虹膜图像进行以下处理，使其满足提取虹膜特征的需求。

- 虹膜定位。虹膜定位就是准确地确定虹膜的内边界和外边界，保证每次进行特征提取的虹膜区域不存在较大偏差。
- 虹膜图像归一化。在获取虹膜图像的过程中，受焦距、人眼大小、眼睛的平移和旋转以及瞳孔的收缩等因素的影响，所得到的虹膜图像不仅大小不同而且存在旋转、平移等现象。为便于比较，一般虹膜识别系统都要对虹膜进行归一化处理，其目的是将每幅原始图像调整到相同的尺寸和对应的位置，从而消除平移、缩放和旋转对虹膜识别的影响。
- 图像增强。针对归一化后的图像，进行亮度、对比度和平滑度等处理，提高图像中虹膜信息的识别率。

（3）特征提取。采用特定的算法从虹膜图像中提取出虹膜识别所需的特征点，并对其进行编码。

（4）特征匹配。将特征提取得到的特征编码与数据库中的虹膜图像特征编码逐一匹配，判断是否为相同虹膜，从而达到身份识别的目的。

2.6.4 静脉识别

静脉识别的原理是根据血液中的血红素有吸收红外线的特质，将具有红外线感应度的小型照相机对着手指（手掌）进行摄影，有血管的地方将会因吸引红外线变成暗部，即静脉分布图，它对不同的人来说也具有独特性。随后从静脉分布图中提取特征值，同存储在主机中的静脉特征值比对，采用匹配算法对静脉特征进行匹配，从而对人进行身份鉴定，确认身份。

和指纹识别相比，静脉识别有以下几个优点。

- 属于内理特征，不会磨损，较难伪造，具有很高的安全性。
- 血管特征通常更明显，容易辨识，抗干扰性好。
- 可实现非接触式测量，卫生性好，易于为用户接受。
- 不易受手表面伤痕或油污的影响。

其缺点如下。

- 手部静脉仍可能随着年龄和生理的变化而发生变化，永久性尚未得到证实。
- 由于采集方式受自身特点的限制，产品难以小型化。
- 采集设备有特殊要求，设计相对复杂，制造成本高。

静脉识别的基本流程和指纹识别类似，在此不再赘述。

2.7 常见的分类算法

在图像识别和生物特征识别部分，存在大量的识别（比对）算法，而多数的比对算法都属于分类算法的范畴，下面就对常见的分类算法进行介绍。在进行介绍之前，先厘清分类（Classification）和聚类（Clustering）的区别。

- 分类，就是要构造分类器（Classifier），构造分类器的过程通常需要用大量的例子告诉它“这个东西被分为某某类”。理想情况下，一个分类器会从它的大量训练数据中进行学习，从而具备对未知数据进行分类的能力，这种提供训练数据的过程通常称为监督学习（Supervised Learning）。
- 聚类，简单地说就是把相似的东西分到一组。聚类的时候，我们并不关心某一类是什么，我们需要实现的目标只是把相似的东西聚到一起，因此，一个聚类算法通常只需要知道如何计算相似度就可以开始工作了，因此聚类通常并不需要使用训练数据进行学习，这个过程通常称为无监督学习（Unsupervised Learning）。

从前几节我们可以看出，各种特征识别过程中，主要用到的是分类，只有少数用到的是聚类。分类算法有很多，最常见的有决策树、贝叶斯估计、支持向量机、K-近邻、人工神经网络等。下面就对各种算法的核心思想和原理进行简单介绍。

2.7.1 距离

因为在各种分类算法中，会频繁地计算各种距离，所以在讲解各种算法之前，先对各种不同的距离进行讲解。常见的距离测算方法包括欧氏距离、曼哈顿距离、切比雪夫距离、闵可夫斯基距离、标准化欧氏距离、马氏距离、夹角余弦、汉明距离、杰卡德距离 & 杰卡德相似系数、相关系数 & 相关距离。

1. 欧氏距离

欧氏距离（Euclidean Distance）是最易于理解的一种距离计算方法，源自欧氏空间中两点间的距离公式。

计算两个 n 维向量 $a(x_{11},x_{12},\cdots,x_{1n})$ 与 $b(x_{21},x_{22},\cdots,x_{2n})$ 之间的欧氏距离的公式如下。

$$d=\sqrt{\sum_{k=1}^{n}(x_{1k}-x_{2k})^2} \qquad (2-1)$$

2. 曼哈顿距离

想象你在曼哈顿要从一个十字路口开车到另外一个十字路口，驾驶距离是两点间的直线距离吗？显然不是，除非你能穿越大楼。实际驾驶距离就是这个“曼哈顿距离”（Manhattan Distance），这也是曼哈顿距离名称的来源。曼哈顿距离也称城市街区距离（City Block Distance）。

计算两个 n 维向量 $a(x_{11},x_{12},\cdots,x_{1n})$ 与 $b(x_{21},x_{22},\cdots,x_{2n})$ 之间的曼哈顿距离的公式如下。

$$d=\sum_{k=1}^{n}|x_{1k}-x_{2k}| \qquad (2-2)$$

3. 切比雪夫距离

国际象棋中国王走一步能够移动到相邻的 8 个方格中的任意一个。那么国王从格子

(x_1, y_1)走到格子(x_2, y_2)最少需要的步数是$\max(|x_2-x_1|, |y_2-y_1|)$步。有一种类似的距离度量方法称为切比雪夫距离（Chebyshev Distance）。

计算两个n维向量$a(x_{11}, x_{12}, \cdots, x_{1n})$与$b(x_{21}, x_{22}, \cdots, x_{2n})$之间的切比雪夫距离的公式如下。

$$d = \max_i(|x_{1i} - x_{2i}|) \text{ 或 } d_{12} = \lim_{k \to \infty} \left(\sum_{i=1}^{n} |x_{1i} - x_{2i}|^k\right)^{1/k} \tag{2-3}$$

4. 闵可夫斯基距离

闵可夫斯基距离（Minkowski Distance）不是一种距离，而是一组距离的定义。

计算两个n维变量$a(x_{11}, x_{12}, \cdots, x_{1n})$与$b(x_{21}, x_{22}, \cdots, x_{2n})$之间的闵可夫斯基距离的定义如下。

$$d = \sqrt[p]{\sum_{k=1}^{n} |X_{1k} - X_{2k}|^p} \tag{2-4}$$

其中，p是一个变参数。

当$p=1$时，就是曼哈顿距离。

当$p=2$时，就是欧氏距离。

当$p \to \infty$时，就是切比雪夫距离。

根据变参数的不同，闵可夫斯基距离可以表示一组距离。

闵可夫斯基距离，包括曼哈顿距离、欧氏距离和切比雪夫距离都存在明显的缺点。

例如，二维样本（身高，体重），其中身高范围是150～190cm，体重范围是50～60kg，有三个样本$a(180,50)$、$b(190,50)$、$c(180,60)$。那么a与b之间的闵可夫斯基距离等于a与c之间的闵可夫斯基距离，但是身高的10cm真的等价于体重的10kg吗？因此用闵可夫斯基距离来衡量这些样本间的相似度很有问题。

简单来说，闵可夫斯基距离的缺点主要有以下两个。

- 将各个分量的量纲（Scale），也就是单位当成相同的看待了。
- 没有考虑各个分量的分布（如期望、方差等）可能是不同的。

5. 标准化欧氏距离（Standardized Euclidean Distance）

标准化欧氏距离是针对简单欧氏距离的缺点所做的一种改进方案。标准欧氏距离的思路是：既然数据各维分量的分布不一样，那就先将各个分量都标准化到均值、方差相等。均值和方差标准化到多少呢？根据统计学的知识，假设样本集X的均值为m，标准差为s，那么X的标准化变量表示如下。

$$X^* = \frac{X - m}{s} \tag{2-5}$$

而且标准化变量的数学期望为0，方差为1。因此样本集的标准化过程（standardization）用公式描述如下。

标准化后的值＝(标准化前的值－分量的均值)/分量的标准差

经过简单地推导就可以得到两个n维向量$a(x_{11}, x_{12}, \cdots, x_{1n})$与$b(x_{21}, x_{22}, \cdots, x_{2n})$之间的标准化欧氏距离的公式如下。

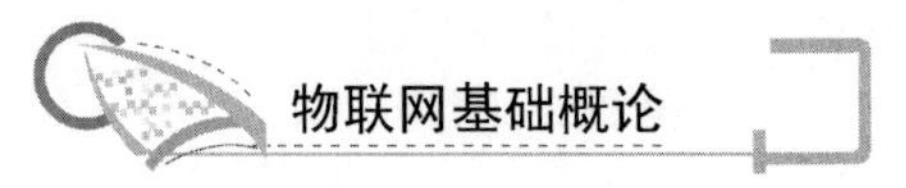

$$d = \sqrt{\sum_{k=1}^{n}\left(\frac{X_{1k}-X_{2k}}{s_k}\right)^2} \tag{2-6}$$

如果将方差的倒数看成一个权重，这个公式可以看成一种加权欧氏距离（Weighted Euclidean Distance）。

6. 马氏距离

有 M 个样本向量 $X_1 \sim X_m$，协方差矩阵记为 $\boldsymbol{S}$，均值记为向量 μ，则其中样本向量 X 到 μ 的马氏距离（Mahalanobis Distance）表示如下。

$$D(X)=\sqrt{(X-\mu)^{\mathrm{T}}\boldsymbol{S}^{-1}(X-\mu)} \tag{2-7}$$

而其中向量 X_i 与 X_j 之间的马氏距离定义如下。

$$D(X_i,X_j)=\sqrt{(X_i-X_j)^{\mathrm{T}}\boldsymbol{S}^{-1}(X_i-X_j)} \tag{2-8}$$

若协方差矩阵是单位矩阵（各个样本向量之间独立同分布），则公式变成如下。

$$D(X_i,X_j)=\sqrt{(X_i-X_j)^{\mathrm{T}}(X_i-X_j)} \tag{2-9}$$

也即欧式距离。若协方差矩阵是对角矩阵，则公式变成了标准化欧氏距离。

马氏距离与量纲无关，排除了向量之间的相关性干扰。

7. 夹角余弦

几何中夹角余弦（Cosine）可用来衡量两个向量方向的差异，机器学习中借用这一概念来衡量样本向量之间的差异。

计算两个 n 维样本点 $a(x_{11},x_{12},\cdots,x_{1n})$ 和 $b(x_{21},x_{22},\cdots,x_{2n})$ 的夹角余弦的公式如下。

$$\cos(\theta) = \frac{\sum_{k=1}^{n} x_{1k}x_{2k}}{\sqrt{\sum_{k=1}^{n} x_{1k}^2}\sqrt{\sum_{k=1}^{n} x_{2k}^2}} \tag{2-10}$$

夹角余弦的取值范围为[−1,1]。夹角余弦越大表示两个向量的夹角越小，夹角余弦越小表示两个向量的夹角越大。当两个向量的方向重合时夹角余弦取最大值 1，当两个向量的方向完全相反时夹角余弦取最小值−1。

8. 汉明距离

汉明距离（Hamming Distance）是用来定义两个字符串之间的距离。两个等长字符串 s1 与 s2 之间的汉明距离定义为，将其中一个变为另外一个所需要做的最小替换次数。例如，字符串“1111”与“1001”之间的汉明距离为 2。

9. 杰卡德距离 & 杰卡德相似系数

两个集合 A 和 B 的交集元素在 A、B 的并集中所占的比例，称为两个集合的杰卡德相似系数，用符号 $J(A,B)$ 表示。

$$J(A,B)=\frac{|A\cap B|}{|A\cup B|} \tag{2-11}$$

杰卡德相似系数（Jaccard Similarity Coefficient）是衡量两个集合的相似度的一种指标。

与杰卡德相似系数相反的概念是杰卡德距离。杰卡德距离（Jaccard Distance）可用以下公式表示。

$$J_{\delta}(A,B)=1-J(A,B)=\frac{|A\cup B|-|A\cap B|}{|A\cup B|} \tag{2-12}$$

杰卡德距离用两个集合中不同元素占所有元素的比例来衡量两个集合的区分度。

可将杰卡德相似系数用在衡量样本的相似度上。

样本 A 与样本 B 是两个 n 维向量，而且所有维度的取值都是 0 或 1，如 $A(0111)$ 和 $B(1011)$。我们将样本看成一个集合，1 表示集合包含该元素，0 表示集合不包含该元素。

p：样本 A 与 B 都是 1 的维度的个数。

q：样本 A 是 1，样本 B 是 0 的维度的个数。

r：样本 A 是 0，样本 B 是 1 的维度的个数。

s：样本 A 与 B 都是 0 的维度的个数。

那么，样本 A 与 B 的杰卡德相似系数可以表示如下。

$$J=\frac{p}{p+q+r}$$

这里，$p+q+r$ 可理解为 A 与 B 的并集的元素个数，而 p 是 A 与 B 的交集的元素个数。

而样本 A 与 B 的杰卡德距离表示如下。

$$J_{\delta}(A,B)=1-J(A,B)=\frac{q+r}{p+q+r} \tag{2-13}$$

10. 相关系数 & 相关距离

相关系数（Correlation Coefficient）的定义如下。

$$\rho_{XY}=\frac{\mathrm{Cov}(X,Y)}{\sqrt{D(X)}\sqrt{D(Y)}}=\frac{E[(X-EX)(Y-EY)]}{\sqrt{D(X)}\sqrt{D(Y)}} \tag{2-14}$$

相关系数是衡量随机变量 X 与 Y 相关程度的一种方法，相关系数的取值范围是$[-1,1]$。相关系数的绝对值越大，则表明 X 与 Y 的相关度越高。当 X 与 Y 线性相关时，相关系数取值为 1（正线性相关）或-1（负线性相关）。

相关距离（Correlation Distance）的定义如下。

$$D_{xy}=1-\rho_{XY} \tag{2-15}$$

2.7.2 决策树

决策树（Decision Tree）是用于分类和预测的主要技术之一。它是一个树结构（可以是二叉树或非二叉树）的预测模型，目的是找出属性和类别间的关系，用它来预测将来未知类别记录的类别。

一个决策树由结点和有向边组成，而结点有内部结点和叶结点两种类型，其中内部结点表示一个特征，叶结点表示一个类。它采用自顶向下的递归方式，在决策树的内部结点进行属性的比较，并根据不同属性值判断从该结点向下的分支，在决策树的叶结点得到结论。需要注意的是，决策树仅有单一输出，若想要有复数输出，可以建立独立的决策树以处理不同输出。

决策树分类的核心思想类似于生活中的找对象。假设一位母亲要给女儿介绍男朋友，发生了下面的对话。

女儿：多大年纪了？

母亲：26 岁。

女儿：长得帅不帅？

母亲：挺帅的。

女儿：收入高不高？

母亲：不算很高，中等收入。

女儿：是不是公务员？

母亲：是，在税务局上班。

女儿：那好，我去见见。

这个女孩的决策过程就是典型的分类树决策。相当于通过年龄、长相、收入和是否为公务员将相亲对象分为两个类别：见和不见。假设这个女孩对找对象的要求是：30 岁以下、长相中等以上并且是高收入者或中等以上收入的公务员。

图 2.44 完整表达了这个女孩决定是否见一个相亲对象的策略，其中菱形结点表示判断条件，圆形结点表示决策结果，箭头表示一个判断条件在不同情况下的决策路径，其中实线箭头表示了女孩的决策过程。

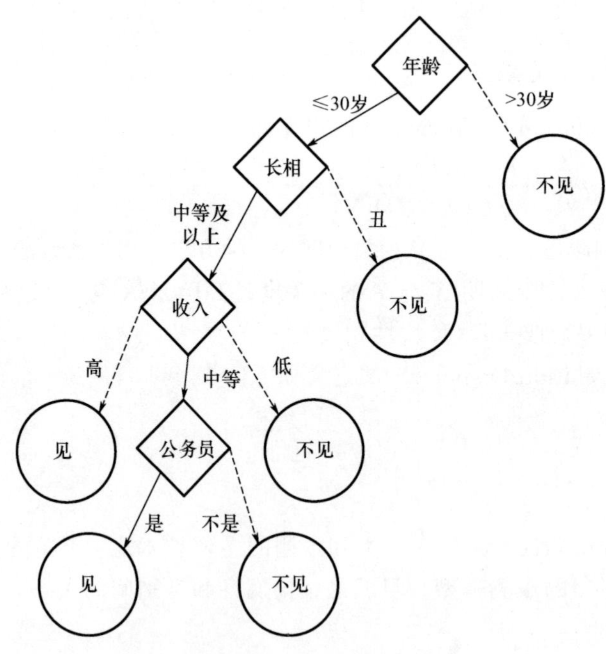

图 2.44　决策树示例

图 2.44 基本可以算是一棵决策树，说它“基本可以算”是因为图中的判断条件没有量

化，还不能算是严格意义上的决策树。如果将所有条件量化，就会变成真正的决策树了。

2.7.3 贝叶斯分类

贝叶斯分类（Bayesian Classification）算法是一类利用概率统计知识进行分类的算法。这些算法主要利用贝叶斯定理来预测一个未知类别的样本属于各个类别的可能性，选择其中可能性最大的一个类别作为该样本的最终类别。

贝叶斯分类的基本原理是贝叶斯定理：在条件独立的前提下，已知某条件概率，如何得到两个事件交换后的概率，也就是在已知 $P(A|B)$的情况下如何求得 $P(B|A)$。

$$P(B|A)=\frac{P(A|B)P(B)}{P(A)} \tag{2-16}$$

贝叶斯分类的核心思想是：对于给出的待分类项，求解在此项出现的条件下各个类别出现的概率，哪个最大，就认为此待分类项属于哪个类别。例如，在街上看到一个黑人，大家的第一反应是他十有八九来自非洲，原因是黑人中非洲人的比率最高。

2.7.4 支持向量机

支持向量机（SVM）是 20 世纪 90 年代中期发展起来的基于统计学习理论的一种机器学习方法。它是通过寻求结构化风险最小来提高学习机泛化能力，实现经验风险和置信范围的最小化，从而达到在统计样本量较少的情况下，亦能获得良好统计规律的目的。

支持向量机的核心原理是对对象进行二分类。

假设一个桌上有两种球，要求使用一根棍子将两种球分开，如图 2.45 所示。

这时候，有很多种棍子的摆放方法都可以完成这个任务，如图 2.46 所示。

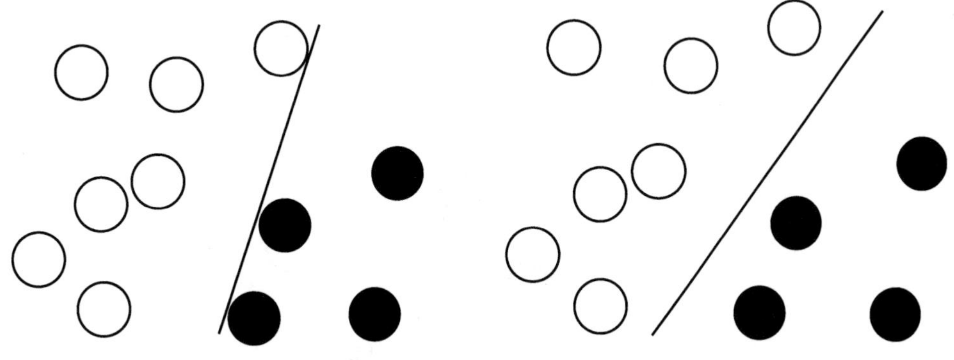

图 2.45 直线分隔示意图 1　　　　图 2.46 直线分隔示意图 2

接下来提出了一个额外的要求：尽量在放了更多球（是按照球的某种分布规律来放，而不是随机摆放）之后，棍子仍然能起到分开两种球的作用。图 2.47 的摆放方法就不行了，如图 2.47 所示。

SVM 试图把棍子放在一个“完美”的位置（棍子两边有尽可能大的空隙），使得即使放置更多球之后，棍子仍然能分开两种球，如图 2.48 所示。

如果初始状态这些球在二维平面上的分布是分散的，如图 2.49 所示，则不可能用一

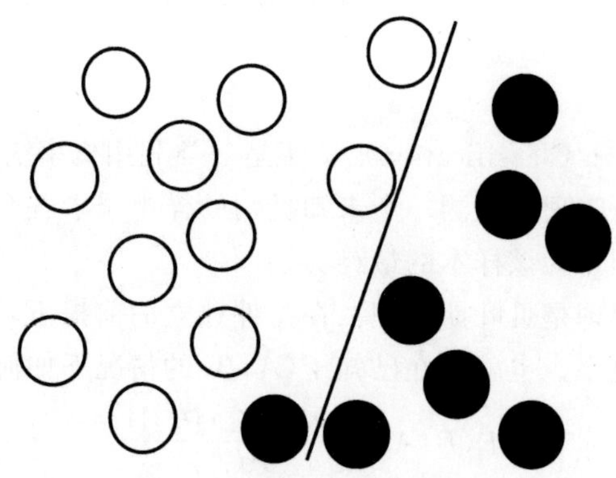

图 2.47　直线分隔示意图 3

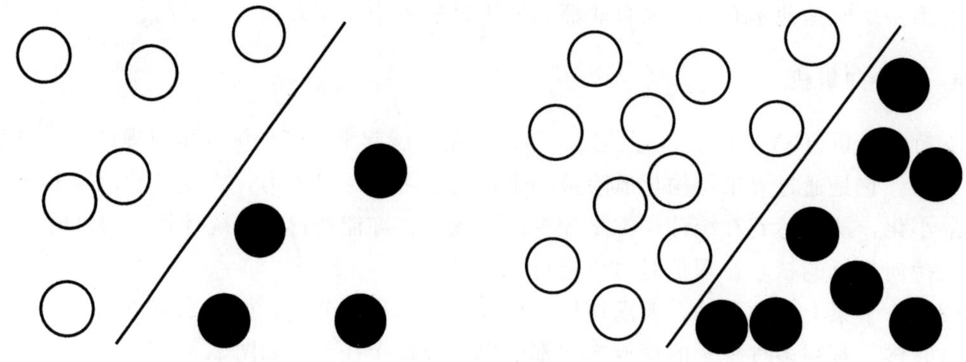

图 2.48　直线分隔示意图 4

根直的棍子将两种球分开，这时需要用一条曲线将球分开，如图 2.50 所示。

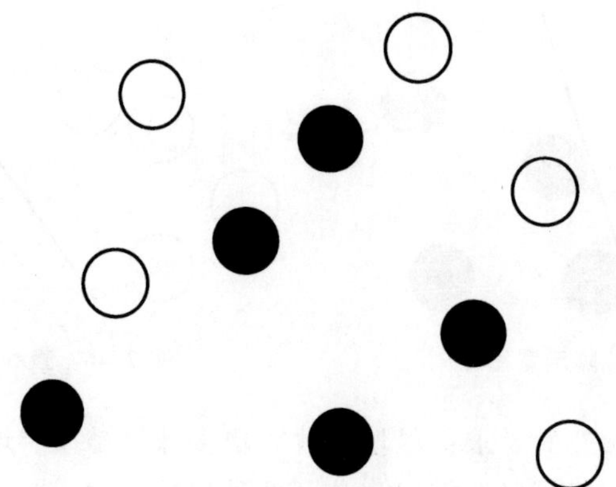

图 2.49　分散的球

这条曲线的构造可以有另外一种解释，即构造一个超越平面维度的三维空间，使得两种不同颜色的球体位于不同的部分，随后利用一个平面将其分开，如图 2.51 所示。

图 2.50　曲线分隔示意图

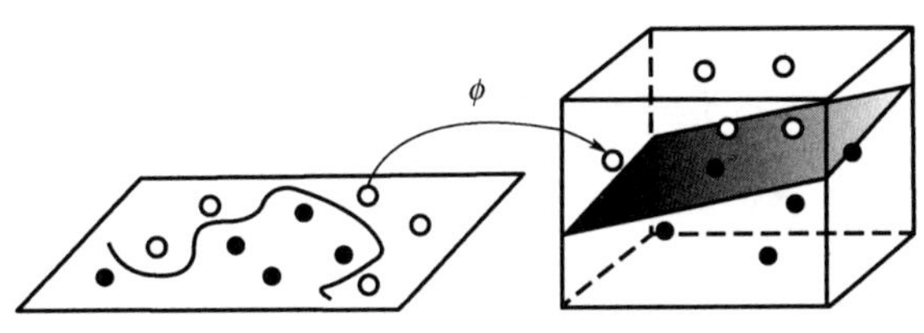

图 2.51　平面分隔示意图

同理，对于分布在三维空间的球来说，则可以构造一个四维空间将其在其中进行分隔。

抛开复杂的理论和数学公式，支持向量机的核心就是构造“完美”的直线、曲线、平面、曲面、超平面、超曲面，将待处理数据进行隔离，以达到分类目的的一种机器学习方法。

2.7.5　K-近邻

K-近邻（K-Nearest Neighbor，KNN）算法是一种基于实例的分类方法。该算法就是找出与未知样本 X 距离最近的 K 个训练样本，看这 K 个样本中多数属于哪一类，就把 X 归为哪一类。

如图 2.52 所示，有两种类型的样本数据，一类是正方形，另一类是三角形，而圆点为待分类的数据，接下来对圆点进行归类的过程，就是取 K 值进行计算的过程。

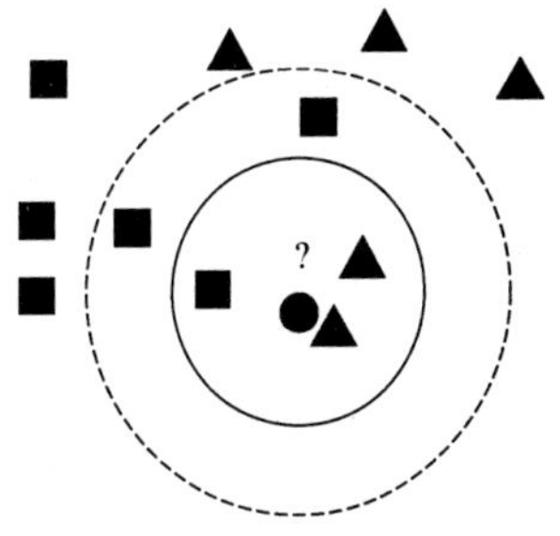

图 2.52　问题描述

如果 $K=3$，那么离圆点最近的有 2 个三角形和 1 个正方形，这 3 个点投票，于是这个待分类点属于三角形。

如果 $K=5$，那么离圆点最近的有 2 个三角形和 3 个正方形，这 5 个点投票，于是这个待分类点属于正方形。

从上面可以看出，KNN 算法本质上是一种基于数据统计的方法，KNN 算法对初始值 K 很敏感。KNN 算法有以下三

个基本要素。

- K 值的选择。K 值的选择会对结果产生重大影响。较小的 K 值可以减少近似误差，但是会增加估计误差；较大的 K 值可以减小估计误差，但是会增加近似误差。一般而言，通常采用交叉验证法来选取最优的 K 值。
- 距离度量。距离反映了特征空间中两个实例的相似程度。可以根据需求采取不同的距离。
- 分类决策规则。往往采用多数表决。

说到 KNN 算法的时候，不得不提一下 K-Means 算法。KNN 和 K-Means 算法的核心思想很类似，但是 K-Means 算法是用来聚类的。K-Means 算法的核心思想是：以空间中 K 个点为中心进行聚类，对最靠近它们的对象归类，通过迭代的方法，逐次更新各聚类中心的值，直到得到最好的聚类结果。K-Means 算法过程如图 2.53 所示。

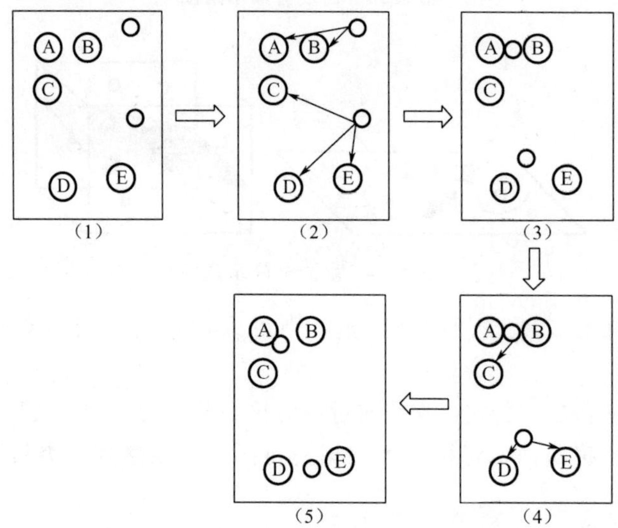

图 2.53　K-Means 算法过程

K-Means 算法过程如下。

(1) 随机在图中取 K（图 2.53 中 $K=2$）个种子点。

(2) 对图中的所有点求到这 K 个种子点的距离，假如点 P_i 离种子点 S_i 最近，那么 P_i 属于 S_i 点群。（在图 2.53 中可以看到，A、B 属于上面的种子点，C、D、E 属于下面中部的种子点）

(3) 移动种子点到属于它的“点群”的中心。（见图 2.53 中的第三步）

(4) 重复步骤 (2) (3)，直到种子点没有移动。（可以看到图 2.53 中的 (4) 上面的种子点聚合了 A、B、C，下面的种子点聚合了 D、E）

K-Means 算法有以下三个基本要素。

- K 值的选择，也就是类别的确定，与 KNN 中 K 值的确定方法类似。
- 点到中心点的距离度量，可以根据需求采用不同的距离度量。
- 中心点坐标位置的度量，可以根据需求采用不同的距离度量确定中心点坐标。

K-Means 算法对初始随机种子点（也就是 K 值）很敏感，不同的随机种子点会得到完全不同的结果，如果事先知道样本需要被分为几类（也就是 K 值确定），使用 K-Means 算法可以得到很好的结果；反之则结果可能很差。有人针对这个问题提出了 K-Means++ 算法用来优化初始种子点的确定。这个算法的核心思想是：初始的聚类中心之间的相互距离要尽可能的远。其算法过程如下。

（1）从输入的数据点集合中随机选择一个点作为第一个聚类中心。

（2）对于数据集中的每一个点 x，计算它与最近聚类中心（指已选择的聚类中心）的距离 $D(x)$。

（3）选择一个新的数据点作为新的聚类中心。选择的原则是，$D(x)$较大的点，被选取作为聚类中心的概率较大。

（4）重复步骤（2）（3），直到 K 个聚类中心被选出来。

（5）利用这 K 个初始的聚类中心来运行标准的 K-means 算法。

K-Means 算法虽然简单，但是其应用非常广泛，上面描述的仅仅是其在二维平面上的应用，当这个维度扩展时，它仍然适用。现实中一个事物的很多属性都可以被抽象为一个 N 维向量，而利用 K-Means 算法则可以在 N 维空间中对 N 维向量进行聚类（就像在二维空间中对二维点进行聚类一样）。

KNN 算法和 K-Means 算法的区别有很多，但是最主要的区别是，KNN 算法是用来归类的，它不需要进行训练，而是要用训练好的模型去进行计算；而 K-Means 算法是用来聚类的，它需要样本进行训练。可以这样简单理解，给定一组样本，可以使用 K-Means 算法对样本进行聚类，然后给定一个新数据点，使用 KNN 算法来确定该数据点所属的分类。

2.7.6 人工神经网络

人工神经网络（Artificial Neural Networks，ANN）是现今最火热的研究领域，深度学习是对人工神经网络的扩展。人工神经网络是一种应用类似于大脑神经突触连接的结构进行信息处理的数学模型。在这种模型中，大量的结点（或称神经元、单元）之间相互连接构成网络，即神经网络，以达到处理信息的目的。神经网络通常需要进行训练，训练的过程就是网络进行学习的过程。训练改变了网络结点连接的权值使其具有分类的功能，经过训练的网络就可用于对象的识别。

一个最简单的三层神经网络包含输入层、隐藏层和输出层，如图 2.54 所示。而一个四层神经网络则包含两个隐藏层，如图 2.55 所示。

构造一个神经网络需要使用大量的样本进行训练，训练的过程就是将样本通过输入层输入神经网络，同时指定每个样本期望得到的输出，每一次样本训练都会在隐藏层针对每个神经元生成一系列不同的权重值，使其能够满足样本的输入和输出关系；每当新的样本输入的时候，隐藏层中每个神经元的权值被调整为既能满足当前的输入和输出关系，又能满足之前所有样本的输入和输出关系。通常说神经网络具有“记忆”功能，指的其实就是隐藏层的权重。

当通过大量的样本训练得到一个神经网络之后，当有新样本时，就可以将其输入该神经网络之中，从输出值得到该样本所属的分类。

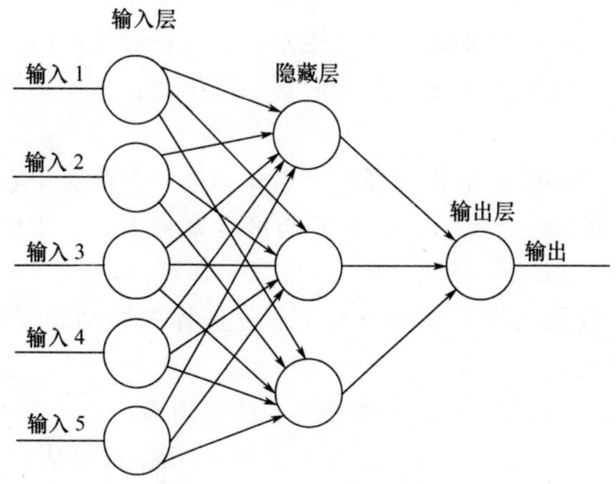

图 2.54　三层神经网络结构

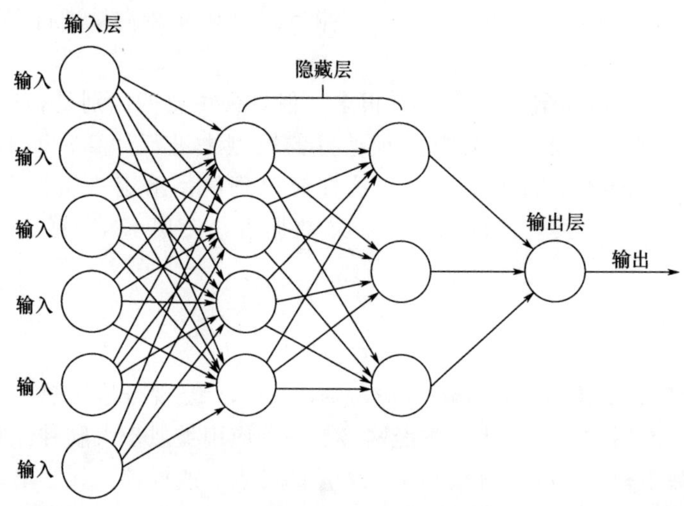

图 2.55　四层神经网络结构

对于一个特定的问题来说，神经网络的设计包括输入层神经元个数、隐藏层层数、每层隐藏层神经元个数、输出个数。对于每个特定的问题，这个设计都是不同的。目前还没有定量的方式来决定一个神经网络应该被怎样设计，更多的是靠经验和多种方案的尝试。

习　　题

一、简答题

1. 简述 RFID 的工作原理。
2. 简述条形码的工作原理。
3. 简述利用图像识别车牌号码的基本步骤。

二、思考题

1. 思考并描述 RFID 技术可以扩展到人类生活的哪些方面，并如何发挥作用。

2. 思考并描述图像识别技术可以应用到人类生活的哪些方面。

3. 通过互联网寻找可用作（或可能用作）人类特征识别的其他特征，并描述其原理和应用。

三、设计题（扩展）

对第 1 章提出的物联网项目进行改进，选择合适的识别技术。

第3章 感知

教学目标

本章主要对最常见的传感器技术进行介绍，包括传感器的基础知识，以及常见的温度、湿度、光、磁、压力、位移、速度、加速度、流量、气体等传感器的基本原理，此外对于观测数据处理中常用的数据滤波、数据融合也进行了介绍，最后介绍了控制的基本概念。

通过本章的学习，读者应该了解传感器的基本概念、使用方法和局限性，并理解各种物理量的测量手段，能够在具体的物联网项目中根据需求选择合理的传感器进行物理量测量。此外，读者应能够对采集数据进行简单的数据处理，并形成根据观测量进行控制的基本概念和思路。

教学要求

知识要点	能力要求	相关知识
传感器基础知识	(1) 了解传感器的基本概念和局限性 (2) 了解传感器的一般组成 (3) 了解传感器的分类 (4) 理解传感器的选用原则 (5) 理解传感器的性能指标	传感器
常用的传感器介绍	(1) 了解温度的测量手段及其原理 (2) 熟悉常用的温度传感器 (3) 了解湿度的测量手段及其原理 (4) 熟悉常用的湿度传感器 (5) 了解光强度的测量手段及其原理 (6) 熟悉常用的光敏传感器	(1) 传感器原理 (2) 物理及化学效应

续表

知识要点	能力要求	相关知识
常用的传感器介绍	(7) 了解磁场强度的测量手段及其原理 (8) 熟悉常用的磁敏传感器 (9) 了解压力的测量手段及其原理 (10) 熟悉常用的压力传感器 (11) 了解位移的测量手段及其原理 (12) 熟悉常用的位移传感器 (13) 了解速度和加速度的测量手段及其原理 (14) 熟悉常用的速度和加速度传感器 (15) 了解流量的测量手段及其原理 (16) 熟悉常用的流量传感器 (17) 了解气体的测量手段及其原理 (18) 熟悉常用的气体传感器	(1) 传感器原理 (2) 物理及化学效应
传感器接口电路	(1) 了解常见的传感器接口电路 (2) 了解传感器的接法	电路
数字滤波	(1) 理解数字滤波的基本概念 (2) 理解常见的滤波方法、原理及其局限性	(1) 数字滤波 (2) 数字滤波算法
数据融合	(1) 理解数据融合的需求和基本概念 (2) 理解简单的数据融合方法及其原理	(1) 数据融合 (2) 数据融合算法
控制	(1) 了解控制的基本概念 (2) 理解系统的数学模型以及其在控制中的作用 (3) 理解控制系统中的典型环境及其特征 (4) 了解一阶系统及一阶传递函数的特征 (5) 了解二阶系统及二阶传递函数的特征 (6) 了解系统稳定性的基本概念	控制理论

引言

人是通过视觉、嗅觉、听觉及触觉等感官来感知外界信息的，感知的信息输入大脑进行分析判断，再指挥人做出相应的动作，这是人类认识世界和改造世界最基本的本能。

人的各种感知器官是功能非常复杂、灵敏的“传感器”。例如，人的触觉是相当灵敏的，它可以感知外界物体的温度、硬度、轻重及外力的大小，还可以具有电子设备所不具备的“手感”，如感知棉织物的柔软感、液体的黏稠感等。然而人的感知器官也有其局限性：第一，它们的感知范围有限，如人体不可能利用触觉感知上千摄氏度的高温；第二，它们通常只能对外界的信息作“定性”感知，而不能作定量感知；第三，许多物理量人的感知器官是感觉不到的，如对磁就不能感知，视觉可以感知可见光部分，但是对于非可见光谱则无法感觉得到，像红外线和紫外线光谱，人类就是“视而不见”。电感知装备可以弥补人类感知的不足，如借助温度传感器很容易感知几百摄氏度到几千摄氏度的温度，同样借助红外线和紫外线传感器，便可感知到这些不可见光，所以人类才制造出了具有广泛用途的红外夜视仪和X光诊断设备，这些技术在军事、国防及医疗卫生领域有着极其重要的作用。

感知设备（传感器）是物联网系统中的重要组成部分，它就像人的感知器官，是全面感知外界的核心元件。作为物联网的最前端，它的主要作用是检测外界信息，并将其转换为电信号或数字信号，传送给单片机、PLC或计算机等核心控制器。

广义概念上的传感器包含了一切能检测外部信息的器件，如小到单个的光敏电阻，中到光强度传感器，大到摄像头，都可以说是传感器。它们的区别在于对外界信息处理深度的不同。宏观上讲，传感器对外界信息的处理深度可以分为三层，最底层只是有能力感知外界信息；第二层是能感知及量化外界信息，并将其转化为对应的电信号；第三层是能感知及量化外界信息，并将其转换为数字信号。例如，单个光敏电阻有能力感知外界光强度的变化，但是它本身不具备任何量化的能力，这种传感器通常称为传感元件；而光强度传感器则可以量化外界的光强度，并将其转变为对应的电信号；摄像头则不仅是量化外界的光强度，它还将多个点的光强度转换为了数字信号。这三层的传感器在物联网中都有应用，其中第二层和第三层的传感器用得最多，而第一层是后两层的基础。

狭义概念上的传感器通常是指能直接和单片机、PLC、仪器仪表设备连接的模块，它通常指的是上述的第二层和第三层传感器。

3.1 传感器基础知识

3.1.1 传感器简介

随着社会的进步和科学技术的发展，特别是近20年来，电子技术日新月异，计算机的普及和应用把人类带到了信息时代，各种电器设备充满了人们生产和生活的各个领域，相当大一部分的电器设备都用到了传感器件，传感器技术变成了现代信息技术中的主要技术之一，在国民经济建设中占据了极其重要的地位。传感器技术涉及传感（检测）原理、敏感功能材料学、传感器设计、传感器开发和应用、细微加工技术等多种技术，这些学科和技术相互交叉渗透还形成了一门新的技术学科——传感器工程学。

传感器是把特定的被测信息（包括物理量、化学量、生物量等）按一定规律转换成某种“可用信号”输出的器件或装置。这里的“可用信号”是指便于处理和传输的信号，而电信号是现在最易于处理和传输的信号。因此，可以把传感器狭义地定义为：传感器是能将外界非电信号转换成电信号输出的器件。假如人类进入了光子时代，光信息成为更便于快速、高效地处理与传输的可用信号时，传感器的概念也可以变为，能把外界信息转换成光信号输出的器件。下文的传感器如无特殊说明，均为电传感器。

3.1.2　传感器的组成

传感器一般由敏感元件、转换元件、测量电路三部分组成。一般传感器的组成和相互之间的关系如图 3.1 所示。

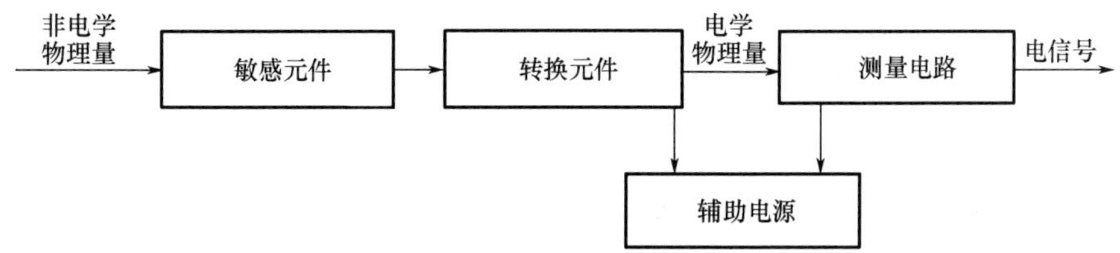

图 3.1　传感器的基本组成

敏感元件的作用是将“难于变换成电学物理量的被测非电学物理量”变换为另一种“易于变换成电学物理量的物理量”，如利用热胀冷缩的原理将温度转变成材料变形量。

转换元件的作用则是把非电学物理量转换成电学物理量，如根据导体长度会改变其电阻的原理，将材料变形量转换为电阻的变化。需要注意的是，并非所有传感器都同时包含这两部分，对于物性型传感器（依靠材料本身物理性质的变化来实现信号的变换，它本身就是敏感元件）来说，一般只有转换元件；而结构型传感器则包括敏感和转换元件两部分。

测量电路的作用是将转换元件输出的电学物理量变成便于显示、记录、控制和处理的有用电信号。

电学物理量则包括电阻、电压、电流等，电信号则通常指的是电平（参考第 5 章）。

3.1.3　传感器的分类

各个工程领域中使用的传感器种类很多，同一种传感器经常可以用于测量多个被测量，而同一种被测量又可以用几种不同的传感器来测量。因此，传感器分类的方法有很多，常见传感器的分类方法和主要类型如表 3－1 所示。

表 3－1　常见传感器的分类方法和主要类型

分类方法	主 要 类 型
用途	压力传感器、湿度传感器、温度传感器、流量传感器、液位传感器、超声波传感器、水浸传感器、光照度传感器、差压变送器、加速度传感器、位移传感器、称重传感器、测距传感器等
原理	电阻式传感器、电容式传感器、电感式传感器、压电式传感器、热电式传感器、阻抗式传感器、磁电式传感器、光电式传感器、谐振式传感器、霍尔式传感器、超声式传感器、同位素式传感器、电化学式传感器、微波式传感器等
技术	超声波传感器、温度传感器、湿度传感器、气体传感器、气体报警器、压力传感器、加速度传感器、紫外线传感器、磁敏传感器、磁阻传感器、图像传感器、电量传感器、位移传感器等

续表

分类方法	主要类型
输出信号	模拟传感器是将被测量的非电量转换成模拟电信号； 数字传感器是将被测量的非电量转换成数字信号（包括直接和间接转换）； 膺数字传感器是将被测量的信号量转换成频率信号或短周期信号的输出（包括直接和间接转换）； 开关传感器是当一个被测量的信号达到某个特定的阈值时，传感器相应地输出一个设定的低电平或高电平信号
制造工艺	集成传感器是用标准的生产硅基半导体集成电路的工艺技术制造的； 薄膜传感器是通过沉积在介质衬底（基片）上的相应敏感材料的薄膜形成的； 厚膜传感器是利用相应材料的浆料涂覆在陶瓷基片上制成的，基片通常是 Al_2O_3 制成的，然后进行热处理，使厚膜成型； 陶瓷传感器是采用标准的陶瓷工艺或其某种变种工艺（溶胶、凝胶等）生产，完成适当的预备性操作之后，将已成型的元件在高温中进行烧结形成
元件特性	化学型传感器是利用能把化学物质的成分、浓度等化学量转化成电学量的敏感元件制成的； 物理型传感器是利用被测量物质的某些物理性质发生明显变化的特性制成的； 生物型传感器是利用各种生物或生物物质的特性制成的，用以检测与识别生物体内化学成分的传感器
作用形式	主动型传感器又分作用型和反作用型，对被测对象能发出一定探测信号，前者能检测探测信号在被测对象中所产生的变化，后者能检测被测对象因探测信号影响而产生的其他信号（如雷达与无线电频率范围探测器是作用型，而光声效应分析装置与激光分析器是反作用型）； 被动型传感器只是接收被测对象本身产生的信号（如红外辐射温度计、红外摄像装置等）

对于物联网项目开发来说，所面对的就是三类传感器：开关传感器、模拟传感器和数字传感器。开关传感器利用高低电平来告知某个物理量的两种状态（如人体红外传感器能监测“有人”和“没人”两种状态，触摸传感器能监测“有手指触摸”和“无手指触摸”两种状态）。模拟传感器通过模拟量来告知在它的测量范围内某个物理量所对应的值（如光照度传感器可以将它监测范围内的光照度用 0～1 023 的值表示出来，0 代表最暗，1 023 代表最亮；火焰传感器可以将它监测范围内的火焰大小用 0～255 的值表示出来，0 代表无火焰，255 代表火焰很大）。数字传感器直接告知某个物理量的值（如温度传感器可以直接监测当前的室温是 17.25℃，湿度传感器可以直接监测当前的相对湿度是 25%）。

对于开关传感器来说，只用读取对应引脚的高低电平即可。其基本连线如图 3.2 所示。

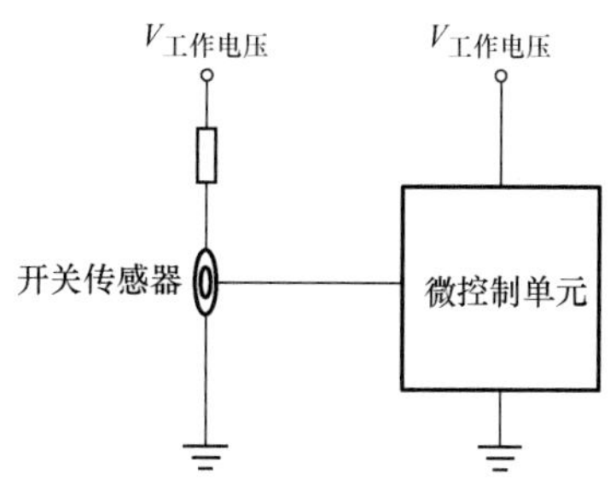

图 3.2　开关传感器的基本连线

对于模拟传感器，则需要将其连接到 A/D（Analog to Digital，模拟量至数字量）转换模块（无内置 A/D 转换模块的开发板）或者 A_{In} 引脚（有内置 A/D 转换模块的开发板），随后读取对应寄存器中的数据并将其转化为整型值即可。其基本连线如图 3.3 所示。

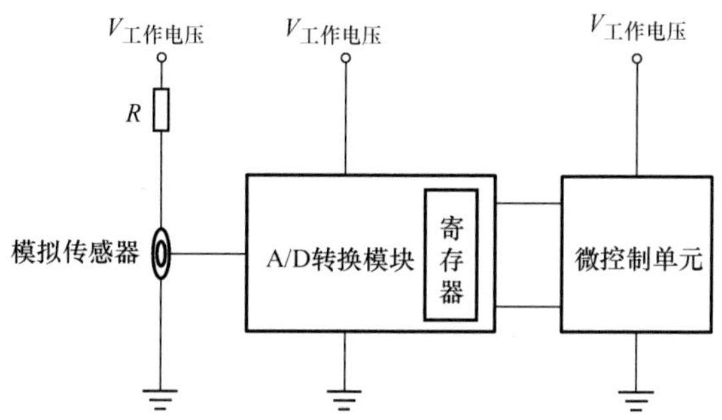

图 3.3　模拟传感器的基本连线

对于数字传感器，则需要根据传感器支持的通信协议和其进行通信，并从其寄存器中读取数据，并按照传感器所规定的规则进行数据解析和转换，才能得到它所监测的物理量的值。其基本连线如图 3.4 所示。

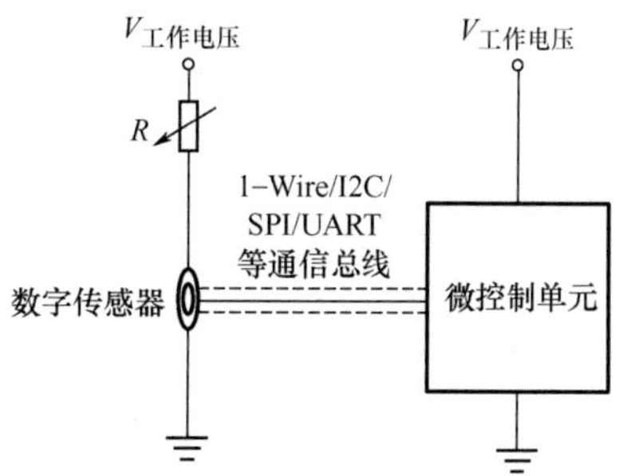

图 3.4　数字传感器的基本连线

3.1.4　传感器的选用原则

在不同的应用场合，传感器有不同的选用原则，但是需要满足应用场合的测量要求，通常的选用原则如下。

- 量程足够大。
- 精度适当。
- 输出信号与被测输入信号成确定关系（通常为线性），且比值尽量大。
- 对被测对象的状态影响小。
- 抗干扰能力强。
- 反应速度快。
- 工作稳定可靠。
- 成本低、寿命长。
- 易于使用、维修和更换。

3.1.5 传感器的性能

传感器的性能是评判传感器的核心因素。传感器的性能是指传感器的输入—输出特性，也叫传感器的基本特性，它是描述传感器和研究传感器的基础。

由于输入信息的状态不同，传感器所表现的基本特性也不同，因此存在两种不同的特性：静态特性和动态特性。

1. 传感器的静态特性

传感器在静态信号（不随时间而变化或变化很缓慢的信号）作用下，其输入—输出关系称为静态特性。在对传感器的静态特性进行分析和研究的时候，通常假设传感器的特性模型为多项式模型。

$$Y=a_0+a_1X+a_2X^2+\cdots+a_nX^n$$

根据系数的不同，可以衍生出四种典型静态特性曲线。

（1）理想线性曲线。

$$Y=a_1X$$

（2）具有奇次项的非线性曲线。

$$Y=a_1X+a_3X^3+a_5X^5+\cdots$$

（3）具有偶次项的非线性曲线。

$$Y=a_1X+a_2X^2+a_4X^4+\cdots$$

（4）具有奇次项和偶次项的非线性曲线。

$$Y=a_0+a_1X+a_2X^2+\cdots$$

这四种典型的静态特性曲线如图 3.5 所示。

我们希望所有传感器的静态特性都是线性的，这是传感器开发的一项重要内容。

真实传感器的静态特性曲线是通过实际测量获得的，随后对其进行拟合得到拟合直线，进而对真实特征曲线和拟合直线进行分析，得到其静态特征指标，随后针对静态特征指标，通过硬件和软件补偿尽量使其线性化。

衡量传感器静态特性的重要指标包括线性度、灵敏度、精度、迟滞性和重复性等。

（1）线性度。传感器的线性度（非线性误差）是指真实特性曲线和拟合直线之间的最大偏差与满量程输出值的百分比，如图 3.6 所示。

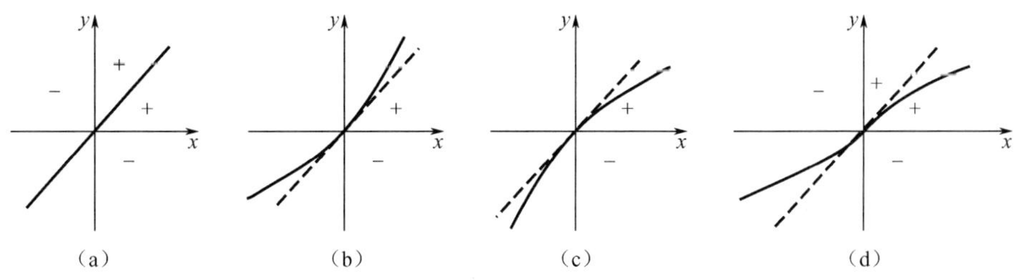

图 3.5 四种典型的静态特性曲线

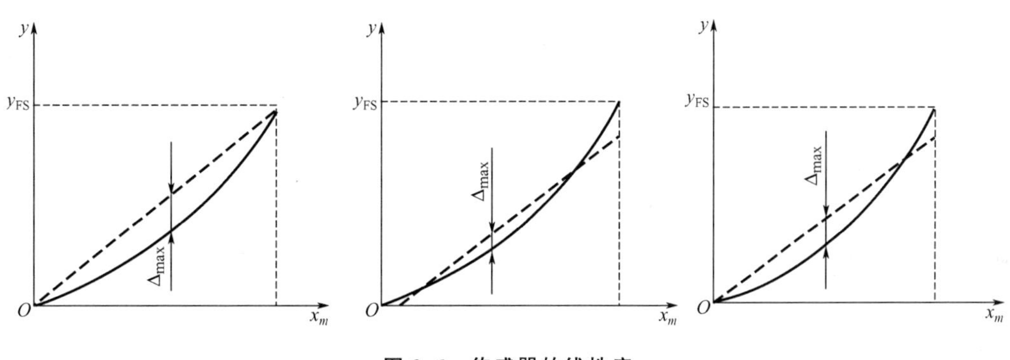

图 3.6 传感器的线性度

需要注意的是，传感器的线性度和拟合直线的拟合方法有关，选择不同的拟合方法会生成不同的线性度。一般情况下，选择拟合方法的出发点是，获得最小的非线性误差，计算简单。

常用的拟合方法包括端点连线拟合、端点连线平移拟合、最小二乘法拟合等。常见的拟合判断准则包括使偏差绝对值之和最小、使偏差绝对值最大值最小、使偏差平方和最小。其中最小二乘法拟合使用最普遍，其原理是：设拟合直线为 $y=ax+b$，每个观测点 i 处的观测量（X_i，Y_i）和拟合量（x_i，x_i）之间的偏差为 $\Delta_i=Y_i-(ax_i+b)$，使 $\sum\Delta_i^2$ 最小的 a 和 b 值即为所求。

（2）灵敏度。灵敏度是指传感器到达稳定工作状态时，输出变化量对输入变化量的比值 k，即：

$$k=\frac{\text{输出变化量}}{\text{输入变化量}}=\frac{\Delta y}{\Delta x}$$

对线性传感器来说，它的灵敏度就是它的静态特性的斜率；而对于非线性传感器来说，它的灵敏度为一变量，用 $\Delta y/\Delta x$ 表示，通常将其数值等同于对应的最小二乘法拟合直线的斜率。一般希望传感器的灵敏度高一些，并且在满量程范围内是恒定的，即传感器的输入—输出特性为直线。

（3）精度。精度可以再细化为三个指标，分别是精密度、正确度和精确度。精密度是指测量结果的分散性（用随机误差来衡量）。正确度是指测量结果偏离真实值大小的程度（用系统误差来衡量）。精确度是指精密度和正确度的综合，它代表了测量的综合优良程度。

(4) 迟滞性。迟滞性是指在相同工作条件下全测量范围测量时，在同一次测量中，传感器在正（输入量增大）、反（输入量减少）行程期间输入—输出特性曲线之间的最大偏差，如图 3.7 所示。迟滞性反映的是机械结构或制造工艺上的缺陷，如摩擦、结构间隙、元件腐蚀或碎裂、积尘等。

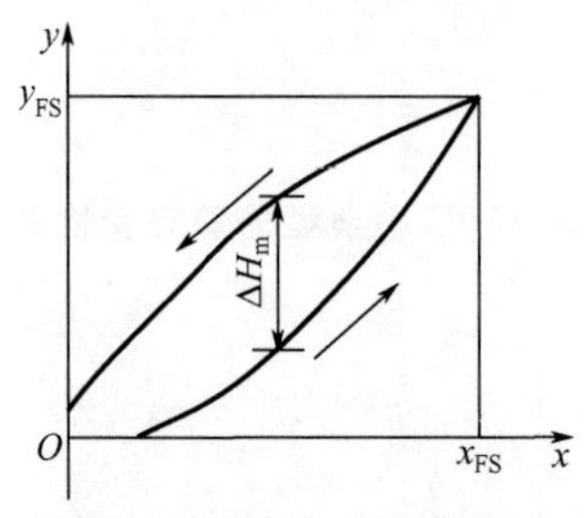

图 3.7　传感器的迟滞性

(5) 重复性。重复性是指在同一工作条件下，输入量按同一方向在全测量范围内连续变动多次所得特性曲线的不一致程度，如图 3.8 所示。重复性反映测量结果偶然误差的大小，而不是与真值之间的差别，一个传感器可以重复性很低，但是离真值误差很大。

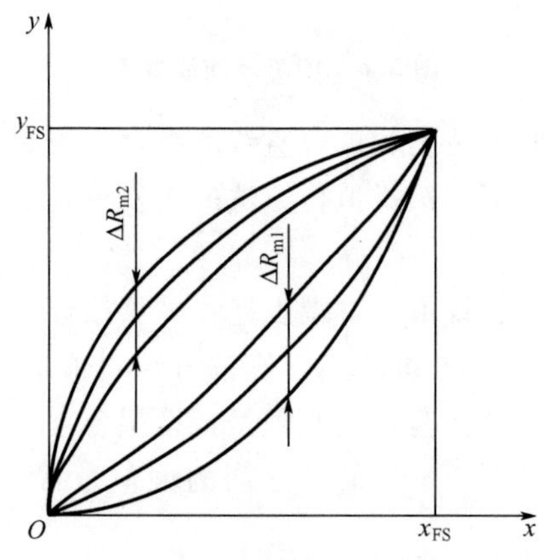

图 3.8　传感器的重复性

2. 传感器的动态特性

在传感器实际测试工作中，有些被测信号并不是静态信号，而是动态信号（随时间变化的信号，包括周期信号、瞬变信号和随机信号）。动态信号可以按照其特性简单分为如图 3.9 所示几类。

在这些动态信号中，常用的是正弦信号、阶跃信号和线性信号。

对于动态信号而言，传感器不仅需要精确地测量信号幅值的大小，而且需要测量和记录动态信号的变化过程，这就要求传感器能迅速、准确地测出信号幅值的大小和不失真地实时再现被测信号随时间变化的准确波形。

传感器的动态特性就是指传感器对动态输入信号的响应特性。对于一个动态特性好的传感器来说，其输出能再现输入变化规律（变化曲线）。

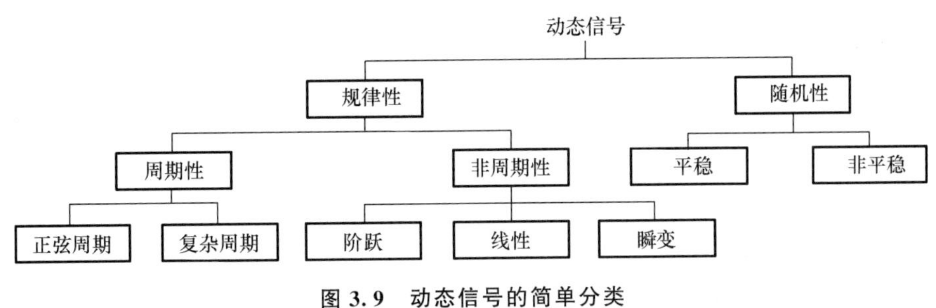

图 3.9 动态信号的简单分类

3.2 常用的传感器介绍

3.2.1 温度传感器

温度是表征物体冷热程度的物理量，是工农业生产过程中一个很重要而普遍的测量参数。温度的测量及控制对保证产品质量、提高生产效率、节约能源、生产安全、促进国民经济的发展起到非常重要的作用。由于温度测量的普遍性，温度传感器的数量在各种传感器中居首位。

温度的变化会改变物体的某种特性，如体积、电阻、电容、电动势、磁性能、频率、光学特性及热噪声等，温度传感器就是以此为原理对温度进行间接测量的。很多材料的特性都会随温度的变化而变化，所以能制作温度传感器的材料相当多。工农业生产中温度测量的范围极宽，从零下上百摄氏度到零上几千摄氏度，而不同材料做成的温度传感器只能在一定的温度范围内使用。随着生产的发展，新型温度传感器还在不断涌现，如微波测温温度传感器、噪声测温温度传感器、温度图测温温度传感器、热流计、射流测温计、核磁共振测温计、穆斯保尔效应测温计、约瑟夫逊效应测温计、低温超导转换测温计、光纤温度传感器等。

按照温度传感器与被测介质的接触方式划分，可以将其分为两大类：接触式和非接触式。

- 接触式温度传感器需要与被测介质保持接触，使两者进行充分的热交换而达到同一温度，这一类传感器主要有电阻式、热电偶式、PN 结式等。这类传感器的优势是测量稳定，精度高，不容易受到环境因素的干扰，可以长时间地对目标进行连续测量。其劣势是受被测物体影响较大，容易损坏，空间局限性大。
- 非接触式温度传感器则无须与被测介质接触，而是通过检测被测介质的热辐射或对流来达到测温的目的，这一类传感器最典型的是红外测温传感器。这类传感器的优势是可以测量运动状态物体的温度（如慢速行驶的火车的轴承温度、运动中的活塞温度）及热容量小的物体（如集成电路）中的温度分布，因为不需要接触，所以受空间局限小，更加灵活。其劣势是容易受到环境干扰。

按照传感器的输出方式及接口方式划分，可以将其分为模拟式和数字式温度传感器两大类。模拟式输出的是模拟信号，必须经过专门的接口电路转换成数字信号后才能由微处理器进行处理。数字式温度传感器输出的是数字信号，一般只需少量外部元器件就可直接送至微处理器进行处理。

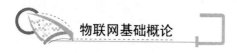

1. 常用的测温手段及其原理

常用的接触式测温手段包括热变形、热电偶、热电阻等，常用的非接触式测温原理主要是热辐射。

1）热变形

热变形的原理是材料（金属、半导体、液体、气体等）在环境温度变化的时候会产生形变，这个形变的大小可以用来判断温度变化量的多少。图 3.10 展示了一个依靠热变形原理制作的开关型温度传感器。

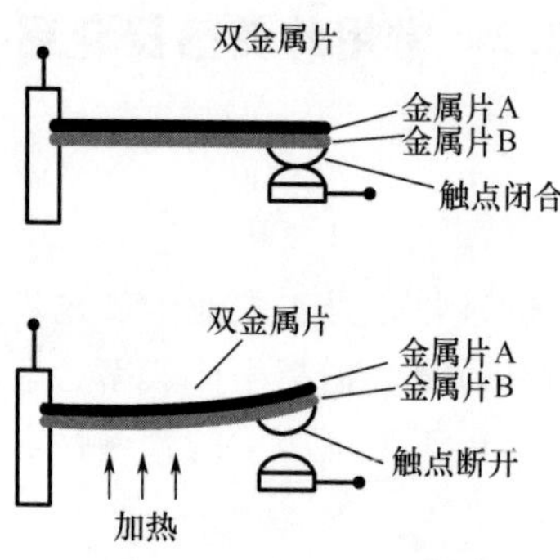

图 3.10　热变形开关型温度传感器

这个传感器由两个不同膨胀系数的金属片贴在一起组成，随着温度变化，一种材料比另外一种材料的膨胀程度要高，引起金属片弯曲，从而断开了触点；当温度降低的时候，金属片回归原始位置，触点闭合。如果将金属片弯曲的曲率转换成一个电信号输出，则该传感器就变成了模拟量传感器了，它就不只是能感知外界温度的变化，还能一定程度上量化外界的温度。其他同样原理的传感器虽然结构不同，但是本质是相同的。

2）热电偶

热电偶的原理是热电效应，可以通过测量热电动势来测量温度。两种不同导体或半导体（称为热电偶丝或热电极）的组合称为热电偶（thermocouple）。热电极的两端接合形成回路，当接合点的温度不同时，在回路中就会产生电动势。这种现象称为热电效应，而这种电动势称为热电动势。

热电偶就是利用这种原理进行温度测量的，其中直接用来测量介质温度的一端称为热端（也称测量端），另一端称为冷端（也称基准端）；冷端与显示仪表连接，显示出热电偶所产生的热电动势，通过查询热电偶分度表，即可得到被测介质温度。其原理如图 3.11 所示。

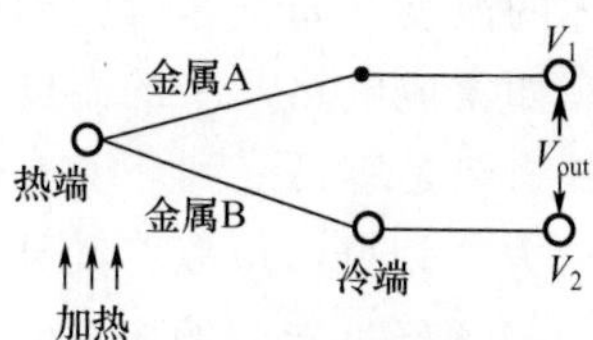

图 3.11　热电偶测温原理

从上述原理可以看出热电偶测温具有以下特点。

- 热电偶必须采用两种不同的材料作为电极，否则无论导体截面如何、温度分布如何，回路中的总热电动势恒为零。
- 若热电偶两接合点温度相同，尽管采用了两种不同的金属，回路总热电动势恒为零。
- 热电偶回路总热电动势的大小只与材料和接合点温度有关，与热电偶的尺寸、形状无关。

常用的热电偶的温度测量范围是－50～＋1 600℃，某些特殊热电偶最低可测到－269℃（如金铁-镍铬），最高可测到＋2 800℃（如钨-铼）。

热电偶的热电动势与温度的关系表称为分度表。热电偶分度表是国际电工委员会(International Electrotechnical Commission，IEC）发表的技术标准（国际温标）。该标准以表格的形式记录了各种热电偶/阻在－271℃～2 300℃每一个温度点上的输出电动势（参考端温度为0℃）。除此之外，有些用于特殊场合测量的热电偶，在使用范围或数量级上均不及标准化热电偶，一般没有统一的分度表，统称为非标准化热电偶。

标准化热电偶/阻命名统一代号，称为分度号。我国国标GB/T 16839.1—1997指定R、S、B、J、T、E、K、N八种标准化热电偶，其中R、S、B属于贵金属热电偶，J、T、E、K、N属于廉金属热电偶，如表3－2所示。常用的几种标准化热电偶丝材料为铂铑10－铂、铂铑30－铂铑6、镍铬-铜镍（我国通常称为镍铬-康铜）。组成热电偶的两种材料，写在前面的为正极，写在后面的为负极。

表3－2 常见热电偶分度号及其电极材料

热电偶分度号	热电极材料	
	正　极	负　极
R	铂铑13	铂
S	铂铑10	铂
B	铂铑30	铂铑6
J	铁	铜镍
T	纯铜	铜镍
E	镍铬	铜镍
K	镍铬	镍铝
N	镍铬硅	镍硅

由于从热电偶输出的信号最多不过几十毫伏，因此需要放大电路对其进行放大，放大电路需要具有很高的共模抑制比以及高增益、低噪声和高输入阻抗。其基本检测电路的构成如图3.12所示。

3）热电阻

热电阻的原理是材料的电阻值会随温度的变化而变化，因此可以通过测量材料的电阻

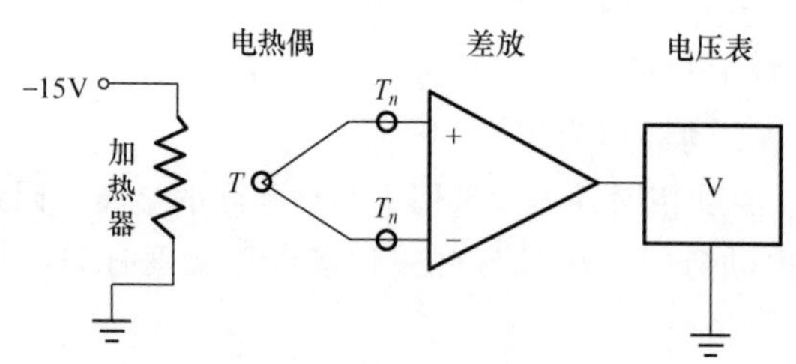

图 3.12 热电偶温度传感器的测量电路

来测量温度。一般情况下作为热电阻的材料有如下要求。

- 电阻温度系数要大，以提高热电阻的灵敏度。
- 电阻率尽可能大，以便减小电阻体尺寸。
- 热容量要小，以便提高热电阻的响应速度。
- 在测量范围内，应具有稳定的物理和化学性能。
- 电阻与温度的关系最好接近于线性。
- 应有良好的可加工性，且价格便宜。

表 3－3 所示是几种常用金属材料和其热电阻参数。

表 3－3 几种常用金属材料和其热电阻参数

材料	温度系数 α/℃$^{-1}$	温度范围/℃	测量特性
铂	3.92×10^{-3}	－200～＋650	近线性
铜	4.25×10^{-3}	－50～＋150	线性
铁	6.50×10^{-3}	－50～＋150	非线性

综合考虑以上因素，目前使用最广泛的热电阻材料是铂和铜。铂热电阻主要作为标准电阻温度计。相对而言，铜热电阻灵敏度比铂电阻高，容易提纯、加工，价格便宜，复制性能好，但是易于氧化，一般只用于 150℃以下的低温测量和没有水分及无侵蚀性介质的温度测量，因此铜热电阻适用于测量精度要求不高且温度较低的场合。

热电阻可以把温度变化转换为电阻值变化，通常需要把电阻信号通过引线传递到计算机控制设备或其他仪器仪表上。工业用热电阻安装在生产现场，与控制室之间存在一定的距离，因此热电阻的引线对测量结果会有较大的影响。国标热电阻的引线主要有二线制、三线制和四线制三种方式。

（1）二线制。在热电阻的两端各连接一根导线来引出电阻信号的方式叫二线制。这种引线方法很简单，但由于连接导线必然存在引线电阻 r_1 和 r_2，电阻大小与导线的材质和长度等因素有关，因此这种引线方式只适用于测量精度较低的场合，如图 3.13 所示。

（2）三线制。在热电阻的根部一端连接一根引线，另一端连接两根引线的方式称为三线制。这种方式通常与电桥配套使用，可以较好地消除引线电阻的影响，是工业过程控制中最常用的连线形式，如图 3.14 所示。

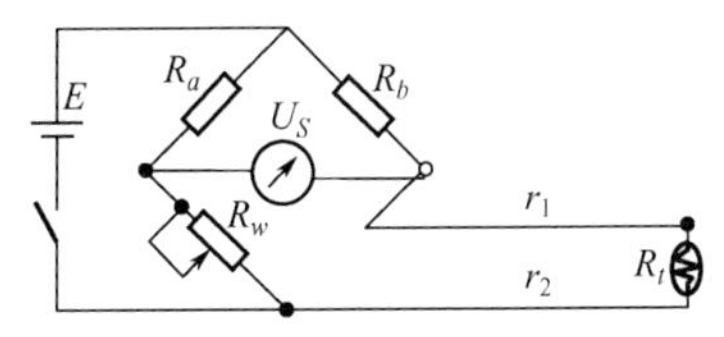

图 3.13 二线制电阻引线

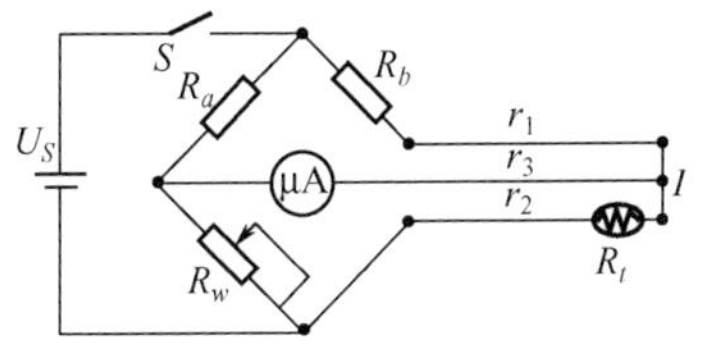

图 3.14 三线制电阻引线

(3) 四线制。在热电阻的根部两端各连接两根导线的方式称为四线制。其中两根引线为热电阻提供恒定电流 I，把 R 转换成电压信号 U，再通过另两根引线把 U 引至二次仪表。这种引线方式可完全消除引线的电阻影响，主要用于高精度的温度检测，如图 3.15 所示。

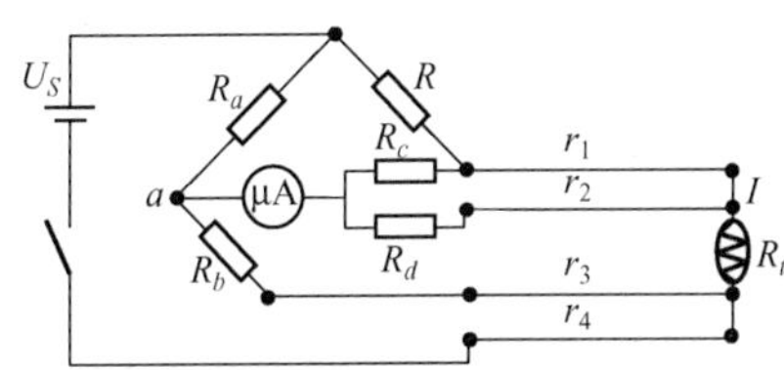

图 3.15 四线制电阻引线

4）热辐射

热辐射的原理是一切温度高于绝对零度的物体都能产生热辐射，温度越高，辐射出的总能量就越大，其温度和波长分布是对应的，因此通过测量波长的分布即可测量温度。因为热辐射能的峰值随温度增高而向短波长一侧移动，所以对于 1 000℃以上的温度要用可见光敏感材料，而测量常温状态下物体温度的时候，需要用对 8～12μm 波长敏感的红外敏感材料。这类传感器从原理上大致上分为量子型和热型两类。

量子型是通过检测由入射光的光子能激励电子的作用而产生的电导率的变化和电动势的大小测温的。热型是利用吸收了黑体辐射的红外线辐射能而引起温度变化进行测温的。一般情况下，量子型的灵敏度和响应速度均优于热型，但是由于它的灵敏度和波长有关，因此在测量中红外线、远红外线时需要冷却，使用不方便。热型对可见区到几十微米波长范围内的光均有平稳的灵敏度，并在室温下可以使用，使用方便，其缺点是灵敏度低，响应速度慢。

2. 常用温度传感器

1）开关型温度传感器

开关型温度传感器其实就是温控开关，分为机械式和电子式两类。机械式直接将温度变化转化为机械力，推动开关机构动作，它通常用在没有微控制单元（Micro Controller Unit，MCU）的电路中，用于电路的开闭或者电路的保护。电子式不直接产生驱动力，它会将温度的变化转化为电信号送给 MCU，然后由 MCU 发出驱动信号驱动其他元件动作。

开关型温度传感器最核心的两个参数是动作温度和动作性质。动作温度决定了触发它动作的温度阈值，动作性质分为常开和常闭两类，它决定了没达到温度阈值时候的开关的状态。例如，100℃常闭型温度传感器就可以用在自动热水器中，在没有达到100℃的时候，开关处于闭合状态，一旦达到100℃，开关就自动断开。图3.16展示了机械式和电子式开关型温度传感器。

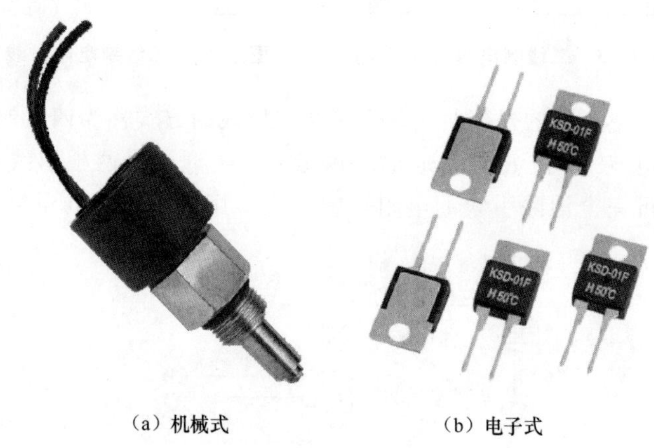

（a）机械式　　（b）电子式

图3.16　机械式和电子式开关型温度传感器

2）模拟式温度传感器

模拟式温度传感器可以分为两类，一类输出电压信号，另一类输出电流信号。前者更常用，后者通常也要通过辅助电路将电流信号转变成电压信号。

如果想将这种模拟电压信号转换成数字信号，有两种基本方法，一种是利用模数转换器（A/D converter），另一种是进行V/F（Voltage/Frequency，电压/频率）转换。

使用模数转换器进行温度测量的基本原理是模拟温度传感器输出电压值至A/D转换模块，A/D转换模块采集此电压值，并将其转变为数字量放入自身寄存器中，MCU通过读取寄存器来获得温度的模拟量。

使用V/F转换器进行温度测量的基本原理如图3.17所示。V/F转换器实际上是一个振荡频率随控制电压变化而变化的电路。它接收电压差，输出变频率的脉冲，通常将输出与单片机的定时器/计数器相连并对其脉冲进行计数，通过对所计的数和所用的时间进行

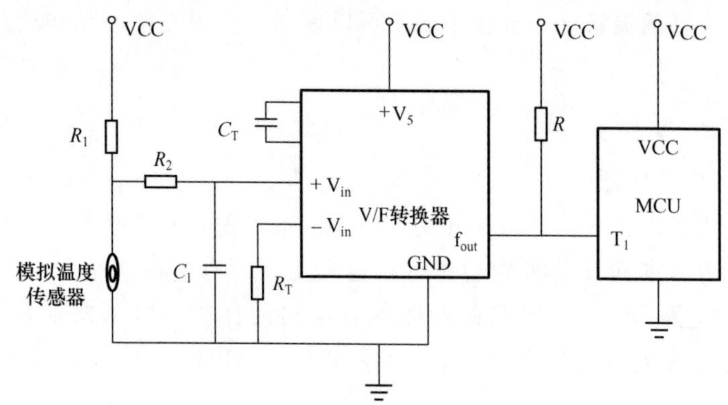

图3.17　使用V/F转换器进行温度测量的基本原理

计算就可以得到输出频率，进而由频率和电压的对应关系得到输入端的电压，再由输入电压和温度的对应关系即可得到传感器当前测量温度值。

下面以 ANALOG DEVICES 公司生产的 AD590 为例，介绍模拟式温度传感器的结构和应用。AD590 是一款电流输出型温度传感器，供电电压范围为 4～30V，测量温度范围为－55～150℃，灵敏度为 1μA/K，其输出电流以绝对零度（－273℃）为基准，每增加 1℃，它会增加 1μA 输出电流，因此在室温 25℃时，其输出电流 $I_{out}=(273+25)\mu A=298\mu A$。AD590 有三个引脚，通常只用＋、－两个引脚，第三个引脚可以不用，也可以接外壳作为屏蔽用。AD590 输出电流信号传输距离可达到 1km 以上，适用于多点温度测量和远距离温度测量的控制。

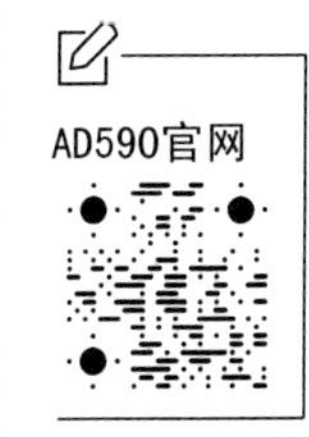

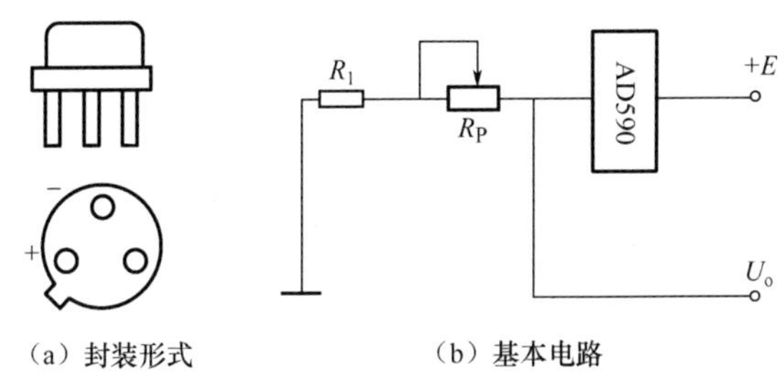

（a）封装形式　　（b）基本电路

图 3.18　AD590 模拟温度传感器的封装形式和基本电路

在基本电路中，因为流过 AD590 的电流与热力学温度成正比，当电阻器 R_1 和电位器 R_P 的电阻之和为 1kΩ 时，输出电压 U_o 随温度的变化为 1mV/K。通过测量电压 U_o 即可求得 AD590 处的温度。

由于 AD590 的增益有偏差，电阻也有误差，需要对电路进行调整，R_P 用于校准调整。调整的方法为：把 AD590 放于冰水混合物（273.15K）中，调整电位器 R_P，使 $U_o=273.15\text{mV}$。或在室温下（298.15K）条件下调整电位器，使 $U_o=(273.2+25)\text{mV}=298.2\text{mV}$。

AD590 是一种模拟式温度传感器，但是无须附加的线性化电路来校准热敏电阻的非线性。当要求电压（或电流）与温度之间成线性关系时，它是较为合理的选择。

另一种常用的模拟式温度传感器是 LM35，它和 AD590 的不同在于它是直接以输出的电压来表示温度的。LM35 的工作电压是直流 4～30V，可以测量－55～150℃的温度值，精度为 0.5℃（在 25℃时），灵敏度为＋10.0mV/℃。LM35 系列传感器生产制作时已经过校准，输出电压与摄氏温度一一对应且成线性关系，使用极为方便。LM35 比按绝对温标校准的线性温度传感器易用得多。

LM35 有多种封装形式，最常用的是三线式的，其中一种封装形式如图 3.19 所示。

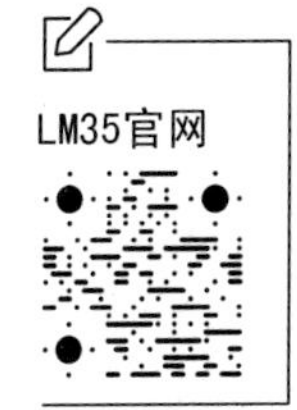

三线式封装里，V_s 引脚用于供电，GND 引脚接地，V_{out} 引脚输出的电压则代表了温度的高低。图 3.20 展示了两种基本的测温电路，第一种连线方式用来测试 2～150℃的温度，第二种连线方式则可以用来测试－55～150℃的温度。

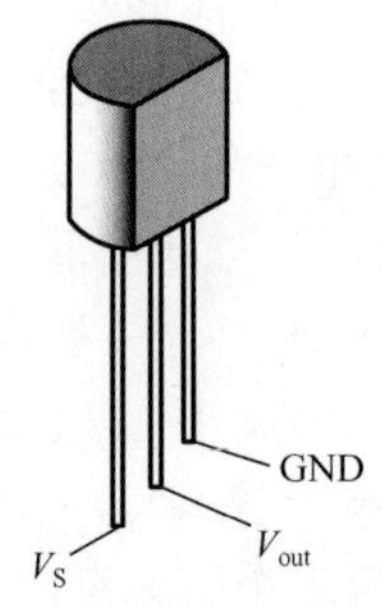

图 3.19　LM35 的一种三线式封装形式

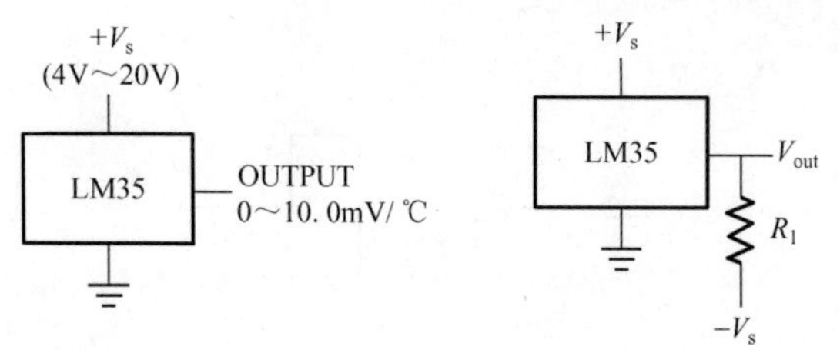

（a）基本摄氏温度传感器(+2～+150℃)　（b）满量程摄氏温度传感器

图 3.20　LM35 基础测温电路两种

值得一提的是，虽然新的数字温度传感器已经在许多应用中取代了模拟式温度传感器，但是模拟式温度传感器在无须数字化输出的应用场合仍然能够找到用武之地。

3）数字温度传感器

数字温度传感器就是能把温度物理量通过温度敏感元件和相应电路转换成方便计算机、PLC、智能仪表等数据采集设备直接读取到数字量的传感器。数字温度传感器是物联网中使用最多的传感器。

数字温度传感器使用集成芯片，总体硬件设计更简洁，接口简单，不需要 A/D 转换器，可以直接连接 MCU，搭建电路和焊接电路时更快，调试也更方便简单，能极大地缩短开发周期，同时能够有效地减小外界的干扰，提高测量的精度。

下面以 DALLAS 公司（后被 Maxim 并购）的 DS18B20 数字温度传感器为例，介绍典型数字温度传感器的结构特点和应用。DS18B20 是直接数字式高精度温度传感器，其内部含有两个温度系数不同的温敏振荡器，其中低温度系数振荡器相当于标尺，高温度系数振荡器相当于测温元件，通过不断比较两个温敏振荡器的振荡周期得到两个温敏振荡器在测量温度下的振荡频率比值。根据频率比值和温度的对应关系得到相应的温度值。这种方式避免了测温过程中的 A/D 转换，提高了温度测量的精度。

DS18B20官网

DS18B20 的主要技术性能指标如下。

- 可用数据线供电，电压范围为 3.0～5.5V。
- 测温范围为－55～＋125℃，在－10～＋85℃时精度为±0.5℃。
- 可编程的分辨率为 9～12 位，对应的可分辨温度分别为 0.5℃、0.25℃、0.125℃和 0.062 5℃。

- 12 位分辨率时最多在 750ms 内把温度值转换为数字。
- 负压特性。电源极性接反时，温度计不会因发热而烧毁，但不能正常工作。

DS18B20 内部结构主要由四部分组成：64 位光刻 ROM、温度传感器、非挥发的温度寄存器 TH 和 TL、配置寄存器。DS18B20 的外形及引脚排列如图 3.21 所示。

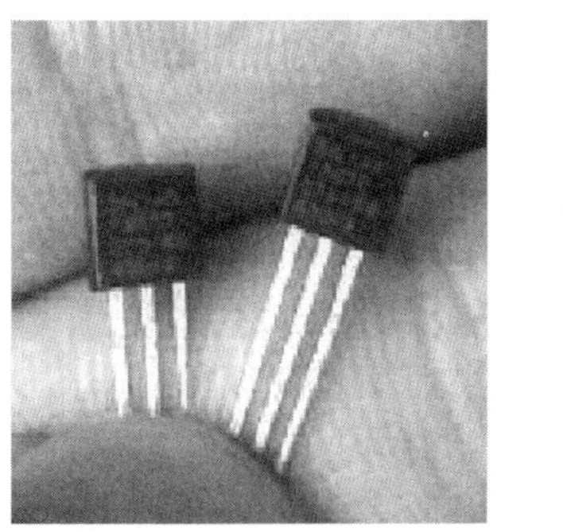

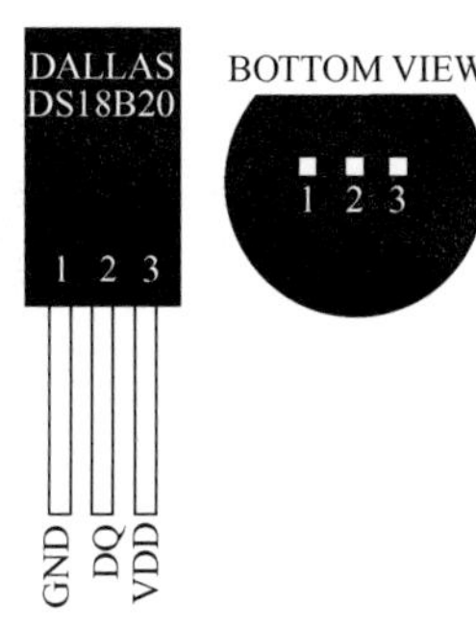

图 3.21 DS18B20 的外形及引脚排列

引脚定义如下。

- DQ 为数字信号输入/输出端。
- GND 为电源接地端。
- VDD 为外接供电电源输入端（在寄生电源接线方式时接地）。

DS18B20 和单片机的连线如图 3.22 所示。

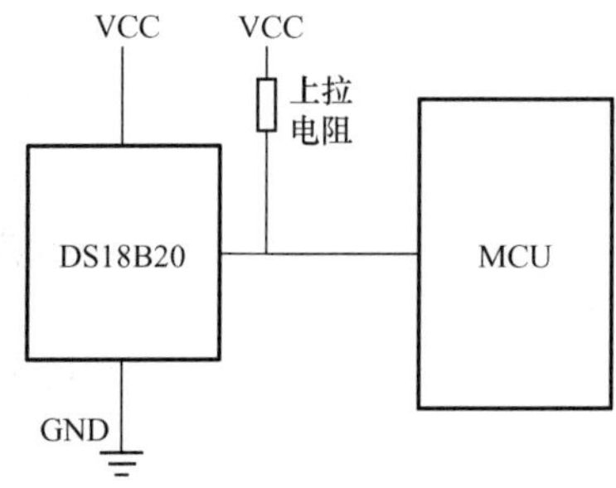

图 3.22 DS18B20 和单片机的连线

在使用过程中，DS18B20 采用的是 1-Wire 总线协议方式，即使用一根数据线实现数据的双向传输，具体的数据传输原理可以参考第 5 章。

为了提高可靠性，方便使用，人们还设计了许多基于某些总线协议输出的数字温度传感器，输出格式和时序严格遵守这些协议，适用于各种场合，尤其是远端测量。常见的协议格式有 I2C 协议、SPI 接口等，详情可参考第 5 章。

3.2.2 湿度传感器

类似于温度，湿度的测量与控制广泛用于工农业生产、气象、医学、生物、存储和生产、环保、国防、科研、航天等领域。和温度不同的是，在常规的环境参数中，由于大气压强、温度等因素同时影响着湿度的高低，因而湿度的准确测量具有极大难度。使用常规的干湿球湿度计或毛发湿度计测量湿度时，测量误差为±5%～±20%，已经无法满足现代科技发展的需要。

1. 湿度基础知识

地球表面的大气层是由78%的氮气、21%的氧气和一小部分二氧化碳、水蒸气以及其他一些惰性气体混合而成的。由于地面上的水和动植物会发生水分蒸发现象，因而地面上不断地在生成水分，使大气中含有的水蒸气量在不停地变化。由于水分的蒸发及凝结的过程总是伴随着吸热和放热，因此大气中水蒸气的多少不但会影响大气的湿度，而且会使空气出现潮湿或干燥现象。大气的干湿程度，常用绝对湿度、相对湿度、比湿和露点等物理量来表示。

绝对湿度是指大气中水蒸气的密度，即每 $1m^3$ 大气所含水蒸气的克数来表示，单位为 g/m^3。在一定的气压和一定的温度的条件下，单位体积的空气中能够含有的水蒸气是有极限的，若该体积空气中所含水蒸气超过这个限度，则水蒸气会凝结而产生降水，这个湿度称为这个温度下的最高湿度。水蒸气含量越多，则空气的绝对湿度越高。

要想直接测量出空气中的水蒸气密度，方法比较复杂。而理论计算表明，在一般的气温条件下，大气的水蒸气密度与大气中水蒸气的压强数值十分接近。所以大气的水蒸气密度还可以用大气中所含水蒸气的压强来表示，常用的单位是 Pa。

在许多与大气的湿度有关的现象里，如农作物的生长、棉纱的断头以及人们的感觉等，都与大气的绝对湿度没有直接的关系，而是与大气中的水汽离饱和状态的远近程度有关。例如，同样是 1.6kPa 的绝对湿度，如果在炎热的夏季中午，由于离当时的饱和水汽压（4.2kPa）尚远，使人感到干燥，如果是在初冬的傍晚，由于水汽压接近当时的饱和水汽压（2.4kPa）而使人感到潮湿。因此，通常把大气的绝对湿度与当时气温下最高湿度的百分比称为大气的相对湿度，即

$$\varphi=\frac{\rho_{\omega}}{\rho_{\omega,\max}}\times 100\%=\frac{e}{E}\times 100\%=\frac{s}{S}\times 100\%$$

其中，ρ_{ω}——绝对湿度，单位是 g/m^3；$\rho_{\omega,\max}$——最高湿度，单位是 g/m^3；e——水蒸气压，单位是 Pa；E——饱和水蒸气压，单位是 Pa；s——比湿，单位是 g/kg；S——最高比湿，单位是 g/kg。

相对湿度为100%的空气是水汽饱和的空气，超过100%的空气中的水汽一般凝结出来变成水滴。随着温度的增高，空气中可以含的水就增多。也就是说，在同样多的水蒸气的情况下，温度降低，相对湿度就会升高；温度升高，相对湿度就会降低。因此，在提供相对湿度的同时也必须提供温度的数据。通过最高湿度和温度也可以计算出露点。

露点是指使大气中原来所含有的未饱和水蒸气变成饱和水蒸气所必须降低到的温度。因此只要能测出露点，就可以通过一些数据表查得当时大气的绝对湿度。当大气中的未饱和水蒸气接触到温度较低的物体时，就会使大气中的未饱和水蒸气达到或接近饱和状态，

在这些物体上凝结成水滴。这种现象被称为结露。结露对农作物有利，但对电子产品则是有害的。

还有一个表示湿度的物理量叫比湿，它是汽化在空气中的水的质量与湿空气的质量之比。

2. 常用测湿度手段及其原理

按照制造材料，湿度传感器的分类如图 3.23 所示。

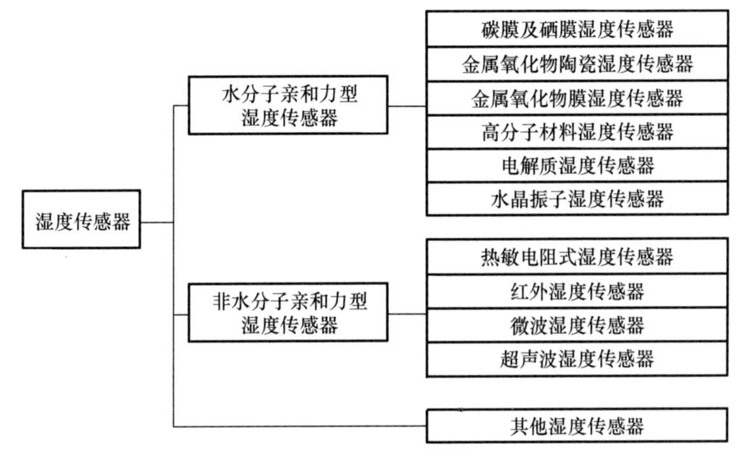

图 3.23 湿度传感器的分类

下面介绍水分子亲和力型和非水分子亲和力型湿度传感器的测湿度手段。

1）水分子亲和力型湿度传感器的测湿度手段

水是一种极强的电解质，水分子有较大的电偶极矩，在氢原子附近有极大的正电场，因而它有很大的电子亲和力，使得水分子易吸附在固体表面并渗透到固体内部。利用水分子这一特性制成的湿度传感器称为水分子亲和力型传感器，其测量原理在于感湿材料吸湿或脱湿过程改变其自身的性能。

在现代工业上使用的湿度传感器大多是水分子亲和力型传感器，其核心器件称为湿敏元件，分为湿敏电阻和湿敏电容两大类，它们将湿度的变化转换为阻抗或电容值的变化后输出。

湿敏电阻是覆盖在基片上的一层感湿材料膜，当空气中的水蒸气吸附于感湿膜上时，将引起其电阻率和电阻值变化，利用这一特性可以对湿度进行测量，如图 3.24 所示。湿敏电阻主要有金属氧化物湿敏电阻、硅湿敏电阻、陶瓷湿敏电阻等种类。灵敏度高是湿敏电阻的主要优点，缺点是存在较严重的非线性，互换性也不是很理想。

湿敏电容一般是用聚苯乙烯、聚烯亚胺、酪酸醋酸纤维等高分子材料制成的薄膜电容，如图 3.25 所示。环境湿度的改变，引起高分子材料的介电常数变化，导致湿敏电容的电容量也发生变化，并且其电容变化量与相对湿度成正比，利用这一特性可以对湿度进行测量。湿敏电容的主要优点是灵敏度高，产品互换性好，滞后量小，响应速度快，便于制造，易于实现小型化和集成化，但其精度一般低于湿敏电阻。

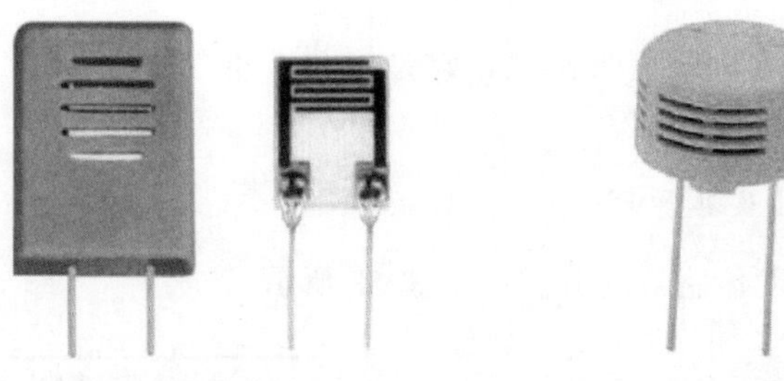

图 3.24　湿敏电阻　　　　图 3.25　湿敏电容

需要注意的是，湿敏元件的线性度及抗污染性差，在检测环境湿度时，湿敏元件要长期暴露在待测环境中，很容易被污染而影响其测量精度及长期稳定性。而且由于湿度传感器必须和大气中的水蒸气相接触，所以不能密封，时漂和温漂比较严重且寿命有限。

2）非水分子亲和力型湿度传感器的测湿度手段

其测量手段包括：潮湿空气和干燥空气的导热率不同，利用它们之间热传导的差异可以测定湿度；当微波在含水蒸气的空气中传播时，水蒸气会吸收微波使其产生一定的能量损耗，传输损耗的能量与环境空气中的湿度有关，以此可以用来测定湿度；水蒸气能吸收特定波长的红外线，以此可以用来测定湿度。

3. 常用湿度传感器

湿度传感器也分为开关型、模拟型和数字型三类，其基本使用方法和温度传感器非常类似，在此不再赘述。仅以瑞士 SENSIRION 公司的湿度传感器系列 SHT3x 和国产的 DHT11 为例做简单介绍。

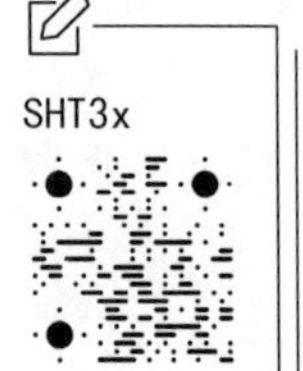

SHT3x 传感器系列包括低成本版本 SHT30、标准版本 SHT31，以及高端版本 SHT35，它们可以同时测量温度和湿度。以 SHT30-DIS-B 为例，它集成了 I2C 接口，工作电压为 2.15～5.5V DC，湿度精度为±2%，湿度量程为 10%～90%，温度精度为±0.2℃，湿度量程为 0℃～65℃。

另外值得一提的是国产的 DHT11 传感器，它是一款含有已校准数字信号输出的温湿度复合传感器，如图 3.26 所示。其工作电压为 3.3～5.5V DC，湿度精度为±5%，温度精度为±2℃，湿度量程为 20%～90%，温度量程为 0℃～50℃，湿度分辨率为 1%，温度分辨率为 1℃，使用单总线协议发送数字信号。

图 3.26　DHT11 温湿度传感器

DHT11 和单片机的连线如图 3.27 所示。

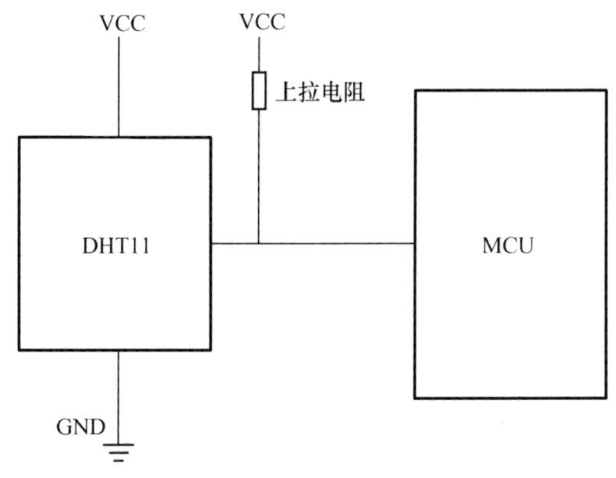

图 3.27 DTH11 和单片机的连线

3.2.3 光敏传感器

光敏传感器是指对紫外到红外光谱敏感并可测量其强度的传感器。它不只局限于对光的探测，还可以作为探测元件组成其他传感器，对许多非电量进行检测，只要将这些非电量转换为光信号的变化即可。光敏传感器是目前产量最多、应用最广的传感器之一，它在自动控制和非电量电测技术中占有非常重要的地位。

1. 常用测光手段及其原理

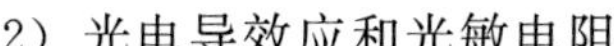

光电效应

1）光电效应

光电效应是指光束照射物体时会使其发射出电子的物理效应。发射出来的电子称为光电子。这种效应发生在物体的表面，一般称为外光电效应。

2）光电导效应和光敏电阻

光电导效应是指当入射光子射入半导体时，半导体吸收入射光子产生电子空穴对，使其电导率增大。光敏电阻就是基于这种效应的器件。这种效应发生在物体的内部，一般称为内光电效应。

光敏电阻没有极性，纯粹是一个电阻器件，使用时既可加直流电压，也可加交流电压，光谱响应范围宽（特别是对红光和红外辐射），灵敏度高，而且由于其无极性，因此使用非常方便。

光敏电阻的主要参数如下。

- 暗电阻。光敏电阻在不受光照射时的阻值称为暗电阻，此时流过的电流称为暗电流。
- 亮电阻。光敏电阻在受光照射时的电阻称为亮电阻，此时流过的电流称为亮电流。
- 光电流。亮电流与暗电流之差称为光电流。

无光照时，光敏电阻值（暗电阻）很大，电路中电流（暗电流）很小。当光敏电阻受到一定波长范围的光照时，它的阻值（亮电阻）急剧减少，电路中电流迅速增大。一般希望暗电阻越大越好，亮电阻越小越好，此时光敏电阻的灵敏度高。

实际光敏电阻的暗电阻值一般在兆欧级，亮电阻在几千欧姆以下。

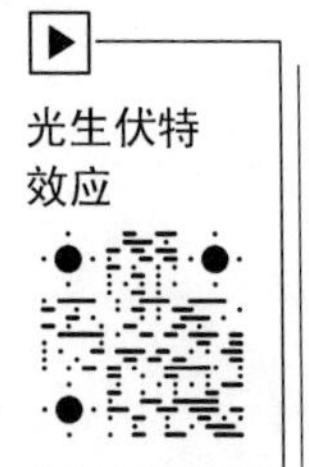

3）光生伏特效应和光敏二/三极管

光生伏特效应简称光伏效应，是指暴露在光线下的半导体或半导体与金属组合的部位间产生电势差的现象。光敏二/三极管就是基于该效应的器件。这种效应也是内光电效应。

光敏二极管又称光电二极管，是一种光电转换器件，原理是利用 PN 结的光生伏特效应，即光照到 PN 结上时，PN 结吸收光能，产生电动势的现象。光敏二极管在电路中一般处于反向工作状态，在没有光照时反向电流很小，称为暗电流；有光照的电流较大，称为光电流，光的照度越大，光电流越大。光敏二极管结构与一般二极管相似，一般压制在透明玻璃外壳中，PN 结装在管的顶部，可直接受到光照射，常见的传统太阳能电池就是通过大面积的光电二极管来产生电能的。

光敏三极管和普通三极管相似，也有电流放大作用，只是它的集电极电流不只是受基极电路和电流控制，同时也受光辐射的控制。光敏三极管实质上相当于一种在基极和集电极之间接了一个光敏二极管的三极管。光敏三极管因为具有放大功能，所以比光敏二极管灵敏度更高，应用更广泛。

光电元件的使用形式可归纳为辐射式（直射式）、吸收式、遮光式、反射式四种基本形式，如图 3.28 所示。

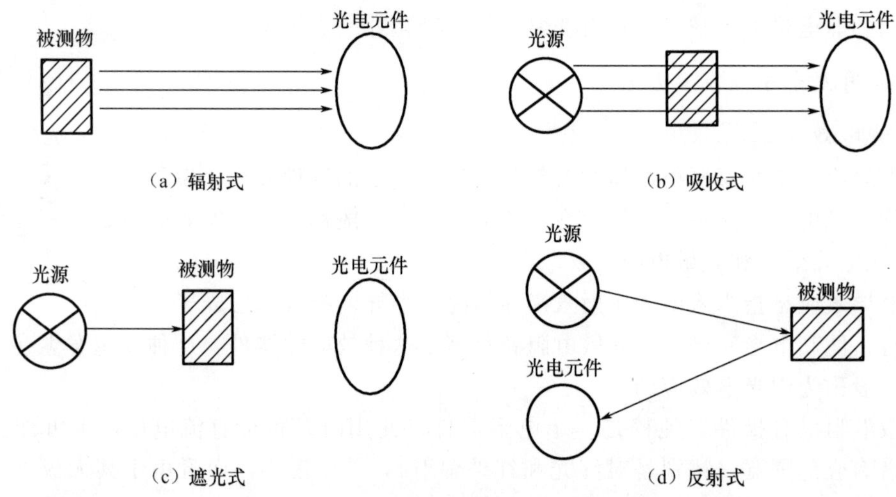

图 3.28　光电元件的四种基本使用形式

2. 常用的光敏传感器

光敏传感器主要有开关型和模拟型两类，大量用于物位检测、液位控制、产品计数、宽度判断、速度检测、定长剪切、孔洞识别、信号延时、自动门传感、色标检出以及安全防护等方面。常见的光敏传感器如图 3.29 所示。其接线和使用方法与温度传感器类似，在此不再赘述。

光幕则是由多个光敏开关或传感器联合组成的，其基本原理和单个传感器一样，只不过多个传感器集成之后输出的是数字量，通过 SPI、I2C 等接口进行数据传输而已。图 3.30 展示了一个光幕的应用。

图 3.29 常见的光敏传感器

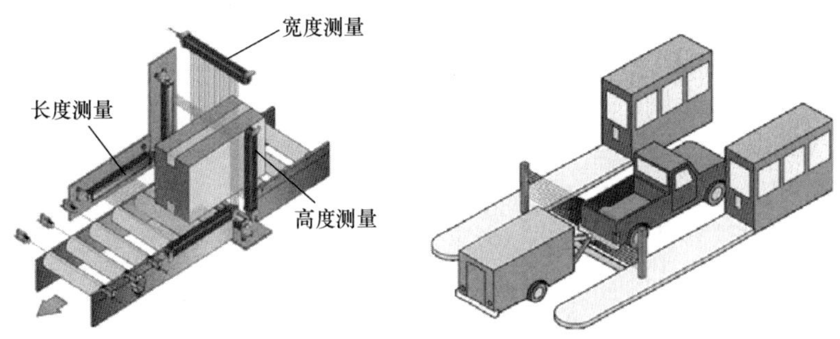

图 3.30 使用光幕测长宽高

3.2.4 磁敏传感器

磁敏传感器是可以测量磁场强度的传感器。类似于光敏传感器，磁敏传感器也被大量用来间接测量其他物理量，如位移、振动、力、转速、加速度、流量、电流、电功率等。除了可实现非接触测量之外，磁敏传感器还有一些独特的优势。例如，它可以从磁场中获取能量，多数情况下可采用永久磁铁来产生磁场，不需要附加能源。

1. 常用测磁场手段及其原理

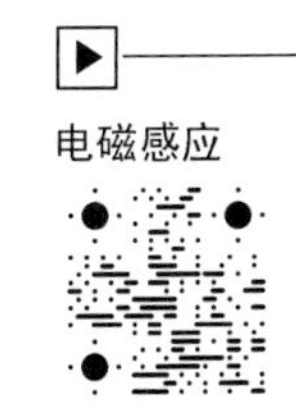

1）法拉第电磁感应

电磁感应是指因磁通量变化产生感应电动势的现象，当闭合电路的一部分导体在磁场里做切割磁感线的运动时，导体中就会产生电流，产生的电流称为感应电流，产生的电动势（电压）称为感应电动势。可以通过检测电压或电流（或 LC 电路振荡频率）的变化来测量磁场。

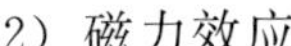

2）磁力效应

强磁体或金属在磁场的作用下会产生变形，磁场强度越强变形越大，这种效应称为磁力效应。可以通过检测形变来测量磁场。

3）磁阻效应

某些金属或半导体的电阻值会随外加磁场的变化而变化，称为磁阻效应。若外加磁场与外加电场垂直，称为横向磁阻效应；若外加磁场与外加电场平行，称为纵向磁阻效应。根据磁阻原理和特性的不同，磁阻又分为常磁阻、巨磁阻、超巨磁阻、异向磁阻、穿隧磁阻等多种类型。可以通过电阻引起的电压的变化来测量磁场。

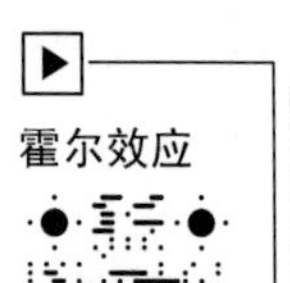

4）霍尔效应

当电流垂直于外磁场通过导体时，载流子发生偏转，垂直于电流和磁场的方向会产生一个附加电场，从而在导体的两端产生电势差，这一现象被称为霍尔效应，这个电势差被称为霍尔电压。可以通过检测电势差来测量磁场。

2. 常用磁敏传感器

1）干簧管

干簧管又叫舌簧管或磁簧开关，它是由一对（或三个）封装在玻璃管中的干簧片（金属簧片触点）组成的机械开关。在磁场中，干簧片受磁场作用，产生变形，从而使电路接通或断开（组成常开或常闭继电器）。在常开模式下，当有磁铁靠近干簧开关时干簧片就会关闭，将磁铁移开后干簧片就会重新打开。在常闭模式下，当有磁铁靠近磁簧开关时干簧片就会打开，将磁铁移开后干簧片就会重新关闭。

2）磁敏电阻

利用具有磁阻效应的材料制成的电阻就是磁敏电阻，它会随周围磁场强度的变化而改变阻值，配合少量的外部电路即可以变成一个输出模拟电压量的磁传感器。

3）霍尔元件

利用霍尔效应可以制作能感应磁场强度并输出开关信号或模拟信号的霍尔元件。将一个霍尔半导体片置于磁场中，使恒定电流通过该半导体片，根据霍尔效应会在半导体片上产生电势差（霍尔电压）。这个电压随磁场强度的变化而变化，磁场越强，电压越高，磁场越弱，电压越低。霍尔电压值很小，通常只有几个毫伏，但经放大器放大之后，就能输出较强的信号。由此，配合后续电路既可以将此电压变为开关信号从而形成霍尔开关，也可以直接输出该电压从而形成模拟型霍尔元件（又称线性霍尔元件）。

4）磁敏二极管

磁敏二极管是一种电阻随磁场的大小和方向均改变的晶体管。当磁敏二极管两端加正向电压，但没有磁场作用时，有固定阻值，形成稳定的电流，磁敏二极管呈稳定状态。当磁敏二极管两端加正向电压，而且外加一个方向磁场作用时，电阻减小（增大），电流增大（减小）。当磁场的大小变化，磁敏二极管的电阻也随之改变。因为磁敏二极管在不同磁场的作用下其输出信号的增量方向和大小不同，因此它可用来检测磁场的方向和大小。

5）磁敏三极管

磁敏三极管是在磁敏二极管的基础上设计的一种磁电转换器件，它的灵敏度更高。

3.2.5　压力传感器

力学传感器是将各种力学量转换为电信号的器件。力学量可分为几何学量、运动学量及力学量三种。其中，几何学量是指位移、形变、尺寸等；运动学量是指几何学量的时间函数，如速度、加速度等；力学量包括质量、力、力矩、压力、应力等。

力学传感器中使用最普遍的是压力传感器，广泛应用于各种工业自控环境，涉及水利水电、铁路交通、智能建筑、生产自控、航空航天、军工、石化、油井、电力、船舶、机

床、管道等众多行业。需要注意的是，此处的压力传感器实际上指的是压强传感器，单位为 Pa，原因是工程上通常将压强表述为压力。下文的压力均指压强，不再区分。

1. 常用测压力手段及其原理

1）应变效应

当固体材料受应力作用发生几何变形时，其电阻率将发生一定的变化，这种现象称为应变效应。应变效应的原因是材料几何形状变化引起的电阻变化。

根据胡克定律，固体材料尤其是金属，在弹性限度内，物体的应力与应变成线性关系，而应变又与电阻变化率呈线性关系，所以可以通过测量电阻变化率来测量应力的大小。

2）压阻效应

当固体材料受到应力作用时，它的电阻率将发生一定的变化，这种现象称为压阻效应。对于半导体材料而言，这种变化更加明显，所以可以通过测量电阻率的变化来测量压力。压阻效应的原因是晶格参数的变化引起的电阻变化。

3）应变效应与压阻效应

应变效应和压阻效应是同时存在的，不同的是，对于金属材料而言，应变效应造成的电阻变化非常显著，压阻效应可以忽略不计；而对于半导体材料而言，其应变效应可以忽略，但是压阻效应非常显著。

半导体材料的应变灵敏度系数为金属材料的 50～100 倍，因此半导体材料对于压力乃至力学相关量的测量相比金属材料而言更加灵敏且实用，加之半导体材料体积小、质量轻，因此应用半导体材料制造的压阻式压力传感器性能优良且广泛应用在物联网领域。

4）压电效应

当对压电材料施以物理压力时，材料体内的电偶极矩会因压缩而变短，此时压电材料为抵抗这变化会在材料相应的表面上产生等量正负电荷，以保持原状。这种由于形变而产生电极化的现象称为正压电效应。正压电效应实质上是机械能转化为电能的过程。如果压力是一种高频震动，则产生的就是高频电流。

当在压电材料表面施加电场（电压），因电场作用时电偶极矩会被拉长，压电材料为抵抗变化，会沿电场方向伸长。这种通过电场作用而产生机械形变的过程称为逆压电效应。逆压电效应实质上是电能转化为机械能的过程。如果高频电信号加在压电材料上时，则产生高频声信号（机械振动）。

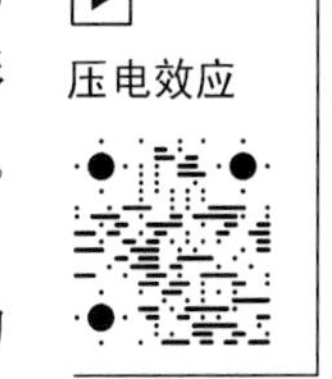

通过测量正压电效应中电量的大小（电压的高低）可以测量压力的大小。

2. 常用压力传感器

应变片可以由金属或半导体材料制成，分别利用的是应变效应和压阻效应。以金属应变片为例，它由绝缘基片与金属敏感栅组成，通过黏合剂与物体相连接，当被测部件受外力变形时，敏感栅也随之变形，因此敏感栅的电阻值会产生相应的变化，通过惠斯通电桥可以测量到这个微小的阻值变化量，而通过应变片生产厂商标明的应变片系数可将测量得到的电阻变化量转换成实际应变值。图 3.31 展示了金属应变片的结构，半导体应变片和金属应变片的结构是类似的。

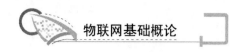

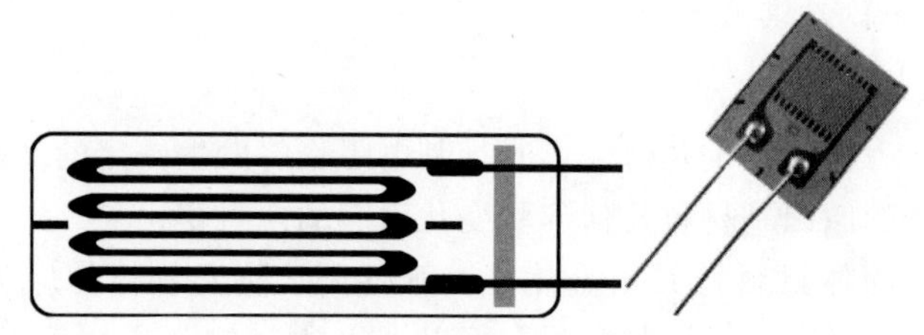

图 3.31 金属应变片的结构

常见的应变片可分为以下六类。

(1) 普通型。它适合于一般应力测量。

(2) 温度自动补偿型。它能抵消温度引起的各种电阻变化，适用于特定的试件材料。

(3) 灵敏度补偿型。它通过选择适当的衬底材料，并采用稳流电路，降低温度引起的灵敏度变化。

(4) 高输出（高电阻）型。它的阻值很高（2～10kΩ），可接成电桥以高电压供电而获得高输出电压，因而可不经放大而直接接入指示仪表。

(5) 超线性型。它在比较宽的应力范围内，呈现较宽的应变线性区域，适用于大应变范围的场合。

(6) P-N 组合温度补偿型。它选用配对的 P 型和 N 型两种转换元件作为电桥的相邻两臂，从而改善温度特性和非线性特性。

应变片只是一个元件，必须配合测量电路才能使用，最常用的是使用惠斯通电桥将应变片引起的电阻的变化转变为电压变化，然后根据具体需求对电压进行处理即可。例如，通过电压变化导通/关闭另外一个支路，或将电压通过 A/D 转换发送给单片机等，如图 3.32所示。

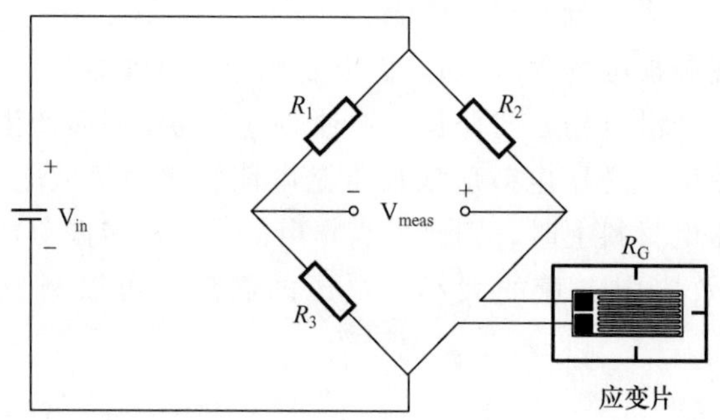

图 3.32 惠斯通电桥

将压敏材料、桥式电路组合在一起进行封装就形成了压力传感器，如果输出开关信号则成为压力开关，如果输出模拟信号则形成模拟式压力传感器，如果内置 A/D 转换模块输出数字信号则形成数字式压力传感器。

压力传感器种类繁多，可以通过它们所能测量的压力范围、工作温度以及压力类型而进行分类，其中最重要的是压力类型，若按压力类型分类的话大致可以分为以下几类。

(1) 绝对压力传感器。这种压力传感器测量的是真正的压强，也就是相对于真空压强下的压强。海平面上的绝对大气压强是 101.325kPa。

(2) 表压力传感器。这种压力传感器可以量测某一特定的位置下，相对大气压的压强，指系统的真实压力与大气压之间的差值。汽车轮胎的胎压就是一个例子，当胎压计显示读数为 0 时，表示轮胎内部的压力等于大气压力，为 14.7PSI。

(3) 真空压力传感器。真空压力是绝对压力低于大气压时，绝对压力与大气压力之差。

(4) 压差计。此仪器可以用来测量两个压强之间的压强差，如测量滤油器两端的压力差，也可以用来测量流量或测量压力容器内的液面高度。

(5) 密封压力传感器。此仪器和表压力传感器类似，不过此仪器会经过特别的校正，其测量的压强是相对海平面的压强。

压力传感器有非常广泛的应用，也有非常多的接线和封装形式，如图 3.33 所示。总的来说，压力传感器和温湿度传感器类似，也分为开关式、模拟式和数字式，在此不再赘述。

图 3.33　不同接线和封装形式的压力传感器

3.2.6　位移传感器

位移传感器是用来测量位移、距离、位置、尺寸、角度、角位移等几何量的一种传感器。位移是指物体的某个表面/某点相对于参考表面/参考点位置的变化，分为线位移和角位移两种。线位移是指物体沿着某一条直线移动的距离；角位移是指物体绕着某一定点旋转的角度。

位移传感器在某些行业（如机械和电子行业）特别重要，原因在于很多难以直接测试的物理量，如力、压力、扭矩、速度、加速度、温度、流量等都可以通过位移来间接测量。

笼统地分位移可以分为大位移和小位移两大类，这两者很难界定。一般大位移是指测量误差要求在分米以上的位移，如车辆的行驶距离、一栋楼的总长度、两个电力塔之间的距离等；一般小位移是指测量误差要求在厘米或厘米以下的位移，如建筑物的沉降、零件毛坯的长度、车床刀具的进给量等。通常位移的测量首先要确定的是测量范围和分辨率，随后根据是否和被测物体接触来选择具体的测量手段。

1. 常用的测位移手段及其原理

可以用来测位移的手段非常多，下面仅对常用的几种进行简介。

1) 定位测距

在测量大位移时，最常用的一种方法是利用 GPS 等定位手段进行定位，然后通过位置信息计算来得到位移。这种手段严格来说不能叫“测”位移，它的位移是“算”出来的，所以可以测量的范围非常广，从几米至几千千米。

2）电磁波测距

另一种测量大位移的典型方法是发射电磁波，从其碰到目标后反射的回波来确定发射点和物体之间的距离，这种手段可以测量的范围可以从几米到几千千米，多数在几百千米。

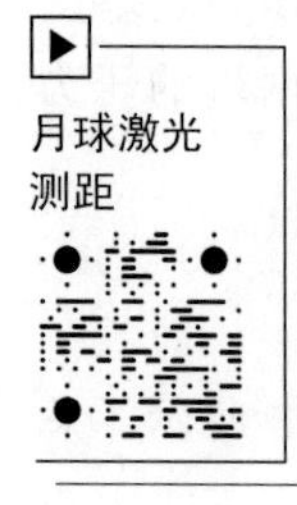

3）激光/红外测距

激光测距有两种基本形式，一种是被测物体和一个激光接收装置安装在一起，发射装置发射激光束照射在接收装置上，通过激光走的时间间隔乘以光速来得到发射装置和接收装置之间的距离；另一种是激光接收装置和发射装置装在一起，发射装置发射激光束照射到被测物体表面，反射回来的光线进入接收装置，通过激光走的时间间隔或者用三角计算法则来得到发射装置和被测物体之间的距离。激光三角测距原理如图 3.34 所示。

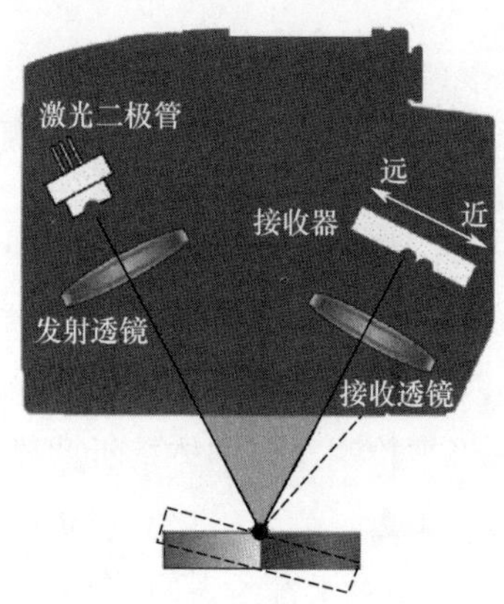

图 3.34　激光三角测距原理

红外测距和激光类似。如果不考虑遮挡的话，这种测量手段可以测非常远的距离（如 NASA 曾经于 1969 年 7 月 21 日在月球上的静海安装了一个月球激光反射镜，地球就可以通过这个反射镜来测量地月之间的距离），通常情况下测量距离为几十厘米至几千米。

4）超声波测距

超声波类似于电磁波，由于超声波指向性强，能量消耗缓慢，在介质中传播的距离较远，因而超声波也经常被用于距离的测量。常见的超声波测距仪器会发射一个超声波，超声波在触碰到物体后反射回波，仪器通过测量发射和接收的时间间隔来确定距离，如图 3.35 所示。这种手段可以测量的范围为几厘米至几百米。

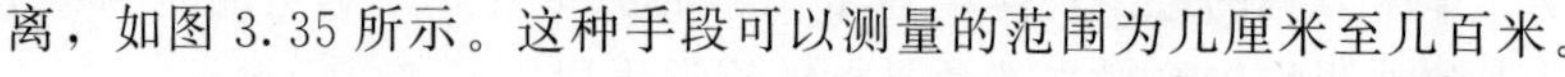

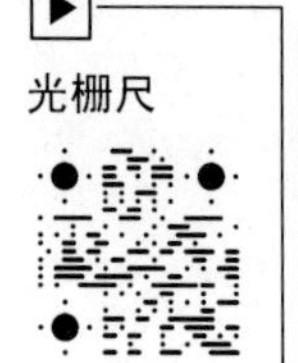

5）光栅测距

光栅尺也称光栅尺位移传感器（光栅尺传感器），是利用光栅的光学原理工作的测量装置。其原理是：把两块栅距相等的光栅平行安装，且让它们的刻痕之间有较小的夹角 θ 时，这时光栅上会出现若干条明暗相间的条纹，这种条纹称为莫尔条纹，当两个光栅相对移动时，莫尔条纹会发生变化，莫

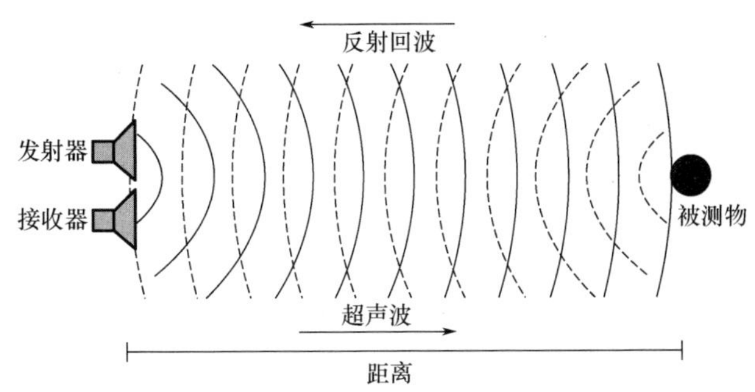

图 3.35　超声波测距原理

尔条纹的位移与光栅的移动成比例，光栅每移动一个栅距，莫尔条纹就移动一个条纹间距。通过光电器件将莫尔条纹的变化转换为电信号，通过测量电信号的变化就可以知道光栅之间的相对位移。这种手段可以测量的范围为几毫米至几十米。

6）电位器测距

根据电阻与导体长度的关系，电位器也可以用来进行简单的测距。将电位器的可动电刷与被测物体相连，物体的位移将引起电位器移动端的电阻变化，阻值的增加或是减小则表明了位移的方向。直线电位器和圆形电位器可以分别用作直线位移和角位移传感器。这种手段可以测量的范围为几毫米至几米。

7）电感测距

电感式位移传感器是一种利用金属电磁感应进行位移测量的线性器件。接通电源后，在电磁线圈附近产生一个磁场，当被检测金属物体接近此磁场时，会使电磁线圈的磁场发生变化，通过测量磁场的变化即可得到被检测金属物体的位移。根据电感可以设计不同结构和不同测量范围的位移传感器，测量范围通常为几毫米至几米。

8）应变效应测距

应变效应也可以用来测量微小的位移。只需将金属材料应变产生的位移转换为电信号即可。它的测量范围通常较小，为几微米至几毫米。

9）电容测距

电容式位移传感器利用的是电极之间距离的变化会引起电容变化的原理而制成的。它适合缓慢变化或微小量的测量，它的测量范围通常也为几微米至几毫米。

2. 常用位移传感器

1）直线位移传感器

直线位移传感器又叫电子尺，多数是利用电位器原理制造的位移传感器。通常的电子尺都是模拟式的，只有三根接线，两根接电源和地，一根输出模拟电压量，通过读取这个模拟量并根据一定的换算关系即可以得知位移量的大小。直线位移传感器如图 3.36 所示。

2）角度传感器

最简单的角度传感器是在旋转轴上连接一个电位器，然后旋转轴的变化会引起电位器两端电压的变化，从而由电压的变化得到角速度。另一种常见的角度传感器是利用霍尔原

图 3.36　直线位移传感器

理制造的传感器，霍尔器件与被测物连动，而霍尔器件又在一个恒定的磁场中转动，于是霍尔电压的变化就反映了转角的变化。通常的角度传感器也是模拟式的，三根线分别对应电源、地和模拟量输出。角度传感器如图 3.37 所示。

图 3.37　角度传感器

3）超声波测距传感器

超声波测距传感器分为两部分，一部分用于发射超声波，另一部分用于接收超声波，这两部分既可以分离，也可以集成在一起。通常会将这两部分进行集成形成一个模块，其工作原理如下：该模块有四根引脚，两根引脚供电，一根引脚 Trig 接收单片机的控制指令（通常是给它一个若干时间的高电平），发射单元就会发射出固定频率的超声波，这个超声波遇到障碍物会反射回波，而接收探头一旦接收到回波就会在 Echo 引脚上触发一个高电平，单片机记录发射超声波和接收超声波的时间间隔，再配合超声波的速度就可以推算出障碍物的位置。对于这种传感器来说，它并不直接输出任何物理量，Echo 引脚输出的只是一个开关量，代表接收探头检测到了超声波，距离的测量（计算）是由与之相连的单片机完成的。超声波测距传感器如图 3.38 所示。

图 3.38　超声波测距传感器

4）激光位移传感器

常见的激光位移传感器都是以三角计算法则为核心的传感器，也就是靠接收物体表面的反射光，根据反射光在感光元件上的位置来测量物体的远近，如图 3.39 所示。因为反射光必须按照一定的角度才能照进感光元件，所以这种位移传感器的量程在某个范围之间，大于或者小于这个量程的反射光都无法进入感光元件，也就无法测量。

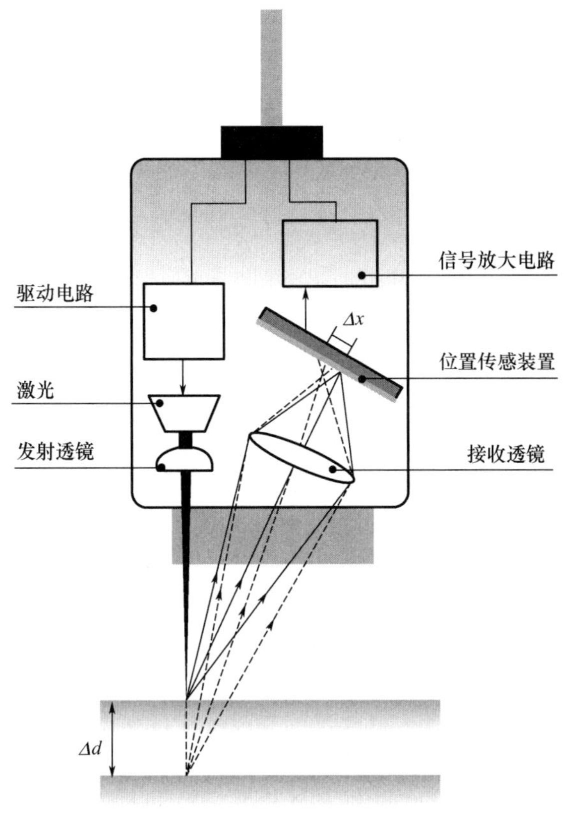

图 3.39　激光位移传感器测距原理

3.2.7　速度传感器和加速度传感器

速度和加速度是描述物体机械运动的重要参数。速度是单位时间内位移的增量，加速度是单位时间内速度的增量。速度分为线速度和角速度，加速度也对应了线加速度和角加速度。测量它们的传感器分别称为速度传感器和加速度传感器。速度和加速度的测量在工农业生产、国防中应用广泛，如汽车、飞机、火车、舰船的速度和加速度，发动机、发电机等各种机械设备中轴的转速等。

根据牛顿定律，运动是相对的，对于速度的测量总是要选定参照物和参考系。通常情况下所说的速度是物体相对于大地参考系的速度。

对于速度的测量，分为两种情况：一种情况是传感器和被测物体捆绑在一起运动，通过测量传感器的速度来得到物体的速度；另一种情况是传感器和被测物体是分离的，可以认为传感器和大地固连不动，通过测量物体相对于传感器（也就是大地）的运动来得到物体的速度。

对于第一种情况，传感器和被测物体的速度是一样的，这时很难使用传感器来直接测量出物体的速度，通常会通过对其他量的测量来间接测量物体的速度。例如，测量物体的加速度，然后通过初始条件和积分来得到速度；再如，利用 GPS 等定位手段获取位置信息，通过位移和时间的变化来得到速度。

对于第二种情况，只要想办法得到传感器和被测物体在固定时间间隔之间的位移即可。最典型的方法之一是测速雷达，就是在道路旁边架设雷达发射器，向道路来车方向发射雷达波束，再接收汽车的反射回波，通过回波分析测定汽车车速。另外一种典型的方法是将一个旋转物体和被测物体接触，从而将被测物体的运动转换为旋转物体旋转的快慢，通过测量旋转物体的旋转快慢即可得到被测物体的速度。

1. 常用测线速度手段及其原理

1）位移微分

在测得位移的情况下，可以用位移的微分来得到速度。

2）加速度积分

根据牛顿定律，如果知道了初始条件和加速度，那么就可以得到任意时刻的速度。加速度积分测速度的原理就是不停地测加速度，然后利用 $v_{此刻}=v_{上一刻}+a_{上一刻}t$ 来得到速度，时间间隔越短则速度越精确。

3）定位信息

如果知道了物体在两个时间点的位置信息，那么可以根据两个位置之间的距离除以时间间隔来得到这一段时间的平均速度。

4）超声波

超声波发射器向某一方向发射超声波，在发射时刻的同时开始计时，超声波在空气中传播，途中碰到障碍物就立即返回，超声波接收器收到反射回波就立即停止计时，超声波的速度和这个时间的乘积就是超声波发射器和被测物体之间的距离，连续进行两次测量就可以知道被测物体距离的变化量，也就可以得到其运动速度了。

5）多普勒效应

多普勒效应是指波在波源移向观察者接近时接收频率变高，而在波源远离观察者时接收频率变低，如图 3.40 所示。这种效应存在于声波、电磁波和光波中，通过测量反射波的频率即可知道物体的速度。

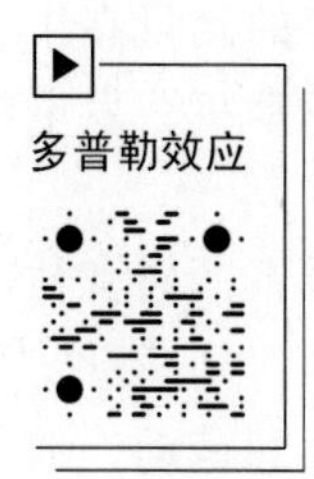

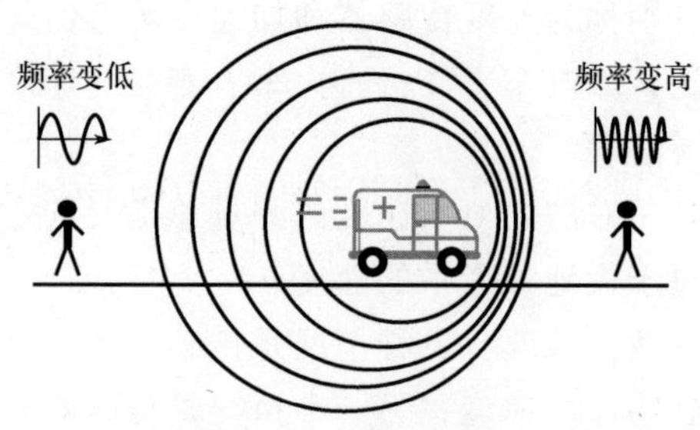

图 3.40　多普勒效应

6）雷达

雷达就是利用多普勒效应制造出来的，它检测发射出去的无线电波和反射回来的无线

电波之间的频率变化，由这两个频率之间的差值，通过特定比例关系计算出被测物体的速度，如图 3.41 所示。

7）线速度转换为角速度

想办法将线速度测量转换为角速度的测量，然后通过角速度来反推线速度。例如，为了得到车辆的行驶速度，可以通过测量车轮在单位时间内走过的角度（圈数），结合车轮的半径即可得到线速度，如图 3.42 所示。

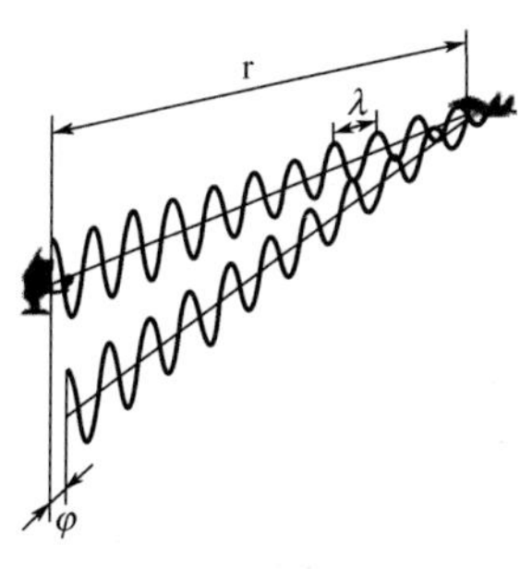

图 3.41 雷达测距原理

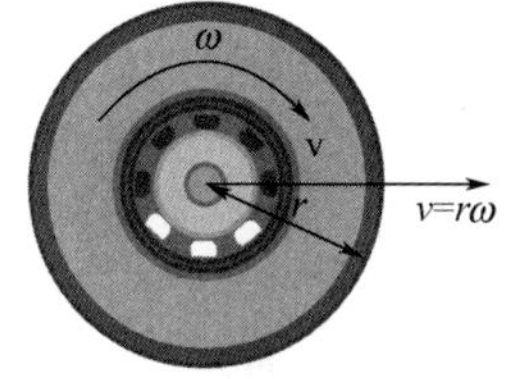

图 3.42 线速度转角速度

2. 常用测角速度手段及原理

1）角度或距离微分

角速度可以通过角度的微分来获得。

2）角加速度积分

和加速度积分一样，角速度可以利用角加速度的积分来获得。

3）陀螺仪

陀螺仪的原理是：周期运动的物体发生正交平面内的旋转时会在该正交平面内垂直于周期运动的方向产生科氏力，从而产生位移，这个位移与转动角速度成正比，通常情况下将这个位移转化为电容或电压的变化，通过测量这个变化即可得到角速度，如图 3.43 所示。

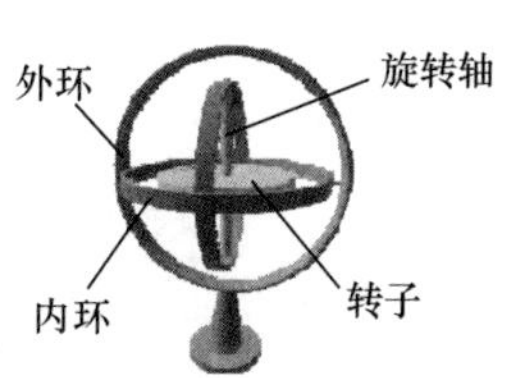

图 3.43 陀螺仪

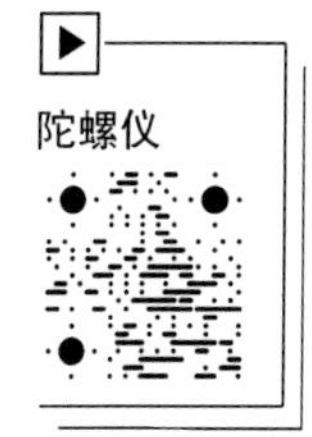

4）旋转编码器

旋转编码器也称轴编码器，是将旋转位置或旋转量转换成模拟或数字信号的机电设备，一般装在旋转物体中垂直旋转轴的一面。旋转编码器用在许多需要精确确定或控制旋转位置及速度的场合，如工业控制、机器人技术、专用镜头、计算机输入设备（如鼠标及轨迹球）等。

按照工作原理，旋转编码器可分为绝对式和增量式两类。绝对式旋转编码器的每一个旋转位置对应一个确定的数字码，它会通过输出数字码来输出旋转轴的位置，可视为一种角度传感器。增量式旋转编码器也称相对型旋转编码器，它无法直接检测旋转轴的位置，它会将旋转角度转换成周期性的电信号，再把这个电信号转变成脉冲，用检测脉冲的方式来计算转速，可输出有关旋转轴运动的信息，一般会由其他设备或电路进一步转换为速度、距离、每分钟转速或位置的信息。

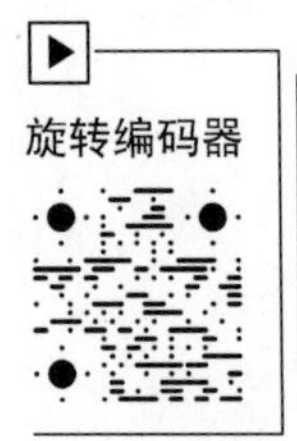

绝对式旋转编码器的核心部件是码盘和码尺。码盘被多个同心圆分割为几圈，每个同心圆称为一个码道，然后再将码道分割为不同的区域，将每个区域标记为两种状态，码尺和码盘的相对运动会确定一个特定的扇区，这个扇区又对应了一个特定的二进制字符串，而通过这个字符串可以得知其旋转到的位置。从其原理结构可以看出，二进制字符串的位数决定了可以分割的扇区数，称之为分辨率或解析度，或者直接称为多少线，如 2 线、4 线、16 线等。图 3.44 所示的三线式旋转编码器将一个圆分割为 8 个扇区，每次旋转 45°；四线式旋转编码器将一个圆分割为 16 个扇区，每次旋转 22.5°。

图 3.44　三线式旋转编码器

增量式旋转编码器的原理是将码盘转动转变为数字波，然后根据波形的频率就可以知道码盘的旋转速度，进而推算出旋转角度，如图 3.45 所示。从某种意义上来说，增量式旋转编码器直接测的是速度，而绝对式旋转编码器测的是角度；绝对式旋转编码器就算是停止不动也会输出一个位置量，而增量式旋转编码器不动时没法输出任何位置信息。

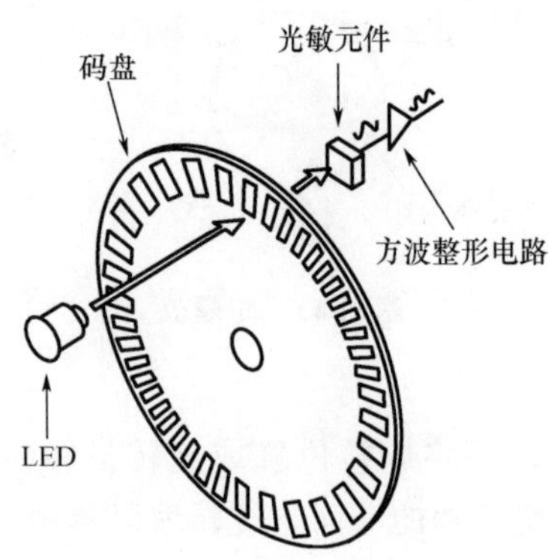

图 3.45　增量式旋转编码器结构

3. 常用测线加速度手段及其原理

线加速度的测量主要依靠的是牛顿第二定律。线加速度传感器通常由质量块、阻尼器、弹性元件、敏感元件和调整电路等组成，在加速过程中，通过对质量块所受惯性力的测量，利用牛顿第二定律获得加速度值。

对于质量块所受惯性力的测量，按照敏感元件的不同可以分为压电式、压阻式、电容式、应变式等类型。

1）速度微分

线加速度可以由速度的微分得到，速度则可以由线速度传感器得到。

2）压电效应

压电效应可以用来测量加速度。在压电式加速度传感器中，压电元件一般由两块压电晶片组成，在压电晶片的两个表面上镀有电极，并引出引线，在压电晶片上放置一个质量块（质量块一般采用比较大的金属钨或高比重的合金制成）。测量时，将传感器基座与试件刚性地固定在一起，当传感器受振动力作用时，可以认为质量块与基座相同运动，并受到与加速度方向相反的惯性力作用，质量块就会在压电晶片的表面施加一个正比于加速度的应变力，由于压电晶片具有压电效应，因此在它的两个表面上就产生交变电荷（电压），此电压与作用力成正比，亦即与被测物体的加速度成正比，通过测量该电压即可知道加速度大小。

3）压阻效应

压阻效应也可以用来测量加速度。压阻式加速度传感器的原理是利用弹性元件的变形和由变形引起的电阻变化来测量加速度。例如，单悬臂梁型压阻式加速度传感器内部有一个弹性元件，一般采用硅梁外加质量块，质量块由悬臂梁支撑，并在悬臂梁上制作电阻，连接成测量电桥。在惯性力作用下质量块上下运动，悬臂梁上电阻的阻值随应力的作用而发生变化，引起测量电桥输出电压变化，以此实现对加速度的测量。

4）电容原理

电容式加速度传感器是基于电容原理来测量加速度的。这种传感器的核心是一个电容，其中一个电极是固定的，另一变化电极是弹性膜片，弹性膜片在外力（气压、液压等）作用下发生位移，使电容两极之间的距离发生改变，从而引起电容量的变化，通过测量电容量的变化即可测量外力。

5）位移原理

应变式加速度传感器是基于位移原理来测量加速度的。当传感器有加速度时，质量块会偏离静平衡位置，通过测量其偏离的位移大小可以推算出加速度大小。

4. 常用测角加速度手段及其原理

1）角速度微分

通过测量角速度，然后对其进行微分得到角加速度，而角速度可以通过陀螺仪或旋转编码器等元件来测量，这是目前使用最多的方法。

2）其他

角加速度也可以用压电效应、压阻效应、应变效应等原理来测量，只需设法将引起角加速度变化的力转化为电信号即可，原理和线速度类似，在此不再赘述。

5. 常用速度和加速度传感器

最常用的速度和加速度传感器是加速度计和陀螺仪。因为速度和加速度测量在空间运动的测量中太过于普遍，所以很多厂家对加速度计和陀螺仪进行了封装，形成了一个 6 轴运动传感器，其中的陀螺仪测量三轴角速度，加速度计测量三轴加速度。MPU6050 就是一个典型的运动传感器，如图 3.46 所示。

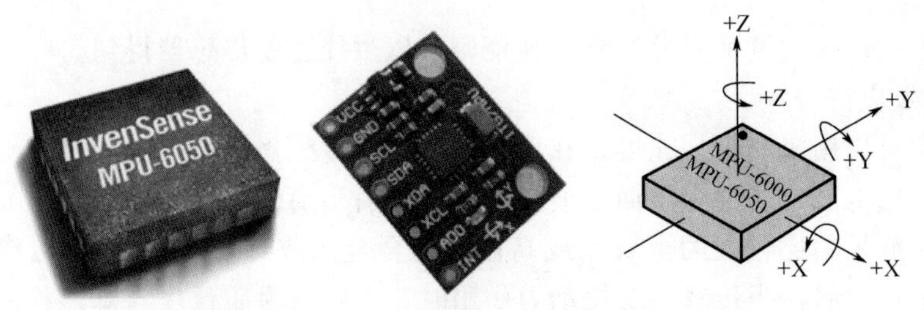

图 3.46　MPU6050 运动传感器

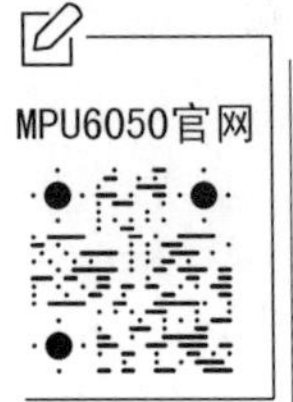

MPU6050 是一个数字传感器，它的大小仅为 4mm×4mm×0.9mm，使用 I2C 接口和协议进行数据通信。它对陀螺仪和加速度计分别用了三个 16 位的 ADC，将其测量的模拟量转化为 16 位有符号整数，加速度取负值表示沿坐标轴负向，取正值时沿正向，角速度取正值时表示顺时针旋转，取负值时表示逆时针旋转。MPU6050 的分辨率固定为 16 位，但是为了精确跟踪快速和慢速运动，传感器的测量范围是可控的，通过选择倍率来确定，陀螺仪可选倍率为±250、±500、±1000、±2000（度/秒），加速度计可测范围为±2、±4、±8、±16（g）。以加速度计为例，若倍率设置为 2（默认），则意味着某轴的加速度取最小值－32 768 时，当前加速度为 2 倍的重力加速度，若设定为 4，取－32 768 时表示 4 倍的重力加速度。

3.2.8　流量传感器

流量是工业生产中的一个重要参数。工业生产过程中，很多原料、半成品、成品都是以流体状态出现的，流体的流量就成为决定产品成分和质量的关键，也是生产成本核算和合理使用能源的重要依据。因此，流量的测量和控制是生产过程自动化的重要环节。

单位时间内流过管道某一截面的流体数量，称为瞬时流量。瞬时流量有体积流量和质量流量之分。

体积流量是单位时间内通过某截面的流体的体积，单位为 m^3/s。由于气体是可压缩的，流体的体积会受环境的影响，为了便于比较，工程上通常把工作状态下测得的体积流量换算成标准状态（温度为 20℃，压力为一个标准大气压）下的体积流量。

质量流量是单位时间内通过某截面的流体的质量，单位为 kg/s。

1. 常用测流量手段及其原理

绝大多数工程实践中流量检测的基本方法可以总结为：将传感器放在流体的通路中，

由流体对传感器和传感器对流体的相互作用测出流量的变化。

流量检测可以分为直接测量法和间接测量法两类。直接测量法可以直接测量出管道中的体积流量或质量流量；间接测量法则是通过测量出流体的（平均）流速，结合管道的截面积、流体的密度及工作状态等参数计算得出。

1）差压（伯努利原理）

流体经过特定形状阻力件会使流束收缩造成压力变化，此过程称为节流过程，其中的阻力件称为节流件。通过测量节流件前后的压力差，利用伯努利原理可以间接测量瞬时流量。

伯努利原理

2）旋转

将涡轮叶轮等元件置于流体中，流体流经涡轮流量传感器时，流体冲击涡轮叶片，使涡轮旋转，涡轮的速度与平均体积流量的速率成正比，通过涡轮外的磁电转换装置可将涡轮的旋转转换成电脉冲，通过测量电脉冲就可以间接测量流量。

3）超声波

利用超声波测流量都是通过测流体速度来间接进行的，有两种基本方法。第一种是多普勒法，即发射声波给流体，利用反射声波频率的改变，来测定流体的流速，进而根据流速推算流量；第二种是运行时间法，即发射声波随着流体前进，在固定位置接收超声波，假如超声波与水流方向一致，则超声波的传播时间会缩短，流速可以由这个传播时间推算出来，进而根据流速推算流量。

4）电磁感应原理

对于具有一定电导率的可导电液体来说，还可以利用电磁感应原理来测量。在磁场中安置一段不导磁、不导电的管道，管道外面安装一对磁极，当有一定电导率的流体在管道中流动时就切割磁力线，与金属导体在磁场中的运动一样，在导体（流动介质）的两端也会产生感应电动势，其大小与介质的平均流速成正比。

2. 常用的流量传感器

多数的流量传感器都需要接入输送管道中，两端通过螺纹或法兰接入管道，如图 3.47 所示。多数通过数据线输出脉冲信号或模拟量信号，少数可以通过 RS-485 等接口直接输出数字信号。其基本接线和使用方法在此不再赘述。

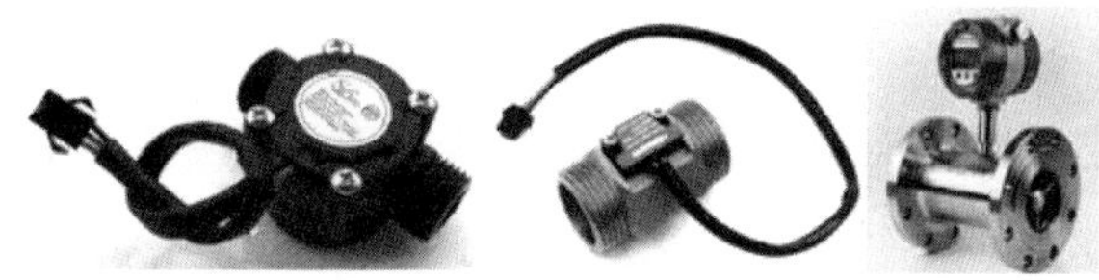

图 3.47　流量传感器

3.2.9　气体传感器

气体传感器是指利用各种化学、物理效应将气体的种类或浓度按一定规律转换成电信号输出的器件。根据这些电信号的强弱就可以获得与待测气体在环境中存在情况有关的信息，从而可以进行检测、监控、报警；还可以通过接口电路与电子计算机或微处理机组成自动检测、控制和报警系统。

1. 常用的测气体手段及其原理

1）气敏半导体

某些半导体在一定的温度下会和特定气体发生氧化反应，从而改变其自身的电导率，电导率会随着特定气体的浓度变化而变化，进而通过测量半导体电阻率的变化来测量气体浓度。

2）热导

对于非混合气体来说，不同的气体有不同的导热系数，可以通过测量热敏元件电阻的变化来测量气体的导热系数，进而确定气体的类型。对于混合气体来说，也可以通过测量导热系数来确定其中某种气体的浓度。例如，正常空气的导热系数在某个温度是固定值，如果某种气体在空气中含量过多，将引起空气导热系数的变化，可以通过测量热敏元件电阻的变化来测量这种气体的浓度。但是这种手段有一个很大的缺陷，就是如果若干种气体同时存在，而某些气体比混合气体的导热系数大，另外一些气体比混合气体的导热系数小，则无法准确地测量某种气体的浓度。

3）热化学

某些气体的特定化学反应会产生热，称为化学热，最常用的化学反应是氧化反应。以氧化或燃烧式为例，其原理是在一些热敏材料的表面涂上氧化催化剂，让被测气体和氧气产生化学反应产生热，在一定范围内被测气体的浓度和生成的化学热成正比，化学热又改变了热敏材料的电阻，通过电桥等电路将电阻的变化转化为电压变化，从而可以通过测量电路的电压来测量被测气体的浓度。

4）电化学

某些气体可以和一些特定材料产生氧化或还原反应，从而产生电流或改变电压，通过测量电流或电压的大小可以间接测量气体的浓度。

5）光学

不同的气体其吸收光谱是不同的，当白光通过气体时，气体将从通过它的白光中吸收与其特征谱线波长相同的光，使白光形成的连续谱中出现暗线，这个光谱称为吸收光谱。通过对吸收光谱的分析可以对气体的类型和浓度进行分析。

2. 常用气体传感器

常见的气体传感器分为四大类，分别是MQ半导体系列、MC催化系列、ML光学系列和ME电化学系列，最常用的是MQ系列。以MQ系列为例，MQ－2传感器可以用于测量可燃气体和烟雾，MQ－3传感器可以用于测量酒精，MQ－4传感器可以用于测量甲烷，MQ－5传感器可以用于测量液化气、天然气和城市煤气，MQ－6传感器可以用于测量异丁烷、丙烷，MQ－7传感器可以用于测量一氧化碳，MQ－8传感器可以用于测量氢气，MQ－9传感器可以用于测量一氧化碳、甲烷、液化石油气，MQ－135可以用于检测空气质量，如图3.48所示。多数的气体传感器是开关式和模拟式双路输出，它可以输出模拟电压量来表示气体的浓度，也可以输出TTL高低电平作为开关信号来表示气体浓度超标。

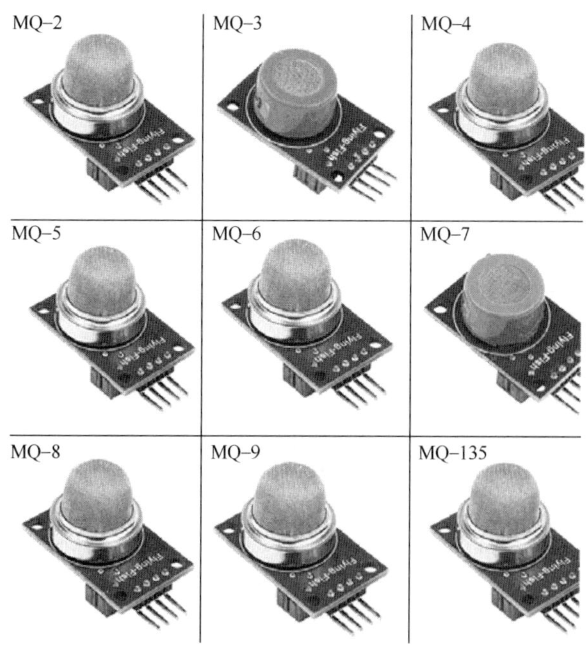

图 3.48 MQ 系列气体传感器

3.3 传感器接口电路

在本章的引言部分提到传感器对于外界信息的处理深度分为三层。对于第三层直接输出数字信号的传感器来说，已经是封装很完整的模块了，基本不需要再额外附加外围电路对其输出的数字信号进行处理了，目前物联网中大量使用的传感器就是这种传感器。但是对于第一层和第二层的传感器来说，则需要针对其搭建专门的电路来实现信号的采集、转换和处理。这种电路一般称为接口电路，它的目的是根据传感器输出信号的特点，对信号进行预处理，将其变成可供测量、控制使用及便于向微型计算机输出的信号形式，同时尽量提高测量系统的测量精度和线性度，抑制噪声对采样信号的影响。下面就对第一层和第二层传感器的使用和接口电路进行简单介绍，下文所称的传感器均指第一层和第二层的传感器。

由于传感器种类繁多，传感器的输出形式也是各式各样的。例如，尽管都是温度传感器，热电偶随温度变化输出的是不同的电压，热敏电阻随温度变化输出的是不同的电阻。常见的模拟量输出形式包括电路通断、电压、电流、电阻、电容、电感和频率等。对于物联网项目来说，绝大多数的传感器都要连接单片机或嵌入式系统，所以通常都需要配合接口电路和 A/D 转换芯片将各种形式的模拟量统一为电压。

接口电路需要根据传感器输出信号的特点定制，多数传感器输出的信号具有以下特点。

- 传感器输出的信号类型通常是动态的，且信号动态范围很宽。

- 传感器输出的电信号一般都比较弱，如电压信号通常为 μV～mV 级，电流信号为 nA～mA 级。
- 传感器内部存在噪声，输出信号会与噪声信号混合在一起，当噪声比较大而输出信号又比较弱时，输出信号将被淹没在噪声之中。
- 输出信号随着物理量的变化而变化，但它们之间的关系不一定是线性比例关系。例如，热敏电阻值随温度变化按指数函数变化。
- 传感器的输出信号受外界环境（如温度、电场）的干扰。
- 传感器的输出阻抗都比较高，这样会使传感器信号输入测量电路时，产生较大信号衰减。

接口电路通常是由若干电路模块组成的，常见的电路模块及其作用如表 3-4 所示。

表 3-4　常见的电路模块及其作用

电路模块名称	作　用
阻抗变换电路	将高阻抗输出变换为低阻抗输出，以便于检测电路准确地采集信号
放大变换电路	将微弱的传感器输出信号放大
电流电压转换电路	将传感器的电流输出转换成电压输出
电桥电路	把传感器的电阻、电容、电感变化为电流或电压变化
频率电压转换电路	把传感器输出的频率信号转换为电流或电压信号
电荷放大器	将电场型传感器输出产生的电荷转换为电压输出
滤波电路	去除电路中的噪声
线性化电路	在传感器的特性不是线性的情况下，用来进行线性校正
对数压缩电路	当传感器输出信号的动态范围较宽时，用对数电路进行压缩

3.4　著名传感器厂商介绍

世界上有非常多的传感器生产厂商，有些厂商专注于一类传感器，有些厂商生产多类传感器。表 3-5 列出了一些著名的传感器厂商及其核心产品。

表 3-5　著名的传感器厂商及其核心产品

厂　商	传感器类型	国家
MEAS	位置传感器、力传感器、加速度传感器、压力传感器、压力薄膜传感器、扭矩传感器、数字分量传感器、水位传感器、流量传感器、液体特性传感器、温度传感器、湿度传感器、超声波传感器、速度传感器、速率与惯性传感器等	美国
霍尼韦尔	气流传感器、电流传感器、力传感器、湿度传感器、惯性传感器、磁传感器、运动和位置传感器、颗粒物传感器、压力传感器、速度传感器等	美国

续表

厂 商	传感器类型	国家
凯勒	压力传感器、压力传送器、水位传感器等	美国
艾默生电气	NTC温度传感器、可燃气体传感器、压力和温度传感器、流量计传感器、高压腐蚀和压蚀传感器等	美国
罗克韦尔自动化	光电传感器、超声传感器、电感式接近传感器、压力传感器、温度传感器、流量传感器、液位传感器、智能传感器等	美国
通用电气	车载传感器、压力传感器、温度传感器、光学传感器等	美国
福禄克	温度传感器等	美国
PCB	加速度传感器、压力传感器、力传感器、扭矩传感器、振动传感器、声学电容传感器、应变传感器、载荷传感器等	美国
邦纳工程	光电传感器、视觉传感器、超声波传感器、色标/颜色/荧光传感器、雷达传感器、温度和振动传感器等	美国
Merit Sensor	压阻式压力芯片、压力传感器等	美国
STS	称重传感器、高温传感器等	美国
西门子	温度、压力传感器，工业自动化产品中所用传感器	德国
威卡	气体密度传感器、气体流量传感器、称重传感器、液压力传感器、力传感器、温度传感器等	德国
爱普科斯	温度/液位/压力传感器、电机保护传感器、温限传感器、钳式交流电流传感器、粉体水平/压电碳粉传感器、齿轮传感器、表面电位传感器、湿度传感器、磁性炭粉浓度/余量传感器、角度传感器、MEMS陀螺仪、MEMS加速度计等	德国
First Sensor	光学传感器、辐射传感器、压力传感器、液位传感器、流量传感器、惯性传感器等	德国
巴鲁夫	光电传感器、磁编码式传感器、感应式传感器、电容式传感器、磁敏汽缸传感器、超声波传感器、倾斜传感器、压力传感器、温度传感器等	德国
图尔克	电感式传感器、光电式传感器、电容式传感器、磁感应式传感器、超声波传感器、雷达、线性位置传感器、编码器、倾角传感器、压力传感器、温度传感器、流量传感器/流量计等	德国
倍加福	接近传感器、光电式传感器、倾角与加速度传感器、超声波传感器、旋转编码器等	德国
西克	伺服反馈编码器、光电传感器、光纤传感器、惯性传感器、接近传感器、标识传感器、流体传感器、流量传感器、磁敏汽缸传感器、距离传感器、轨迹引导传感器等	德国

续表

厂　　商	传感器类型	国家
爱尔邦	室内各种参数测量、气象参数、水质分析、红外温度测量传感器	德国
柏西铁龙	高温传感器、热式流量传感器、红外测温传感器、光栅等	德国
宝得	光学传感器、流量传感器、气体传感器、压力传感器、分析传感器、温度传感器等	德国
英飞凌科技	电流传感器、磁性位置传感器、磁性速度传感器、集成汽车压力传感器、气压传感器等	德国
Metallux SA	线性及旋转式传感器、陶瓷及不锈钢压力传感器、金属箔型传感器等	瑞士
凯乐测量	扩散硅压力传感器、变送器，陶瓷电容式压力传感器、变送器，扩散硅和陶瓷电容式液位传感器、变送器，数字式压力表，压力校验仪等	瑞士
E+H	物位传感器、流量传感器、压力传感器、温度传感器等	瑞士
堡盟	反射式传感器、线性特征传感器、反射板式传感器、超声波测距传感器、目标物检测、激光测距传感器、编码器、温度传感器、磁式传感器等	瑞士
MICROTEL	压力传感器等	意大利
Datalogic	色标传感器、微型传感器、管状传感器、反射及荧光传感器、颜色传感器、迷你型传感器、光纤传感器、编码器等	意大利
Gefran	位置传感器、压力传感器、变形和负载传感器、温度传感器等	意大利
横河电机	气体分析仪、液体分析仪、差压-压力变送器、流量计、温度变送器、液位测量等	日本
欧姆龙	流量传感器、压力传感器、振动传感器、倾倒传感器、非接触温度传感器、环境传感器、光电传感器、限定反射传感器、微型位移传感器、粉尘传感器、人脸识别传感器等	日本
富士电机	压力传感器、超声波流量计、气体分析仪等	日本
基恩士	光电传感器、光纤传感器、激光传感器、接近传感器、位移传感器、图像传感器等	日本
Sunpro	压力传感器、风速传感器、温湿度传感器等	印度
Haris Sensor	压力传感器、电磁流量计、数字压力计、高熔体压力传感器、桨轮传感器、流量计等	印度
Syscon	称重传感器、位移传感器、压力传感器、扭矩传感器、振动传感器、机床工具传感器、钻具传感器、磨工具传感器等	印度
Ajay Sensors	压力传感器、温度传感器、信号调节器等	印度

续表

厂　　商	传感器类型	国家
Green Sensor	压力传感器、高温压力传感器、差压传感器、温度传感器等	韩国
Wise Control	红外线传感器、气体传感器等	韩国
Autonics	视觉传感器、光电传感器、光纤传感器、门传感器、光幕、接近开关、压力传感器、旋转编码器等	韩国
沈阳仪表	压力传感器、硅电容差压传感器、复合压力传感器等	中国
昆仑海岸	温度/温湿度变送器、压力/差压/液位/船用压力/超声波物位/浸水变送器、位移/称重/电量传感器等	中国
宜科电子	电感式传感器、电容式传感器、光电传感器、超声波传感器、磁感应传感器、冷热金属检测、压力/流量传感器、直线位移传感器、编码器、物位计等	中国

3.5 数字滤波

对于噪声的处理，通常有物理和软件两种手段。物理手段就是滤波电路，而对于物联网项目来说，通常是购买现成的物理硬件，很难在上面添加物理滤波手段，所以对于噪声来说，通常采用软件滤波（又叫数字滤波）的方法来完成。所谓数字滤波，其实就是通过程序对数据进行处理。下面介绍常见的数字滤波算法。

3.5.1 限幅滤波

限幅滤波算法的核心思想是：根据经验判断，某种被观测量的变化是连续的，不可能发生巨大的突变，因此人为设定两次采样之间的最大偏差为 d，每次观测到新值时都执行这样的判断逻辑——如果本次观测值和上次观测值之差的绝对值小于等于 d，则认为本次观测值有效；否则认为本次观测值无效，放弃本次观测值。

下面是限幅滤波的一种函数实现。

```
# defineTolerateDiff  0.3
double  filter(double newValue,double lastValue)
{
    if((newValue-lastValue< TolerateDiff)||(lastValue-newValue< TolerateDiff  ))
    {
        return newValue;
    }
    else{
        return new_lastValue;
    }
}
```

限幅滤波可以有效地消除偶然因素引起的数据突变，但是它的滤波效果依赖于经验所确定的偏差值，另外它无法消除在偏差值以内的周期性干扰。

3.5.2 中位值滤波

中位值滤波算法的核心思想是：假设误差是随机出现、均匀分布的，那么连续采样 N 次（N 为奇数），将 N 次取样从小到大排列，取中间值为本次有效值即可。

下面是中位值滤波的一种函数实现。

```
double filter(double[] values)
{
    double[]  newValues;
    newValues=myFunctionSort(values);
    return newValues[(newValues.Length+1)/2];
}
```

中位值滤波可以有效去除偶然因素引起的干扰，对变化缓慢的被测量效果良好。但是一方面它不适合快速变化的参数，另一方面假如误差不是均匀分布的那么它的测量效果也不好，而且如果被测量是在周期变化，那么 N 的取值会给有效值的确定带来很大的影响。

3.5.3 算术平均滤波

算术平均滤波算法的核心思想是：假设误差是随机出现、均匀分布的，那么连续采样 N 次，并取这 N 次采样值的平均值为有效值即可。

下面是算术平均滤波的一个函数实现。

```
double filter(double[] values)
{
    doublesum=0;
    for(int i=0;i<values.Length;i++)
    {
        sum=sum+values[i];
    }
    return sum/values.Length;
}
```

算术平均滤波适合于消除在某个值范围内随机波动的噪声，但是无法消除脉冲性噪声，而且 N 次采样才能确定一个有效值，对数据的利用率较低，而且算术平均滤波对观测量的变化反应较为迟钝。算数平均滤波的滤波特性和 N 的取值关系比较大，当 N 较大时，平滑度高，灵敏度低；当 N 较小时，平滑度低，但灵敏度高。

3.5.4 递推平均滤波（滑动平均滤波）

递推平均滤波是对算术平均滤波的一种改进。其核心思想是：把连续 N 个采样值看成一个队列，队列的长度固定为 N，每次采样到一个新数据放入队尾，并扔掉原来队首的一个数据（先进先出），然后求队列中的 N 个数据的算术平均值，作为新的采样值。

下面是递推平均滤波的一个函数实现。

```
double filter(double newValue,Queue values)
{
    values.Enqueue(newValue);
    values.Dequeue();
    double sum=0;
    foreach(double x in values)
    {
        sum=sum+x;
    }
    return sum/values.Count;
}
```

递推平均滤波对数据的利用率比较高，可以有效地抑制周期性干扰，但是依然无法消除脉冲干扰造成的偏差。

3.5.5 中位值平均滤波（防脉冲干扰平均滤波）

中位值平均滤波是中位值滤波和算术平均滤波的结合。其核心思想是：连续采样 N 个数据，按大小排序，如果存在脉冲干扰，则干扰很大概率出现在最大端和最小端，那么就去掉 m 个最大值和 m 个最小值，然后计算剩下部分的平均值作为采样值。

下面是中位值平均滤波的一种函数实现。

```
double filter(double[] values)
{
    double[] newValues;
    newValues=myFunctionSort(values);
    double[] newNewValues;
    newNewValues=myFunctionRemoveMValues(newValues);
    double sum=0;
    for(int i=0;i<newNewValues.Length;i++)
    {
        sum=sum+newNewValues[i];
    }
    return sum/newNewValues.Length;
}
```

中位值平均滤波综合了两种滤波的优点，可以有效地消除偶尔出现的脉冲性干扰。

3.5.6 加权平均滤波

加权平均滤波是对算术平均滤波的改进。其核心思想是：给队列中的数据赋权重，越靠近本次时刻的数据权重越大。

下面是加权平均滤波的一种函数实现。

```
double filter(double[] values)
{
    double sum=0;
    int wei=0;
    for(int i=0;i<values.Length;i++)
    {
          sum=sum+values[i]*i;
          wei=wei+i;
    }
    return sum/wei;
}
```

加权平均滤波和算术平均滤波相比，可以较快地反映观测量的变化（它减少了采样时刻较远的数据对本次采样数据的影响），一定程度上协调了平滑度和灵敏度之间的矛盾。

3.5.7 加权递推平均滤波

加权递推平均滤波是递推平均滤波的改进。其核心思想是：给队列中的数据赋权重，越靠近本次采样时刻的数据权重越大。

下面是加权递推平均滤波的一种函数实现。

```
double filter(double newValue,Queue values)
{
    values.Enqueue(newValue);
    values.Dequeue();
    double sum=0;
    int wei=0;
    foreach(double x in values)
    {
        sum=sum+x;
        wei++;
    }
    return sum/wei;
}
```

加权递推平均滤波和递推平均滤波相比，可以较快地反映观测量的变化，一定程度上协调了平滑度和灵敏度之间的矛盾。

3.5.8 低通滤波

低通滤波算法的核心思想是：设置上一时刻滤波的输出值的权重为 0～1 的一个数 a，这一时刻的观测值的权重为 $1-a$，这一时刻的输出值的计算公式为“$a\times$上一时刻滤波时输出值$+(1-a)\times$这一时刻的观测值”。

下面是低通滤波的一种函数实现。

```
double filter(double newValue,double oldFilterOutput)
{
    return oldFilterOutput * a+newValue* (1-a);
}
```

低通滤波和加权滤波有些类似，不同的是加权滤波的权重都是乘以观测值，而低通滤波的权重分别乘的是上一时刻滤波的输出值和这一时刻的观测值。

3.5.9 卡尔曼滤波

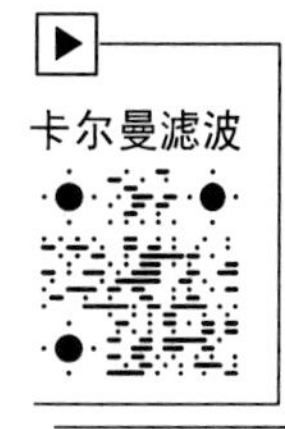

上面的加权滤波和低通滤波都有一个问题，就是权重是固定的，它可能在某些阶段表现很好，而在另外一些阶段表现很差，所以一种自然的想法就是能够动态地对权重进行调整。卡尔曼滤波就是一种可以动态调整权值的滤波方法。它的核心还是加权平均，但是它的权值是根据系统状态和噪声计算出来的最优权值，在线性系统中是最优的。

卡尔曼滤波算法的核心思想是：（假定观测的系统是线性的，噪声都满足高斯分布）这一时刻系统的状态（最优估计）是这一时刻的预测量和这一时刻的观测量的加权平均，当得到最优估计之后，再将这一时刻的最优估计和预测量进行对比，如果相差比较小，则说明预测得比较准确，下次计算就加大预测量的权值；反之，则说明预测得不准确，下次计算就加大观测量的权值，下一时刻重复该过程。

在介绍卡尔曼滤波算法的核心公式之前先介绍它适用的范围。卡尔曼滤波适用于线性系统，该系统模型满足以下两个条件。

$$x_k = Ax_{k-1} + Bu_k + w_{k-1}$$
$$z_k = Hx_k + v_k$$

第一个条件表明，该系统的当前状态 x_k 可以由上一时刻的状态 x_{k-1}、这一时刻的控制信号 u_k 和上一时刻的过程噪声 w_{k-1} 通过线性叠加来得到，A 和 B 为常数（或者常数矩阵）。

第二个条件表明，该系统的观测量 z_k 可以由当前的状态 x_k 和观测噪声 v_k 线性叠加来得到，H 为常数（或者常数矩阵）。

w 和 v 都符合高斯分布且互相独立，$p(w) \sim N(0,Q)$，$p(v) \sim N(0,R)$。

通常情况下 A、B 和 H 都是常数，u_k 为 0，这个系统中不确定的就是两个噪声，在实际实现时，测量噪声协方差 R 一般可以从观测数据中计算出来，而过程噪声无法直接观测，所以通常是人为假设一个 Q 并进行模拟测试来确定。下文中都将 R 和 Q 作为常数处理。

卡尔曼的核心公式如下。

$$\hat{x}_k = \hat{x}_{\bar{k}} + K_k(z_k - H\hat{x}_{\bar{k}}) \tag{3-1}$$

式(3-1) 中，$\hat{x}_k$ 为这一刻的最优估计（状态），$\hat{x}_{\bar{k}}$ 为这一刻的先验估计（预测状态），它是一个预测量，z_k 为这一刻的观测量（实测状态），K_k 就是动态变化的权重，称为卡尔曼增益，H 是一个常数。式(3-1) 经过简单变形就可以变为以下形式。

$$\hat{x}_k=(1-K_kH)\hat{x}_{\bar{k}}+K_kz_k \quad (3-2)$$

即当前的状态是当前预测量和当前观测量的加权平均，权重分别是 $1-K_kH$ 和 K_k。

式(3－1) 中的$\hat{x}_{\bar{k}}$称为先验估计，它是根据上一时刻的最优估计推测出来的这一时刻的值，因为系统是线性的，所以

$$\hat{x}_{\bar{k}}=A\,\hat{x}_{k-1}+Bu_k \quad (3-3)$$

即这一时刻的先验估计，是上一时刻的最优估计和这一时刻控制量的线性叠加。

根据式(3－3)，式(3－2) 还可以变为以下形式。

$$\begin{aligned}\hat{x}_k&=(1-K_kH)(A\,\hat{x}_{k-1}+Bu_k)+K_kz_k\\&=A(1-K_kH)\hat{x}_{k-1}+K_kz_k+B(1-K_kH)u_k\end{aligned} \quad (3-4)$$

式(3－4) 表明了当前的最优估计是上一时刻最优估计、这一时刻误差和控制量的线性叠加。如果 A、H 都为 1，u_k 为 0，则式(3－4) 可变为以下形式。

$$\hat{x}_k=(1-K_k)\hat{x}_{k-1}+K_kz_k \quad (3-5)$$

可以看出，式(3－5) 和低通滤波的基本形式一模一样。

观察式 (3－4)，只要知道了 K_k，就可以由上一时刻的状态得到这一时刻的状态。K_k 称为卡尔曼增益，它是一个根据系统状态和噪声动态调整的量，计算公式如下。

$$K_k=P_{\bar{k}}\mathbf{H}^T\,(HP_{\bar{k}}\mathbf{H}^T+R)^{-1} \quad (3-6)$$

其中的未知量是 $P_{\bar{k}}$，$P_{\bar{k}}$是先验估计误差的协方差，它由上一时刻的后验估计误差的协方差求得，计算公式如下。

$$P_{\bar{k}}=AP_{k-1}HA^T+Q \quad (3-7)$$

其中的未知量是 P_{k-1}，P_{k-1}是上一时刻的后验估计误差的协方差，计算公式如下。

$$P_{k-1}=(I-K_{k-1}H)P_{\overline{k-1}} \quad (3-8)$$

这一时刻的后验误差的协方差将被用来计算下一时刻的先验估计误差的协方差，而当前时刻后验误差的协方差计算公式如下。

$$P_{k-1}=(I-K_{k-1}H)P_{\overline{k-1}} \quad (3-9)$$

对式(3－1)～式(3－9) 进行整理，将其分为两组来进行迭代计算。这两组公式分别是时间更新公式和测量更新公式，可以得到卡尔曼滤波的运行过程，如图 3.49 所示。

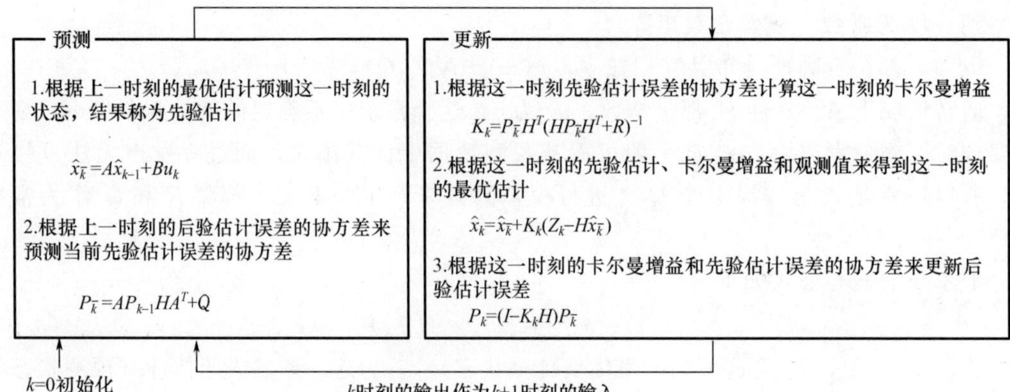

预测
1.根据上一时刻的最优估计预测这一时刻的状态，结果称为先验估计
$\hat{x}_{\bar{k}}=A\hat{x}_{k-1}+Bu_k$
2.根据上一时刻的后验估计误差的协方差来预测当前先验估计误差的协方差
$P_{\bar{k}}=AP_{k-1}HA^T+Q$
更新
1.根据这一时刻先验估计误差的协方差计算这一时刻的卡尔曼增益
$K_k=P_{\bar{k}}H^T(HP_{\bar{k}}H^T+R)^{-1}$
2.根据这一时刻的先验估计、卡尔曼增益和观测值来得到这一时刻的最优估计
$\hat{x}_k=\hat{x}_{\bar{k}}+K_k(Z_k-H\hat{x}_{\bar{k}})$
3.根据这一时刻的卡尔曼增益和先验估计误差的协方差来更新后验估计误差
$P_k=(I-K_kH)P_{\bar{k}}$
k=0初始化
k时刻的输出作为k+1时刻的输入

图 3.49　卡尔曼滤波迭代

因为卡尔曼滤波是采用迭代的思想设计的，每一时刻的计算都依赖于上一个时刻的值，并为下一时刻做准备，所以只要给它赋予一定的初始值（x_0,P_0），它就可以不停地运行下去。

3.6　数据融合

数据融合是为了将多个来源的数据综合成为更高质量、更高可信度的数据，其核心思想在于对不同来源的数据采取不同的处理方法或者给予不同的可信等级，最基本和常见的融合方法有加权平均、贝叶斯估计和卡尔曼滤波等。

3.6.1　加权平均

数据融合最朴素的思想就是把所有的测试数据取平均值，理论上如果 n 个传感器是一样的话，就相当于使用单个传感器同时测试了 n 次，当 n 趋近于无穷大的时候，其平均值就无限接近于真实值。

但是通常情况下会使用多个不同的传感器对某个观测量进行测量（即使是使用相同品牌和型号的传感器，它们本身也存在因制造、装配而引起的误差），某些传感器精度较高，某些传感器精度较低，这时就不能简单地求它们的平均值了。这时需要赋予每个传感器一种权重，然后根据权重对它们进行加权平均。加权平均的模型如图 3.50 所示。

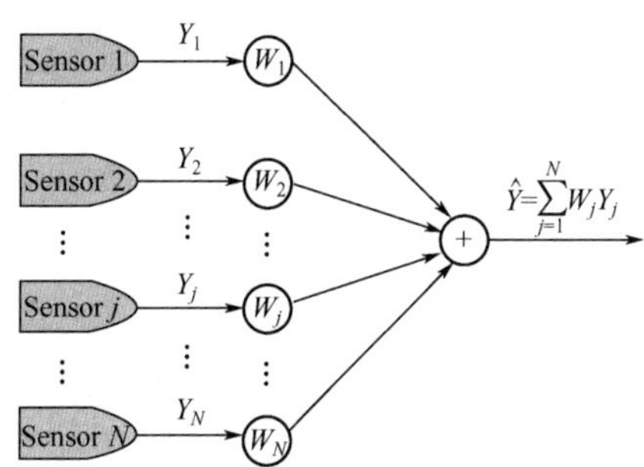

图 3.50　加权平均的模型

其中，$\sum_{j=1}^{N} W_j=1$，当所有的权重 W 相等，加权平均就是算术平均。

对于加权平均，所有的重点都在于权重的确定，最基本和常用的方法是最优估计，其核心思想是利用各个传感器各自观测到的观测值，求得其方差，并根据方差求得最优权值，进而求得观测量的估测值，其原理如下。

设两个不同的传感器对一恒定量进行测量，观测值为

$$z_1=x+v_1$$

$$z_2=x+v_2$$

其中，$v_i(i=1,2)$ 为观测时存在的随机误差，且设 $v_i \sim N(0,\sigma_i^2)$，两个传感器观测值相互独立。

假定 x 的估计值$\hat{x}$与观测值 $z_i(i=1,2)$ 呈线性关系，且$\hat{x}$为 x 的无偏估计，则

$$\hat{x}=\omega_1 z_1+\omega_2 z_2$$

$\Omega=(\omega_1,\omega_2)$为各个传感器观测量的权值。

设估计误差为

$$\tilde{x}=x-\hat{x}$$

取代价函数为 $\tilde{x}$ 的均方误差，有

$$J=E(\tilde{x}^2)=E\{[x-\omega_1(x+z_1)-\omega_2(x+z_2)]^2\}$$

因为$\hat{x}$为 x 的无偏估计，所以

$$E(\tilde{x})=E[x-\omega_1(x+z_1)-\omega_2(x+z_2)]=0$$

由于 $E(v_1)=E(v_2)=0$，$E(x)=E(\hat{x})$，所以有

$$\omega_2=1-\omega_1$$

那么代价函数可写为

$$J=E(\tilde{x}^2)=E[\omega_1^2 v_1^2+(1-\omega_1)^2 v_2^2+2\omega_1(1-\omega_1)v_1 v_2]$$

由于 $E(v_1^2)=\sigma_1^2,E(v_2^2)=\sigma_2^2$，$v_1$、$v_2$ 相互独立，有 $E(v_1 v_2)=0$，则

$$J=E(\tilde{x}^2)=\omega_1^2\sigma_1^2+(1-\omega_1)^2\sigma_2^2$$

为使得 J 为最小，对 Ω 求偏导有

$$\frac{\partial J}{\partial \Omega}=0$$

解出最优权值为

$$\omega_1^*=\frac{\sigma_2^2}{\sigma_2^2+\sigma_1^2}$$

$$\omega_2^*=\frac{\sigma_1^2}{\sigma_2^2+\sigma_1^2}$$

最优估计量为

$$\hat{x}=\frac{\sigma_2^2 z_1}{\sigma_2^2+\sigma_1^2}+\frac{\sigma_1^2 z_2}{\sigma_2^2+\sigma_1^2}$$

推广此结论到多个传感器的情况，设多传感器组的方差分别为 $\sigma_i(i=1,2,\cdots,n)$，各传感器的测量值分别为 $z_i(i=1,2,\cdots,n)$，彼此相互独立。真值的估计值为$\hat{x}$，并且是 x 的无偏估计，各传感器的加权因子分别为 $\omega_i(i=1,2,\cdots,n)$，根据多元函数求极值理论，可求出均方误差最小时所对应的加权因子为

$$\omega_p^*=\frac{1}{\left|\sigma_p^2\sum_{i=1}^{n}\frac{1}{\sigma_i^2}\right|}$$

除了最优估计之外，还有其他一些方法来确定权重，但是核心思想都是使权重尽可能地合理。

3.6.2 贝叶斯估计

贝叶斯估计方法是利用概率论中贝叶斯条件概率公式对数据进行融合的方法。它的基

本思想是：每个传感器都独立对被观测量 θ 进行测量，取得一组 n 个采样样本值 $X=\{x_1, x_2, x_3, \cdots, x_n\}$，为了得到此时的 θ 值，只用求得当被观测量 θ 取何值时，得到这样一组样本的概率最大，那么此时的 θ 值即为数据融合的结果。

根据贝叶斯估计公式，也即求使得

$$P(\theta_j|X)=\frac{P(X|\theta_j)P(\theta_j)}{\sum_{j=1}^{m}P(X|\theta_j)P(\theta_j)}, m \text{ 为被测量最大可能取值个数}$$

取最大值的 θ 值即可。

分析上面的式子，通常认为在传感器测量的数值范围内各个数值出现的概率一样（$P(\theta_j)$ 对于每个 θ 取值来说都相同），且每个传感器互不影响独立测量，所以求 $P(\theta_j|X)$的最大值也就相当于求 $P(X|\theta_j)$的最大值。

对于每一个 θ 可能的取值 θ_j（$1\leqslant j\leqslant m$）来说，都对应了一个似然函数

$$lik(\theta_j)=P(X|\theta_j)=\prod_{i=1}^{n}P(x_i|\theta_j)=P(x_1|\theta_j)P(x_2|\theta_j)\cdots P(x_n|\theta_j)$$

所以，最终求的是 $\max(lik(\theta_j)), j=\{1,2,\cdots,m\}$，$m$ 为被测量最大可能取值个数的 θ 值。

贝叶斯估计方法依赖于先验概率，在先验概率已知的情况下，它是最佳的融合准则，可给出精确融合结果。但是在实际应用中，各个传感器很难获得所需的先验概率，因此其应用受限。

3.6.3 卡尔曼滤波

卡尔曼滤波在数据融合中使用得非常多，但是使用方法却不尽相同，通常来说，有三类方法。

第一类方法是对多个数据源独立地使用卡尔曼滤波，试图从每个数据源得到尽可能准确的数据，然后对多个数据源的数据使用其他方法进行数据融合。

第二类方法是将某个精度较高的数据源作为预测量，将另外一个精度较低的数据源作为观测量，使用卡尔曼滤波同时对两者的数据进行处理，得到最终的观测值。

第三类方法就是前两类的混合，既对单独数据源独立地使用卡尔曼滤波或其他滤波得到观测量，又对多个数据源的观测数据使用卡尔曼滤波进行融合，得到最终的观测值。

3.7 控　　制

从某种意义上来说，物联网的终极目标就是根据一些事物的状态来控制另外一些事物的动作。物联网项目中的控制可以分为两大类，一类是开关量的控制，另一类是连续量的控制。两者的区别可以简单地理解如下：当用一个开关来控制一个电机的起停时，就属于开关量控制，可以理解为这时传递给电机的状态只有开（可用 1 表示）和关（可用 0 表示）两种；当用一个推拉杆来控制电机的转速时，就属于连续量控制，这时传递给电机的

状态不能再是开和关两种了，而是需要传递开到关中间的若干个中间态，如 1/4 开、1/3 开、半开等，而如果推拉杆的动作是由外界条件激发而自动进行的，则就属于自动控制了。

开关量的控制通常来说比较简单，也比较容易理解。例如，通过物联网控制的门窗，当它接收到“开”的信号时它就打开，当它接收到“关”的信号时它就关闭，对此只需要对状态进行简单判断并发出控制指令即可。然而对于连续量的控制，则没有那么简单。举一个最常见的例子，一个根据外界光线强度变化而自动调节亮度的灯，因为外界光线强度的变化是连续的，通过光照度传感器测量到的值虽然对其进行了离散化，但是其状态值可能分布在 0～1 000，因此不可能在控制程序里对 0～1 000 的所有值进行判断然后输出对应的控制值，更合理的方法是使用一个公式，当输入的外界光强度是多少时，输出灯亮度是多少，而怎么合理地得到这个公式则是需要计算的。在简单线性系统里，输入和输出线性变化，而且没有时滞，很容易就能得到一个公式。但是在非线性系统，而且系统存在时滞的情况下，这个公式就无法简单地求出了，这时就需要用到控制理论的相关知识。

控制理论一词来源于希腊文 mberuhhtz，原意为“操舵术”，就是掌舵的方法和技术的意思。1948 年，N. Weiner 出版了《控制论：或关于在动物和机器中控制和通信的科学》一书，标志着控制论的诞生，并创造了 Cybernetics 一词来命名这门科学。与众多的近代科学发展背景相似，控制理论是在生产和军事需求下的多学科交叉发展的产物。“二战”期间 N. Weiner 参与了火炮自动控制的研究工作，并从中得到了控制理论中最重要的“反馈”的概念。

控制工程是以控制论、信息论、系统论为基础，以工程应用为主要目的的学科。其应用已遍及工业、农业、交通、环境、军事、生物、医学、经济、金融和社会各个领域，与机械工程、计算机技术、仪器仪表工程、电气工程、电子与信息工程等领域密切相关。

按照控制理论的发展特征，其发展通常分为以下三个阶段。

(1) 经典控制理论阶段（20 世纪 50 年代末期以前）。经典控制理论是以微分方程、拉氏变换、传递函数为主要工具，对单输入单输出控制系统进行分析与设计的理论。基于反馈的控制思想，运用时域法、频域法、根轨迹分析法等基本方法，主要解决线性定常系统的稳定性问题。这一部分也是本章介绍的主要内容。

(2) 现代控制理论阶段（20 世纪 50 年代末期至 70 年代初期）。现代控制理论是基于时域内的状态空间分析法，解决多输入多输出系统的控制问题。主要方法有变分法、极大值原理、动态规划理论；主要的控制理论有最优控制、随机控制、自适应控制等。现代控制理论的提出促进了非线性控制、预测控制、自适应控制、鲁棒性控制、智能控制等分支学科的发展。

(3) 大系统理论阶段与智能控制理论阶段（20 世纪 70 年代初期至今）。大系统理论是指规模庞大、结构复杂、变量众多、关联严重、信息不完备的信息与控制系统。智能控制系统是具有某些仿人智能的工程控制与信息处理系统，其中最典型的是智能机器人。这一阶段的控制理论主要应用于多学科交叉的复杂控制领域，解决现代工程当中的复杂问题。

本节将对控制理论的基础——经典控制理论进行简单介绍。

3.7.1 控制的基本概念

自动控制是指在没有人直接参与的情况下，使被控对象的某些参数自动准确地按照预期规律发生变化。可以简单地把一个控制过程理解为输入—系统—输出的过程。自动控制理论主要解决两个方面的问题：一是给定系统，分析其工作原理和动态特性以及稳定性等问题；二是根据需要，即一定的输入输出关系来设计控制系统，并用实际的元器件或设备加以实现。前者是系统的分析，后者是系统的设计。

按照是否存在反馈，控制系统可以分为两种基本形式，即开环控制系统和闭环控制系统，如图 3.51 所示。开环控制系统是没有输出反馈的一类控制系统，输入直接作用于控制器来控制被控对象。开环控制系统的特点是结构简单，价格便宜，但精度较低，容易受到外界干扰的影响。闭环控制系统（反馈控制系统）是采用反馈原理，用反馈回路将输出信号的部分或全部反馈到输入端，形成闭环，输入信号与反馈信号共同作用于控制器来控制被控对象。闭环控制系统的特点是精度高，抗干扰能力强，但是结构相对复杂，成本高。常见的闭环控制系统运用输入与反馈信号的差值（偏差信号）作用于控制器上称为负反馈系统。闭环控制系统是依靠偏差信号进行控制的。

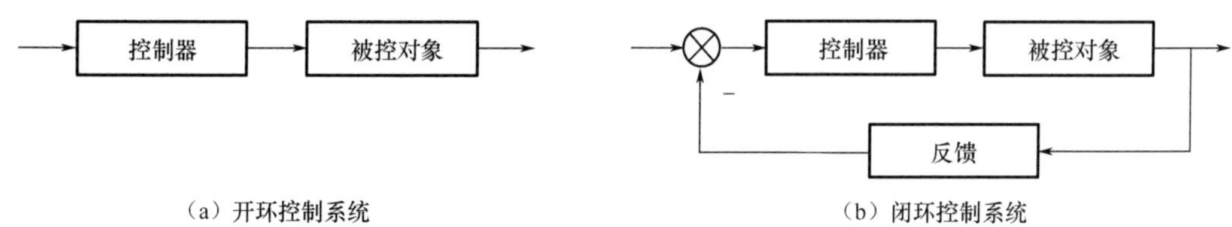

（a）开环控制系统　（b）闭环控制系统

图 3.51 开环控制系统和闭环控制系统

观察下面两个系统并进行比较，如图 3.52 所示。

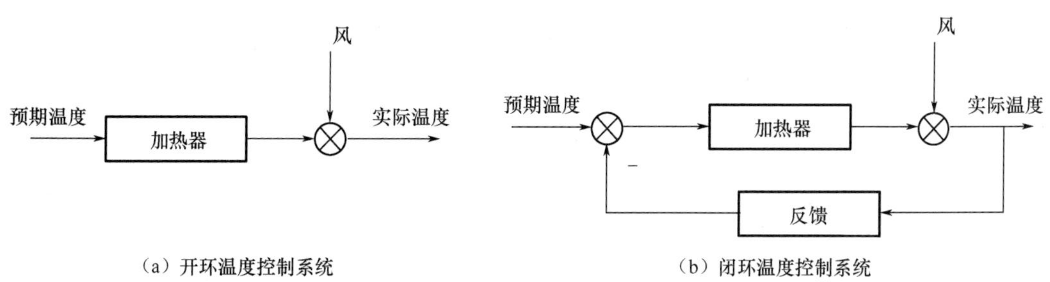

（a）开环温度控制系统　（b）闭环温度控制系统

图 3.52 开环温度控制系统和闭环温度控制系统对比

以上两个系统都是温度控制系统。图 3.52（a）为开环温度控制系统，最终的输出（温度）只与输入有关，但是容易受到干扰（风等外界因素）的影响，精度较低。图 3.52（b）为闭环温度控制系统，最终的输出（温度）是由输入和输出信号的偏差控制的，由于反馈的存在，大大降低了外界因素的干扰，提高了控制精度。

一个典型的反馈控制系统具有如图 3.53 所示的结构。

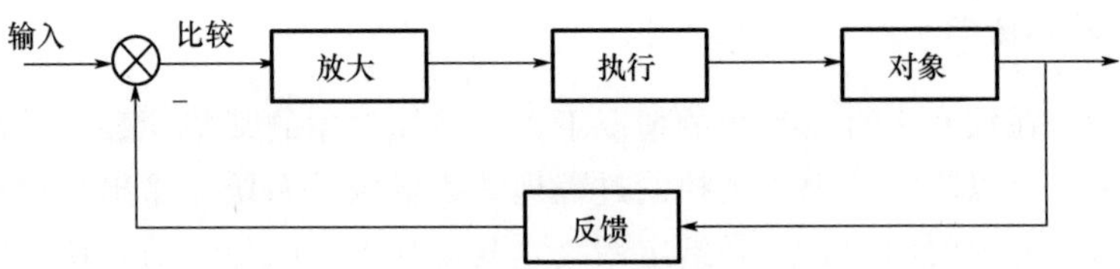

图 3.53　典型的反馈控制系统的结构

其主要包括以下部分：

- 给定（输入）元件，产生输入信号。
- 反馈元件，测量输出，产生反馈信号。
- 比较元件也称比较环节，用于比较输入信号与反馈信号，产生偏差信号。
- 放大元件，对偏差信号进行信号放大和功率放大以驱动后续系统。
- 执行元件，对控制对象进行操作。
- 被控对象，控制系统所要控制的对象，其输出为被控量，即系统的输出。

根据不同需要，以上各部分可以针对具体的实际情况进行增减或叠加使用。

根据实际应用的不同，对控制系统的要求也会有所不同，但是一般都会归结为稳定性、快速性、准确性（即稳、快、准）三个基本特性。

稳定性是指系统恢复平衡状态的能力；快速性是指系统消除输出与给定输入之间的偏差的快慢；准确性也称精度，是指最终的实际输出与预期值之间的偏差。这三种基本特性相互制约，通常以稳定性作为前提，寻求快速性与准确性的最优配置。

3.7.2　系统的数学模型

当遇到一个控制系统的时候，为了对其进行分析，首先需要建立系统的数学模型。反之，当需要建立一个控制系统时，需要根据需求和相关理论得到满足要求的数学模型，而这个数学模型可以由不同的元器件实现，完成系统的设计。系统的数学模型描述了系统的输入与输出之间的关系。

这里分别以最常见的机械平动系统和电气系统为例。

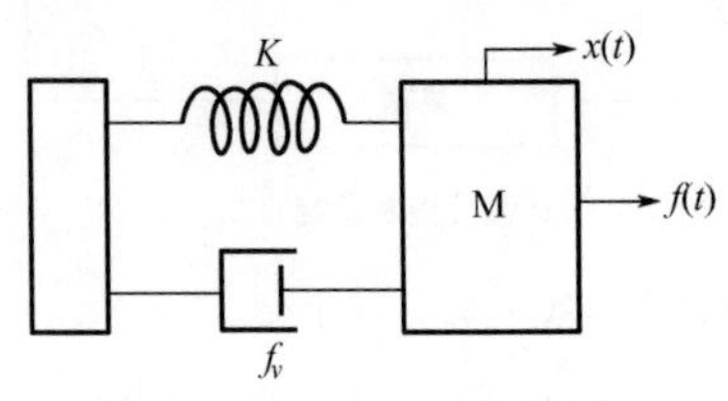

图 3.54　机械平动系统

常见的机械平动系统可以视为由质量块、弹簧、阻尼器三个元素组合的系统。通常会以外力 $f(t)$ 作为输入，以质量块的位移 $x(t)$ 作为输出，如图 3.54 所示。

根据前面已经掌握的知识，可以对质量块进行受力分析。质量块受到输入 $f(t)$，弹簧（弹性系数为 K）上的力 $Kx(t)$，阻尼器（阻尼系数为 f_v）上的力 $f_v\dfrac{\mathrm{d}x(t)}{\mathrm{d}t}$，合力使质量块 M（质量为 m）产生加速度 $\dfrac{\mathrm{d}^2x(t)}{\mathrm{d}t^2}$，根据牛顿定律可以列出以下微分方程。

$$m\frac{\mathrm{d}^2x(t)}{\mathrm{d}t^2}=f(t)-f_v\frac{\mathrm{d}x(t)}{\mathrm{d}t}-Kx(t)$$

为了更加清晰地描述输入和输出之间的关系，通常会把含有输入变量的项放在方程的一边，含有输出变量的项放在方程的另一边。方程可以变为以下形式。

$$m\frac{\mathrm{d}^2x(t)}{\mathrm{d}t^2}+f_v\frac{\mathrm{d}x(t)}{\mathrm{d}t}+Kx(t)=f(t)$$

上述微分方程即可称为该系统的数学模型。

对于机械系统，可以把转动惯量-质量、力-转矩、位移-角位移一一对应，仿照上述过程建立数学模型。

常见的电气系统可以看成电阻-电容-电感三个元素的组合系统。通常以电压（电流）为输入，以某部分的电压（电流）为输出，如图 3.55 所示。

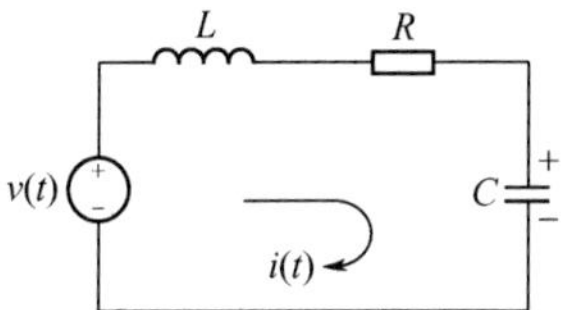

图 3.55　常见的电气系统

分析电气系统时，一般会应用欧姆定律、基尔霍夫定律等来建立数学模型。

图 3.55 中所描述的系统应用基尔霍夫电压定律以及电阻、电容、电感各元件的电压—电流关系可以得到以下微分方程。

$$L\frac{\mathrm{d}i(t)}{\mathrm{d}t}+Ri(t)+\frac{1}{C}\int_0^t i(\tau)\mathrm{d}\tau=v(t)$$

根据电流的定义式 $i(t)=\mathrm{d}q(t)/\mathrm{d}t$，将方程转化为以下形式。

$$L\frac{\mathrm{d}^2q(t)}{\mathrm{d}t^2}+R\frac{\mathrm{d}q(t)}{\mathrm{d}t}+\frac{1}{C}q(t)=v(t)$$

然后根据电容的定义式 $Cv_c(t)=q(t)$，方程继续转化为以下形式。

$$LC\frac{\mathrm{d}^2v_C(t)}{\mathrm{d}t^2}+RC\frac{\mathrm{d}v_C(t)}{\mathrm{d}t}+v_C(t)=v(t)$$

从以上的过程可以得到建立系统数学模型的一般步骤。

（1）确定系统的输入、输出，找到可能用到的中间变量。

（2）根据已知定理、定律或实验结果所描述的物理规律列写方程或方程组。

（3）消去中间变量，最后得到只含有输入变量和输出变量的系统方程。

（4）把含有输入变量的项放在方程的一边，含有输出变量的项放在方程的另一边，并降阶排列，得到系统的数学模型（微分方程）。

利用微分方程描述系统时，求解过程十分烦琐，特别是对于一些高阶系统（高阶微分方程），通常会利用拉氏变换（拉普拉斯变换），将微分方程转化为代数方程，使求解过程大大简化。

拉氏变换是对于 $t \geqslant 0$ 时函数值不为零的连续时间函数 $x(t)$，通过关系式

$$X(s) = \int_0^{\infty} x(t)\mathrm{e}^{-st}\,\mathrm{d}t$$

变换为复变量 s 的函数 $X(s)$。它也是时间函数 $x(t)$ 的复频域表示方式。

拉氏变换的逆过程称为拉氏逆变换或拉氏反变换。拉氏逆变换可以表示为已知函数 $f(t)$的拉氏变换 $F(s)$，求原函数 $f(t)$ 的运算为拉氏反变换。其公式为

$$f(t) = L^{-1}[F(s)] = \frac{1}{2\pi j}\int_{\beta-j\infty}^{\beta+j\infty} F(s)\mathrm{e}^{st}\,\mathrm{d}s$$

在拉氏变换式中，s 为复变数，$x(t)$ 为原函数，$X(s)$ 为象函数。

用时间 t 来描述系统时，称为时间域描述；用 s 来描述系统时，称作复频域描述。在对系统进行分析时，一般会先得到系统的微分方程，再通过拉氏变换转化为代数方程进行分析、求解，最后通过拉氏反变换得到系统在时间域的描述。

需要注意的是，通过拉氏变换的定义式可以知道，虽然 s 的量纲是时间的倒数，$X(s)$ 的量纲是 $x(t)$ 与时间 t 的乘积，但是拉氏变换并不具有实际的物理意义，只作为算子存在。

系统的微分方程通过拉氏变换之后，可以得到关于输出的拉氏变换 $C(s)$ 与输入的拉氏变换 $R(s)$ 之间的关系 $G(s)=C(s)/R(s)$，称为系统的传递函数。这是经典控制理论中最为重要的概念，也可以视为系统的数学模型的复频域描述。

对于前面分析过的常见的机械系统和电气系统，已经得到了系统的微分方程。分别对这两个系统的微分方程进行拉氏变换并求解传递函数。

机械系统的传递函数为

$$G(s) = \frac{F(s)}{X(s)} = \frac{1}{ms^2 + f_v s + K}$$

电气系统的传递函数为

$$G(s) = \frac{V_c(s)}{V(s)} = \frac{1}{LCs^2 + RCs + 1}$$

观察到这两个完全不同的系统具有类似的传递函数结构，由此可以推测，不同的系统可以用相同或相似的传递函数来描述。反之，当确定一个传递函数之后，可以设计不同的系统结构来实现它。

3.7.3　控制系统中的典型环节

自动控制系统是由不同功能的元件构成的。从物理结构上看，控制系统的类型很多，相互之间差别很大，似乎没有共同之处。但是在对控制系统进行分析研究时，更强调系统的动态特性，具有相同动态特性或者说具有相同传递函数的所有不同物理结构、不同工作原理的元器件，都被认为是同一类，称之为环节。依照环节的概念，物理结构千差万别的控制系统都是由为数不多的某些环节组成的，这些环节称为典型环节或基本环节。经典控制理论中，常见的典型环节有以下六种。

1. 比例环节

比例环节是最常见、最简单的一种环节。

比例环节的输出变量 $y(t)$ 与输入变量 $x(t)$ 之间满足下列关系。

$$y(t)=Kx(t)$$

比例环节的传递函数为

$$G(s)=\frac{Y(s)}{X(s)}=K$$

式中，K 为放大系数或增益。

阶跃输入下比例环节的输出如图 3.56 所示。比例环节将原信号放大了 K 倍。

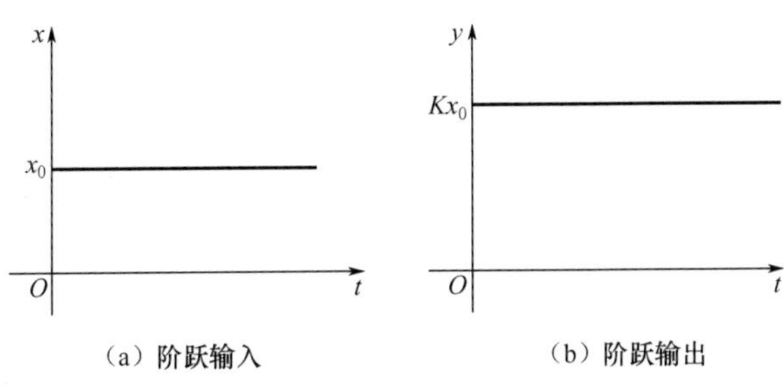

（a）阶跃输入　（b）阶跃输出

图 3.56 比例环节的阶跃响应

比例环节的主要作用是加快响应速度，因为它可以快速地将输入信号（误差）进行放大，以获得较快的调节速度，但是过大的比例会使系统的稳定性下降（简单来说就是调节过了，造成振荡），造成系统的不稳定。

2. 惯性环节

惯性环节的输入变量 $X(t)$ 与输出变量 $Y(t)$ 之间的关系用下面的一阶微分方程描述。

$$T\frac{\mathrm{d}y}{\mathrm{d}t}+y=Kx$$

惯性环节的传递函数为

$$G(s)=\frac{K}{Ts+1}$$

式中，T 称为惯性环节的时间常数，K 称为惯性环节的放大系数。

惯性环节是具有代表性的一类环节。许多实际的被控对象或控制元件，都可以表示为或近似表示为惯性环节。它们的传递函数都具有类似 $G(s)=\frac{K}{Ts+1}$ 的形式，都属于惯性环节。

当惯性环节的输入为单位阶跃函数时，其输出 $y(t)$ 如图 3.57 所示。

从图 3.56 中可以看出，惯性环节的输出一开始并不与输入同步按比例变化，直到过渡过程结束，$y(t)$ 才能与 $x(t)$ 保持比例，这就是惯性反应。惯性环节的时间常数就是惯性大小的量度。凡是具有惯性环节特性的实际系统，都具有一个存储元件或称容量元件，进行物质或能量的存储，如电容、热容等。

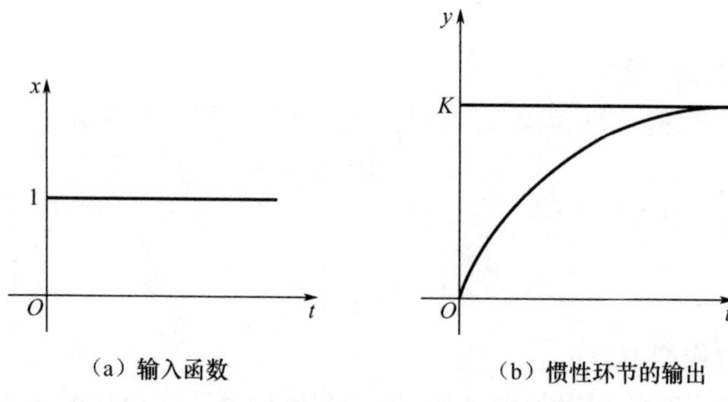

(a) 输入函数　　(b) 惯性环节的输出

图 3.57　惯性环节的单位阶跃响应

3. 微分环节

理想的微分环节，输入变量 $x(t)$ 与输出变量 $y(t)$ 之间满足下面的关系。

$$y(t)=T_{\mathrm{d}}\frac{\mathrm{d}x}{\mathrm{d}t}$$

理想微分环节的传递函数为

$$G(s)=T_{\mathrm{d}}s$$

式中，T_{d} 为微分时间常数。

微分环节反映了输入的微分，即反映了输入信号（偏差）的变化趋势（变化率），能预见偏差变化的趋势，它具有“超前”的调节作用，可以用来改善控制系统的动态特性。在微分时间常数选择合理的情况下，可以减少超调，减少调节时间。需要注意的是，微分环节对噪声有放大作用，过强的微分调节会降低系统的抗干扰性能。

另外，因为微分反映的是变化率，当输入没有变化时，微分环节输出为 0，所以它不能单独使用，必须和其他环节配合工作。

4. 积分环节

积分环节的输出变量 $y(t)$ 是输入变量 $x(t)$ 的积分，即

$$y(t)=K\int x\mathrm{d}t$$

积分环节的传递函数为

$$G(s)=K\frac{1}{s}$$

式中，K 为放大系数。

积分环节的主要作用是消除稳态误差。只要存在误差，积分调节就能一直进行，直至无误差，积分调节停止，它的输出变为一个常值。积分环节作用的强弱取决于常数 K，K 越大积分环节作用效果越强。积分环节会使系统稳定性下降，动态反应变慢，它也无法单独使用，经常和比例环节或者比例环节与微分环节组合在一起使用。

5. 振荡环节

振荡环节的输出变量 $y(t)$ 与输入变量 $x(t)$ 的关系由下列二阶微分方程描述。

$$\frac{\mathrm{d}^2 y}{\mathrm{d}t^2}+2\zeta\omega_n\frac{\mathrm{d}y}{\mathrm{d}t}+\omega_n^2 y=\omega_n^2 x$$

按传递函数的定义可以求出上式所表示的系统的传递函数为

$$G(s)=\frac{\omega_n^{\ 2}}{s^2+2\zeta\omega_n s+\omega_n^2}$$

式中，ω_n 称为振荡环节的无阻尼自然振荡频率，ζ 称为阻尼系数或阻尼比。

$G(s)$ 是振荡环节的标准形式，许多用二阶微分方程描述的系统，都可以转换为这种标准形式。振荡环节在阻尼比 ζ 的值处于 $0<\zeta<1$ 时，对单位阶跃输入函数的输出曲线如图 3.58 所示。这是一条振幅衰减的振荡过程曲线。振荡环节和惯性环节一样，是一种具有代表性的环节。很多被控对象或控制装置都具有这种环节所表示的特性。

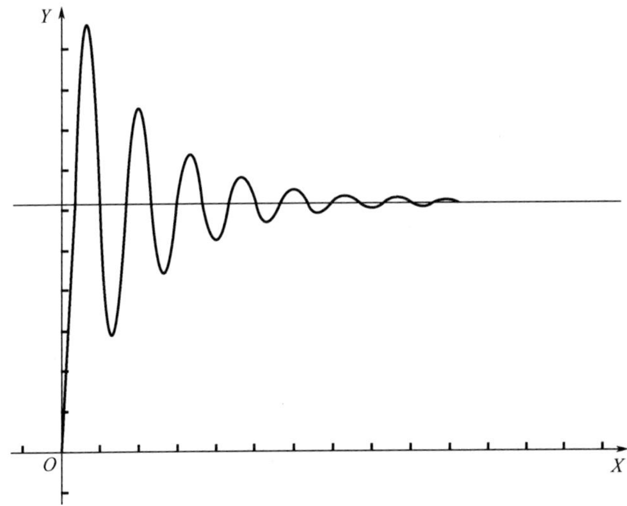

图 3.58 振荡环节的单位阶跃响应

6. 延时环节（滞后环节）

延时环节的输出变量 $y(t)$ 与输入变量 $x(t)$ 之间满足下列关系。

$$y(t)=x(t-\tau)$$

延时环节的传递函数为

$$G(s)=\mathrm{e}^{-\tau s}$$

式中，τ 为延迟时间。

信号通过延时环节，不改变其性质，仅仅在发生时间上延迟了时间 τ。

图 3.59 表示了延时环节输入与输出的关系。

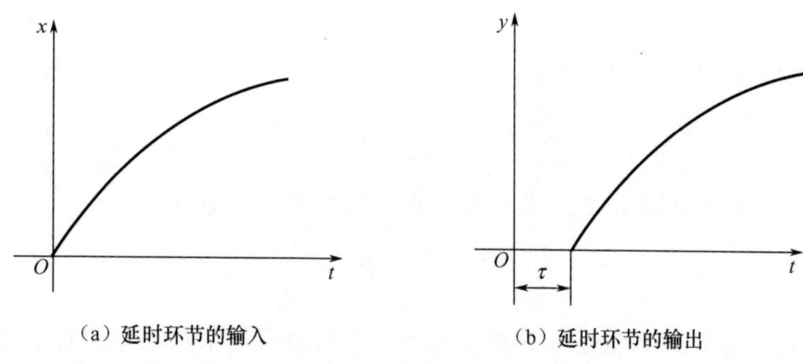

图 3.59 延时环节的输入与输出

3.7.4 系统模型的表述

常见的系统都是由上一节所述的几种典型环节中的一种或几种按照不同方式结合而成的。常见的结合方式有串联、并联、反馈三种。

在工程领域中，人们通常采用方框图或信号流图来描述控制系统。方框图示例如图 3.60所示。

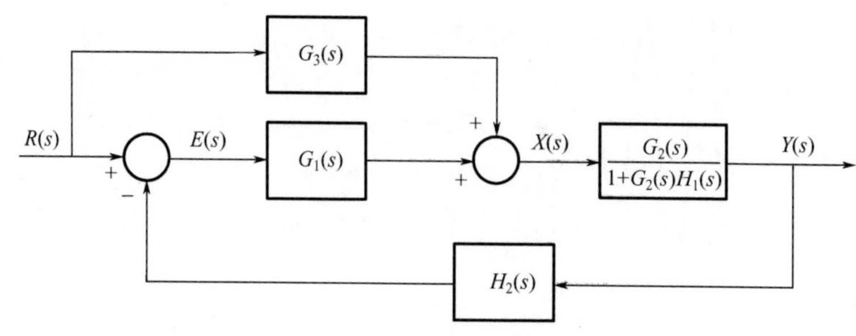

图 3.60 方框图示例

方框图中包含四种最基本元素。

(1) 信号，用一个带有箭头的线段表示。箭头位于线段端部，表示信号的传输方向，并在线段上方标注信号的名称或符号。

(2) 子系统，用一个方块表示。方块内部函数表明该子系统的传递函数。

(3) 分离点，把一个信号分为两路或多路信号。需要注意的是，在这里每一路信号都与原信号相同。

(4) 相加点，两个或多个信号在此进行相加或相减运算。

复杂的方框图可以根据一定的规则进行化简。化简的规则与方法可以参考控制工程相关教材。

另外一种用来描述系统的方法是信号流图，由于它是由美国麻省理工学院的梅森首先提出的，所以又称为梅森图，如图 3.61 所示。

信号流图是由结点和支路组成的一个信号传递网络。结点代表系统的变量（信号），用小圆圈表示并标以变量符号。支路是连接两个结点的定向线段，标有支路增益（包括传

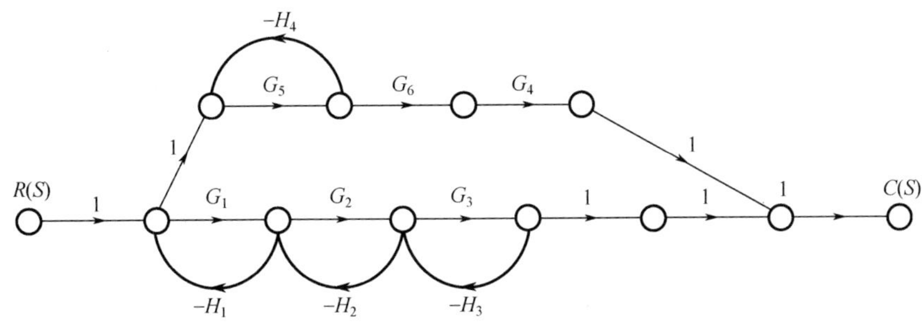

图 3.61 信号流图示例

递函数)。信号只能沿箭头方向传递，经支路传递后的信号应乘以支路增益。

在信号流程图中，结点可以分为源点、阱点和混合结点三种。

(1) 源点是只有输出信号支路而没有输入信号支路的结点，对应于系统的输入变量。

(2) 阱点是只有输入信号支路而没有输出信号支路的结点，对应于系统的输出变量。

(3) 混合结点是既有输入信号支路又有输出信号支路的结点，对应于系统的中间变量。

复杂的信号流图依然可以根据一定的规则进行化简。化简的规则与方法是梅森公式，具体可以参考控制工程相关教材。

对于同一个系统来说，既可以用方框图来表示，也可以用信号流图表示，如图 3.62 所示。

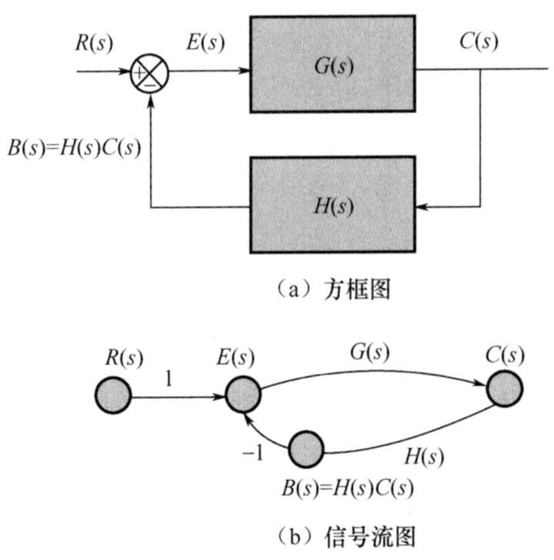

(a) 方框图

(b) 信号流图

图 3.62 同一系统的不同表示方法

3.7.5 控制系统的分析

前面已经讲述了如何建立系统的数学模型以及如何描述一个控制系统。但事实上我们真正需要的是，如何利用这些数学模型来对系统进行分析或设计。对系统的分析方法可以分为时域分析法和频域分析法两类。时域分析法就是通过求解控制系统的时间响应，来分析系统的稳定性、快速性和准确性。它是一种直接在时间域中对系统进行分析的方法，具有直观、准确、物理概念清楚的特点，特别是对于一阶、二阶等低阶系统非常实用。而频域分析法是在频域范围内对系统性能进行评价的方法。频率特性可以由微分方程或传递函数求得，还可以用实验方法测定，频域分析法不必直接求解系统的微分方程，而是间接地揭示系统的时域性能，它能方便地显示出系统参数对系统性能的影响。

研究控制系统时，一般都以稳定性为前提，只有稳定系统才有应用意义。稳定系统会在输入信号和干扰信号的共同作用下从一个平衡状态过渡到另一个平衡状态。最后到达的新的平衡状态被称为稳态响应或静态响应，中间的响应过程被称为瞬态响应或过渡过程。暂态响应过程的性能，如时间响应过程的快速性、动态准确度、系统的相对稳定性等，通常用相应的指标来衡量，这些指标称为暂态响应性能指标或称过渡过程品质指标。暂态响应性能指标是以系统在单位阶跃输入作用下的衰减振荡过程（或称欠阻尼振荡过程）为标准来定义的。系统在其他典型输入作用下定义的暂态响应性能指标，均可以直接或间接求出与这一指标的关系。下面对一阶和二阶系统和其传递函数的特性进行简单介绍，建立系统性能分析的初步概念。

1. 一阶系统及一阶传递函数的特性

一阶系统是一种最简单的系统，它通常指的是传递函数可以表示为以下标准形式的系统。

$$G(s)=\frac{K_{ss}}{\tau s+1}=\frac{K_{ss}/\tau}{s+(1/\tau)}=\frac{K_{ss}a}{s+a}$$

式中，K_{ss} 是稳态增益，τ 是时间常数。该函数在阶跃函数 $Pu(t)$ 作用下的响应为

$$F(s)=\frac{K_{ss}a}{s+a}\times\frac{P}{s}=\frac{PK_{ss}}{s}-\frac{PK_{ss}}{s+a}$$

对其进行拉氏反变换，其对应的时间响应可表示为

$$f(t)=PK_{ss}[1-\mathrm{e}^{-at}]u(t)$$

该函数的终值是 PK_{ss}。

一阶系统的阶跃时间响应如图 3.63 所示。

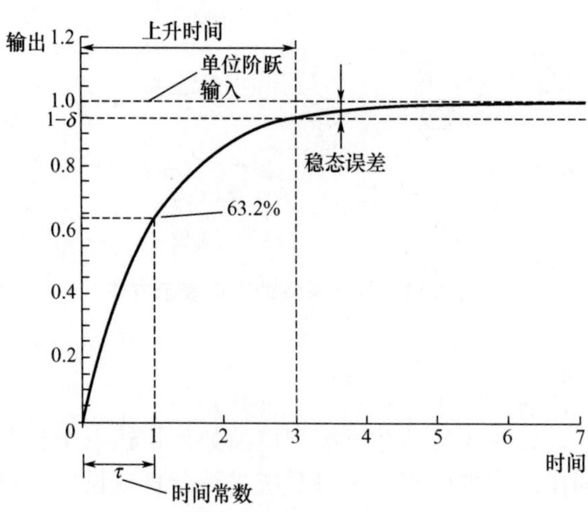

图 3.63　典型的一阶系统的阶跃时间响应

从一阶传递函数的响应函数和响应曲线可以分析其具有以下特性。

- 终值是 PK_{ss}。
- τ 是时间常数，表征系统对阶跃函数响应的快慢。
- $a=\frac{1}{\tau}$是极点。它在复数平面中的位置与虚轴的关系确定了系统是否稳定及响应的快慢，若极点在虚轴左侧，则 $1-e^{-at}$ 有界，若在右侧，则无界。
- 上升时间是从终值的 10%到达 90%所需的时间。
- 响应时间是从 0%上升到 90%所需的时间。
- 对时间响应求导可以得到 $t=0$ 时的斜率，它表示了上升时间的快慢，随着 τ 增大，斜率减小。
- 在一阶传递函数中，一旦 $u(t)$ 作用在系统上，系统就立即产生响应。

2. 二阶系统及二阶传递函数的特性

二阶系统是控制系统中应用最广泛、最具代表性的系统。同时，二阶系统的分析方法也是分析高阶系统的基础，而且许多高阶系统在一定的条件下，常常可以近似地作为二阶系统来研究。

二阶传递函数可以表示成的标准形式为

$$G(s)=\frac{\omega_n^2}{s^2+2\zeta w_n s+\omega_n^2}$$

式中，ζ 为阻尼系数，w_n 为自然角频率。该系统对阶跃函数 $u(t)$ 的响应为

$$F(s)=\frac{\omega_n^2}{s^2+2\zeta w_n s+\omega_n^2}\times\frac{1}{s}$$

其对应的时间响应经过变形可以表示为

$$f(t)=1-e^{-\zeta w_n t}\left(\cos w_d t+\frac{\zeta}{\sqrt{1-\zeta^2}}\sin w_d t\right)$$

或者

$$f(t)=1-\frac{1}{\sqrt{1-\zeta^2}}e^{-\zeta w_n t}\sin(w_d t+\alpha),-1<\zeta<1$$

式中，$w_d=w_n\sqrt{1-\zeta^2}$ 且 $\alpha=\arctan\left(\frac{\sqrt{1-\zeta^2}}{\zeta}\right)$。

因为该时间响应含有指数项和正弦项，所以它是一个振荡函数。受指数项是衰减还是增强的影响，存在以下几种情况。

- 如果 $\zeta=0$，则为无阻尼（undamped），指数项变为常数，因此该响应是一个无穷振荡的正弦函数。
- 如果 $\zeta=1$，则为临界阻尼（critical damped），系统响应是逐渐达到稳态值的指数函数。
- 如果 $\zeta>1$，则为过阻尼（over damped），系统响应为非振荡过程。
- 如果 $1>\zeta>0$，则为欠阻尼系统（under damped），振荡逐步衰减直到系统稳定。

对 $f(t)$ 求导，并令 $t=0$，可得到响应的初始斜率为 0。与一阶系统不同（初始斜率不为 0），二阶系统的初始斜率总是为 0，意味着其初始响应速度比较慢。

稳态增益或阶跃响应的终值为

$$F_{ss}=\lim_{s\to 0}s\left(\frac{\omega_n^2}{s^2+2\zeta w_n s+\omega^2}\right)\frac{P}{s}=P$$

一个典型的二阶系统在时域中的瞬态响应曲线如图 3.64 所示。

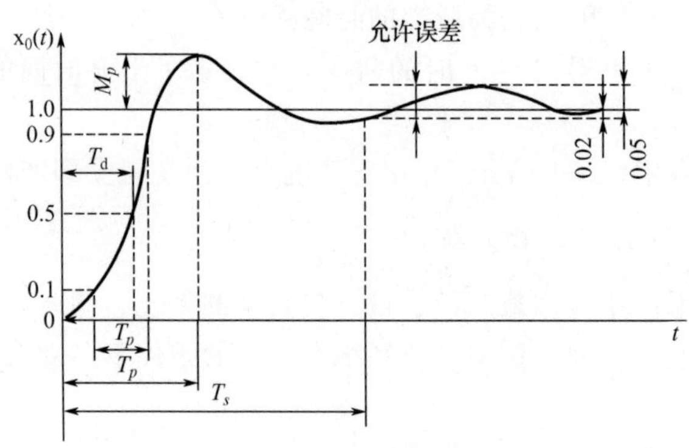

图 3.64　典型二阶系统的瞬态响应曲线

图 3.64 中，能表示该系统瞬态响应性能的指标包括：

- 上升时间 T_r，指响应曲线从零时刻首次到达稳态值的时间，即响应曲线从零上升到稳态值的时间。对于没有超调的系统，理论上达到稳态值的时间是无穷大，对于这种系统，其上升时间为从稳态值的 10%上升到稳态值的 90%所需的时间。
- 峰值时间 T_p，指响应曲线从零时刻达到峰值的时间，即响应曲线从零上升到第一个峰值点的时间。
- 最大超调量 M_p，指响应曲线的最大峰值和稳态值的差。
- 调整时间 T_s，指响应曲线达到并一直保持在允许误差范围内的最短时间。
- 振荡时间 T_d，指响应曲线从零上升到稳态值的 50%所需的时间。
- 振荡次数，指在调整时间 T_s 内响应曲线振荡的次数。

以上指标中，上升时间、峰值时间、调整时间、延迟时间反映系统的快速性，而最大超调量、振荡次数反映系统的相对稳定性。

对于二阶系统来说，阻尼是非常重要的一个参数，图 3.65 展示了不同阻尼对系统响应的影响。

3. 系统的稳定性

对控制系统的分析主要就是分析系统的稳定性。处于平衡状态的系统，在受到扰动作用后都会偏离原来的平衡状态。所谓稳定性，就是指在扰动作用消失后，系统（经过一段过渡过程后）能否回复到原来的平衡状态或足够准确地恢复到原来的平衡状态的性能。若系统能恢复到原来的平衡状态，则称系统是稳定的；若干扰消失后系统不能恢复到原来的平衡状态，偏差越来越大，则系统是不稳定的。

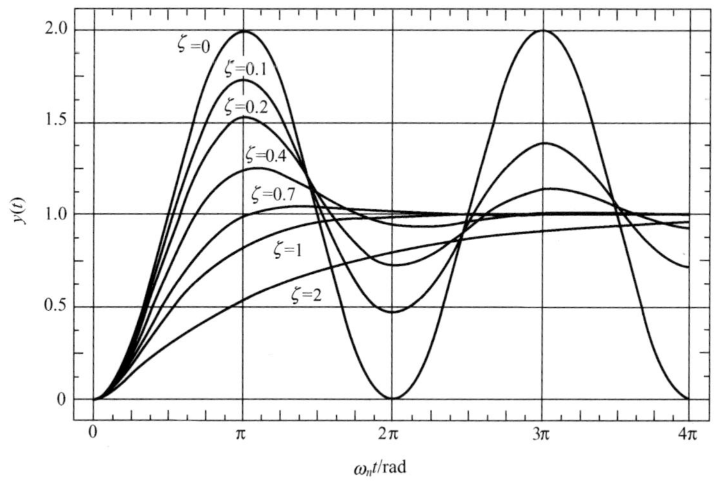

图 3.65　不同阻尼对系统响应的影响

系统的稳定性又分两种情况：一种是大范围内稳定，即起始偏差可以很大，系统仍稳定；另一种是小范围内稳定，即起始偏差必须在一定限度内系统才稳定，超出了这个限定值则不稳定。对于线性系统，如果在小范围内是稳定的，则它一定也是在大范围内稳定的。而对非线性系统，在小范围内稳定，在大范围内就不一定是稳定的。

一般来说，系统的稳定性表现为其时域响应的收敛性，如果系统的零输入响应和零状态响应都是收敛的，则此系统被认为是总体稳定的。对于线性定常系统，零输入响应稳定性和零状态响应稳定性的条件是一致的。因此，线性定常系统的稳定性是通过系统响应的稳定性来表达的。

习　　题

一、简答题

1. 简述开关量传感器、模拟量传感器和数字量传感器的区别。
2. 简述三种常见的可用来设计传感器的物理原理。
3. 简述滤波的作用，并描述两种常见滤波方法的基本原理。

二、思考题

1. 请思考日常生活中哪些物理量可以用传感器来测量，举三个例子，确定使用场景，通过互联网寻找合适的传感器；另外再思考哪些物理量目前不可以用传感器来测量，举三个例子，并说明为什么不可测量。

2. 请思考是不是所有的数据都需要进行滤波处理，并思考滤波可能带来的负面影响。

三、设计题（扩展）

（如果可能的话）对第 1 章提出的物联网项目进行改进，选择合适的传感器和控制器并搭建硬件系统。

第4章 定位

教学目标

本章主要对定位技术进行介绍，首先介绍室外定位技术，包括基于惯性导航的定位、基于卫星导航的定位、基于空基或地基增强的定位；然后介绍室内定位技术，包括基于手机基站的定位和基于 WiFi 的定位；最后对最常用的定位模块进行介绍。

通过本章的学习，读者应该了解常见定位方法的基本原理和局限性，能够在具体的物联网项目和应用场景中选择合理的定位手段。

教学要求

知识要点	能力要求	相关知识
基于惯性导航的定位	(1) 熟悉常用的坐标系 (2) 理解惯性导航的工作原理 (3) 理解惯性导航的定位原理和局限性	(1) 坐标系 (2) 惯性导航
基于卫星导航的定位	(1) 了解卫星导航的基本原理 (2) 了解单点定位的基本原理 (3) 了解差分定位的基本原理 (4) 了解相对定位的基本原理 (5) 理解卫星导航定位的局限性 (6) 熟悉常用的定位算法	(1) 卫星导航与定位 (2) 定位算法
基于空基增强或地基增强的定位	(1) 了解地基或空基增强的出现背景、基本原理和应用场合 (2) 了解空基伪卫星增强技术的基本原理和局限性 (3) 了解地基增强技术的基本原理和局限性	(1) 空基增强 (2) 地基增强

续表

知识要点	能力要求	相关知识
基于手机基站的定位	(1) 了解基于手机基站定位的基本原理 (2) 了解常见的定位方法及其局限性	(1) 蜂窝网络 (2) 基站定位
基于 Wi-Fi 的定位	(1) 了解 Wi-Fi 的工作原理 (2) 了解利用 Wi-Fi 进行定位的基本原理及其局限性	(1) Wi-Fi (2) Wi-Fi 定位
基于 RFID 的定位	了解 RFID 定位的基本原理及其局限性	RFID
基于蓝牙的定位	了解蓝牙定位的基本原理及其局限性	蓝牙
基于 UWB 的定位	了解 UWB 定位的基本原理及其局限性	UWB
常用定位模块	(1) 了解惯导定位模块 (2) 了解卫星导航定位模块 (3) 了解 GPRS 定位模块 (4) 能根据具体的需求选择合理的定位手段和模块	定位模块

引言

定位是指确定目标在某一参考坐标系中的位置。物联网中用于获取物体位置的技术统称为定位技术。在很多物联网的应用中，物体（或称对象）的位置信息有着重要的意义。物联网中的所谓“物体”的概念非常广泛，它既可以指人，也可以指设备。物联网通用体系架构将物联网分成感知层、网络层、支撑层、应用层的分层结构，在未来复杂的异构网络环境下，对“物体”进行精准的定位、跟踪和操控，从而实现全面、灵活、可靠的人-物通信、物-物通信是物联网的基本需求。其中一项重要信息就是位置信息，该信息是很多应用甚至是物联网底层通信的基础。位置信息并不仅仅是单纯的物理空间的坐标，通常还关联到该位置的对象以及处在该位置的时间，要实现任何时间、任何地点、任何物体之间的连接这一物联网的发展目标，位置信息不可或缺。如何利用定位技术更精准、更全面地获取位置信息，成为物联网时代的一个重要研究课题。因此，本章对目前常用的定位技术进行介绍。常用的定位技术可以分为室外定位技术和室内定位技术。但是，在实际应用中，有时也没有严格的界限，某些室外定位技术和室内定位技术在特定场合下可以交换使用。

4.1 室外定位技术

目前，常用的室外定位技术包括基于惯性导航的定位技术、基于卫星导航的定位技术和基于空基或地基增强的定位技术等。

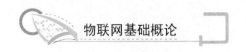

4.1.1 基于惯性导航的定位技术

惯性导航系统的基本原理是根据牛顿力学定律建立起来的。根据牛顿第一定律，物体不受外力作用时，将静止不动或做匀速直线运动。如果起始位置、速度已知，则可推算出物体在任意时刻的位置。牛顿第二定律指出，物体受外力作用时，运动物体将产生加速度，加速度的方向和外力作用方向一致，它的大小与外力成正比并与质量成反比。加速度计的原理就是牛顿第二定律，因此加速度计也可以称为牛顿表。如果利用加速度计测出运动物体的加速度，再加上已知的初始位置和速度，那么，不难算出物体随时间变化的速度和位置。一般来说，加速度在空间是一个向量，如果能够建立一个三维空间的正交坐标系，每一个坐标轴方向安装一个加速度计，三个互为正交的加速度计测得的加速度分量，经向量相加可测得加速度向量。

▶ 惯性导航系统

陀螺平台正是为加速度计提供方位测量基准的装置。陀螺平台可以控制在确定的坐标系内，加速度计安装在平台上，这样每个加速度计测得的分量就是已知方向的分量了。将这些加速度分量积分一次便可得到相应的速度分量，经两次积分便可得到相应方向的位移。得到的速度和位移正是所需要的导航参数。

惯性导航系统可分为平台式惯性导航系统和捷联式惯性导航系统。陀螺仪和加速度计是惯性导航系统的核心部件，通常把陀螺仪和加速度计统称为惯性器件或惯性元件。

平台式惯性导航系统是将加速度计和陀螺仪安装在实现了某个坐标系的平台台体上。根据建立坐标系的不同，又分为空间稳定和当地水平平台式惯性导航系统两种。空间稳定平台式惯性导航系统的惯性平台台体相对惯性空间稳定，用以建立惯性坐标系。这种系统多用于运载火箭的主动段和一些航天器上。当地水平平台式惯性导航系统的平台台体则始终跟踪载体所在点的水平面，因此平台台体用以建立当地水平坐标系。这种系统多用于沿地球表面运动的飞行器，如飞机、巡航弹等。平台式惯性导航系统通过加速度计测量的载体加速度信息和在平台框架上取得的姿态角信息即可计算出所需要的全部导航参数。

捷联式惯性导航系统是将惯性器件直接安装在载体上。这种系统中需要建立“数学平台”，把加速度计测量的沿载体坐标系的速度分量经过“数学平台”转换到导航坐标系中，通过积分得到导航坐标系中的速度、位置，从“数学平台”中提取姿态运动参数。

无论是平台式惯性导航系统还是捷联式惯性导航系统，导航的基本原理都是相同的。惯性导航是利用惯性器件测量载体相对于惯性空间的线运动和角运动参数，在给定初始条件下，由计算机推算出载体的姿态、速度、位置等导航参数。

由于这种导航方法建立在牛顿力学定律的基础上，不依赖任何外界的信息来测量导航参数，因此，不受天然的或人为的干扰，具有很好的隐蔽性。惯性导航是一种完全自主式的导航系统。

惯性导航系统能够提供一套完整齐备的导航参数，特别是全姿态信息的提供是其他导航系统所不具备和无法比拟的优点。惯性导航系统还具有数据更新率高、短期精度和稳定性好的优点，其缺点是定位误差随时间积累，每次使用之前初始对准时间较长。

1．常用的坐标系统

惯性导航系统所采用的坐标系可分为惯性坐标系与非惯性坐标系两类。惯性导航与其他类型的导航方案（如无线电导航、天文导航等）的根本不同之处就在于，其导航原理是建立在牛顿力学定律（惯性定律）的基础上的，“惯性导航”也因此而得名。然而牛顿力学定律是在惯性空间内成立的，这就首先有必要引入惯性坐标系，作为讨论惯性导航基本原理的坐标基准。对载体进行导航的主要目的就是实现实时地确定其导航参数，如飞行的姿态、位置、速度等。飞行器的导航参数就是通过各个坐标系之间的关系来确定的，这些坐标系是区别于惯性坐标系，并根据导航的需要而选取的，将它们统称为非惯性坐标系，如地球坐标系、地理坐标系、导航坐标系、平台坐标系及机体坐标系等。

1）地心惯性坐标系（下标为 i）——$ox_iy_iz_i$

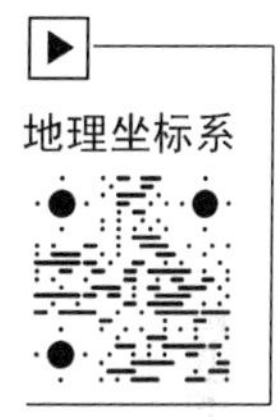

惯性坐标系是符合牛顿力学定律的坐标系，即是绝对静止或只做匀速直线运动的坐标系。由于宇宙空间中的万物都处于运动之中，因此想寻找绝对的惯性坐标系是不可能的，只能根据导航的需要来选取惯性坐标系。对于在地球附近运动的飞行器选取地心惯性坐标系是合适的。地心惯性坐标系不考虑地球绕太阳的公转运动，当然更略去了太阳相对于宇宙空间的运动。地心惯性坐标系的原点选在地球中心，它不参与地球的自转。惯性坐标系是惯性敏感元件测量的基准。由于在进行导航计算时无须在这个坐标系中分解任何向量，因此惯性坐标系坐标轴的定向无关紧要，但习惯上可以将 z_i 轴选在沿地轴指向北极的方向上，而 x_i、y_i 轴则在地球赤道平面内，以春分点等为参考基准。

2）地球坐标系（下标为 e）——$ox_ey_ez_e$

地球坐标系是固连在地球上的坐标系，它相对惯性坐标系以地球自转角速率旋转 ω_e，$\omega_e=15.041\ 07^\circ$/小时。地球坐标系的原点在地球中心，$z_e$ 轴沿地轴指向北极的方向，ox_ey_e 在赤道平面内，x_e 轴指向格林尼治经线，y_e 轴指向东经 90°方向。

3）地理坐标系（下标为 t）——$ox_ty_tz_t$

地理坐标系是在飞行器上用来表示飞行器所在位置的东向、北向和垂直方向的坐标系。地理坐标系的原点选在飞行器质心处，x_t、y_t、z_t 有多种指向，如 x_t 指向北、y_t 指向东、z_t 沿垂线方向指向地，构成“北东地”地理坐标系。地理坐标系的不同取法，区别在于坐标轴正向的指向不同，如还有西北地、北西天、东北天等取法。坐标轴指向不同仅使向量在坐标系中取投影分量时的正负号有所不同，并不影响导航基本原理的阐述及导航参数计算结果的正确性。

4）导航坐标系（下标为 n）——$ox_ny_nz_n$

导航坐标系是在导航时根据导航系统工作的需要而选取的作为导航基准的坐标系。当把导航坐标系选得与地理坐标系相重合时，可将这种导航坐标系称为指北方位系统。为了适应在极区附近导航的需要往往选导航坐标系的某一个轴和地理坐标系一样指向天向或地向，而使另外两个在水平面的坐标轴与地理坐标系相差一个自由方位角或游移方位角 α，这种导航坐标系可称为自由方位系统或游动方位系统。

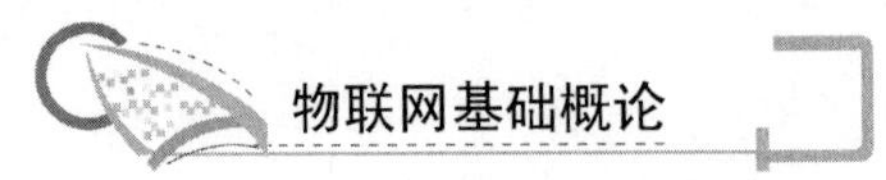

5）平台坐标系（下标为 p）——$ox_py_pz_p$

平台坐标系是惯性导航系统复现导航坐标系时所获得的坐标系。平台坐标系的坐标原点位于载体的质心。当惯性导航系统不存在误差时，平台坐标系与导航坐标系相重合。当惯性导航系统出现误差时，平台坐标系就要相对导航坐标系出现误差角。对于平台惯性导航系统，平台坐标系是通过平台台体来实现的。对于捷联惯性导航系统，平台坐标系则是通过存储在计算机中的方向余弦矩阵来实现的，因此又称为“数学平台”。对于平台惯性导航系统，平台坐标系与导航坐标系之间的误差是由平台的加工、装配工艺不完善，敏感元件误差以及初始对准误差等因素造成的。而对于捷联惯性导航系统，该误差则是由算法误差、敏感元件误差以及初始对准误差等因素造成的。

6）载体（或机体、弹体）坐标系（下标为 b）——$ox_by_bz_b$

载体坐标系是固连在载体的坐标系。载体坐标系的原点位于载体的质心处，三个坐标轴的指向根据需要确定。例如，可以让 x_b 沿载体纵轴指向前，y_b 沿载体横轴指向右，z_b 垂直于 ox_by_b 平面，并沿载体的竖轴指向下。

2. 惯性导航系统工作原理

不论是平台式惯性导航系统还是捷联式惯性导航系统，其基本工作原理都是相同的，只不过实现这一基本工作原理所采用的手段不同而已。下面主要介绍惯性导航系统共同遵循的惯性导航基本方程——比力方程。

1）向量的绝对变化率与相对变化率的关系

惯性导航所遵循的基本定律是牛顿第二定律，而牛顿第二定律是相对惯性坐标系对时间求取的变化率，将其称为绝对变化率。然而在研究物体的运动时，往往需要将向量投影在某一个运动着的坐标系（如地理坐标系）上。向量在动坐标系的投影对时间的变化率称为相对变化率。在绝对变化率与相对变化率之间存在着某个确定的关系。下面就来讨论这一关系。

为了使讨论更具有通用性，选取定系 $ox_iy_iz_i$ 及动系 $oxyz$ 来讨论绝对变化率与相对变化率的关系。设动系与定系的坐标原点重合，动系相对定系做定点转动，转动的角速度又是确定的，则绝对变化率与相对变化率的关系也是确定的。

设一空间向量 $\vec{a}$（如向径、速度等），其向量与方向都随时间而变化。过 O 点作定系 $ox_iy_iz_i$；过 O 点再作动系 $oxyz$，动系的基或单位向量为 $\vec{e}_1$、$\vec{e}_2$、$\vec{e}_3$。动系相对定系的角速度为 $\vec{\omega}$，如图 4.1 所示。

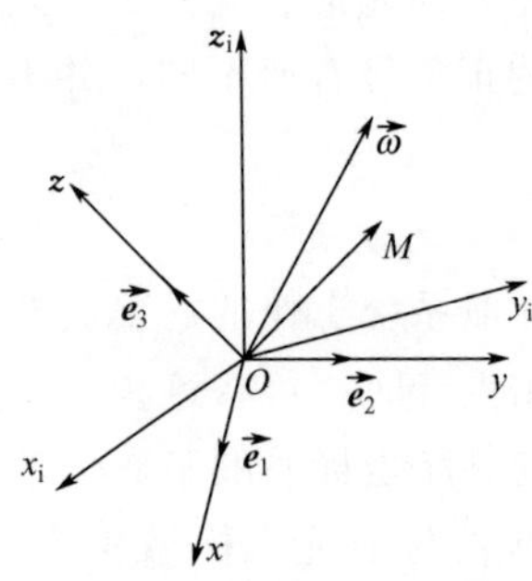

图 4.1　动系与定系之间的关系

由于动系相对定系在运动，所以向量 $\vec{a}$ 相对这两个坐标系的变化率是不同的。

设向量的绝对变化率以$\left.\dfrac{\mathrm{d}\vec{a}}{\mathrm{d}t}\right|_i$ 表示，其相对变化率以$\left.\dfrac{\mathrm{d}\vec{a}}{\mathrm{d}t}\right|_r$ 表示。

由于向量往往要在某个运动着的坐标系（如地球坐标系、载体坐标系）中观测，于是向量 $\vec{a}$ 及 $\vec{\omega}$ 需要沿动系取分量，即

$$\vec{a}=a_x\vec{e}_1+a_y\vec{e}_2+a_z\vec{e}_3 \tag{4-1}$$

$$\vec{\omega}=\omega_x\vec{e}_1+\omega_y\vec{e}_2+\omega_z\vec{e}_3 \tag{4-2}$$

由于式(4-1)、式(4-2)中的 a_x、a_y、a_z 及 ω_x、ω_y、ω_z 相对定系都在随时间变化，所以向量 $\vec{a}$ 的绝对变化率为

$$\begin{aligned}\left.\frac{\mathrm{d}\vec{a}}{\mathrm{d}t}\right|_i&=\frac{\mathrm{d}}{\mathrm{d}t}(a_x\vec{e}_1+a_y\vec{e}_2+a_z\vec{e}_3)\\&=\frac{\mathrm{d}a_x}{\mathrm{d}t}\vec{e}_1+\frac{\mathrm{d}a_y}{\mathrm{d}t}\vec{e}_2+\frac{\mathrm{d}a_z}{\mathrm{d}t}\vec{e}_3+a_x\frac{\mathrm{d}\vec{e}_1}{\mathrm{d}t}+a_y\frac{\mathrm{d}\vec{e}_2}{\mathrm{d}t}+a_z\frac{\mathrm{d}\vec{e}_3}{\mathrm{d}t}\end{aligned} \tag{4-3}$$

式(4-3)前三项与动系的运动无关，只表示向量 $\vec{a}$ 相对动系随时间的变化率，称为相对变化率，即

$$\left.\frac{\mathrm{d}\vec{a}}{\mathrm{d}t}\right|_{\mathrm{r}}=\frac{\mathrm{d}a_x}{\mathrm{d}t}\vec{e}_1+\frac{\mathrm{d}a_y}{\mathrm{d}t}\vec{e}_2+\frac{\mathrm{d}a_z}{\mathrm{d}t}\vec{e}_3 \tag{4-4}$$

式(4-3)后三项与动系的转动角速度 $\vec{\omega}$ 有关。为了求这三项，首先要求 $\vec{e}_1$、$\vec{e}_2$、$\vec{e}_3$ 的变化率。由于动系的基 $\vec{e}_1$、$\vec{e}_2$、$\vec{e}_3$ 可以看成在定系中运动的向径。而以角速度 $\vec{\omega}$ 运动的向径 $\vec{r}$ 的速度向量可以表示为

$$\vec{V}=\frac{\mathrm{d}\vec{r}}{\mathrm{d}t}=\vec{\omega}\times\vec{r} \tag{4-5}$$

对向径 $\vec{e}_1$、$\vec{e}_2$、$\vec{e}_3$ 应用上式，可得

$$\begin{aligned}\frac{\mathrm{d}\vec{e}_1}{\mathrm{d}t}&=\vec{\omega}\times\vec{e}_1\\\frac{\mathrm{d}\vec{e}_2}{\mathrm{d}t}&=\vec{\omega}\times\vec{e}_2\\\frac{\mathrm{d}\vec{e}_3}{\mathrm{d}t}&=\vec{\omega}\times\vec{e}_3\end{aligned} \tag{4-6}$$

将上式代入式(4-3)的后三项，得

$$\begin{aligned}a_x\frac{\mathrm{d}\vec{e}_1}{\mathrm{d}t}+a_y\frac{\mathrm{d}\vec{e}_2}{\mathrm{d}t}+a_z\frac{\mathrm{d}\vec{e}_3}{\mathrm{d}t}&=a_x\vec{\omega}\times\vec{e}_1+a_y\vec{\omega}\times\vec{e}_2+a_z\vec{\omega}\times\vec{e}_3\\&=\vec{\omega}\times(a_x\vec{e}_1+a_y\vec{e}_2+a_z\vec{e}_3)\\&=\vec{\omega}\times\vec{a}\end{aligned} \tag{4-7}$$

将式(4-4)、式(4-7)代入式(4-3)，得

$$\left.\frac{\mathrm{d}\vec{a}}{\mathrm{d}t}\right|_i=\left.\frac{\mathrm{d}\vec{a}}{\mathrm{d}t}\right|_r+\vec{\omega}\times\vec{a} \tag{4-8}$$

2）加速度计测量比力

加速度计是惯性导航系统重要的敏感元件，它输出与载体运动加速度成一定关系的信号。“用加速度计测量载体的运动加速度”，这个说法并不确切，因为加速度计测量的不是载体的运动加速度，而是载体相对惯性空间的绝对加速度和引力加速度之差，称为“比力”。

加速度计的种类很多，但其原理几乎都是基于牛顿的经典力学。这里，主要从加速度计在惯性导航系统中的应用，讨论其测量原理。

假设在载体上装有加速度计。设加速度计中的质量块质量为 m，根据牛顿第二定律，有

$$\vec{\boldsymbol{F}}=m\vec{\boldsymbol{a}}=m\left.\frac{\mathrm{d}^2\vec{\boldsymbol{R}}}{\mathrm{d}t^2}\right|_{\mathrm{i}} \tag{4-9}$$

式中，$\vec{\boldsymbol{F}}$ 为作用在加速度计质量块上的全部作用力。进一步可得

$$\vec{\boldsymbol{F}}=\vec{\boldsymbol{F}}_{引}+\vec{\boldsymbol{F}}_{外} \tag{4-10}$$

式中，$\vec{\boldsymbol{F}}_{引}$ 为作用在质量块上的万有引力，$\vec{\boldsymbol{F}}_{外}$ 是作用在质量块上除引力以外的所有外力。而 $\vec{\boldsymbol{F}}_{引}=m\vec{\boldsymbol{G}}$，$\vec{\boldsymbol{G}}$ 为引力加速度，故式(4－10) 可写成

$$\vec{\boldsymbol{F}}_{外}+m\vec{\boldsymbol{G}}=m\ddot{\vec{\boldsymbol{R}}}$$

$$\frac{\vec{\boldsymbol{F}}_{外}}{m}+\vec{\boldsymbol{G}}=\ddot{\vec{\boldsymbol{R}}} \tag{4-11}$$

令

$$\frac{\vec{\boldsymbol{F}}_{外}}{m}=\vec{\boldsymbol{f}} \tag{4-12}$$

由式(4－11)、式(4－12) 得

$$\vec{\boldsymbol{f}}=\ddot{\vec{\boldsymbol{R}}}-\vec{\boldsymbol{G}} \tag{4-13}$$

$\vec{\boldsymbol{f}}$ 就称为比力。显然，比力是单位质量相对惯性空间的加速度 $\ddot{\vec{\boldsymbol{R}}}$ 与引力加速度 $\vec{\boldsymbol{G}}$ 之差。比力可用加速度计测得。因此，加速度计实质上测量的并非载体的加速度，而是比力，这是惯性导航理论中重要的基本概念。

3）比力方程

当研究载体的运动时，为了导航的需要，选取一个平台系（用下标 p 来表示），其原点在载体的重心上，设 $\vec{\boldsymbol{R}}$ 为平台系的原点在惯性坐标系内的向径。

在近地导航中，感兴趣的是载体相对于地球的运动，通常要相对地球确定载体的速度与位置，所以可取地球坐标系（用下标 e 来表示）为动系。而地球坐标系相对惯性坐标系的角速率为 $\vec{\boldsymbol{\omega}}_{\mathrm{ie}}$，其中下标 ie 表示“地球坐标系相对惯性坐标系的”意思。于是以地球坐标系为动系来求向量 $\vec{\boldsymbol{R}}$ 的绝对变化率。由式(4－8) 可得

$$\left.\frac{\mathrm{d}\vec{\boldsymbol{R}}}{\mathrm{d}t}\right|_{\mathrm{i}}=\left.\frac{\mathrm{d}\vec{\boldsymbol{R}}}{\mathrm{d}t}\right|_{\mathrm{e}}+\vec{\boldsymbol{\omega}}_{\mathrm{ie}}\times\vec{\boldsymbol{R}} \tag{4-14}$$

式(4－14) 中设

$$\left.\frac{\mathrm{d}\vec{\boldsymbol{R}}}{\mathrm{d}t}\right|_{\mathrm{e}}=\vec{\boldsymbol{V}}_{\mathrm{ep}} \tag{4-15}$$

为平台系原点相对地球坐标系的速度向量——即地速向量。将式(4－15) 代入式(4－14) 可得

$$\left.\frac{\mathrm{d}\vec{\boldsymbol{R}}}{\mathrm{d}t}\right|_{\mathrm{i}}=\vec{\boldsymbol{V}}_{\mathrm{ep}}+\vec{\boldsymbol{\omega}}_{\mathrm{ie}}\times\vec{\boldsymbol{R}} \tag{4-16}$$

对式(4－16) 再求绝对变化率，可得

$$\left.\frac{\mathrm{d}^2\vec{\boldsymbol{R}}}{\mathrm{d}t^2}\right|_{\mathrm{i}}=\left.\frac{\mathrm{d}\vec{\boldsymbol{V}}_{\mathrm{ep}}}{\mathrm{d}t}\right|_{\mathrm{i}}+\frac{\mathrm{d}}{\mathrm{d}t}(\vec{\boldsymbol{\omega}}_{\mathrm{ie}}\times\vec{\boldsymbol{R}})|_{\mathrm{i}} \tag{4-17}$$

由于地球自转角速率可近似地看为常量，则

$$\left.\frac{\mathrm{d}\vec{\boldsymbol{\omega}}_{\mathrm{ie}}}{\mathrm{d}t}\right|_{\mathrm{i}}=0$$

于是式(4－17) 可写成

$$\left.\frac{\mathrm{d}^2\vec{\boldsymbol{R}}}{\mathrm{d}t^2}\right|_{\mathrm{i}}=\left.\frac{\mathrm{d}\vec{\boldsymbol{V}}_{\mathrm{ep}}}{\mathrm{d}t}\right|_{\mathrm{i}}+\vec{\boldsymbol{\omega}}_{\mathrm{ie}}\times\left.\frac{\mathrm{d}\vec{\boldsymbol{R}}}{\mathrm{d}t}\right|_{\mathrm{i}} \tag{4-18}$$

将式(4－16) 代入式(4－18)，得

$$\begin{aligned}\left.\frac{\mathrm{d}^2\vec{\boldsymbol{R}}}{\mathrm{d}t^2}\right|_{\mathrm{i}}&=\left.\frac{\mathrm{d}\vec{\boldsymbol{V}}_{\mathrm{ep}}}{\mathrm{d}t}\right|_{\mathrm{i}}+\vec{\boldsymbol{\omega}}_{\mathrm{ie}}\times(\vec{\boldsymbol{V}}_{\mathrm{ep}}+\vec{\boldsymbol{\omega}}_{\mathrm{ie}}\times\vec{\boldsymbol{R}})\\&=\left.\frac{\mathrm{d}\vec{\boldsymbol{V}}_{\mathrm{ep}}}{\mathrm{d}t}\right|_{\mathrm{i}}+\vec{\boldsymbol{\omega}}_{\mathrm{ie}}\times\vec{\boldsymbol{V}}_{\mathrm{ep}}+\vec{\boldsymbol{\omega}}_{\mathrm{ie}}\times(\vec{\boldsymbol{\omega}}_{\mathrm{ie}}\times\vec{\boldsymbol{R}})\end{aligned} \tag{4-19}$$

在求上式中的$\left.\frac{\mathrm{d}\vec{\boldsymbol{V}}_{\mathrm{ep}}}{\mathrm{d}t}\right|_{\mathrm{i}}$时，由于$\vec{\boldsymbol{V}}_{\mathrm{ep}}$要在平台坐标系上取投影（即地速的各分量是在平台坐标系上给出的），因此这次取绝对变化率时应取平台系为动系，则有

$$\left.\frac{\mathrm{d}\vec{\boldsymbol{V}}_{\mathrm{ep}}}{\mathrm{d}t}\right|_{\mathrm{i}}=\left.\frac{\mathrm{d}\vec{\boldsymbol{V}}_{\mathrm{ep}}}{\mathrm{d}t}\right|_{\mathrm{p}}+\vec{\boldsymbol{\omega}}_{\mathrm{ip}}\times\vec{\boldsymbol{V}}_{\mathrm{ep}} \tag{4-20}$$

而上式中

$$\vec{\boldsymbol{\omega}}_{\mathrm{ip}}=\vec{\boldsymbol{\omega}}_{\mathrm{ie}}+\vec{\boldsymbol{\omega}}_{\mathrm{ep}} \tag{4-21}$$

式中，$\vec{\boldsymbol{\omega}}_{\mathrm{ep}}$为平台坐标系相对地球坐标系的角速率，它取决于平台坐标系的取法。将式(4－20)、式(4－21) 代入式(4－19)，可得

$$\left.\frac{\mathrm{d}^2\vec{\boldsymbol{R}}}{\mathrm{d}t^2}\right|_{\mathrm{i}}=\left.\frac{\mathrm{d}\vec{\boldsymbol{V}}_{\mathrm{ep}}}{\mathrm{d}t}\right|_{\mathrm{p}}+(2\vec{\boldsymbol{\omega}}_{\mathrm{ie}}+\vec{\boldsymbol{\omega}}_{\mathrm{ep}})\times\vec{\boldsymbol{V}}_{\mathrm{ep}}+\vec{\boldsymbol{\omega}}_{\mathrm{ie}}\times(\vec{\boldsymbol{\omega}}_{\mathrm{ie}}\times\vec{\boldsymbol{R}}) \tag{4-22}$$

将式(4－13) 代入式(4－22)，得

$$\vec{\boldsymbol{f}}+\vec{\boldsymbol{G}}=\left.\frac{\mathrm{d}\vec{\boldsymbol{V}}_{\mathrm{ep}}}{\mathrm{d}t}\right|_{\mathrm{p}}+(2\vec{\boldsymbol{\omega}}_{\mathrm{ie}}+\vec{\boldsymbol{\omega}}_{\mathrm{ep}})\times\vec{\boldsymbol{V}}_{\mathrm{ep}}+\vec{\boldsymbol{\omega}}_{\mathrm{ie}}\times(\vec{\boldsymbol{\omega}}_{\mathrm{ie}}\times\vec{\boldsymbol{R}}) \tag{4-23}$$

设

$$\dot{\vec{\boldsymbol{V}}}_{\mathrm{ep}}=\left.\frac{\mathrm{d}\vec{\boldsymbol{V}}_{\mathrm{ep}}}{\mathrm{d}t}\right|_{\mathrm{p}} \tag{4-24}$$

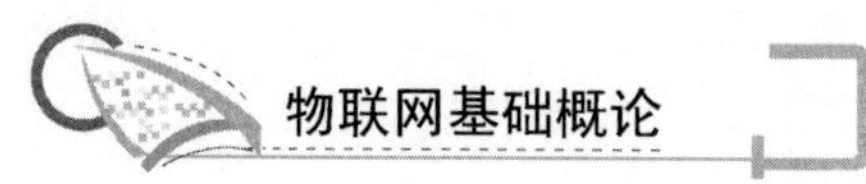

$\dot{\vec{V}}_{ep}$表示在平台坐标系上观测的地速向量的导数，正是惯性导航系统中所要求的导航参数之一。这样，式(4－23) 可写成

$$\dot{\vec{V}}_{ep}=\vec{f}-(2\vec{\omega}_{ie}+\vec{\omega}_{ep})\times\vec{V}_{ep}+\vec{G}-\vec{\omega}_{ie}\times(\vec{\omega}_{ie}\times\vec{R}) \tag{4-25}$$

式中$\vec{G}-\vec{\omega}_{ie}\times(\vec{\omega}_{ie}\times\vec{R})$即为重力加速度 $\vec{g}$。

$$\vec{g}=\vec{G}-\vec{\omega}_{ie}\times(\vec{\omega}_{ie}\times\vec{R})$$

把此式代入式(4－25) 可得

$$\dot{\vec{V}}_{ep}=\vec{f}-(2\vec{\omega}_{ie}+\vec{\omega}_{ep})\times\vec{V}_{ep}+\vec{g} \tag{4-26}$$

式(4－26) 就是向量形式的惯性导航基本方程，也可称为比力方程，是惯性导航系统中重要的基本方程。

惯性导航基本方程中各项的物理意义可简述如下：$\dot{\vec{V}}_{ep}$为进行导航计算需要获得的载体（即平台系）相对地球的加速度向量；$\vec{f}$ 为加速度计所测量的比力分量；$-(2\vec{\omega}_{ie}+\vec{\omega}_{ep})\times\vec{V}_{ep}$是由地球自转和载体相对地球运动而产生的加速度，被加速度计所感受，为计算 $\dot{\vec{V}}_{ep}$需要把它从 $\vec{f}$ 中消除掉，因此被称为有害加速度；$\vec{g}$ 为重力加速度向量。

惯性导航基本方程也可写成沿平台坐标系的投影形式。平台系的取法不同，惯性导航基本方程沿平台坐标系的具体投影形式也不同。

3. 惯性导航定位原理

在运动体上建立当地地理坐标系，假定这个坐标系与运动体即时位置的地理坐标系始终保持一致，设为东北天坐标系即 ENU 坐标系。在运动体上安装三个加速度计，它们的测量轴分别平行于上述坐标系的三个坐标轴北、东、天，如图 4.2 所示。

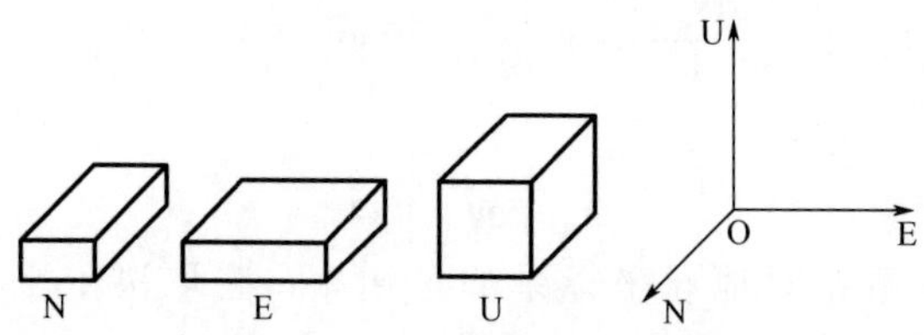

图 4.2　加速度计和坐标系

据向量分解原理，运动体运动加速度 $\vec{a}$ 在北、东、天三个方向上的分量 $\vec{a}_N$、$\vec{a}_E$ 和 $\vec{a}_U$ 可分别由三个加速度计量测得到。运动体运动速度在三个坐标轴上的速度分量由下式计算。

$$\begin{cases}\vec{V}_N=\vec{V}_{N_0}+\int_0^t\vec{a}_N\mathrm{d}t\\\vec{V}_E=\vec{V}_{E_0}+\int_0^t\vec{a}_E\mathrm{d}t\\\vec{V}_U=\vec{V}_{U_0}+\int_0^t\vec{a}_U\mathrm{d}t\end{cases} \tag{4-27}$$

运动体离开出发点的距离在三个坐标方向上的分量根据下式计算。

$$\begin{cases} S_{\mathrm{N}} = S_{\mathrm{N}_0} + \int_0^t \vec{\boldsymbol{V}}_{\mathrm{N}} \mathrm{d}t \\ S_{\mathrm{E}} = S_{\mathrm{E}_0} + \int_0^t \vec{\boldsymbol{V}}_{\mathrm{E}} \mathrm{d}t \\ S_{\mathrm{U}} = S_{\mathrm{U}_0} + \int_0^t \vec{\boldsymbol{V}}_{\mathrm{U}} \mathrm{d}t \end{cases} \tag{4-28}$$

引入运动体出发点的地理经度 λ_0、纬度 ϕ_0、高度 h_0，运动体即时位置的地理坐标可由下式计算。

$$\begin{cases} \lambda = \lambda_0 + \Delta\lambda = \lambda_0 + \int_0^t \dfrac{\vec{\boldsymbol{V}}_E}{(R+h)\cos\phi} \mathrm{d}t \\ \phi = \phi_0 + \Delta\phi = \phi_0 + \int_0^t \dfrac{\vec{\boldsymbol{V}}_N}{R+h} \mathrm{d}t \\ h = h_0 + \Delta h = h_0 + \int_0^t \vec{\boldsymbol{V}}_{\mathrm{U}} \mathrm{d}t \end{cases} \tag{4-29}$$

式中，$\Delta\lambda$、$\Delta\phi$ 和 Δh 分别表示经度、纬度和高度的增量。

4.1.2 基于卫星导航的定位技术

利用卫星进行运动体的定位是通过求解运动体和卫星之间位置关系的方程实现的，解法的不同会造成定位结果的不同。本节从卫星导航系统定位原理出发，分析观测方程的线性化过程，并讲解两种常用的定位算法——最小二乘法和卡尔曼滤波法。

1. 单点定位原理

所谓单点定位（point positioning），即利用单台接收机某时刻的观测数据测定载体位置的卫星定位。单点定位方法现广泛应用于商用接收机。下面将介绍伪距单点定位原理、载波相位单点定位原理以及精密单点定位原理。

1）伪距单点定位原理

伪距观测方程为

$$R_{\mathrm{r}}^{\mathrm{s}} = \rho_{\mathrm{r}}^{\mathrm{s}} + \mathrm{c}\delta_{\mathrm{r}} \tag{4-30}$$

式中，上角标 s 代表卫星（satellite），下角标 r 代表接收机（receiver）；$R_{\mathrm{r}}^{\mathrm{s}}$ 为接收机与卫星之间的伪距观测值；$\rho_{\mathrm{r}}^{\mathrm{s}}$ 为接收机与卫星之间的真实距离；c 为光速；δ_{r} 为接收机钟差。

事实上，接收机与卫星之间的伪距除包含接收机与卫星之间的真实距离外，还包括卫星钟差、电离层误差、对流层误差及其他误差。式(4－30）的 $R_{\mathrm{r}}^{\mathrm{s}}$ 是将真实伪距通过各种误差模型处理后所得到的伪距观测量，只包含 $\rho_{\mathrm{r}}^{\mathrm{s}}$、$\mathrm{c}\delta_{\mathrm{r}}$ 和残差（因误差模型与实际情况不完全相符造成），这些误差模型包括卫星钟差模型、电离层模型、对流层模型、相对论效应模型。此外，式(4－30）中，残差忽略不计。

式(4－30）中，$\rho_{\mathrm{r}}^{\mathrm{s}}$ 为

$$\rho_{\mathrm{r}}^{\mathrm{s}} = \sqrt{(X^{\mathrm{s}} - X_{\mathrm{r}})^2 + (Y^{\mathrm{s}} - Y_{\mathrm{r}})^2 + (Z^{\mathrm{s}} - Z_{\mathrm{r}})^2} \tag{4-31}$$

式中，X^s、Y^s 和 Z^s 为卫星在 ECEF（Earth-Centered，Earth-Fixed，地心地固）坐标系下位置矢量的三维坐标，X_r、Y_r 和 Z_r 为接收机在 ECEF 坐标系下位置矢量的三维坐标。

就单点定位而言，采用 n 个星座进行定位，则未知数个数为 $3+n$（接收机的 ECEF 三维坐标和 n 个接收机钟差），需要至少 $3+n$ 个伪距观测方程联立。因此，在用伪距观测量进行单点定位时，至少需要观测 $3+n$ 颗卫星。

2）载波相位单点定位原理

载波相位观测方程为

$$\Phi_r^s=\frac{1}{\lambda_s}\rho_r^s+N_r^s+\frac{c}{\lambda_s}\delta_r \tag{4-32}$$

式中，Φ_r^s 是以周为单位的载波相位观测值（Φ_r^s 不考虑除接收机钟差外的其他误差）；λ_s 为载波波长；相位模糊度 N_r^s 是一个与时间无关的整数，通常称为整周模糊度或整周未知数；ρ_r^s、c 和 δ_r 同式(4-30)。

3）精密单点定位原理

在伪距单点定位和载波相位单点定位中，伪距观测量 R_r^s 和载波相位观测量 Φ_r^s 都是将实际观测量通过误差模型处理所得到的观测量。由于误差模型与实际情况有误差，R_r^s 和 Φ_r^s 中包含一定的误差残差，这势必会影响定位精度。精密单点定位利用双频伪距（或载波相位）观测值定位，可直接消除电离层误差的影响。

（1）无电离层影响的伪距观测方程如下。

$$\begin{cases}R_1=\rho_r^s+c\delta_r+\Delta_1^{\mathrm{Iono}}+\Delta^{\mathrm{Trop}}\\R_2=\rho_r^s+c\delta_r+\Delta_2^{\mathrm{Iono}}+\Delta^{\mathrm{Trop}}\end{cases} \tag{4-33}$$

式中，R_1 和 R_2 分别是同一颗卫星与接收机在同一历元（即同一时刻）的伪距观测值（只包含电离层误差、对流层误差和接收机钟差），ρ_r^s 为卫星与接收机之间的真实距离，c 为光速，δ_r 为接收机钟差，Δ_1^{Iono} 和 Δ_2^{Iono} 分别为同一颗卫星两个不同频率的载波到接收机的电离层误差，Δ^{Trop}为卫星信号到接收机的对流层误差。

Δ^{Iono}与各载波频率的平方成反比，于是将式(4-33)的两式分别乘以 f_1^2 和 f_2^2，并相减得

$$R_1f_1^2-R_2f_2^2=(f_1^2-f_2^2)(\rho_r^s+c\delta_r+\Delta^{\mathrm{Trop}}) \tag{4-34}$$

上式可消除电离层影响。方程两边同除以（$f_1^2-f_2^2$），整理后可得到无电离层影响的伪距观测方程为

$$\left(R_1-\frac{f_2^2}{f_1^2}R_2\right)\frac{f_1^2}{f_1^2-f_2^2}=\rho_r^s+c\delta_r+\Delta^{\mathrm{Trop}} \tag{4-35}$$

（2）电离层影响的载波相位观测方程如下。

$$\begin{cases}\lambda_1\Phi_1=\rho_r^s+c\delta_r+\lambda_1N_1-\Delta_1^{\mathrm{Iono}}+\Delta^{\mathrm{Trop}}\\\lambda_2\Phi_2=\rho_r^s+c\delta_r+\lambda_2N_2-\Delta_2^{\mathrm{Iono}}+\Delta^{\mathrm{Trop}}\end{cases} \tag{4-36}$$

式中，Φ_1 和 Φ_2 分别是同一颗卫星与接收机在同一历元的载波相位观测值（只包含电离层

误差、对流层误差和接收机钟差)，ρ_r^s 为卫星与接收机之间的真实距离，c 为光速，δ_r 为接收机钟差，Δ_1^{Iono} 和 Δ_2^{Iono} 分别为同一颗卫星两个不同频率载波到接收机的电离层误差，Δ^{Trop} 为卫星信号到接收机的对流层误差。

式(4-36) 两边同除以相应的波长，得

$$\begin{cases}\Phi_1=\dfrac{1}{\lambda_1}\rho_r^s+\dfrac{c}{\lambda_1}\delta_r+N_1-\dfrac{1}{\lambda_1}\Delta_1^{\text{Iono}}+\dfrac{1}{\lambda_1}\Delta^{\text{Trop}}\\ \Phi_2=\dfrac{1}{\lambda_2}\rho_r^s+\dfrac{c}{\lambda_2}\delta_r+N_2-\dfrac{1}{\lambda_2}\Delta_2^{\text{Iono}}+\dfrac{1}{\lambda_2}\Delta^{\text{Trop}}\end{cases}\tag{4-37}$$

根据 $c=f\lambda$，得

$$\begin{cases}\Phi_1=\dfrac{f_1}{c}\rho_r^s+f_1\delta_r+N_1-\dfrac{f_1}{c}\Delta_1^{\text{Iono}}+\dfrac{f_1}{c}\Delta^{\text{Trop}}\\ \Phi_2=\dfrac{f_2}{c}\rho_r^s+f_2\delta_r+N_2-\dfrac{f_2}{c}\Delta_2^{\text{Iono}}+\dfrac{f_2}{c}\Delta^{\text{Trop}}\end{cases}\tag{4-38}$$

即

$$\begin{cases}\Phi_1=af_1+N_1-\dfrac{b}{f_1}+\dfrac{f_1}{c}\Delta^{\text{Trop}}\\ \Phi_2=af_2+N_2-\dfrac{b}{f_2}+\dfrac{f_2}{c}\Delta^{\text{Trop}}\end{cases}\tag{4-39}$$

其中，与频率无关的 a、b 分别为

$$\begin{cases}a=\dfrac{\rho_r^s}{c}+\delta_r & \text{几何项}\\ b=\dfrac{f_i^2}{c}\Delta^{\text{Iono}}=\dfrac{1}{c}\times\dfrac{40.3}{\cos z'}\text{TVEC} & \text{电离层项}\end{cases}\tag{4-40}$$

将式(4-39) 的两式分别乘以 f_1 和 f_2 并相减，得

$$\Phi_1f_1-\Phi_2f_2=a(f_1^2-f_2^2)+N_1f_1-N_2f_2+\frac{f_1^2-f_2^2}{c}\Delta^{\text{Trop}}\tag{4-41}$$

将式(4-41) 两边同乘以 $f_1/(f_1^2-f_2^2)$，得

$$\left(\Phi_1-\frac{f_2}{f_1}\Phi_2\right)\frac{f_1^2}{f_1^2-f_2^2}=af_1+\left(N_1-\frac{f_2}{f_1}N_2\right)\frac{f_1^2}{f_1^2-f_2^2}+\frac{f_1}{c}\Delta^{\text{Trop}}\tag{4-42}$$

将式(4-40) 代入式(4-42)，可得

$$\left(\Phi_1-\frac{f_2}{f_1}\Phi_2\right)\frac{f_1^2}{f_1^2-f_2^2}=\frac{f_1}{c}\rho_r^s+f_1\delta_r+\left(N_1-\frac{f_2}{f_1}N_2\right)\frac{f_1^2}{f_1^2-f_2^2}+\frac{f_1}{c}\Delta^{\text{Trop}}\tag{4-43}$$

将式(4-43) 两边同乘以 c/f_1，得

$$\left(\Phi_1-\frac{f_2}{f_1}\Phi_2\right)\frac{cf_1}{f_1^2-f_2^2}=\rho_r^s+c\delta_r+\Delta^{\text{Trop}}+\left(N_1-\frac{f_2}{f_1}N_2\right)\frac{cf_1}{f_1^2-f_2^2}\tag{4-44}$$

则式(4-44) 即为无电离层影响的载波相位观测方程。

(3) 精密单点定位模型。

将式(4-35) 和式(4-44) 联立，可得精密单点定位的伪距和载波相位无电离层组合

观测方程：

$$\begin{cases}\dfrac{R_1 f_1^2}{f_1^2-f_2^2}-\dfrac{R_2 f_2^2}{f_1^2-f_2^2}=\rho_r^s+c\delta_r+\Delta^{\mathrm{Trop}} \\ \dfrac{c f_1 \phi_1}{f_1^2-f_2^2}-\dfrac{c f_2 \phi_2}{f_1^2-f_2^2}=\rho_r^s+c\delta_r+\Delta^{\mathrm{Trop}}+\dfrac{cN_1 f_1}{f_1^2-f_2^2}-\dfrac{cN_2 f_2}{f_1^2-f_2^2}\end{cases} \tag{4-45}$$

式中，待定未知参数为 ρ_r^s 中包含的三维坐标、接收机钟差 δ_r、对流层延迟 Δ^{Trop} 及模糊度 $N_i(i=1,2)$。基于这一模型，精密单点定位可应用于静态定位或动态定位。

要解出以上所提到的未知量，可用序贯最小二乘法、卡尔曼滤波法等。

2. *差分定位原理*

差分全球卫星导航系统（Differential Global Navigation Satellite System，DGNSS）简称差分定位，是一种实时定位技术。与单点定位不同，差分定位需要使用两台或两台以上接收机，其中一台接收机通常固定在参考站或基站，其坐标已知（或假定已知），其他接收机固定或移动且坐标待定，如图 4.3 所示。参考站计算伪距改正（PRC）和距离变化率改正（RRC），并实时传递给流动站接收机。流动站接收机利用这些改正信息修正伪距观测值并利用修正后的伪距完成单点定位，这样可以提高相对于基站的定位精度。

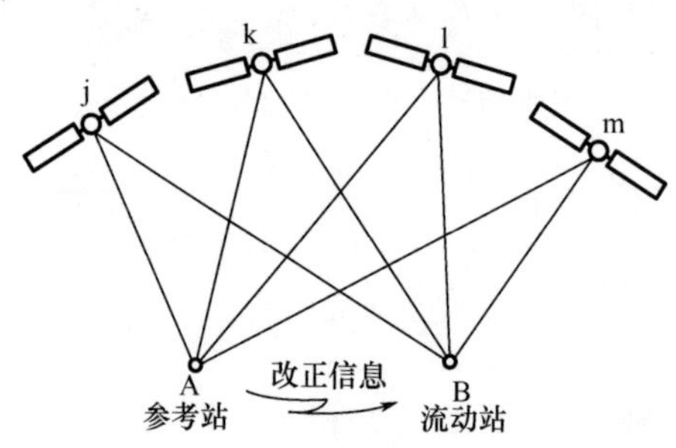

图 4.3 差分定位示意

1）伪距 DGNSS

设在 t_0 时刻测得基站 A 相对于卫星 s 的伪距为

$$R_A^s(t_0)=\rho_A^s(t_0)+\Delta\rho_A^s(t_0)+\Delta\rho^S(t_0)+\Delta\rho_A(t_0) \tag{4-46}$$

式中，$\rho_A^s(t_0)$ 是卫星与基站 A 之间的真实距离，$\Delta\rho_A^s(t_0)$ 是只与地面基站和卫星位置相关的测距误差（如径向轨道误差，折射效应），$\Delta\rho^S(t_0)$ 是只与卫星有关的测距误差（如卫星钟差），$\Delta\rho_A(t_0)$ 是只与接收机有关的测距误差（如接收机钟差、多路径效应）。

卫星 s 在参考历元 t_0 的伪距改正由下式计算。

$$\mathrm{PRC}^s(t_0)=\rho_A^s(t_0)-R_A^s(t_0)=-\Delta\rho_A^s(t_0)-\Delta\rho^S(t_0)-\Delta\rho_A(t_0) \tag{4-47}$$

$\rho_A^s(t_0)$ 根据基站的已知位置与广播星历计算得出，$R_A^s(t_0)$ 是观测量。除了伪距改正 $\mathrm{PRC}^s(t_0)$，基站位置关于时间的偏导（距离变化率）$\mathrm{RRC}^s(t_0)$ 也可确定。

参考历元 t_0 的距离和距离变化率被实时传送到流动站 B。流动站 B 在 t 时刻的伪距改正值可由下式预测。

$$\mathrm{PRC}^s(t)=\mathrm{PRC}^s(t_0)+\mathrm{RRC}^s(t_0)(t-t_0) \tag{4-48}$$

式中，$t-t_0$ 是对于参考时刻的时间延迟。伪距变化率和时间延迟越小，预测 $\mathrm{PRC}^s(t)$ 的精度越高。

流动站 B 在历元 t 所得的伪距值可由式(4-46) 给出，可得

$$R_B^s(t)=\rho_B^s(t)+\Delta\rho_B^s(t)+\Delta\rho^s(t)+\Delta\rho_B(t) \tag{4-49}$$

由式(4-48)，将预测的伪距改正值 $\mathrm{PRC}^s(t)$ 代入观测伪距 $R_B^s(t)$，可得

$$R_B^s(t)_{\mathrm{corr}}=R_B^s(t)+\mathrm{PRC}^s(t)R_B^s(t)_{\mathrm{corr}}=R_B^s(t)+\mathrm{PRC}^s(t) \tag{4-50}$$

将式(4-47)～式(4-49) 代入式(4-50)，可得

$$R_B^s(t)_{\mathrm{corr}}=\rho_B^s(t)+[\Delta\rho_B^s(t)-\Delta\rho_A^s(t)]+[\Delta\rho_B(t)-\Delta\rho_A(t)] \tag{4-51}$$

这样与卫星有关的误差就被消除了。当基站与流动站的距离在一定范围内时，传播路径引起的偏差强相关，因此，径向的轨道误差及大气折射的影响将大大减弱，忽略这些偏差，式(4-51) 可以简化为

$$R_B^s(t)_{\mathrm{corr}}=\rho_B^s(t)+\Delta\rho_{AB}(t) \tag{4-52}$$

式中，$\Delta\rho_{AB}(t)=\Delta\rho_B(t)-\Delta\rho_A(t)$。如果忽略多路径效应影响，$\Delta\rho_{AB}(t)$ 这一项即为两个接收机的钟差之差，即 $\Delta\rho_{AB}(t)=c\delta_{AB}(t)=c\delta_B(t)-c\delta_A(t)$。如果不存在时间延迟，则等同于接收机 A 与 B 之间的伪距单差，差分定位转化为相对定位。

流动站 B 利用改正后的伪距 $R_B^s(t)_{\mathrm{corr}}$定位，其定位精度可大大提高。伪距 DGNSS 与伪距单点定位的基本原理相同，只是利用固定站的伪距改正值对流动站的伪距观测值做了修正。

2）载波相位 DGNSS

设在 t_0 时刻测得基站 A 相对于卫星 s 的载波相位观测为

$$\lambda_A\Phi_A^s(t_0)=\rho_A^s(t_0)+\Delta\rho_A^s(t_0)+\Delta\rho^s(t_0)+\Delta\rho_A(t_0)+\lambda^s N_A^s \tag{4-53}$$

式中，$\rho_A^s(t_0)$ 是卫星与基站 A 之间的真实距离，$\Delta\rho_A^s(t_0)$ 为与地面基站和卫星位置相关的测距误差，$\Delta\rho^s(t_0)$ 是只与卫星有关的测距误差，$\Delta\rho_A(t_0)$ 是只与接收机有关的测距误差，N_A^s 为整周模糊度。

卫星 s 在参考历元 t_0 的载波相位改正由下式计算。

$$\mathrm{PRC}^s(t_0)=\rho_A^s(t_0)-\lambda_A\Phi_A^s(t_0)=-\Delta\rho_A^s(t_0)-\Delta\rho^s(t_0)-\Delta\rho_A(t_0)-\lambda^s N_A^s \tag{4-54}$$

基站 A 的距离变化率改正公式，以及预报距离改正应用到流动站 B 的载波相位观测值，均与伪距步骤类似，改正后的相位伪距为

$$\lambda_s\Phi_B^s(t)_{\mathrm{corr}}=\rho_B^s(t)+\Delta\rho_{AB}(t)+\lambda_s N_{AB}^s \tag{4-55}$$

式中，$\Delta\rho_{AB}(t)=\Delta\rho_B(t)-\Delta\rho_A(t)$，$N_{AB}^s=N_B^s-N_A^s$ 为相位模糊度的单差。同伪距模型一样，如果忽略多路径效应，$\Delta\rho_{AB}(t)$ 则转换为以距离表示的两个接收机钟差之差，即 $\Delta\rho_{AB}(t)=c\delta_{AB}(t)=c\delta_B(t)-c\delta_A(t)$。

流动站 B 可利用改正后的载波相位 $\Phi_B^s(t)_{\mathrm{corr}}$进行单点定位。载波相位 DGNSS 的基本原理与载波相位单点定位原理基本一致。

DGNSS 有一种扩展应用方式——区域 DGNSS（Local Area DGNSS，LADGNSS）。其特点是建立了参考站网，覆盖区域比单一参考站的范围广。LADGNSS 不仅可以覆盖难以到达的地区，而且在一个参考站失效的情况下，仍可保持较高水平的完备性和可靠性。

3. 相对定位原理

相对定位即确定未知点相对于一个已知点的坐标，通常已知点是定点。所谓相对定位，目的在于确定两点的相对位置，即两点间的位置矢量，称为基线向量。相对定位原理如图 4.4 所示。

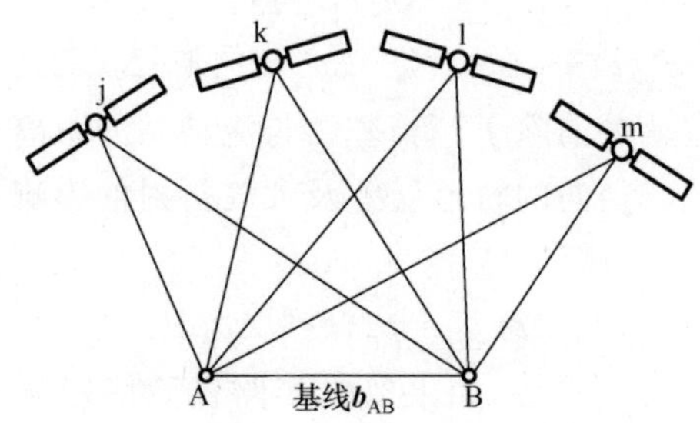

图 4.4 相对定位原理

图 4.4 中，A 为已知参考点，B 为未知点，$\boldsymbol{b}_{AB}$为基线向量。设 A、B 两点的位置矢量分别为 $\boldsymbol{P}_A$ 和 $\boldsymbol{P}_B$，其关系如下。

$$\boldsymbol{P}_B=\boldsymbol{P}_A+\boldsymbol{b}_{AB} \tag{4-56}$$

$\boldsymbol{b}_{AB}$在 ECEF 坐标系中表示为

$$\boldsymbol{b}_{AB}=\begin{bmatrix} X_B-X_A \\ Y_B-Y_A \\ Z_B-Z_A \end{bmatrix}=\begin{bmatrix} \Delta X_{AB} \\ \Delta Y_{AB} \\ \Delta Z_{AB} \end{bmatrix} \tag{4-57}$$

参考点的坐标需要提前给出，也可通过伪距单点定位近似获得。通常情况下，参考点位置需要精确确定。在相对定位中，至少两个测站同步观测同一组卫星，观测值中所包含的卫星轨道误差、卫星钟差、电离层延迟和对流层延迟等误差可能相同或相近。因此，可以将这些不同的观测值在不同的接收机、卫星或历元之间求差，大大减弱有关误差的影响。按求差次数，可分为单差、双差和三差。本文中所指的单差为接收机之间求差，双差指在接收机和卫星之间二次求差，三差指在接收机、卫星和观测历元之间三次求差。相对定位是目前定位精度最高的一种定位方法，它广泛应用于大地测量、精密工程测量等领域。相对定位的结果是已知点和未知点之间的基线向量。

1）单差

单差观测模型中包含两台接收机和一颗卫星，用 A 和 B 表示接收机，j 表示卫星，这两点在 t 时刻的相位方程为

$$\begin{cases} \Phi_A^j(t)+f^j\delta^j(t)=\dfrac{1}{\lambda^j}\rho_A^j(t)+N_A^j+f^j\delta_A(t) \\ \Phi_B^j(t)+f^j\delta^j(t)=\dfrac{1}{\lambda^j}\rho_B^j(t)+N_B^j+f^j\delta_B(t) \end{cases} \tag{4-58}$$

与式(4－32)相比，式(4－58)中$\Phi_A^j(t)$和$\Phi_B^j(t)$包含卫星钟差。两方程相减，得

$$\Phi_B^j(t)-\Phi_A^j(t)=\frac{1}{\lambda^j}[\rho_B^j(t)-\rho_A^j(t)]+N_B^j-N_A^j+f^j[\delta_B(t)-\delta_A(t)] \tag{4-59}$$

式(4－59)即单差方程。该方程消除了卫星钟差，不必通过误差模型来模拟卫星钟差，减小了因为卫星钟差模型与实际情况不完全相符带来的残差。该方程未知数集中在右边，联立方程组合即使有大量多余观测量的情况下也可能出现秩亏，因此，可以引用以下相对量

$$\begin{cases} N_{AB}^j=N_B^j-N_A^j \\ \delta_{AB}(t)=\delta_B(t)-\delta_A(t) \end{cases} \tag{4-60}$$

采用简写为

$$\begin{cases} \Phi_{AB}^j(t)=\Phi_B^j(t)-\Phi_A^j(t) \\ \rho_{AB}^j(t)=\rho_B^j(t)-\rho_A^j(t) \end{cases} \tag{4-61}$$

将式(4－60)、式(4－61)代入式(4－59)中，可得单差方程的最终形式为

$$\Phi_{AB}^j(t)=\frac{1}{\lambda^j}\rho_{AB}^j(t)+N_{AB}^j+f^j\delta_{AB}(t) \tag{4-62}$$

2）双差

假设A、B两点对卫星j、k同时观测，根据式(4－62)可组成两个单差观测方程为

$$\begin{cases} \Phi_{AB}^j(t)=\frac{1}{\lambda^j}\rho_{AB}^j(t)+N_{AB}^j+f^j\delta_{AB}(t) \\ \Phi_{AB}^k(t)=\frac{1}{\lambda^k}\rho_{AB}^k(t)+N_{AB}^k+f^k\delta_{AB}(t) \end{cases} \tag{4-63}$$

将两个单差方程相减即可得到双差方程，有以下两种情况。

(1) j、k两颗卫星频率相同。

设$f=f^j=f^k$，则双差方程为

$$\Phi_{AB}^k(t)-\Phi_{AB}^j(t)=\frac{1}{\lambda}[\rho_{AB}^k(t)-\rho_{AB}^j(t)]+(N_{AB}^k-N_{AB}^j) \tag{4-64}$$

可见，在两颗卫星频率相同的情况下，双差方程可进一步消除接收机钟差。

在式(4－64)中引入类似式(4－61)的简写形式，可得

$$\Phi_{AB}^{jk}(t)=\frac{1}{\lambda}\rho_{AB}^{jk}(t)+N_{AB}^{jk} \tag{4-65}$$

引入如下约定

$$*_{AB}^{jk}=*_{AB}^{k}-*_{AB}^{j} \tag{4-66}$$

式中，“*”可用Φ、ρ或N替换。

$$*_{AB}^{jk}=(*_B^k-*_A^k)-(*_B^j-*_A^j)=*_B^k-*_B^j-*_A^k+*_A^j \tag{4-67}$$

具体为

$$\left.\begin{aligned} \Phi_{AB}^{jk}&=\Phi_B^k-\Phi_B^j-\Phi_A^k+\Phi_A^j \\ \rho_{AB}^{jk}&=\rho_B^k-\rho_B^j-\rho_A^k+\rho_A^j \\ N_{AB}^{jk}&=N_B^k-N_B^j-N_A^k+N_A^j \end{aligned}\right\} \tag{4-68}$$

(2) j、k 两颗卫星频率不同。

将式(4-58) 两侧同乘以 λ^j，得出 A、B 两点对卫星 j 所测得的载波相位模型方程为

$$\begin{cases}\lambda^j\Phi_A^j(t)+c\delta^j(t)=\rho_A^j(t)+\lambda^j N_A^j+c\delta_A(t)\\ \lambda^j\Phi_B^j(t)+c\delta^j(t)=\rho_B^j(t)+\lambda^j N_B^j+c\delta_B(t)\end{cases} \tag{4-69}$$

设 $\tilde{\Phi}^j(t)=\lambda^j\Phi_A^j(t)$，则式(4-69) 中两个方程的单差为

$$\tilde{\Phi}_B^j(t)-\tilde{\Phi}_A^j(t)=\rho_B^j(t)-\rho_A^j(t)+\lambda^j[N_B^j-N_A^j]+c[\delta_B(t)-\delta_A(t)] \tag{4-70}$$

式中，$c=\lambda^j f^j$ 为光速。引入式(4-61) 的简写 $*_{AB}^{j}=*_B^j-*_A^j$，可得更简化的形式为

$$\tilde{\Phi}_{AB}^j(t)=\rho_{AB}^j(t)+\lambda^j N_{AB}^j+c\delta_{AB}(t) \tag{4-71}$$

设两颗卫星 j、k 两个如式(4-71) 的单差，继而可得双差方程，即

$$\tilde{\Phi}_{AB}^k(t)-\tilde{\Phi}_{AB}^j(t)=\rho_{AB}^k(t)-\rho_{AB}^j(t)+\lambda^k N_{AB}^k-\lambda^j N_{AB}^j \tag{4-72}$$

将式(4-72) 根据 $*_{AB}^{jk}=*_{AB}^{k}-*_{AB}^{j}$ 形式简写为

$$\tilde{\Phi}_{AB}^{jk}(t)=\rho_{AB}^{jk}(t)+\lambda^k N_{AB}^k-\lambda^j N_{AB}^j \tag{4-73}$$

将式(4-73) 右侧以减去 ($\lambda^k N_{AB}^j-\lambda^k N_{AB}^j$) 形式加零，重新组合得

$$\tilde{\Phi}_{AB}^{jk}(t)=\rho_{AB}^{jk}(t)+\lambda^k N_{AB}^{jk}+N_{AB}^j(\lambda^k-\lambda^j) \tag{4-74}$$

与式(4-65) 相比，式(4-74) 的不同之处在于偏差项 $b_{SD}=N_{AB}^j(\lambda^k-\lambda^j)$。对于很小的频差，$b_{SD}$ 相当于一个多余参数；对于频差较大的情况，建议使用迭代方法处理。

3) 三差

单差和双差仅考虑了一个历元 t，为了消除与时间无关的模糊度的影响，可对两个历元的双差求差。只考虑 $f^j=f^k$ 的情况，用 t_1 和 t_2 表示式(4-65) 中的两个历元。

$$\begin{cases}\Phi_{AB}^{jk}(t_1)=\dfrac{1}{\lambda}\rho_{AB}^{jk}(t_1)+N_{AB}^{jk}\\ \Phi_{AB}^{jk}(t_2)=\dfrac{1}{\lambda}\rho_{AB}^{jk}(t_2)+N_{AB}^{jk}\end{cases} \tag{4-75}$$

将式(4-75) 的两个双差方程相减，可得到三差方程。

$$\Phi_{AB}^{jk}(t_2)-\Phi_{AB}^{jk}(t_1)=\frac{1}{\lambda}[\rho_{AB}^{jk}(t_2)-\rho_{AB}^{jk}(t_1)] \tag{4-76}$$

进一步简化为

$$\Phi_{AB}^{jk}(t_{12})=\frac{1}{\lambda}\rho_{AB}^{jk}(t_{12}) \tag{4-77}$$

设符号式

$$*(t_{12})=*(t_2)-*(t_1) \tag{4-78}$$

将上式应用于 Φ 和 ρ，可得

$$\Phi_{AB}^{jk}(t_{12})=\Phi_B^k(t_2)-\Phi_B^j(t_2)-\Phi_A^k(t_2)+\Phi_A^j(t_2)-\Phi_B^k(t_1)+\Phi_B^j(t_1)+\Phi_A^k(t_1)-\Phi_A^j(t_1) \tag{4-79}$$

$$\rho_{AB}^{jk}(t_{12})=\rho_B^k(t_2)-\rho_B^j(t_2)-\rho_A^k(t_2)+\rho_A^j(t_2)-\rho_B^k(t_1)+\rho_B^j(t_1)+\rho_A^k(t_1)-\rho_A^j(t_1) \tag{4-80}$$

可以证明，当 $f^j\neq f^k$ 时，得

$$\widetilde{\Phi}_{AB}^{jk}(t_{12})=\rho_{AB}^{jk}(t_{12}) \tag{4-81}$$

三差消除了模糊度的影响，不再需要求解模糊度。

4. 常用定位算法

最小二乘法

下面将详细分析最常用的两种伪距单点定位算法——最小二乘法和扩展卡尔曼滤波算法。这两种算法简单易行，读者可根据本文所述详细步骤自行编程实现运动体的定位和测速。

1）最小二乘定位算法

在此将以伪距单点定位为例，阐述以最小二乘法完成定位解算的过程。观测方程线性化后可表示为

$$\boldsymbol{l}=\boldsymbol{A}\boldsymbol{x} \tag{4-82}$$

其具体表达式如下。

$$\boldsymbol{l}=\begin{bmatrix} l^1 \\ l^2 \\ \vdots \\ l^N \end{bmatrix},\boldsymbol{l}^N=\begin{bmatrix} R_r^{1N}-\rho_{r0}^{1N} \\ R_r^{2N}-\rho_{r0}^{2N} \\ \vdots \\ R_r^{sN}-\rho_{r0}^{sN} \end{bmatrix},\boldsymbol{A}=\begin{bmatrix} A_1 \\ \vdots \\ A_N \end{bmatrix},\boldsymbol{A}_N=\begin{bmatrix} a_{X_r}^{1N} & a_{Y_r}^{1N} & a_{Z_r}^{1N} & \Delta_N \\ a_{X_r}^{2N} & a_{Y_r}^{2N} & a_{Z_r}^{2N} & \Delta_N \\ \vdots & \vdots & \vdots & \vdots \\ a_{X_r}^{sN} & a_{Y_r}^{sN} & a_{Z_r}^{sN} & \Delta_N \end{bmatrix},\boldsymbol{x}=\begin{bmatrix} \Delta X_r \\ \Delta Y_r \\ \Delta Z_r \\ c\delta_r \end{bmatrix} \tag{4-83}$$

式中，N 为参与定位的系统数，sN 为第 N 个系统的可见星数，$\boldsymbol{A}_N$ 表示第 N 个系统的观测矩阵，$\underbrace{\Delta_N=[0\cdots1\cdots0]}_{\text{第}N\text{位为1,其余全为0}}$，$a_{X_r}^{sN}=\dfrac{X_{r0}-X^{sN}}{\rho_{r0}^{sN}}$，$a_{Y_r}^{sN}=\dfrac{Y_{r0}-Y^{sN}}{\rho_{r0}^{sN}}$，$a_{Z_r}^{sN}=\dfrac{Z_{r0}-Z^{sN}}{\rho_{r0}^{sN}}$，$\delta_r=[\delta_{r1}\cdots\delta_{rN}]$，$\delta_{rN}$表示接收机相对于第 N 个系统的钟差。

可见星的数目大于 $N+3$ 是接收机实现定位所希望的情形（有冗余观测量）。且随着GNSS的不断发展，可用于定位导航的卫星数目不断增加，可见星数目大于 $N+3$ 是常态。最小二乘法广泛应用于求解这类超定方程组，其解能够使式(4－82) 中的各个方程式等号左右两边之差的平方和最小。推导过程如下。

将式(4－82) 中的各方程式左右两边之差的平方和记作 $P(\boldsymbol{x})$，则

$$\begin{aligned} P(\boldsymbol{x})&=\|\boldsymbol{Ax}-\boldsymbol{l}\|^2=(\boldsymbol{Ax}-\boldsymbol{l})^{\mathrm{T}}(\boldsymbol{Ax}-\boldsymbol{l}) \\ &=\boldsymbol{x}^{\mathrm{T}}\boldsymbol{A}^{\mathrm{T}}\boldsymbol{A}x-\boldsymbol{x}^{\mathrm{T}}\boldsymbol{A}^{\mathrm{T}}\boldsymbol{l}-\boldsymbol{l}^{\mathrm{T}}\boldsymbol{Ax}+\boldsymbol{l}^{\mathrm{T}}\boldsymbol{l} \\ &=\boldsymbol{x}^{\mathrm{T}}\boldsymbol{A}^{\mathrm{T}}\boldsymbol{Ax}-2\boldsymbol{x}^{\mathrm{T}}\boldsymbol{A}^{\mathrm{T}}\boldsymbol{l}+\boldsymbol{l}^{\mathrm{T}}\boldsymbol{l} \end{aligned} \tag{4-84}$$

其中，矩阵 $\boldsymbol{A}^{\mathrm{T}}\boldsymbol{A}$ 对称、正定、可逆，因而 $P(\boldsymbol{x})$ 存在最小值。将式(4－84) 对 x 求导，可得

$$\frac{\mathrm{d}P(\boldsymbol{x})}{\mathrm{d}x}=2\boldsymbol{A}^{\mathrm{T}}\boldsymbol{Ax}-2\boldsymbol{A}^{\mathrm{T}}\boldsymbol{l} \tag{4-85}$$

当式(4－85) 等于零时，$P(\boldsymbol{x})$ 最小。令

$$2\boldsymbol{A}^{\mathrm{T}}\boldsymbol{Ax}-2\boldsymbol{A}^{\mathrm{T}}\boldsymbol{l}=0 \tag{4-86}$$

则可解出

$$\boldsymbol{x}=(\boldsymbol{A}^{\mathrm{T}}\boldsymbol{A})^{-1}\boldsymbol{A}^{\mathrm{T}}\boldsymbol{l} \tag{4-87}$$

上式即为 n 颗可见星进行伪距单点定位的最小二乘解。

2）加权最小二乘定位算法

式(4－83)中，$\boldsymbol{l}$ 的每个分量 $l^s = R_{\mathrm{r}}^s - \rho_{\mathrm{r0}}^s (s=1,2,\cdots,n)$ 均含有观测量 R_{r}^s，考虑到不同的 R_{r}^s 有着不同的测量误差，我们可以对每一个 R_{r}^s 设一个权重 w_s，并希望权重 w_s 越大的观测值在最小二乘法的解中起到的作用越大。需要指出的是，各个观测量之间的权重的大小是相对而言的。通常，若 R_{r}^s 的观测误差较小，则其权重 w_s 较大。实际应用中，通常将权重 w_s 取值为 R_{r}^s 观测误差标准差 σ_s 的倒数，即

$$w_s = \frac{1}{\sigma_s} \tag{4-88}$$

在设置好各观测值的权重后，将式(4－82)的各方程乘以相应的权重，则式(4－82)改写为

$$\boldsymbol{Wl} = \boldsymbol{WAx} \tag{4-89}$$

其中，权重矩阵为 $n \times n$ 的对角阵（n 为参与定位解算的可见星个数）。

$$\boldsymbol{W} = \begin{bmatrix} w_1 & & & \\ & w_2 & & \\ & & \ddots & \\ & & & w_n \end{bmatrix} \tag{4-90}$$

需要注意的是，若不同的观测值的测量误差之间存在相关性，那么 $\boldsymbol{W}$ 就不再是一个对角阵。

用最小二乘法来求解矩阵方程 $\boldsymbol{Wl} = \boldsymbol{WAx}$，直接套用式(4－87)可得

$$\boldsymbol{x} = (\boldsymbol{A}^{\mathrm{T}}\boldsymbol{CA})^{-1}\boldsymbol{A}^{\mathrm{T}}\boldsymbol{Cl} \tag{4-91}$$

式中，

$$\boldsymbol{C} = \boldsymbol{W}^{\mathrm{T}}\boldsymbol{W} \tag{4-92}$$

通常，将式(4－91)称为加权最小二乘法对式(4－89)的解。

若权重按式(4－90)取值，则矩阵 $\boldsymbol{C}$ 相当于 $\boldsymbol{l}$ 的协方差矩阵 $\boldsymbol{Q}_l$ 的逆，即

$$\boldsymbol{C} = \boldsymbol{Q}_l^{-1} \tag{4-93}$$

此时，根据协方差传播定律，可以推测

$$\boldsymbol{Q}_x = [(\boldsymbol{A}^{\mathrm{T}}\boldsymbol{CA})^{-1}\boldsymbol{A}^{\mathrm{T}}\boldsymbol{C}]\boldsymbol{Q}_l[(\boldsymbol{A}^{\mathrm{T}}\boldsymbol{CA})^{-1}\boldsymbol{A}^{\mathrm{T}}\boldsymbol{C}]^{\mathrm{T}} \tag{4-94}$$

将式(4－93)代入式(4－94)，化简得

$$\boldsymbol{Q}_x = (\boldsymbol{A}^{\mathrm{T}}\boldsymbol{Q}_l^{-1}\boldsymbol{A})^{-1} \tag{4-95}$$

3）卡尔曼滤波定位算法

卡尔曼滤波（Kalman Filtering，KF）是卡尔曼于1960年提出的从被提取信号有关的观测量中，通过算法估计出所需信号的一种滤波方法。这种方法将信号过程视为白噪声作用下的一个线性系统，利用高斯白噪声的统计特性，以系统的观测量为输入，以所需要的估计值（称为系统的状态向量）为输出，将输入和输出由时间更新和观测更新联系在一起，根据系统的状态转移方程和观测方程获取状态向量的最优估计值。

卡尔曼滤波的原理是：将系统中需求解的所有参数设为一个状态向量；通过状态转移方程建立两个相邻历元的状态向量之间的关系，由前一历元的状态向量推算当前历元状态向量的预测值；通过观测方程建立当前历元状态向量与观测量之间的关系，从而获取一个状态向量预测值的修正量；将状态向量的预测值和修正量通过滤波增益加权，获得状态向量的最优滤波估计。

卡尔曼滤波技术是一种处理动态定位数据的有效手段。它可以显著改善动态定位精度。它在定位中不仅利用观测历元的观测值，而且充分利用以前的观测数据，根据线性方差最小原则，求出最优估计。但是，利用卡尔曼滤波所得的线性无偏最小方差估计只有在卡尔曼滤波假设的前提下才是可能的。即：

a. 系统的动力学模型（状态转移方程）和观测模型（观测方程）都是线性的；

b. 系统动力学模型和观测模型与实际情况相符；

c. 系统状态的初始条件和误差模型的先验统计特性是已知方差的零均值白噪声（高斯白噪声）。

事实上，卫星定位导航中涉及的滤波问题，常常不易满足上述假设条件，观测方程一般都是非线性的，通常还存在非高斯随机噪声干扰不确定性。运用卡尔曼滤波法完成定位解算，就必须解决非线性滤波的问题。

广义上讲，非线性最优滤波的一般方法可以由递推贝叶斯方法统一描述。递推贝叶斯估计的核心思想是，基于所获得的观测求非线性系统状态向量的概率密度函数，即所谓的系统状态估计完整描述的验后概率密度函数。对于线性系统而言，最优滤波的闭合解就是卡尔曼滤波；而对于非线性系统而言，要得到精确的最优滤波解是很困难甚至不可能的，因为需要处理无穷维积分运算，为此人们提出了大量次优的近似非线性滤波方法。这些近似非线性滤波方法可分为三类：第一类是解析近似解，如扩展卡尔曼滤波；第二类是基于确定性采样的方法，如无迹卡尔曼滤波；第三类是基于仿真的滤波方法，如粒子滤波。在卫星导航定位计算中，最常用的是扩展卡尔曼滤波算法，所以对其进行详细介绍。

为了实现非线性系统的卡尔曼滤波，必须做如下假设：非线性方程的理论解一定存在，而且这个理论解与实际解之差能够用一个线性微分方程表示。这一假设在卫星定位解算中是可以满足的。

利用卡尔曼滤波算法进行定位解算，通常情况下，描述状态向量的状态转移方程为线性方程，观测方程是非线性的（观测方程中含有接收机与卫星之间的真实距离，它是非线性量）。

下面以线性的状态转移方程和非线性的观测方程所构成的系统为例，简述扩展卡尔曼滤波算法的过程。

状态转移方程为

$$\boldsymbol{X}_k = \boldsymbol{\Phi}_{k|k-1}\boldsymbol{X}_{k-1} + \boldsymbol{\Gamma}_{k|k-1}\omega_{k-1} \tag{4-96}$$

观测方程为

$$\boldsymbol{Z}_k = f_k(\boldsymbol{X}_k) + v_k \tag{4-97}$$

由于 $f_k(\boldsymbol{X}_k)$ 是非线性的，需要对式(4-97) 进行线性化处理，在$\hat{\boldsymbol{X}}_{k|k-1}$处进行泰勒展开，并取其一阶近似，可得到以下方程。

$$\Delta \boldsymbol{Z}_k = \boldsymbol{H}_k \Delta \boldsymbol{X}_k + v_k \tag{4-98}$$

式中，k 表示观测历元数；$\boldsymbol{X}_k$ 和 $\boldsymbol{X}_{k-1}$ 为第 k 个和第 $k-1$ 个观测历元的状态向量；$\boldsymbol{\Phi}_{k|k-1}$ 为状态转移矩阵；$\boldsymbol{\Gamma}_{k|k-1}$ 为噪声驱动矩阵；$\boldsymbol{Z}_k$ 为第 k 个历元的观测量；f_k 描述了第 k 个历元，$\boldsymbol{Z}_k$ 和 $\boldsymbol{X}_k$ 之间的函数关系；ω_{k-1} 和 v_k 分别为过程噪声和观测噪声，两者皆为高斯白噪声；$\Delta\boldsymbol{X}_k = \boldsymbol{X}_k - \hat{\boldsymbol{X}}_{k|k-1}$，$\Delta\boldsymbol{Z}_k = \boldsymbol{Z}_k - f(\hat{\boldsymbol{X}}_{k|k-1})$，$\hat{\boldsymbol{X}}_{k|k-1}$ 为 $\boldsymbol{X}_k$ 的预测值。

基于式(4-96)和式(4-98)的扩展卡尔曼滤波算法的步骤如图 4.5 所示。

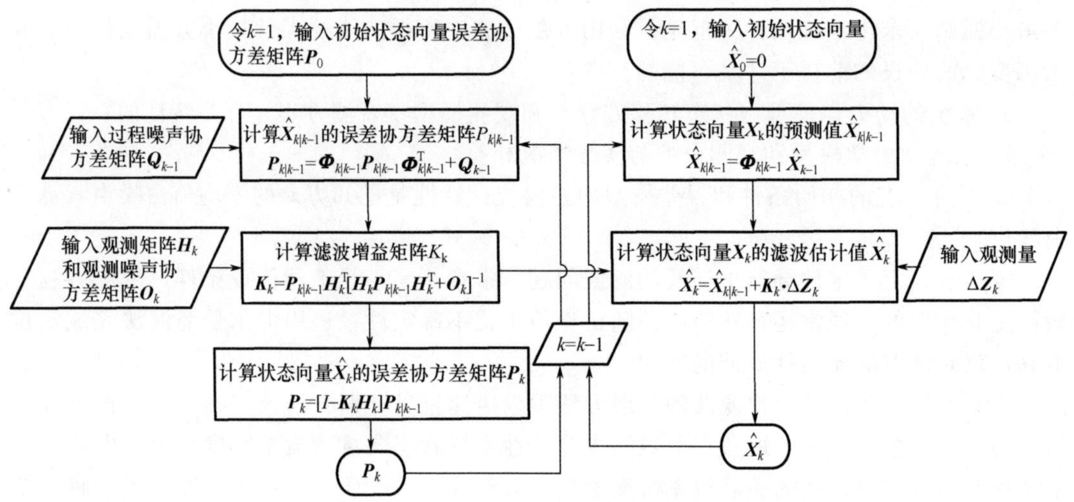

图 4.5　扩展卡尔曼滤波算法的步骤

(1) 推算状态向量 $\boldsymbol{X}_k$ 的预测值$\hat{\boldsymbol{X}}_{k|k-1}$。

$$\boldsymbol{X}_{k|k-1} = \boldsymbol{\Phi}_{k|k-1}\hat{\boldsymbol{X}}_{k-1} \tag{4-99}$$

式中，$\hat{\boldsymbol{X}}_{k-1}$是 $\boldsymbol{X}_{k-1}$的最优滤波估计。

(2) 计算$\hat{\boldsymbol{X}}_{k|k-1}$的协方差矩阵 $\boldsymbol{P}_{k|k-1}$。

$$\boldsymbol{P}_{k|k-1} = \boldsymbol{\Phi}_{k|k-1}\boldsymbol{P}_{k-1}\boldsymbol{\Phi}_{k|k-1}^{\mathrm{T}} + \boldsymbol{Q}_{k-1} \tag{4-100}$$

式中，$\boldsymbol{Q}_{k-1}$为 ω_{k-1}的协方差矩阵。

(3) 计算滤波增益矩阵 $\boldsymbol{K}_k$。

$$\boldsymbol{K}_k = \boldsymbol{P}_{k|k-1}\boldsymbol{H}_k^{\mathrm{T}}[\boldsymbol{H}_k\boldsymbol{P}_{k|k-1}H_k^{\mathrm{T}} + \boldsymbol{O}_k]^{-1} \tag{4-101}$$

式中，$\boldsymbol{O}_k$ 为 v_k 的协方差矩阵。

(4) 计算状态向量 $\boldsymbol{K}_k$ 的滤波估计值$\hat{\boldsymbol{K}}_k$。

$$\hat{\boldsymbol{X}}_k = \hat{\boldsymbol{X}}_{k|k-1} + \boldsymbol{K}_k \cdot \Delta\boldsymbol{Z}_k \tag{4-102}$$

式中，$\hat{\boldsymbol{X}}_k$ 即为第 k 个历元状态向量 $\boldsymbol{X}_k$ 的滤波解算结果。

(5) 计算 $\boldsymbol{X}_k$ 的误差协方差矩阵 $\boldsymbol{P}_k$。

$$\boldsymbol{P}_k = [I - \boldsymbol{K}_k\boldsymbol{H}_k]\boldsymbol{P}_{k|k-1} \tag{4-103}$$

(6) 将 $k-1$ 赋给 k，转入步骤 (1) ……。

4.1.3 基于空基增强或地基增强的定位技术

空基增强或地基增强定位技术都是在卫星导航系统定位原理的基础上提出来的。国际民航组织（International Civil Aviation Organization，ICAO）根据增强信息的来源将增强系统分为空基增强系统（Satellite/Space Based Augmentation System，SBAS）和地基增强系统（Ground Based Augmentation System，GBAS）。本节分别对基于这两类增强系统的定位技术进行介绍。

1. 基于空基伪卫星增强定位

卫星导航定位精度的提高依赖于减小伪距测量误差、几何精度因子（Geometric Dilution Precision，GDOP）的最小化以及定位算法的高效精确。在卫星导航系统覆盖盲区引入适当数目的伪卫星加入卫星导航系统可以解决可见星数目少甚至没有可见星的问题，使得接收机能够观测到的可见星数目增加从而实现定位，从而达到增强卫星导航系统的目的。

伪卫星是功能和原理与导航卫星类似的信号发射器，能够发出与轨道卫星相同格式的导航电文。伪卫星能够增加可见星的数目，改善星座的几何布局，提高系统的定位精度和定位的有效性，同时扩大了系统的覆盖区域。鉴于此，伪卫星能够增强卫星导航系统的整体性能，还可用于独立组网提供区域导航定位服务。利用伪卫星增强现有卫星导航系统或独立组网最简单、最直接的方法是设置伪卫星地面基站，称为陆基伪卫星。此处对空基伪卫星，即把伪卫星搭载在高空气球、无人机、平流层飞艇、航天飞机、太空船等其他空间平台的原理进行简单介绍。伪卫星主要有以下优点：增加了覆盖面积，能够改善卫星几何配置；信号无须通过电离层，降低了高度误差，为飞机提供精密进场；具有较强的灵活性，可与卫星导航系统组合，也可单独组网；具有较强的生存能力，可以搭载在任何平台上，遇敌时可快速机动转移；具有较强的抗干扰能力，能在未来电子战中立足。

1）伪卫星视距

伪卫星增强卫星导航系统可扩大系统的覆盖面积，减小覆盖盲区。图 4.6 所示为空基伪卫星对地视距示意。

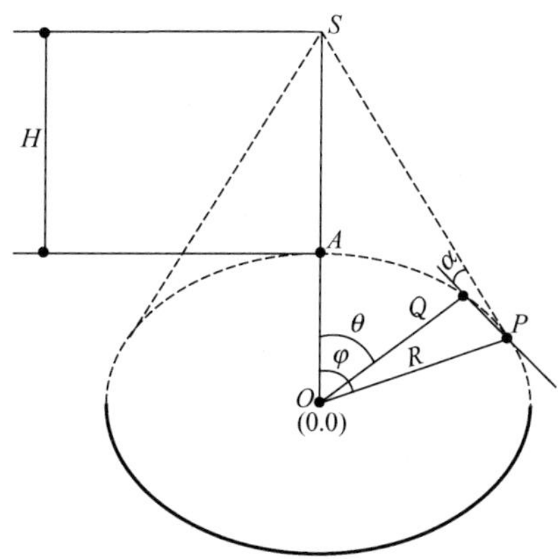

图 4.6 空基伪卫星对地视距示意

图 4.6 中，O 为地心，S 为空基伪卫星位置，H 为空基伪卫星距地高度，R 为地球半径，P 点为空基伪卫星和地球之间切线的地面点，φ 为空基伪卫星覆盖弧长 AP 对应的地心角，$\varphi=\angle POS$，则空基伪卫星的地心覆盖角为

$$\varphi=\arccos\left(\frac{R}{R+H}\right) \tag{4-104}$$

空基伪卫星的视距为

$$r=2\pi R\left(\frac{\varphi}{360}\right) \tag{4-105}$$

搭载伪卫星的平台多为悬空气球、平流层飞艇、无人机等，受地表影响较大，对流层气温、湿度等分布不均匀，气体性质变化大且不稳定，导致气流湍急，容易形成明显的上下对流运动。来自对流层的很多不利因素造成相当大的干扰使之难以成为最理想的平台驻留和机动环境。目前众多的科研人员就临近空间特别是平流层通信平台开展研究，因平流层大气不对流而以平流为主，平台受力稳定，所受到的外界干扰较少，使之成为平台驻留和机动的理想环境。因此，作为辅助和增强卫星导航系统的伪卫星宜处于距地面 20～30 千米的高空。伪卫星的飞行高度越高，其信号覆盖区域越大，视距越宽。事实上，伪卫星的定位区域并不是伪卫星的覆盖区域，在计算中视距是以伪卫星对地球的切线为基准，在实际的应用中，还需考虑通信仰角过低所导致信号被大量噪声严重干扰的情况。因此，要求伪卫星和地球之间的切线 SP 与用户接收机所在点地平线 QP 之间的夹角 α 大于给定的角度才能很好地接收伪卫星信号，该角度称为仰角，通常情况下取值区间为 5°～10°，此时伪卫星的视距不再是 AP 而是 AQ，地心覆盖角不再是 φ 而是 θ，考虑仰角时伪卫星的地心覆盖角为

$$\theta=\arccos\left[\frac{R\cos\alpha}{R+H}\right]-\alpha \tag{4-106}$$

此时，伪卫星的视距为

$$r=2\pi R\left(\frac{\theta}{360}\right) \tag{4-107}$$

表 4-1 所示为伪卫星处于不同高度在仰角为 10°时的视距。从表中可以看出，伪卫星高度越高，其视距越大。

表 4-1　伪卫星处于不同高度在仰角为 10°时的视距

***H*/km**	20	22	24	25	26	28	30
***R*/km**	108.1	118.2	123.0	128.3	138.1	148.2	158.3

2）伪卫星伪距测量方程

在建立伪距测量方程之前，定义以下符号：用户接收机坐标为 (x,y,z)；第 i 颗伪卫星的坐标为 (x_i,y_i,z_i)，$i=1,2,3\cdots$；t_i(GNSST) 表示第 i 颗伪卫星发出信号瞬间的卫星导航系统时；t(GNSSTF) 表示用户接收机接收到信号瞬间的卫星导航系统时；t_i 表示伪卫星 i 的钟面时刻；t 表示用户接收机的钟面时刻；δt_i 表示伪卫星 i 的钟面时刻相对于卫星导航系统时的钟差；δt 表示接收机的钟面时刻相对于卫星导航系统时的钟差。

根据引入的参数和符号，则第 i 颗伪卫星钟面时 t_i 和用户接收机的钟面时与卫星导航系统时之间的关系为

$$\begin{cases} t_i = t_i(\mathrm{GNSST}) + \delta t_i \\ t = t(\mathrm{GNSSTF}) + \delta t \end{cases} \tag{4-108}$$

信号传播时间为

$$\Delta t_i = t - t_i = t(\mathrm{GNSSTF}) - t_i(\mathrm{GNSST}) + \delta t - \delta t_i \tag{4-109}$$

若不考虑大气层折射的影响，将传播时间乘以光速 c，即得到伪距为

$$\begin{aligned} \tilde{p}_i &= \mathrm{c}\Delta t_i = \mathrm{c}[t(\mathrm{GNSSTF}) - t_i(\mathrm{GNSST}) + \delta t - \delta t_i] \\ &= \mathrm{c}[t(\mathrm{GNSSTF}) - t_i(\mathrm{GNSST})] + \mathrm{c}\delta t - \mathrm{c}\delta t_i \end{aligned} \tag{4-110}$$

记 p_i 为伪卫星 i 至接收机之间的几何距离，则

$$p_i = \mathrm{c}[t(\mathrm{GNSSTF}) - t_i(\mathrm{GNSST})] = \sqrt{(x_i - x)^2 + (y_i - y)^2 + (z_i - z)^2} \tag{4-111}$$

将式(4－111) 代入式(4－110)，可得

$$\tilde{p}_i = p_i + \mathrm{c}[\delta t - \delta t_i] = \sqrt{(x_i - x)^2 + (y_i - y)^2 + (z_i - z)^2} + \mathrm{c}\delta t - \mathrm{c}\delta t_i \tag{4-112}$$

与导航卫星信号在传播过程中受到电离层折射和对流层折射不同的是，因为平流层是搭载伪卫星平台最理想的环境，所以伪卫星发射的信号不经过电离层，因此传播过程中不受电离层折射的影响，只有对流层折射导致时间延迟的误差，因此记 t 时刻对流层折射延迟的等效距离误差为 $\delta T_i(t)$，则伪距量测方程为

$$\tilde{p}_i = p_i + \mathrm{c}[\delta t - \delta t_i] + \delta T_i(t) = \sqrt{(x_i - x)^2 + (y_i - y)^2 + (z_i - z)^2} + \mathrm{c}\delta t - \mathrm{c}\delta t_i + \delta T_i(t) \tag{4-113}$$

设地面基准站的位置坐标为(x_k, y_k, z_k)，对伪卫星进行伪距测量，其值为

$$\tilde{p}_k = p_k + \mathrm{c}\delta t_k - \mathrm{c}\delta t_i + \delta T_k(t) \tag{4-114}$$

则伪距改正数为

$$\delta p_k = \tilde{p}_k - p_k = \mathrm{c}\delta t_k - \mathrm{c}\delta t_i + \delta T_k(t) \tag{4-115}$$

用户利用伪距改正数 δp_k 对式(4－113) 进行修正，得到修正后的伪距

$$\tilde{p}_i = \sqrt{(x_i - x)^2 + (y_i - y)^2 + (z_i - z)^2} + \mathrm{c}\delta t \tag{4-116}$$

3）伪卫星增强卫星导航系统原理

由于卫星导航系统存在着覆盖的死角和盲区，在一些特殊地区如城市里的“城市峡谷”地带、山谷中的矿区、地下停车场、隧道、地铁等地方，接收机天线受到遮挡使得定位精度大大降低甚至不能实现定位，且卫星导航系统不能进行室内定位，在上述地方引入一定数量的伪卫星辅助卫星导航系统实现区域增强，其原理如图 4.7 所示。

图 4.7 中，当用户接收到三颗 GNSS 卫星信号后，根据卫星导航定位原理可以得到三个伪距量测方程，而伪距量测方程中含四个未知数，那么方程组的解有无数多个，用户不能实现定位。在此情况下引入一颗伪卫星，设其坐标为 (x_j, y_j, z_j)，根据式(4－116) 得到一个伪距量测方程，可联合组建如下伪距量测方程组。

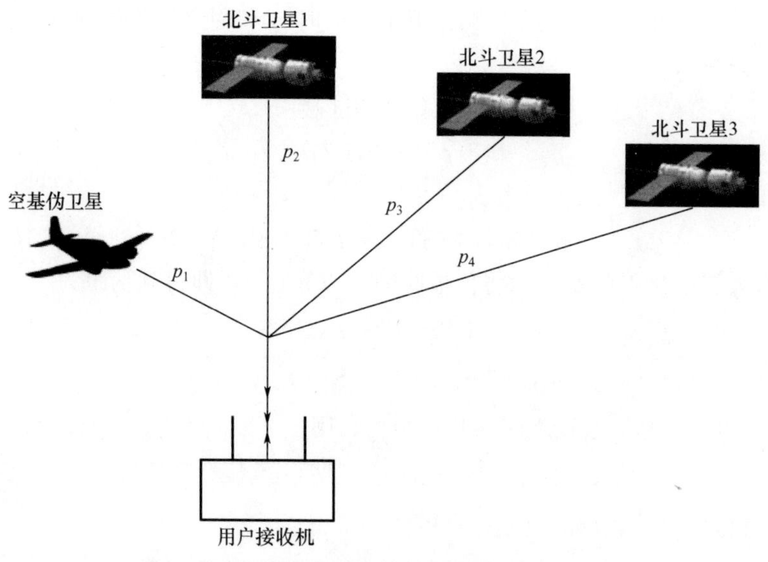

图 4.7　单颗伪卫星辅助卫星导航系统增强原理

$$\begin{cases} \tilde{p}_1 = \sqrt{(x_1 - x)^2 + (y_1 - y)^2 + (z_1 - z)^2} + c\delta t \\ \tilde{p}_2 = \sqrt{(x_2 - x)^2 + (y_2 - y)^2 + (z_2 - z)^2} + c\delta t \\ \tilde{p}_3 = \sqrt{(x_3 - x)^2 + (y_3 - y)^2 + (z_3 - z)^2} + c\delta t \\ \tilde{p}_j = \sqrt{(x_j - x)^2 + (y_j - y)^2 + (z_j - z)^2} + c\delta t \end{cases} \tag{4-117}$$

对上述伪距量测方程组解算即可得到用户位置。同理，当可视导航卫星数 i 小于 4 时，引入 j 颗（$i+j\geqslant 4$）伪卫星后用户便能够实现定位。

具体定位算法可参见第 4.1.2 节中的卫星导航定位算法。

2. 基于地基增强的定位技术

地基增强系统的基本结构示意如图 4.8 所示。

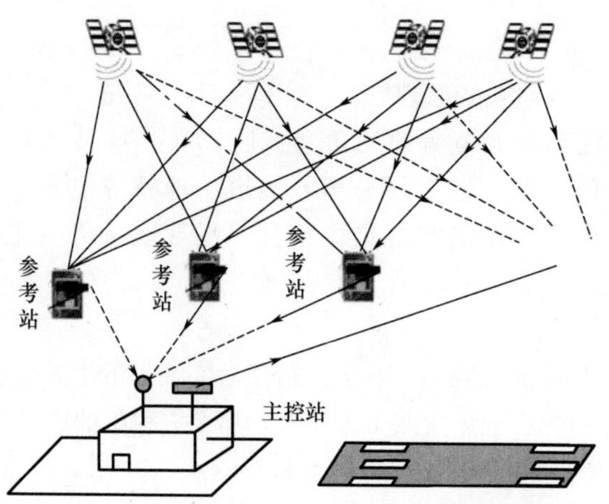

图 4.8　地基增强系统的基本结构示意

地面参考站完成差分定位，并将对应各颗卫星的差分修正量发送给地面主控站，主控站经过相关处理并通过地面布设的甚高频网络（Very High-Frequency，VHF）广播高精度的差分修正信息和完好性信息，从而为其作用区域内的航空用户提供全天候、满足I类精密进近要求的导航服务。近年来，地基增强系统（Ground-Based Augmentation System，GBAS）一直是卫星导航领域研究热点之一，其主要原因在于，它能够取代传统的微波着陆系统和仪表着陆系统，提供更为经济的导航服务。首先，通过减少通信和雷达引导，降低了空管人员的工作负担；其次，减少飞行时间和距离，可以节省燃料和降低航行阶段的运行成本；最后，由于GBAS能够在终端区提供高可靠性的定位精度和完好性信息，航空用户可以按照预定的航线飞行，这些预定航线可以规避城市上空，从而降低飞行噪声对城市居民的影响。

根据差分GNSS基准站发送的信息方式，可将差分GNSS定位分为位置差分、伪距差分、相位平滑差分和载波相位差分。其工作原理相同，即都是由基准站发送改正数，由用户站接收并对其测量结果进行改正，以获得精确的定位结果。所不同的是，发送改正数的具体内容不一样，其差分定位精度也不同。在介绍基于卫星导航的定位技术中已经介绍过伪距差分和载波相位差分原理，在此主要介绍位置差分原理。

从系统的构成和原理上讲，位置差分是最简单的一种差分方式。安装在参考站的GNSS接收机观测4颗卫星后便可进行三维定位，解算出参考站的坐标。由于存在着轨道误差、时钟误差、电离层延迟、对流层延迟、多路径效应以及其他误差，因此解算出的坐标与参考站的已知坐标是不一样的，其误差为

$$\begin{cases}\Delta x=x'-x_0\\ \Delta y=y'-y_0\\ \Delta z=z'-z_0\end{cases} \tag{4-118}$$

式中，x'、y'、z'为GNSS接收机实测的坐标；x_0、y_0、z_0为采用其他方法求得的参考站精确坐标；Δx、Δy、Δz为坐标修正量。

参考站利用数据链将此修正量发送出去，由用户站接收并对其解算的用户站坐标进行修正，即

$$\begin{cases}x_u=x'_u-\Delta x\\ y_u=y'_u-\Delta y\\ z_u=z'_u-\Delta z\end{cases} \tag{4-119}$$

考虑到修正量在t_0时刻形成，而在t_u时刻被用户利用，可能造成修正量的“老化”，加入附加的修正，有

$$\begin{cases}x_u(t_u)=x'_u(t_u)-\Delta x t_0+\dfrac{d}{dt}\Delta x(t)(t_u-t_0)\\ y_u(t_u)=y'_u(t_u)-\Delta y t_0+\dfrac{d}{dt}\Delta y(t)(t_u-t_0)\\ z_u(t_u)=z'_u(t_u)-\Delta z t_0+\dfrac{d}{dt}\Delta z(t)(t_u-t_0)\end{cases} \tag{4-120}$$

这种差分方式的优点是计算方法简单，只需在解算的坐标中加入修正量即可，能适用于一切GNSS接收机，包括最简单的接收机。其缺点是必须严格保持参考站与用户观测同

一组卫星。如果有 8 颗可观测卫星，将组成 70 个组合，由于观测环境不同，特别是用户处于运动状态之中时，无法保证两站观测同一组卫星。

在位置差分方式中，参考站 a 和用户 b 的定位误差 ΔX_a、ΔX_b 由最小二乘法计算可得

$$\begin{aligned}\Delta \boldsymbol{X}_a &= \boldsymbol{G}_{u,a}^{-1}(\boldsymbol{A}_{u,a}\Delta \boldsymbol{S}_a - \Delta \boldsymbol{\rho}_a) \\ \Delta \boldsymbol{X}_b &= \boldsymbol{G}_{u,b}^{-1}(\boldsymbol{A}_{u,b}\Delta \boldsymbol{S}_b - \Delta \boldsymbol{\rho}_b)\end{aligned} \tag{4-121}$$

式中，$\boldsymbol{G}$ 为观测矩阵，$\boldsymbol{A}$ 为观测矩阵对应的系数矩阵，$\Delta \boldsymbol{S}$ 为参与定位的卫星的状态向量增量，$\Delta \boldsymbol{\rho}$ 为观测向量增量。

当 a、b 两处的接收机观测同一卫星组时

$$\Delta \boldsymbol{S}_a = \Delta \boldsymbol{S}_b = \Delta \boldsymbol{S} \tag{4-122}$$

位置差分定位误差 $\Delta \boldsymbol{X}_d$ 为

$$\Delta \boldsymbol{X}_d = \Delta \boldsymbol{X}_b - \Delta \boldsymbol{X}_a = (\boldsymbol{G}_{u,b}^{-1}\boldsymbol{A}_{u,b} - \boldsymbol{G}_{u,a}^{-1}\boldsymbol{A}_{u,a})\Delta \boldsymbol{S} + \boldsymbol{G}_{u,a}^{-1}\Delta \boldsymbol{\rho}_a - \boldsymbol{G}_{u,b}^{-1}\Delta \boldsymbol{\rho}_b \tag{4-123}$$

式(4－123) 右端第一项由卫星至用户视线的方向余弦组成，当 a、b 两点相距不远时可以忽略括号中的项，式(4－123) 变为

$$\Delta \boldsymbol{X}_d = \boldsymbol{G}_{u,a}^{-1}\Delta \boldsymbol{\rho}_a - \boldsymbol{G}_{u,b}^{-1}\Delta \boldsymbol{\rho}_b \tag{4-124}$$

根据误差源的性质，伪距误差 $\Delta \boldsymbol{\rho}$ 可以分为系统误差 $\boldsymbol{B}$ 和随机误差 $\boldsymbol{V}$ 两部分，于是上式又可写为

$$\Delta \boldsymbol{X}_d = \boldsymbol{G}_{u,a}^{-1}\boldsymbol{B}_a - \boldsymbol{G}_{u,b}^{-1}\boldsymbol{B}_b + \boldsymbol{G}_{u,a}^{-1}\boldsymbol{V}_a - \boldsymbol{G}_{u,b}^{-1}\boldsymbol{V}_b \tag{4-125}$$

认为 $\boldsymbol{V}_a$ 与 $\boldsymbol{V}_b$ 相互独立且 $E(\boldsymbol{V}_a)=E(\boldsymbol{V}_b)=0$，$\boldsymbol{B}_a$ 与 $\boldsymbol{B}_b$ 中绝大部分是共同的，令

$$\begin{cases}\Delta \boldsymbol{B} = \boldsymbol{B}_b - \boldsymbol{B}_a \\ \Delta \boldsymbol{G} = \boldsymbol{G}_{u,b}^{-1} - \boldsymbol{G}_{u,a}^{-1} \\ \boldsymbol{P} = E(\Delta \boldsymbol{X}_d \Delta \boldsymbol{X}_d^{\mathrm{T}})\end{cases} \tag{4-126}$$

由式(4－125)、式(4－126) 并忽略三阶小量，得

$$\begin{aligned}\boldsymbol{P} = {} & \boldsymbol{G}_{u,a}^{-1}\Delta \boldsymbol{B}\boldsymbol{B}_a^{\mathrm{T}}\Delta G^{\mathrm{T}} + \Delta \boldsymbol{G}\boldsymbol{B}_a\boldsymbol{B}_a^{\mathrm{T}}\Delta \boldsymbol{G}^{\mathrm{T}} + G_{u,a}^{-1}\Delta \boldsymbol{B}\boldsymbol{B}_a^{\mathrm{T}}(\boldsymbol{G}_{u,a}^{-1})^{\mathrm{T}} + \\ & \Delta \boldsymbol{G}\boldsymbol{B}_a\Delta \boldsymbol{B}^{\mathrm{T}}(\boldsymbol{G}_{u,a}^{-1})^{\mathrm{T}} + \boldsymbol{G}_{u,a}^{-1}\sigma_{v,a}^2(G_{u,a}^{-1})^{\mathrm{T}} + \boldsymbol{G}_{u,b}^{-1}\sigma_{v,b}^2(G_{u,b}^{-1})^{\mathrm{T}}\end{aligned} \tag{4-127}$$

式中，

$$\begin{aligned}\boldsymbol{\sigma}_{v,a}^2 &= E(\boldsymbol{V}_a\boldsymbol{V}_a^{\mathrm{T}}) \\ \boldsymbol{\sigma}_{v,b}^2 &= E(\boldsymbol{V}_b\boldsymbol{V}_b^{\mathrm{T}})\end{aligned} \tag{4-128}$$

由式(4－127) 可以看出，测距系统误差 $\boldsymbol{B}$ 引起的定位误差只剩下二阶小量，因此，位置差分已将绝大部分系统误差消除了。由测距随机误差 $\boldsymbol{V}$ 引起的定位误差增大了，但引起的定位误差在系统总误差中所占比例很小，所以，总体上的定位误差大幅度降低。

由式(4－125)、式(4－127) 可以看出，消除系统误差的关键在于

$$\begin{aligned}\boldsymbol{G}_{u,a}^{-1} &\approx \boldsymbol{G}_{u,b}^{-1} \\ \boldsymbol{B}_a &\approx \boldsymbol{B}_b\end{aligned} \tag{4-129}$$

$\boldsymbol{G}_{\mathrm{u}}$ 取决于卫星至用户矢径的方向余弦，而电离层延迟、对流层延迟等因素引起的系统误差 $\boldsymbol{B}$ 取决于卫星至用户的电磁波传播路径。若用户至卫星的矢径指向变化 1°～2°，可以认为 $\boldsymbol{G}_{\mathrm{u}}$ 和 $\boldsymbol{B}$ 变化不大。由于用户至卫星的距离大于 20 000km，矢径方向变化 1°～2°，相当于地面上用户位置变化 350～700km。因此，位置差分法适用于用户与基准站间距离在 1 000km 以内的情况。

4.2 室内定位技术

目前 GNSS 可以为室外导航提供很好的解决方案，但在室内 GNSS 信号会丢失。此外，由于室内是立体的，不同楼层对应同一经纬度坐标，这些因素导致 GNSS 在室内导航失效。在大型公共场所，用户对于地理位置的需求和室外没有差别，当用户身处大型商场、学校、餐厅、游乐园、博物馆、医院及会展中心等地时，这些地方相应的导航地图往往只有在门口放置（也存在不少人看不懂地图），当用户处于场内时，往往找不到自己想去的目的地，或者找不到目标店铺、展位及商品，也不知道自己处于商场的哪一区域。此时，用户需要有像室外 GNSS 定位一样的室内定位技术，以用于室内定位导航。而目前在这方面，国际国内的许多大型场馆已经部署了相应的室内定位系统。在国外，如 Google 室内地图快速覆盖了北美、欧洲、澳大利亚和日本等地的一万多家大型场馆，且总数仍在不断增加。而在中国，北京智慧图公司已经在包括首都机场、万达广场、浦东机场、虹桥机场、西单大悦城、龙湖地产、正佳广场、苏宁电器、国家大剧院在内的 300 多家场馆布置了室内定位系统为顾客提供服务。除了帮助顾客找到出口、洗手间等常用位置外，室内定位也可定位停车场中的汽车、行李带上传送的行李等。例如，首都机场就利用室内定位技术推出“机场指引”功能，方便旅客查找行李、停车位置等。

常见的室内定位技术包括基于手机基站的定位技术，即基于通信网络的蜂窝定位技术。此外，还有 Wi-Fi 定位、蓝牙定位、红外线定位、超宽带定位、RFID 定位、UWB 定位、ZigBee 定位和超声波定位等。下面对常用的室内定位技术进行介绍。

4.2.1 基于手机基站的定位技术

手机基站定位服务又称移动位置服务（Location Based Service，LBS），它是通过电信移动运营商的网络（如 GSM 网络）获取移动终端用户位置信息的，在电子地图平台的支持下，为用户提供相应服务的一种增值业务。手机基站定位以其定位速度快、成本低（不需要在移动终端上添加额外的硬件）、耗电少、室内可用等优势，作为一种轻量级的定位方法，也越来越常用。

全球移动通信系统（Global System for Mobile communication，GSM）是根据欧洲通信标准化委员会制定的技术规范研制而成的第二代蜂窝移动通信系统。GSM 是一个全数字的蜂窝通信系统，它由几个分系统组成，可以与各种公用通信网如公共电话数据网（Publie Switched Telephone Network，PSTN）、公共数据网（Pubic Data Network，PDN）互联互通，各分系统之间或各分系统与各种公用通信网之间定义了明确的标准化接口规范。被国际电联同时认可的第二代移动通信系统标准还有美国的ADC和日本的PDC。

GSM主要由移动台、基站子系统、网络子系统和操作支持子系统四部分组成。其中，移动台、基站子系统和网络子系统组成了GSM的实体部分，操作支持子系统是提供给移动运营商进行管理和控制这些实体组成的手段。网络子系统部分还负责与PSTN、PDN等固定网之间的连接。在介绍基站定位之前，首先对这几个子系统进行简单介绍。

1）移动台（Mobile Station，MS）。

移动台是指GSM中用户使用的设备，也是用户能够在GSM中直接接触的唯一设备。移动台的类型主要包括车载型、便携型和手持型。其中手持型通常就是指手机。移动台一般由两部分组成，移动设备（Mobile Equipment，ME）和SIM卡。用户可使用移动台，通过无线接口接入GSM，进行主叫、发短信、接电话等移动通信业务。

2）基站子系统（Base Station Subsystem，BSS）。

基站子系统包括GSM中无线通信部分的所有地面基础设施，主要分为两个部分：基站收发台（Base Transceiver Station，BTS）和基站控制器（Base Station Controller，BSC）。其中，BTS主要负责无线传输，具有无线信道链接、加密和调频等功能。BTS由BSC管理和控制，一个BTS服务于一个无线小区（cell）。通常情况下所说的基站一般就是指BTS。BSC主要负责GSM中无线网络资源的管理，如无线信道的分配、释放及切换，定位和小区配置数据等业务管理。通常情况下，一个BSC可对多个BTS进行控制和管理。

BSS一方面通过BTS完成无线信道的发送、接收及管理；另一方面，通过BSC完成无线网络资源的管理，接收网络子系统和操作支持子系统的管理和控制。简单来说，BSS系统的作用可概括为，通过BSS实现移动台与网络子系统的连接，进而实现移动台与其他用户之间的通信连接。

3）网络子系统（Network SubSystem，NSS）。

网络子系统主要具有通信交换功能和客户数据与移动性管理、安全性管理所需的数据库功能。网络子系统由移动业务交换中心、来访用户位置寄存器、归属用户位置寄存器、移动设备识别寄存器、鉴权中心等功能实体组成。

（1）移动业务交换中心（Mobile Switching Center，MSC）。MSC是GSM的核心，它控制所有BSC的业务，是为位于其覆盖区域内的移动台进行控制管理和完成通话交换的功能实体。MSC提供BSS与MSC之间的切换、管理功能，支持位置登记、越区切换等其他网络功能。

MSC从GSM内的三个数据库，即归属用户位置寄存器、来访用户位置寄存器和鉴权中心中获取用户位置登记和呼叫请求所需的全部数据，并根据最新获取的信息请求更新数据库的部分数据。

MSC通常集成了网关移动业务交换中心（Gateway MSC），为GSM与公共电话交换网、综合业务数字网、公共数据网等固定网提供了通信接口，把移动用户和固定网用户互相连接起来。

（2）来访用户位置寄存器（Visitor Location Register，VLR）。VLR作为一个动态的用户数据库，存储着目前进入其所管辖区域内的已登记的移动用户的相关信息，包括移动用户进行主叫、接收来电等所需检索的信息。为移动用户分配移动台漫游号码（Mobile Station Roaming Number，MSRN）、临时移动用户识别码（Temporary Mobile Subscriber Identity，TMSI）等，并在主叫时从 MSC 接收 MSRN、TMSI 来识别该移动用户，便于通信连接的高效建立。通常，VLR 与 MSC 集成于一个物理实体中。

(3) 归属用户位置寄存器（Home Location Register，HLR）。HLR 是 GSM 中重要的数据库，存储着所管辖区域内所有归属用户的相关信息，包括：移动用户重要的静态数据信息，如移动用户识别号码、用户类别等数据；用户当前所处位置的动态数据信息，以便建立至手机用户的呼叫路由，如 MSC、VLR 地址等数据。一个 HLR 可控制多个移动交换区域乃至整个移动通信网络。

(4) 移动设备识别寄存器（Equipment Identification Register，EIR）。EIR 存储着移动台设备参数相关的信息，并对移动台设备进行识别、监视、闭锁等管理控制，以防止非法移动台的使用。

(5) 鉴权中心（AUthentication Center，AUC）。AUC 是用来防止无权用户接入系统和保证移动用户通信安全的功能实体，能够产生 H 参数（随机号码、符合响应、密钥）来确定移动用户的身份并对呼叫进行加密。通常，与 HLR 集成于一个物理实体中。

4) 操作支持子系统（Operation Support System，OSS）

OSS 需完成移动用户管理、移动设备管理及网络操作和维护等任务。其中，操作维护中心（Operation and Maintenance Center，OMC）负责完成对 GSM 系统的基站子系统和网络子系统进行操作和维护管理任务。但操作维护中心与基站子系统和网络子系统的功能实体密切相关，所以可被归入网络子系统的部分。

OSS 是一个相对独立的管理和服务中心，该系统主要包括网络管理中心、集中计费管理的数据后处理系统、用户识别卡管理的个人化中心和安全性管理中心等功能实体。不包括与 GSM 系统的基站子系统和网络子系统部分密切相关的功能实体。

GSM 网络的基础结构是由一系列的蜂窝基站构成的，这些蜂窝基站把整个通信区域划分成如图 4.9 所示的一个个蜂窝小区。这些小区小则几十米，大则几千米。用户使用移动设备在 GSM 网络中通信，实际上就是通过某一个蜂窝基站接入 GSM 网络，然后通过 GSM 网络进行数据（如语音数据、文本数据、多媒体数据等）传输的。也就是说，用户在 GSM 中通信时，总是需要和某一个蜂窝基站连接的，或者说是处于某一个蜂窝小区中的。那么 GSM 定位，就是借助这些蜂窝基站进行定位。

常用的手机基站定位方式有蜂窝小区（Cell Of Origin，COO）定位、七号信令定位、到达时间（Time Of Arrival，TOA）定位、到达时差（Time Difference Of Arrival，TDOA）定位以及到达角度（Angle Of Arrival，AOA）定位。

1. COO 定位

COO 定位是一种单基站定位，即根据设备当前连接的蜂窝基站的位置来确定设备的位置。那么很显然，定位的精度就取决于蜂窝小区的半径。在基站密集的城市中心地区，通常会采用多层小区，小区划分得很小，这时定位精度可以达到 50m 以内；而在其他地区，可能基站分布相对分散，小区半径较大，可能达到几千米，也就意味着定位精度只能粗略到几千米。目前，Google 地图移动版中，通过蜂窝基站确定“我的位置”，基本上用的就是 COO 定位方法。

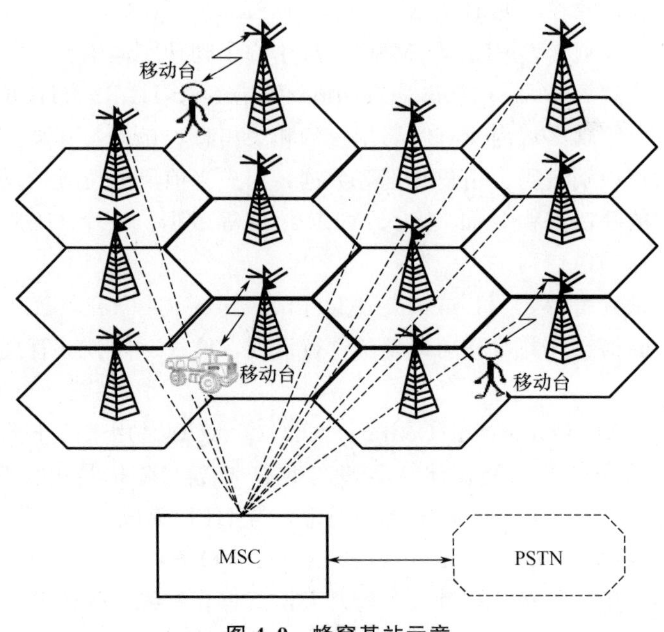

图 4.9　蜂窝基站示意

COO 定位的基本原理是根据手机当前所在的蜂窝小区号（CellID）来定位手机终端的位置。一个蜂窝小区对应一个唯一的基站和相应的小区识别号。CellID 由位置区识别（Location Area Identity，LAI）和小区识别（Cell Identity，CI）构成，LAI 由移动国家代码（Mobile Country Code，MCC）、移动网络代码（Mobile Network Code，MNC）和位置区代码（Location Area Code，LAC）构成，即

$$\text{CellID}=\text{LAI}+\text{CI}=\text{MCC}+\text{MNC}+\text{LAC}+\text{CI} \tag{4-130}$$

然后，建立无线网络基站的信息数据库，根据手机所处的 CellID 号，当移动台在某个小区注册后，在系统的数据库中就会将移动台与该小区 ID 号对应起来。查询基站信息数据库，即可获得该小区基站所处的地理位置和该基站服务覆盖半径，就能够将手机定位在该基站服务覆盖半径范围内。

从原理上我们可以看出，COO 定位技术的定位精度取决于基站服务覆盖半径，因此，COO 定位的精度是不太确定的。但是这却是 GSM 网络中的移动设备最快捷、最方便的定位方法，因为 GSM 网络端以及设备端都不需要任何的额外硬件投入。只要运营商支持，GSM 网络中的设备都可以以编程方式获取当前基站的一个唯一代码，即 CellID。在一般的设备中，可能都存在一个类似“CellID＝GetCurrentCellID()；”形式的接口来提供当前 GSM 蜂窝基站 ID。通过这个接口获取 CellID 后，还需要根据这个 CellID 查出该蜂窝基站所在的具体地理坐标。这时，可能就需要调用一些包含 CellID 对应关系的外部数据以确定相应的地理坐标。这个外部数据，通常可以由一些第三方 Web 服务来提供。这些 Web 服务的接口可能类似于“Position＝GetPosition(CellID)；”形式。

因此，COO 定位法是一种基于网络的定位技术。其优点是实现简单，只需建立关于小区中心位置和覆盖半径的数据库；定位时间短，仅为查询数据库所需的时间；COO 技术不用对现有的手机和网络进行改造就可以直接向用户提供移动定位服务。其缺点为定位精度差，特别不适合在基站密度低、覆盖半径大的地区使用。

2. 七号信令定位

该技术以信令监测为基础，能够对移动通信网中特定的信令过程，如漫游、切换以及与电路相关的信令过程进行过滤和分析，并将监测结果提供给业务中心，以实现对特定用户的个性化服务。该项技术通过对信令进行实时监测，可定位到一个小区，也可定位到地区。故适合于对定位精确度要求不高的业务，如漫游用户问候服务、远程设计服务、平安报信和货物跟踪等。目前，国内各省和地区移动公司的短信欢迎系统采用的就是这种技术。

为满足电信网的需要，七号信令方式的基本目标是采用与话路分离的公共信道形式，透明地传送各种用户交换局所需的业务信令和其他形式的信息，满足特种业务网和多种业务网的需要。七号信令的作用包括以下几点。

- 能最佳地工作在由存储程序控制的交换机所组成的数字通信网中。
- 能满足现在和将来在通信网中传送呼叫控制、远距离控制、维护管理信令和传送处理机之间事务处理信息的需要。
- 能满足电信业务呼叫控制信令的要求，如电话及电路交换的数据传输业务等多种业务的要求，能用于专用业务网和多用业务网，能用于国际网和国内网。
- 能作为可靠的传输系统，在交换局和操作维护中心之间传送网络控制管理信息。

七号信令方式除具有公共信道号方式的共有特点外，在技术上还具有以下特点。

- 最适合采用 64kb/s 的数字信道，也适合在模拟信道和较低速率下的工作。
- 多功能的模块化系统，可灵活地使用其整个系统功能的一部分或几部分组成需要的信令网络。
- 具有高可靠性，能提供可靠的方法保证信令按正确的顺序传递而又不致丢失和重复。
- 具有完善的信令网管理功能。
- 采用不定长消息信令单元的形式，以分组传送和明确标记的寻址方式传送信令消息。

中国移动信令集中监测平台的总体结构遵循多采少监原则，即监测系统能对所监测链路进行灵活的动态调整，实现投资效益最大化。

中国移动信令集中监测平台是电信运营支撑系统的重要组成部分，系统体系结构应满足以下要求。

- 分层、分布式处理，模块化设计。
- 可集中操作维护。
- 可平滑扩展。
- 系统具有很好的开放性，易于和其他支撑系统互联。

中国移动信令集中监测平台的总体结构由以下五部分组成。

1）信令接入

（1）七号信令接入部分包括两种方式：高阻跨接接入方式和信令转接点（Signaling Transfer Point，STP）交换机内部收敛终结接入方式。

对于高阻跨接接入方式，跨接点物理位置分散，可以采用传输网将监测数据传送到信令监测设备。为了提高传输利用率，高阻跨接后的E1应经过时隙收敛设备将信令时隙收敛后再接入传输网。收敛设备应支持多路输出的功能。因为当前网内所有类型的高级信令转接点（High STP，HSTP）和低级信令转接点（Low STP，LSTP）交换机都支持内部收敛的功能，所以对于A链或D链，可采用STP交换机内部收敛终结接入方式。STP交换机将各E1上的信令时隙交换到某一E1上，使得该E1的31个时隙都承载了信令数据，然后输出到集中监测平台，此功能可通过STP交换机的人机命令实现。通过人机命令可方便地选择被监测的信令链路。

对于信令接入部分，每个HSTP/LSTP可将若干条E1接入集中监测平台，E1的数量根据监测平台的建设规模确定。信令接入部分应同时支持64kb和2Mb信令链路，对于物理接口部分，考虑155Mb电路中开通的七号信令链路，采集部分通过分光器设备提供对STM-1的光接口和电接口上的信号采集，输出应提供相应的E1端口。对于支持测试E1端口输出的传输设备，可以采用在传输节点内部将信令时隙收敛于测试E1端口并输出到信令监测平台。

七号信令部分监测点的选择准则为，选择链路集中点为监测点，如对于准直连链路选择STP为监测点、对于直连到服务控制点（Service Control Point，SCP）的直连链路选择SCP为监测点、对于直连到HLR的直连链路选择HLR为监测点。

（2）数据接入部分包括四种方式：交换机镜像方式、测试接入点（Test Access Point，TAP）方式、高阻跨接方式和分光方式。

虽然当前网内所有类型的交换机都支持镜像的功能，但是考虑到镜像方式对交换机端口和处理资源的占用，所以对于Gn接口采集建议用TAP方式得到协议信息。对于不支持镜像的交换机和大流量的交换机，则只能采用TAP方式进行数据接入测试。对于Gr和Gb接口，由于其使用了链路，可采用高阻跨接的方式得到测试数据。所有的方式都不能影响原网络的正常运行或降低原网络的安全性。

对于1000M、155M ATM/POS等光口，只有唯一的接入方式——分光器串接。通过在原光纤链路上串接分光器（一般分光比为2∶8）进行测试数据采集。不增加设备负荷，也不会影响原来业务，缺点是第一次接入时需短时间中断业务，且会增加一定投资成本。

数据部分监测点的选择准则为，对于Gb接口选择GPRS服务支持节点（Serving GPRS Support Node，SGSN）为监测点；对于Gr接口选择STP为监测点；对于Gn和Gi接口选择网关GPRS支撑节点（Gateway GPRS Support Node，GGSN）为监测点；对于Mc/Nc接口选择MSC-Server为监测点。

2）信令采集

信令采集部分是信令集中监测平台的重要组成部分，一般由信令监测设备和局域网构成，不同的厂家实现方式不同。信令采集部分应实现信令数据的采集和传送，并在数量上应支持良好的可扩展性，支持以积木式堆叠方式扩展，并且系统不存在较大的瓶颈。

3）数据处理

数据处理部分具备以下功能。

- 信令消息的存储。
- 信令消息统计数据的形成。
- 呼叫详细记录、事务详细记录的形成。
- 为应用部分提供需要的满足匹配条件的信令消息数据。
- 数据的综合分析与处理。
- 数据的存储。
- 业务逻辑的实现。

4）应用

应用部分具备以下功能。

- 拓扑图显示各网元的状态和警告。
- 呼叫追踪和协议分析对信令规程进行分析。
- 各种统计报表的呈现。

5）广域网络

广域网部分实现信令采集部分和数据处理部分的互联，组网设备可选择路由器。如果信令接入部分全部经过传输网集中到同一物理位置，则信令采集部分和数据处理部分在同一局域网内。

在 COO 定位技术中所使用的定位信息中，移动台当前位置的小区号可以通过移动网络得到。知道移动台所处的小区后，移动网络即可通过查询小区和基站分布数据库，得到移动台周围基站的标识号和基站位置坐标。在无线定位技术中，这些基站的位置坐标也是已知信息。因此，七号信令定位的实质也是利用 CellID 的方式进行定位。

3. TOA 定位

TOA 定位方法是指基于三个以上测量单元，测量它们接收移动终端发射的同一个已知信号的到达时间。该已知信号是让移动台执行异步切换时的接入突发脉冲。这种方法不要求移动台有任何硬件上的改动，但要求增加硬件位置测量单元（Location Measurement Unit，LMU）来精确测量突发脉冲的到达时间。LMU 可以和基站收发台合成在一起，也可以是一个独立的单元。如果是独立的 LMU，它和网络的通信通过空中接口，可以有单独的天线，也可以和现存的基站收发台共享天线。TOA 定位法又称圆周定位法，即若已知移动台到基站 i 的直线距离 R_i，则根据几何原理，移动台定位于以基站 i 所在位置为圆心，R_i 为半径的圆周上，即移动台位置（x_0, y_0）与基站位置（x_i, y_i）之间满足以下关系。

$$(x_i-x_0)^2+(y_i-y_0)^2=R_i^2 \tag{4-131}$$

如果已知移动台与三个基站之间的距离，以三个基站所在位置为圆心，移动台与三个基站的距离为半径画圆，如图 4.10 所示，则三个圆的交点即为目标移动台所在的位置，其中 $R_i=ct_i$，t_i 为移动台发出的信号直线到达基站 i 的时间，c 为光速。

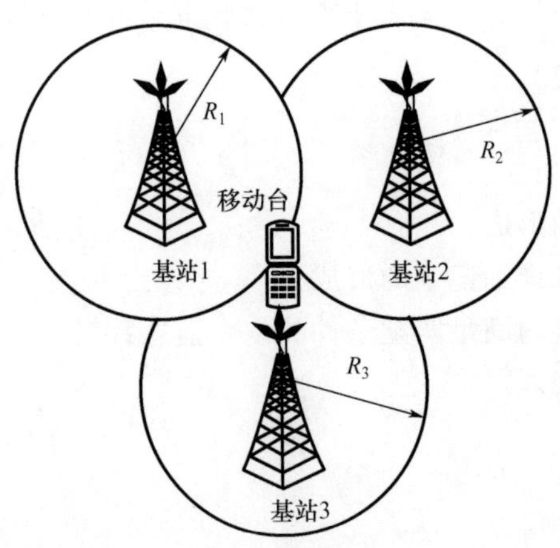

图 4.10　TOA 定位方法

为了准确求得 R_i，需要精确的时钟，在原子钟发明以前这一要求几乎是不可能的，随着原子钟的发明以及精度的提高（亿万分之一秒），使得 TOA 定位法获得了广泛的应用，卫星导航定位中采用的也是 TOA 定位方案。

4. TDOA 定位

TDOA 定位即到达时间差异定位，是通过检测信号到达两个基站的时间差，而不是到达的绝对时间来确定移动台位置的，这降低了对时间的同步要求。移动台定位于以两个基站为焦点的双曲线方程上。确定移动台的二维位置坐标需要建立两个以上的双曲线方程，两条双曲线即为移动台的二维位置坐标。在实际应用中，通常采用最小均方误差算法，通过使非线性误差函数的平方和取得最小这一非线性最优化来估计移动台位置。

TDOA 定位技术又称双曲线定位法，即当已知基站 1 和基站 2 与移动台之间的距离差 $R_{21}=R_2-R_1$ 时，移动台必定位于以两个基站为焦点、与两个焦点的距离差恒为 R_{21} 的实线双曲线上，如图 4.11 所示。

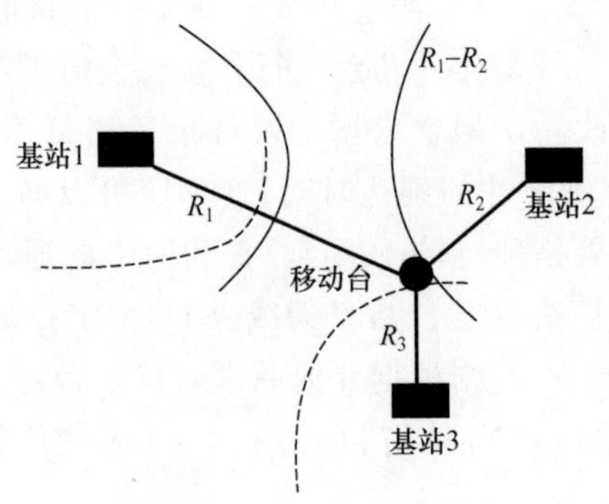

图 4.11　TDOA 定位方法

当同时知道基站 1 和基站 3 与移动台之间的距离差 $R_{31}=R_3-R_1$ 时，可以得到另一组以基站 1 和基站 3 为焦点、与该两个焦点的距离差恒为 R_{31} 的虚线双曲线上，如图 4.11 所示。于是，两组双曲线的交点代表对移动台的位置估计。其中，R_1、R_2、R_3 的求法和

TOA 相同。当然，也可以先测出两个基站同时发出的信号到达目标移动台的时间差 t_{21}、t_{31}，然后根据 $R_{21}=ct_{21}$ 和 $R_{31}=ct_{31}$ 来分别求得，最后求解以下联立方程组。

$$\begin{cases}\sqrt{(x_0-x_2)^2+(y_0-y_2)^2}-\sqrt{(x_0-x_1)^2+(y_0-y_1)^2}=R_{21}^2\\\sqrt{(x_0-x_3)^2+(y_0-y_3)^2}-\sqrt{(x_0-x_1)^2+(y_0-y_1)^2}=R_{31}^2\end{cases}\tag{4-132}$$

通过求解上述方程组，可以得出移动台的位置，然而在求解方程组时得到两个解，而实际的移动台只有一个交点坐标，所以（x_0，y_0）需要一些先验知识（如小区半径等）来消除这种位置模糊（解模糊）。

5. AOA 定位

AOA 定位即到达角度定位，是一种两基站定位方法，基于信号的入射角度进行定位。通过某些硬件设备感知发射节点信号的到达方向，计算接收节点和锚节点之间的相对方位或角度，然后利用三角测量法或其他方式计算出未知节点的位置。基于信号到达角度的 AOA 定位算法是一种常见的无线传感器网络节点自定位算法，该算法通信开销低，定位精度较高。

如图 4.12 所示，知道了基站 1 到移动台之间连线与基准方向的夹角为 α_1，就可以画出一条射线 L_1，说明移动台位置在射线 L_1 上；同样，知道了基站 2 到移动台之间连线与基准方向的夹角 α_2，就可以画出一条射线 L_2，说明移动台位置在射线 L_2 上。那么，射线 L_1 与射线 L_2 的交点就是移动台的位置。这就是 AOA 定位的基本原理。

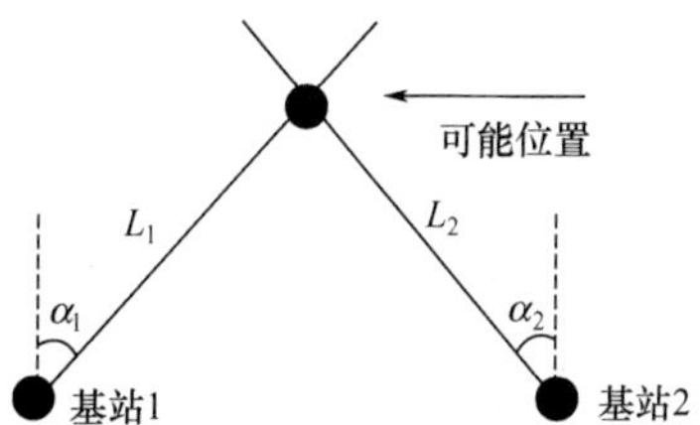

图 4.12　AOA 定位方法

若已知基站 1、基站 2 的坐标分别为（x_1，y_1）和（x_2，y_2），假设移动台的坐标为（x，y），则有以下位置关系表达式。

$$\begin{cases}(y-y_1)\sin\alpha_1=(x-x_1)\cos\alpha_1\\(y-y_2)\sin(-\alpha_2)=(x-x_2)\cos(-\alpha_2)\end{cases}\tag{4-133}$$

上式为一个关于（x，y）的非线性方程组。当移动台处于基站 1 和基站 2 的连线上时，存在无数解，此时应该在基站 1 和基站 2 中换选另外的基站测量角度。

AOA 定位法既可以在移动台端也可以在网络端实现，但是为了考虑移动台的轻便性一般都在网络端实现。AOA 定位法的优点在于，在障碍物较少的地区可以得到较高的准确度；相比 TOA、TDOA 定位法，AOA 定位法只需要两个基站就可以定出移动台的位置。AOA 定位法的缺点在于，在障碍物较多的环境中，由于多径效应误差将增大；当移动台距离基站较远时，基站测量角度的微小偏差将会导致定位的较大误差；另外在目前的 GSM 中，基站的天线不能测量角度信息，所以需要引入阵列天线测量角度才可以采用

AOA 定位法对移动台定位。

6. TOA-AOA 定位

TOA-AOA 定位法是一种综合 TOA 和 AOA 技术的定位方法。该方法的基本思想是由移动台的服务基站测量移动台发射信号到达移动台的时间和角度。与 TOA 定位法相同，发射信号中也要包含发射时间标记但是该方法不要求网络的基站时间同步，而只要求移动台时间和服务基站的时间同步，这可以通过基站的同步信道来实现。TOA-AOA 定位法只需要一个基站参与测量即可以知道移动台的位置。

图 4.13 中，α 为基站测出的移动台信号到达的角度，t 为测出的移动台的发射信号到达基站的时间，移动台发射信号的时间为 t_0。

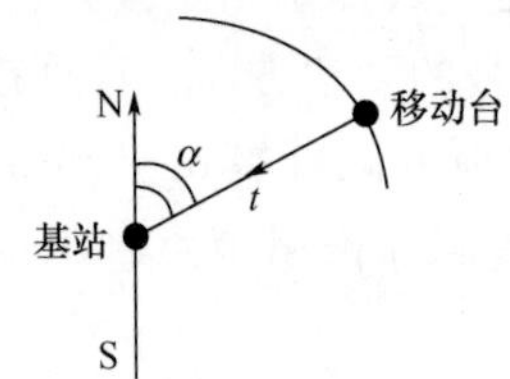

图 4.13 TOA-AOA 定位方法

已知基站的坐标为 (x_1, y_1)，假设移动台的坐标为 (x, y)，则有以下位置关系表达式。

$$\begin{cases}(y-y_1)\sin\alpha=(x-x_1)\cos\alpha \\ (x-x_1)^2+(y-y_1)^2=c^2(t-t_0)^2\end{cases} \tag{4-134}$$

TOA-AOA 定位法是一种基于网络的定位技术。TOA-AOA 定位法最大的优点在于只需一个基站就可以定出移动台的位置。但 TOA-AOA 定位法同时具有 TOA 定位法和 AOA 定位法的一些缺点。

在蜂窝移动通信系统中，影响定位精度的主要因素有多径传播、非视距传播和多址干扰等。如何采取适当措施降低这些因素的影响是提高定位精度的关键。

(1) 多径传播是引起角度测量和场强测量不准确的基本原因。即使在移动台和基站之间电磁波可以视距传播，多径传播也会引起时间测量误差。在移动台与基站之间没有直线传播路径的情况下，只能依靠多径传播来维持移动台和基站之间的通信，造成定位错误是无法避免的。当移动台与基站之间存在直线传播路径时，多径传播表现为多径干扰，如何有效地抑制多径干扰是提高定位精度的关键。对于多径干扰的抑制技术，现已提出的技术包括高阶谱估计、最小均方估计、Root-MUSIC、TLS-ESPRIT 和扩展卡尔曼滤波等，以上方法对于多径干扰的抑制均有较好的效果。

(2) 非视距传播也是影响定位精度的主要原因，表现为移动台和基站之间主要是通过反射或衍射电磁波进行通信的。在此环境下，即便没有多径干扰且系统能提供足够高的定时精度也同样会导致测时错误。由于非视距传播的出现主要是由于遮挡造成的，同时通过非视距传播的电磁波的时延肯定大于视距传播的电磁波的时延。因此，当前解决非视距传播问题的主要手段有提高信号检测的灵敏度；通过对非视距传播时延标准差的测定，然后根据先验知识对非视距时延进行补偿；通过多个基站对到达时间的测量，然后利用最小平方误差和估计的方法实现定位。但是总的来说，目前尚缺少解决非视距传播的有效方法。

(3) 在第三代码分多址（Code Division Multiple Access，CDMA）蜂窝通信系统中，多址干扰对定位精度会存在严重的影响。产生多址干扰最实质的原因是多个用户要求同时通信，而又不能完全将其彼此隔开而引起的干扰。解决多址干扰的相关技术主要有扩频码的设计、多用户检测技术和功率控制等。

4.2.2　基于 Wi－Fi 的定位技术

Wi－Fi 是一个国际无线局域网（Wireless Local Area Network，WLAN）标准，又称 IEEE 802.11b 协议标准。WiFi 最早是基于 IEEE 802.11 协议的，使用的是 2.4GHz 的频段。IEEE 802.11 发表于 1997 年，定义了 WLAN 的媒体访问控制层和物理层标准，其最高速率为 11Mb/s。当所处的环境十分恶劣时，需要自动转换为低速率从而保障通信的稳定。在室内环境下，Wi－Fi 的有效传输距离为 100 米，在室外可以达到 300 米。Wi－Fi 定位系统主要分为两种：一种是通过无线网卡设备检测到的三个接入点（Access Point，AP）信号强度进行差分算法来估算出位置坐标；另一种是先建立位置指纹数据库，然后将无线网卡设备检测到的参考 AP 信号强度值向量与数据库的数据进行比对，经算法计算后得到最终位置。

1. Wi－Fi 的基本原理

Wi－Fi 的组成结构如图 4.14 所示，大致可以分为四个部分。第一个部分是站点；第二个部分是无线介质；第三个部分是接入点；第四个部分是分布式系统。

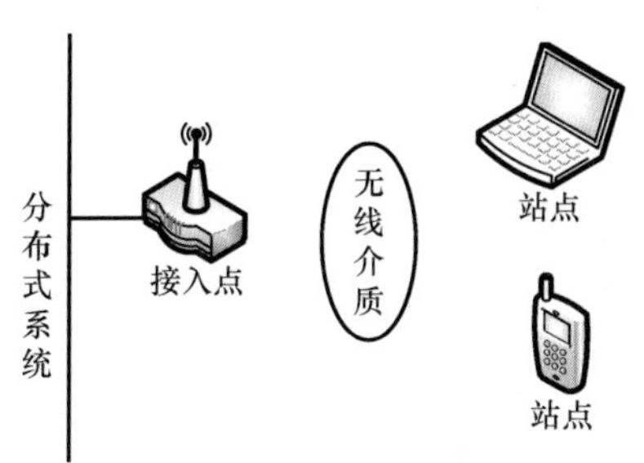

图 4.14　Wi－Fi 的组成结构

(1) 站点。Wi－Fi 通常将无线客户端充当客户端，无线客户端属于一种具有特殊性的计算机设备，该设备拥有无线网络接口，并且具备随意性。Wi－Fi 由多个基本单元组成，即构成的各个无线客户端可以为数据传输和鉴权以及加密等提供有力的功能支撑。通常情况下，一个目的接收站点就被看成一个信息的目的接收地址。站点大部分采用移动的方式，所处的空间位置也在发生变化。一个站点并不仅仅是指某个固定的空间物理位置。因此，站点的物理位置并不等同于它的目的地址。

基本服务集是 IEEE 802.11 局域网的一个基本构成单位，其有着非常广泛的覆盖范围，在其中的成员站点既可以具有基本服务集识别码（Basic Service Set Identifier，BSSID），还可以相互通信。独立的基本服务集（Independent BSS，IBSS）也是最基本的IEEE 802.11局域网，这种局域网的最小形式由两个站点构成，且这两个站点可以直接通信。

（2）无线介质。接入点无线介质是通信的传输介质，在Wi-Fi网络中主要实现站点与站点之间、站点与AP之间的信息传输，它是由无线局域网物理层来进行定义。一般情况下，无线介质就是指大气，大气是传播的良好介质，尤其是在红外线和无线电波中。

（3）接入点。接入点是无线局域网的重要组成单元，类似蜂窝网络中的基站。其基本功能主要有：在分布式系统中，接入点实现对其他非接入点的站点接入访问；在基本服务集中，接入点可以在不同站点间进行通信连接；接入点是一个桥接点，主要涉及无线网络和分布式系统，可以实现这两个系统的桥接功能。

（4）分布式系统。在支持的站点与站点之间，物理层覆盖范围限制了直接通信距离。该距离有自身的使用范围，对有些网络是可以的，而对另外一些网络还要增加覆盖范围。一个扩展网络不采用单个的基本服务集，而是由多个基本服务集组成的，有利于解决覆盖范围的问题。分布式系统主要是指连接多个基本服务集的网络构件。

按照接入点的功能不同，Wi-Fi有很多种组网方式，下面做简单介绍。

1）自组网模式

站点与站点共同构建了基于自组网的无线网络模式，主要是为了使站点之间进行高效通信，这个网络与有线网络连接时，仅仅支持其单独使用，而不要借助接入点，因此各站点的安全能够得到有效的维护。

该模式里面的某一站点应当可以发现该网络的其他各个站点，如若不然，表示网络被停用，所以，一般用户数量在四至八户，才可以使用对等网络。借助点对点模式的组网对其进行直观的表达，其拓扑结构如图4.15所示。

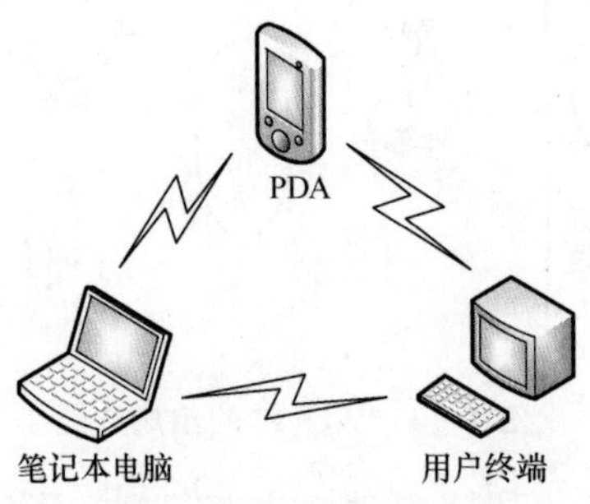

图4.15 自组网模式的拓扑结构

2）基础架构模式

基础架构模式主要由无线接入点、无线站点以及分布式系统组成。无线接入点就是常说的无线路由器，无线通信是借助接入点实现的，主要是为了支持无线站点与有线网络的数据可以较好地接收和转发等功能。无线接入点覆盖的范围很广，一般用户数量可以达到几十到几百户。接入点能够与有线网络进行有效的连接，从而达到无线和有线网络相互连

接。下面借助基础架构模式的组网对其进行直观的表达，其拓扑结构如图 4.16 所示。

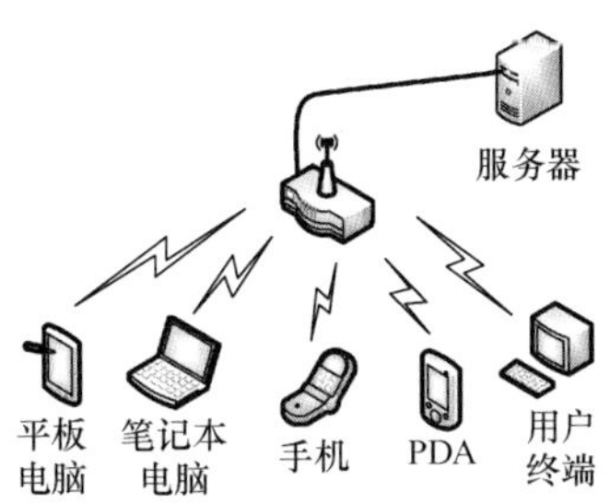

图 4.16　基础网拓扑结构

周边有网络是网络可以使用的必要条件。当使用无线网络时，工作站应当对其进行有效的识别，才可以实现网络的兼容。扫描就是对所处的区域有效搜索与识别网络的整个过程，在这个过程中会牵涉诸多参数。有时用户会专门设置参数，产品也会在驱动程序中设置默认参数。

站点可对周边的无线网络信息进行扫描，从而得到最佳的无线网络。一般情况下，扫描由主动与被动扫描组成。主动扫描，即站点对周边的接入点发送的信标（beacon）帧进行扫描，从而得到无线网络信息；被动扫描，即站点对周边接入点进行扫描时，借助探测请求（probe request）帧的发送，根据该发送得到的响应帧（probe response），从而得到网络信息。

(1) 主动扫描是指围绕周边的接入点周期性广播信标帧展开查找，是为了接收基本服务集相应的网络参数。无线网络服务的接入点能够支持信标帧的发送，只要是属于无线信道列表范围内的信标帧，都可以获取接入点的网络参数。

目标信标传输时间直接决定了接入点广播信标帧的时间，如果信道处于闲置状态时，接入点应当在尽可能靠拢目标信标传输时间（Target Beacon Transition Time，TBTT）的状态下，及时对信标帧加以发送。信标帧的帧主体大致是由控制信息和基本服务集的信息以及能力信息构成的，围绕信标帧的帧主体涵盖的相关参数信息，主要借助表格对其进行直观的表达。

(2) 被动扫描。站点在正常工作状态，以自身无线网卡支持的信道列表为准，对周围发送探测请求帧，并通过无线网络回复的响应帧信息获得周边的无线网络信息。服务集识别码（Service Set Identifier，SSID）与站点支持的速率等相关信息组成了探测请求帧。按照探测请求帧加载的 SSID 情况，分为两类情况。

- 站点以广播帧的形式进行发送（帧中的接收方地址为广播地址）：站点按照固定周期，通过信道列表以广播探测请求帧的形式进行发送，以实现扫描无线网络的目的。如果 AP 接收到了探测请求帧，则对探测响应帧做出响应，以探测响应帧的形式将无线网络信息反馈给站点。随后，站点自动搜索信号最强的 AP 进行连接，接入最佳的无线网络。
- 站点以单播帧的形式进行发送（帧中的接收方地址为特定 AP 的 SSID 地址）：如果站点已经配置与某无线 AP 连接，则该站点为按照固定周期，以单播的形式发送探

测请求帧。

2. 基于接入点的 WiFi 定位

1）近似法

近似法主要是利用在室内位置已知，而且覆盖范围有限的特点，通过终端设备接收信号强度的情况和对应位置的远近来判断移动用户的位置。用户定位时，会接收到多个热点的信号，对比不同信号强度，选择信号最强对应的热点位置，判断为用户所在的位置。本方法的特点是简单，无须复杂的计算，但是只能实现区域位置定位，不能准确地预测位置，该方法几乎不能实际应用，只是理论模型。

2）几何测量方法

该方法首先要求根据无线电信号的衰减模型将信号强度值映射为信号传播的距离。在二维的平面上，根据用户设备与至少三个距离的几何原理，通过三边测量方法来进行位置估计。由于室内电波传播的复杂性，信号强度受到多径传播、反射等影响，在实际室内环境很难用固定的数学模型来刻画，因此该技术在实际应用中仍存在困难。

假设用户采集接入点信号点的平面坐标集合为$\{(x_1,y_1),(x_2,y_2),\cdots,(x_n,y_n)\}$，采集得到相应的信号强度为$\{R_1,R_2,\cdots,R_n\}$。那么以此计算得到用户距离集合$\{d_1,d_2,\cdots,d_n\}$，从而建立以下二元二次方程组。

$$f(x,y)=\begin{cases}(x-x_1)^2+(y-y_1)^2=d_1^2\\(x-x_2)^2+(y-y_2)^2=d_2^2\\\qquad\vdots\\(x-x_n)^2+(y-y_n)^2=d_n^2\end{cases}\tag{4-135}$$

未知目标节点的位置，即为上述方程组的解(x,y)。根据方程组的不同解法，可以将定位方法简单分为三角质心算法、最小二乘法两种。

（1）三角质心算法。此算法要求用户至少可以接收到三个接入点发射的信号，这样由几何距离测距模型可得到以下距离方程式。

$$f(x,y)=\begin{cases}(x-x_1)^2+(y-y_1)^2=d_1^2\\(x-x_2)^2+(y-y_2)^2=d_2^2\\(x-x_3)^2+(y-y_3)^2=d_3^2\end{cases}\tag{4-136}$$

此方程组的解即为以位置为圆心以距离为半径的三圆交点。理论情况下，三圆应该至少有一个公共交点，但因为无线信号在室内的传播比较复杂，导致信号覆盖范围估计不准确，从而致使部分情况下会产生三圆间只两两相交的情况，三角质心算法就是针对这种情况提出的。

如图 4.17 所示，假设用户可以接收到来自 A、B、C 这三个接入点发射的信号，并且三个信号圈两两相交，此时总共有 6 个交点。那么如何筛选这个交点并计算得到用户的位置成为关键。三角质心算法通过简单的运算选出最为理想的交点 P_1、P_2 和 P_3，它们共同组成一个三角形，取三角形的质心即可作为用户位置估计点。

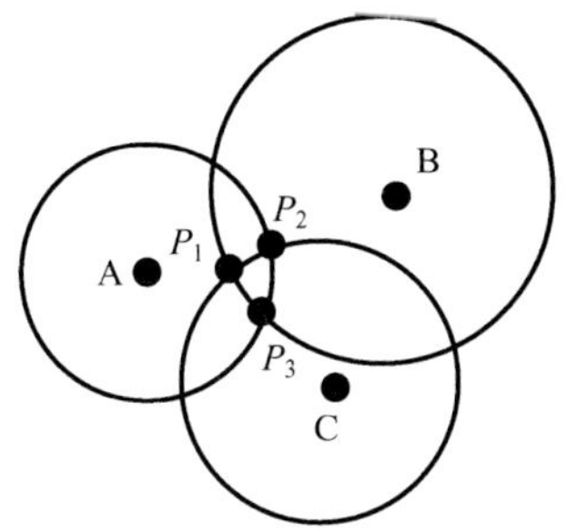

图 4.17 三角质心定位示意

图 4.17 中，圆 B 与圆 C 的交点 P_1 的求解公式如下。

$$f(x_1,y_1)=\begin{cases}(x_1-x_B)^2+(y_1-y_B)^2=d_B^2\\(x_1-x_C)^2+(y_1-y_C)^2=d_C^2\\(x_1-x_A)^2+(y_1-y_A)^2\leqslant d_A^2\end{cases}\tag{4-137}$$

同理，可以求得交点 P_2、P_3，那么用户的位置估计点为

$$\begin{aligned}X&=\frac{x_1+x_2+x_3}{3}\\Y&=\frac{y_1+y_2+y_3}{3}\end{aligned}\tag{4-138}$$

(2) 最小二乘法是一种数学上的优化技术，它通过最小化误差的平方和寻找数据的最佳函数匹配。假设用户侦测到的点平面坐标集合为$\{(x_1,y_1),(x_2,y_2),\cdots,(x_n,y_n)\}$，扫描得到的信号强度为$\{R_1,R_2,\cdots,R_n\}$，那么按照测距模型可以计算得到用户距离集合$\{d_1,d_2,\cdots,d_n\}$，建立用户与接入点的距离方程为

$$\begin{cases}(x-x_1)^2+(y-y_1)^2=d_1^2\\(x-x_2)^2+(y-y_2)^2=d_2^2\\\qquad\vdots\\(x-x_n)^2+(y-y_n)^2=d_n^2\end{cases}\tag{4-139}$$

以上方程组展开之后为

$$\begin{cases}2(x_2-x_1)x+2(y_2-y_1)y=d_1^2-d_2^2-(x_1^2+y_1^2)+(x_2^2+y_2^2)\\2(x_3-x_2)x+2(y_3-y_2)y=d_2^2-d_3^2-(x_2^2+y_2^2)+(x_3^2+y_3^2)\\\qquad\vdots\\2(x_n-x_{n-1})x+2(y_n-y_{n-1})y=d_{n-1}^2-d_n^2-(x_{n-1}^2+y_{n-1}^2)+(x_n^2+y_n^2)\end{cases}\tag{4-140}$$

对上述方程组，令

$$A=\begin{bmatrix} 2(x_2-x_1) & 2(y_2-y_1) \\ 2(x_3-x_2) & 2(y_3-y_2) \\ \vdots & \vdots \\ 2(x_n-x_{n-1}) & 2(y_n-y_{n-1}) \end{bmatrix}$$

$$B=\begin{bmatrix} d_1^2-d_2^2-(x_1^2+y_1^2)+(x_2^2+y_2^2) \\ d_2^2-d_3^2-(x_2^2+y_2^2)+(x_3^2+y_3^2) \\ \vdots \\ d_{n-1}^2-d_n^2-(x_{n-1}^2+y_{n-1}^2)+(x_n^2+y_n^2) \end{bmatrix}$$

$$X=\begin{bmatrix} x \\ y \end{bmatrix}$$

则式(4-139)可以简化为 $\boldsymbol{AX}=\boldsymbol{B}$，方程组的误差向量为 $\boldsymbol{\varepsilon}=\boldsymbol{AX}-\boldsymbol{B}$。令 $\boldsymbol{F}=|\boldsymbol{\varepsilon}^2|=\boldsymbol{\varepsilon}^{\mathrm{T}}\boldsymbol{\varepsilon}=(\boldsymbol{AX}-\boldsymbol{B})^{\mathrm{T}}(\boldsymbol{AX}-\boldsymbol{B})$，对于方程组 $\boldsymbol{AX}=\boldsymbol{B}$，当且仅当误差向量 $\boldsymbol{\varepsilon}$ 最小时，方程组有最优解，故问题可改为求解令方程式 $\boldsymbol{F}$ 取最小值的向量 $\boldsymbol{X}$。对方程 $\boldsymbol{F}$，按 $\boldsymbol{X}$ 求导并令其等于0，得

$$\frac{d\boldsymbol{F}(x)}{dx}=2\mathbf{A}^{\mathrm{T}}\boldsymbol{AX}-2\mathbf{A}^{\mathrm{T}}\boldsymbol{B}=0 \tag{4-141}$$

解得

$$\boldsymbol{X}=(\mathbf{A}^{\mathrm{T}}\mathbf{A})^{-1}\mathbf{A}^{\mathrm{T}}\boldsymbol{B} \tag{4-142}$$

至此，就已求出用户位置坐标向量 $\boldsymbol{X}$。

3. 基于指纹数据库的WiFi定位

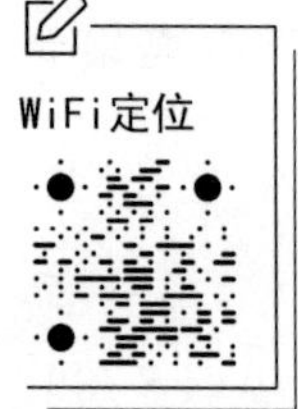

基于指纹数据库的WiFi定位是基于WiFi信号强度定位中最常用的一种方法。信号传播对环境具有依赖性，不同位置的信号传播特性各有差别，但是对于同一位置而言，其不同时间的传播特性基本一致，这种相对稳定的传播特性可认为是该位置的“指纹”特征。信号强度特征匹配算法就是基于这一特性而产生的。基于信号强度特征匹配的定位算法主要分为两个阶段：数据库采集阶段和定位阶段。

1）数据库采集阶段

在布置好接入点设备的室内环境中均匀密集地收集各个不同位置的参考接入点信号强度向量，将数据进行处理后作为参考定位点的信息存入数据库。各个参考定位点的信号强度向量即是该位置的“指纹”。采集的参考点越多，则定位的精度也相对越准确。

2）定位阶段

采集待定位点的接入点信号强度向量值，与数据库中的参考定位点进行比对，运用基于指纹数据库的算法估算出位置坐标。

位置指纹数据库是该算法的关键，数据库建立的好坏直接影响最终定位结果的准确性。数据库必须要包含参考定位点的位置标识、位置坐标和信号强度向量值。位置标识是对每一个参考点的名称标识，标识后能加快数据库维护和更新的速度。位置坐标是该参考

定位点的地图三维坐标。信号强度向量值是该参考定位点采集到的接入点信号列表，能够描述出该点的特征信息。

由于同一参考点不同时间采集到的信号强度向量值可能有所差异，所以如何对这些参考点的信号强度向量值进行预处理极为重要，均值法或概率分布法是最常用的处理方法。均值法是对同一参考点分时段多次采集信号强度向量值，将多次采集的值取平均存入数据库，这样能减少信号强度的波动，较为准确地描述参考点信息。概率分布法也是通过采集大量不同时间的信号强度向量值来建立概率分布模型，这种方法相较均值法更为精确，但是所需要的样本数据量太大，比较耗时。

基于指纹数据库的算法主要分为概率型算法和 K 近邻算法。

1）概率型算法

概率型算法一般是利用前期信号采集阶段在各位置上采集的信号强度向量值建立相应位置的概率分布模型，在定位阶段时根据待定位点接收到的信号强度向量值，采用贝叶斯公式计算目标位置的后验概率，将后验概率较大的位置点作为定位目标的估计位置。选择 N 个参考定位点，位置坐标为$\{(x_1,y_1),(x_2,y_2),\cdots,(x_n,y_n)\}$，假设$(x_i,y_i)$为目标的坐标，目标 $P(x_i,y_i)$的初始先验概率分布为均匀分布，$\boldsymbol{h}$ 为接收到的信号强度向量值。则其后验概率为

$$P((x_i,y_i)\,|\,\boldsymbol{h})=\frac{P(\boldsymbol{h}\,|\,(x_i,y_i))P(x_i,y_i)}{P(\boldsymbol{h})} \tag{4-143}$$

将上面的方法进行改进，选择前 $K(K\geqslant 2)$个似然概率最大的参考定位点，其似然概率为参考定位点的权值，则其坐标为选择的参考定位点的加权。

$$(\hat{x},\hat{y})=\frac{\sum_{i=1}^{m}P(\boldsymbol{h}\,|\,P(x_i,y_i)(x_i,y_i))}{\sum_{j=1}^{m}P(\boldsymbol{h}\,|\,P(x_j,y_j))} \tag{4-144}$$

2）K 近邻算法

K 近邻算法是对指纹定位中的基本方法最近邻法的改进。在 WiFi 网络中，将接入点信号强度向量值记为$[\boldsymbol{h}_1,\boldsymbol{h}_2,\cdots,\boldsymbol{h}_n]$，在数据库采集阶段，选取 m 个参考定位点，参考定位点的信号强度值向量记为$[\boldsymbol{h}_{i1},\boldsymbol{h}_{i2},\cdots,\boldsymbol{h}_{in}]$，$i=1,2,3,\cdots,m$，则这 m 个参考定位点就组成了指纹数据库。定位时，待测定位点接收的信号强度向量值为 $\boldsymbol{h}=[\boldsymbol{h}_1,\boldsymbol{h}_2,\cdots,\boldsymbol{h}_n]$。

将待测定位点的信号强度向量值与数据库的参考定位点强度向量值按以下公式进行匹配。

$$\min_{i=1,2,\cdots,m} D_i, D_i=\left|\sum_{j=1}^{n}(\boldsymbol{h}_j-\boldsymbol{h}_{ij})^q\right|^{\frac{1}{q}} \tag{4-145}$$

式中，D_i 表示待测点与第 i 个参考节点的距离，n 和 m 表示接入点和参考定位点的数量，$\boldsymbol{h}_i$ 和 $\boldsymbol{h}_{ij}$ 表示待测定位点和参考定位点接收到的第 j 个接入点的信号强度向量值。实践证明，当 $q=2$ 时，效果最优，称为欧几里得距离。选择前 $K(K\geqslant 2)$个欧几里得最小距离的参考节点，按以下公式进行计算。

$$D_i = \sqrt{\sum_{j=1}^{n} (\boldsymbol{h}_i - \boldsymbol{h}_{ij})^2}, i = 1,2,\cdots,m$$

$$(\hat{x},\hat{y}) = \frac{1}{K}\sum_{i=1}^{K}(x_i, y_i) \tag{4-146}$$

式中，(x_i, y_i)为第 i 个参考定位点的坐标，$(\hat{x},\hat{y})$为测得的待定坐标。

本章介绍的室外定位技术和室内定位技术都有各自的技术优势，但也都具有一定的局限性，特别是针对物联网异构的网络和复杂的环境，未来定位技术的发展势必是将多种定位技术有机结合，发挥各自的优点，不断提高定位精度和响应速度，同时扩大覆盖范围，最终实现无缝、精确、迅速、安全定位。

4.2.3 基于 RFID 的定位技术

在第 2 章已经描述了 RFID 技术，它除了可以进行物体识别之外，还可以用于室内定位，并且由于其非视距、成本低廉、部署简单等优点在室内目标定位和跟踪中很受研究人员和商家的青睐。

RFID 主要是利用接收信号强度指示（Received Signal Strength Indication，RSSI）来进行定位。其原理是信号强度会根据距离衰减，因此可以根据接收到的信号强弱来大致估算距离。

根据天线理论，电子标签的无线信号强度与基站的距离之间为抛物线关系，如图 4.18 所示。

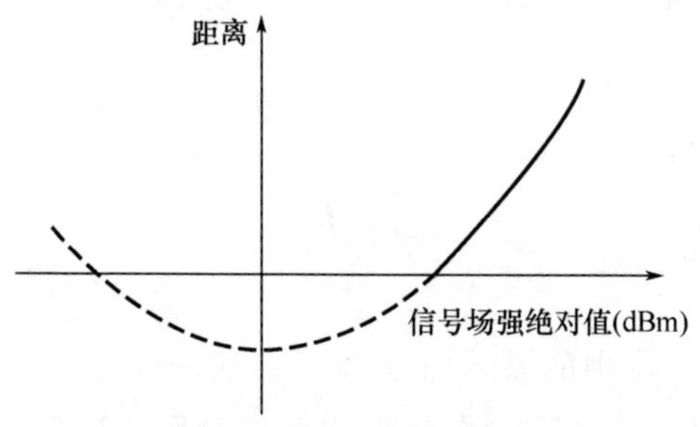

图 4.18 信号强度与距离的关系

当接收到电子标签的 RSSI 之后，可以用下面的近似公式来具体计算。

$$D = \mathrm{RSSI}^2 \times P - L \tag{4-147}$$

式中，RSSI 为信号的绝对值，单位是 dBm；D 为对应的距离，单位为 cm；P 和 L 是天线的参数。

需要特别说明的是，RFID 定位技术目前多用于 0 维定位场景，即仅进行进入监测。定位基站通过搜索到的电子标签来确定电子标签在当前区域内，进一步判断距电子标签的距离。如果有多个基站同时搜索到同一个电子标签的信号，同时在基站位置已知的情况下，则可以利用类似 TOA 的方法，用不同基站的 RSSI 联立方程来对电子标签位置进行解算。RFID 定位精度通常在米级，同样地，它也可以利用指纹的方法来提高精度。

RFID定位最大的优势在于，其无源电子标签不需要单独供电，因此可以做成各种异形结构，并且体积非常小，可以非常方便地粘贴在别的物体表面。RFID的劣势主要在于，定位精度较差且作用距离较短（一般为厘米至几十米）。

4.2.4 基于蓝牙的定位技术

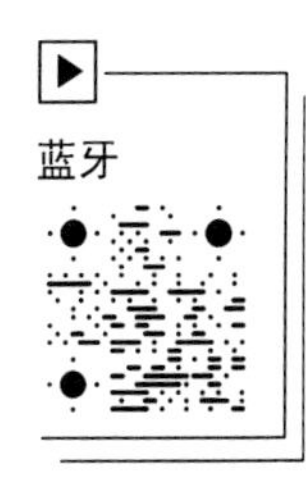

蓝牙（Bluetooth）是一种无线个人局域网（Wireless Person Area Network，Wireless PAN），最初由Ericsson创制，后来由蓝牙技术联盟（Bluetooth Special Interest Group，Bluetooth SIG）制定为全球技术标准，以2.4～2.485GHz的ISM（Industrial，Scientific，Medical，工业、科学、医学）频段来进行通信，主攻个人局域网。

蓝牙创始的初衷是实现在移动电话和其他配件间进行低功耗、低成本的无线通信，随后蓝牙技术联盟将其目标变为开发一个成本低、效益高、可以在短距离范围内随意无线连接的技术标准。

蓝牙自4.0版本起出现传统蓝牙、高速蓝牙及低耗电蓝牙。传统蓝牙标准主要以信息传递、设备连接为目标，传输速度为1～3Mb/s，传输距离为10m或100m。高速蓝牙（Bluetooth HS）主攻数据交换与传输，传输速度最高可达24Mb/s，为传统蓝牙的8倍。低耗电蓝牙（Bluetooth Low Energy，BLE）则是针对穿戴式设备（如手表、体育健身/医疗保健产品）或工业自动化的低耗电需求，传输距离在30m以内，传输速度为1Mb/s。

蓝牙5.0版本于2016年6月正式发布规范，它比蓝牙4.2版本在低功耗技术上可提供高于其2倍的传输速度，同时覆盖范围提升达4倍，并具备8倍广播数据承载量。蓝牙5.0还支持室内定位导航功能（结合WiFi可以实现精度小于1m的室内定位），允许无须配对接受信标的数据，针对物联网进行了很多底层优化。

iBeacon是蓝牙定位的核心技术。它的一种工作原理是，由一个固定的蓝牙设备作为Beacon基站不断地对外广播自己的信号，当移动蓝牙设备进入、退出或在区域内徘徊时，就可以接收到Beacon基站广播的蓝牙信息，移动蓝牙设备通过访问网络获取该Beacon基站对应的位置，就可以通过RSSI来计算自己在区域中的粗略位置。同样地，如果该移动蓝牙设备同时接收到区域内几个的Beacon基站信息，就可以联立方程得到更精细的位置，这种定位精度在米级。此外，蓝牙设备可以通过添加阵列天线实现AOA定位，可以将定位精度提高到厘米级。

iBeacon的另外一种工作原理是，让移动蓝牙设备作为Beacon不停地对外广播自己的信息，而将若干个蓝牙设备作为基站布设在区域的固定位置进行信号接收，通过这些不同的基站接收到同一个Beacon的RSSI来解算这个Beacon在区域中的位置。

蓝牙定位最大的优势在于，它是和移动设备如手机深度捆绑的，几乎每一台手机都内置了蓝牙芯片，因此手机就可以作为一台定位标签或定位基站来使用，而无须用户再佩戴任何其他的附属物作为定位标签；此外，又因为手机和移动互联网是深度捆绑的，因此基于手机蓝牙的定位方法可以轻松地访问互联网资源，并利用云端的强大解算能力来进行位置解算。

蓝牙定位最大的劣势在于其使用的是2.4GHz频段，因为大量的无线局域网和无线通信技术也使用2.4GHz频段进行通信，因此它们彼此之间存在着干扰。

4.2.5 基于 UWB 的定位技术

超宽带（Ultra-Wide Band，UWB）技术是一种使用 1GHz 以上带宽且无须载波的先进无线通信技术。由于不需要价格昂贵、体积庞大的中频设备，UWB 通信系统的体积小且成本低，并且其发射的功率谱密度可以非常低，甚至低于美国联邦通信委员会（Federal Communications Commission，FCC）规定的电磁兼容背景噪声电平，因此短距离 UWB 无线电通信系统可以与其他窄带无线通信系统共存。FCC 已经将 3.1～10.6GHz 频带向 UWB 通信开放。IEEE 802 委员会也已将 UWB 作为个人局域网的基础技术候选对象来探讨。UWB 技术被认为是无线电技术的革命性进展，巨大的潜力使得它在无线通信、雷达跟踪以及精确定位等方面有着广阔的应用前景。

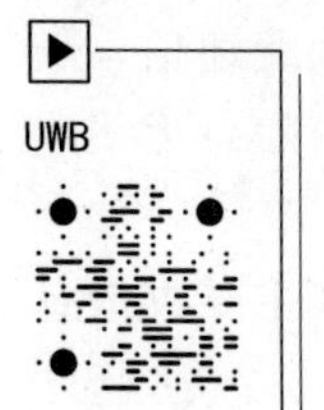

利用 UWB 进行定位的原理和基于手机基站定位的基本雷同，在此不再赘述。但是由于 UWB 的频率极高，也就决定了它有极高的时间分辨率，因此在基于飞行时间的定位中，它理论上可以做到厘米级的定位。

目前，UWB 定位技术有两种主流，一种是基于 TOA，另一种是基于 TDOA。对于 TOA 来说，需要在一个区域内部署若干个 UWB 基站，这若干个基站不需要进行时间同步，基站和电子标签之间也不需要时间同步，UWB 电子标签在其中会首先搜索附近可以用的基站，当搜索到足够多可用于定位的基站之后，电子标签利用双向测距法（two-way ranging algorithm）来轮流测量每个基站和自己之间的距离。双向测距法的核心原理如下。

（1）电子标签发送 Poll 信息并标注时间戳 Tsp，等待响应。

（2）基站监听 Poll 信息，在接收到之后标注时间戳 Trp，并在一定延时之后回复响应信息，记录响应时间戳 Tsr。

（3）电子标签接收到响应信息之后，标注时间戳 Trr，并在一定延时之后回复 Final 信息，记录发送时间戳 Tsf。

（4）基站接收 Final 信息之后，记录接收时间戳 Trf，随后利用(Trp－Tsp＋Trr－Tsr＋Trr－Tsr＋Trf－Tsf)/4 来计算飞行时间，该式可变形为(Trp－Tsr＋Trr－Tsp＋Trr－Tsf＋Trf－Tsr)/4，从前面的步骤可知，Trp－Tsr、Trr－Tsp、Trr－Tsf、Trf－Tsr 均为同一时钟基准下的时间，因此可以用它来确定飞行时间。

（5）确定飞行时间之后根据光速和时间的关系可以得到距离。

当电子标签轮流计算完与所有基站之间的距离之后，就可以利用 TOA 方法来计算电子标签在区域中的距离了。

对于 TDOA 来说，需要在一个区域内部署若干个 UWB 基站，而且基站必须进行时间同步，UWB 电子标签在其中发送一个信号，不同的基站收到信号之后，标记不同的时间戳，两个不同的基站就可以得出一个飞行时间差，以此构造一个双曲线方程，联立若干组基站的方程就可以解算出电子标签的位置。

这两种方式各有优劣，TOA 方式不需要基站进行时间同步，因此实现简单，部署方便，但是其劣势在于双向测距需要额外的时间，这也就决定了在同样的硬件配置下，一个区域单位时间内可以容纳电子标签的容量有限，此外由于传输信号次数过多将会导致电子标签和基站的能耗变高。TDOA 因为只需要电子标签或基站发送单次信号，所以其能耗较低，又因为不用双向传送多次信号，所以其电子标签容量很高；但是其缺点在于不同的基站需要时间同步机制来保证时间同步，会额外增加基站的成本。

UWB 最大的优势在于其定位精度极高，其定位精度可以达到厘米级，但是由于该技术发展时间较短，对应的硬件厂家比较少，因此其成本比较高。

4.3 常用的定位模块介绍

1. 惯性导航定位模块

惯性导航定位模块最重要的就是惯性器件。微型电子机械系统（Micro-Electro-Mechanical System，MEMS）惯性器件是指可批量制作的，将微型机构、微型传感器、微型执行器以及信号处理和控制电路，直至接口、通信和电源等融于一体的微型器件或系统。可理解为利用传统的半导体工艺和材料，用微米技术在芯片上制造微型机械，并将其与对应电路集成为一个整体的技术。所以它是以半导体制造技术为基础发展起来的一种先进的制造技术平台。

MEMS 技术有非常广阔的应用前景，特别是进入物联网时代，只有 MEMS 能够满足物联网应用对传感器和执行器的要求。首先，MEMS 的尺寸完全满足物联网应用的微型化要求。其次，MEMS 技术与互补金属氧化物半导体（Complementary Metal Oxide Semiconductor，CMOS）技术的兼容性，使之很容易满足物联网对传感器和执行器的智能化要求。最后，MEMS 在能量损耗上有优势。物联网应用在功耗方面的要求比其他应用环境严苛得多。MEMS 的感知和执行方式使它成为能耗较低的器件，最可能成为满足物联网功耗要求的技术。还有一个优势是它能够满足物联网应用对传感器/执行器的数量要求。

用于定位的 MEMS 惯性器件是 MEMS 加速度计。MEMS 加速度计测量加速度的原理如图 4.19 所示。

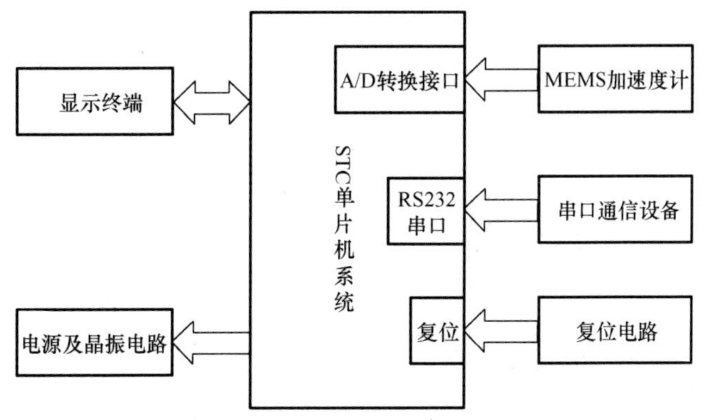

图 4.19 MEMS 加速度计测量加速度的原理

MEMS 加速度计可由 STC 单片机系统控制，通过 RS232 串口通信将测量结果输出到显示终端进行定位处理，显示终端通过前面介绍的惯性导航定位原理进行定位解算，最终给出定位结果。

2. 卫星导航定位模块

卫星导航为物联网技术应用提供位置导航服务，有了卫星导航的导航功能，可以增加物联网的应用范围。卫星导航定位是解决物联网通信过程中移动物体定位的最佳方法之一。相对于其他方法，卫星导航定位具有明显的优点和可操作性，如具有准确的位置信息、精准的授时服务、无须组建网络、覆盖范围广、获取信息方便等优点。以 GPS 为例，GPS 模块由一块射频集成电路、一块数字信号处理电路和标准嵌入式 GPS 软件构成。射频集成电路用于检测和处理 GPS 射频信号；数字信号处理电路用于处理中频信号；标准嵌入式 GPS 软件用于搜索和跟踪 GPS 卫星信号，并根据这些信号求解用户坐标和速度。目前，GPS 模块的 GPS 芯片大部分采用全球市场占有率第一的 SiRFIII 系列，如图 4.20 所示。

图 4.20　SiRFIII 芯片

这一芯片使用了包含 20 万个运算器的相关器，相比上一代极大地提高了灵敏度，冷启动、暖启动、热启动的时间分别达到 42s、38s、8s，可以同时追踪 20 个卫星信道。当前市场上最新的非独立式 GPS 接收机很多采用这一芯片。由于 GPS 模块采用的芯片组不一样，性能和价格也有区别，采用 SIRFIII 芯片组的 GPS 模块性能最优，价格也要比采用 MTK 或 MSTAR 等 GPS 芯片组的高很多。现阶段芯片在持续升级，如 SiRF4 和 SiRF5，总体灵敏度提高了不少，缩短了定位时间，同时也帮助了用户快速进入定位应用状态。

一种典型的 GPS 模块结构如图 4.21 所示。

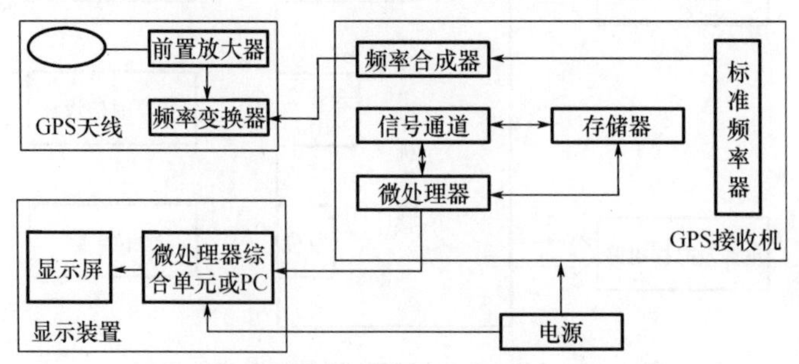

图 4.21　GPS 模块结构

任何与GPS有关的设备中，GPS接收机是必不可少的，GPS接收机通常内置于设备内部，采用系统供电。卫星信号的获取还得通过GPS天线，GPS天线通常通过电缆与GPS接收机相接，天线内置了前置放大器和频率变换器。这里要说明的是，GPS天线必须放在能直视天空的地方，因为GPS卫星信号为L波段电波，不需要对准，但要求直视。天线信号送入GPS接收机后通过一系列的变频、解码、运算，最后以电文形式输出给显示装置。需要指出的是，GPS接收机初次上电进行解码、运算时需要1分钟左右的时间，这就是所谓的“冷启动”。与之相对应的“热启动”是指在运行过程中由于遮挡而丢失卫星后重新找回卫星的过程，只需要几秒钟的时间。因此，GPS设备在开始启动后的1分钟内是定不了位的。

目前，民用的GPS接收机输出格式基本都是NMEA0183格式。NMEA0183是美国国家海洋电子协会（National Marine Electronics Association）为海用电子设备制定的标准格式，目前已成为GPS导航设备统一的标准协议。其典型内容如表4-2所示。

表4-2　NMEA0183典型内容

序　　号	命　　令	说　　明
1	$GPGGA	全球定位数据
2	$GPGSA	卫星PRN数据
3	$GPGSV	卫星状态信息
4	$GPRMC	运输定位数据
5	$GPVTG	地面速度信息
6	$GPGLL	大地坐标信息
7	$GPZDA	UTC时间和日期

发送次序为$GPZDA、$GPGGA、$GPGLL、$GPVTG、$GPGSA、$GPGSV*3、$GPRMC。该协议采用ASCII码，其串行通信默认参数波特率为4800b/s，数据位为8bit，开始位为1bit，停止位为1bit，无奇偶校验。帧格式如下。

$aaccc,ddd,ddd,…,ddd*hh<CR><LF>

- $——帧命令起始位。
- aaccc——地址域，前两位为识别符，后三位为语句名。
- ddd,…,ddd——数据。
- *——校验和前缀。
- hh——校验和（check sum），$与*之间所有字符ASCII码的校验和。各字节做异或运算，得到校验和后，再转换为十六进制格式的ASCII码字符。
- <CR><LF>——CR(Carriage Return，回车)符+LF(Line Feed，换行）符，表示帧结束。

下面详细介绍几个主要输出命令的格式。

(1) GPGGA是GPS固定数据输出命令，这是一帧GPS定位的主要命令，也是使用最广的命令。格式如下。

$GPGGA,<1>,<2>,<3>,<4>,<5>,<6>,<7>,<8>,<9>,<10>,

<11>,<12>,<13>,<14> * hh<CR><LF>

<1>UTC（Coordinated Universal Time，世界统一时间），格式为 hhmmss. sss。

<2>纬度，格式为 ddmm. mmmm，前导位数不足则补 0。

<3>纬度半球，N 或 S 表示北纬或南纬。

<4>经度，格式为 dddmm. mmmm，前导位数不足则补 0。

<5>经度半球，E 或 W 表示东经或西经。

<6>定位质量指示，0 为定位无效，1 为定位有效。

<7>使用卫星数量，00～12，前导位数不足则补 0。

<8>水平精确度，0. 5～99. 9。

<9>天线离海平面的高度，－9999. 9～9999. 9。

<10>高度单位，M 表示米。

<11>大地椭球面相对海平面的高度，－9999. 9～9999. 9。

<12>高度单位，M 表示米。

<13>差分 GPS 数据期限（RTCM SC-104），最后设置 RTCM 传送的秒数。

<14>差分参考基站标号，0000～1023，前导位数不足则补 0。

(2) GPGSA 命令是输出 GPS 精度指针及正在使用卫星格式。格式如下。

$GPGSA,<1>,<2>,<3>,<4>,<5>,<6>,<7>,<8>,<9>,<10>,<11>,<12>,<13>,<14>,<15>,<16>,<17> * hh<CR><LF>

<1>模式 2，M 表示手动，A 表示自动。

<2>模式 1，定位型式 1 表示未定位，2 表示二维定位，3 表示三维定位。

<3>第 1 信道正在使用的卫星 PRN（Pseudo Random Noise，伪随机噪声码），01～32（前导位数不足则补 0，最多可接收 12 颗卫星信息）。

<4>第 2 信道正在使用的卫星 PRN 码。

<5>第 3 信道正在使用的卫星 PRN 码。

<6>第 4 信道正在使用的卫星 PRN 码。

<7>第 5 信道正在使用的卫星 PRN 码。

<8>第 6 信道正在使用的卫星 PRN 码。

<9>第 7 信道正在使用的卫星 PRN 码。

<10>第 8 信道正在使用的卫星 PRN 码。

<11>第 9 信道正在使用的卫星 PRN 码。

<12>第 10 信道正在使用的卫星 PRN 码。

<13>第 11 信道正在使用的卫星 PRN 码。

<14>第 12 信道正在使用的卫星 PRN 码。

<15>PDOP（Position Dilution of Precision，定位精度因子），0. 5～99. 9。

<16>HDOP（Horizontal DOP，水平精度因子），0. 5～99. 9。

<17>VDOP（Vertical DOP，垂直精度因子），0. 5～99. 9。

(3) GPGSV 命令是输出可视卫星状态。格式如下。

$GPGSV,<1>,<2>,<3>,<4>,<5>,<6>,<7>, * hh<CR><LF>

<1>总的 GSV 语句电文数。

<2>当前 GSV 语句号。

<3>可视卫星总数，00～12。

<4>卫星编号，01～32。

<5>卫星仰角，00～90 度。

<6>卫星方位角，000～359 度。

<7>信噪比，00～99dB，无表示未接收到信号。

注意，每条命令语句最多包括四颗卫星的信息，每颗卫星的信息有四个数据项，即卫星编号、卫星仰角、卫星方位角、信噪比。

(4) GPRMC 命令是输出推荐最小数据量的 GPS 信息。格式如下。

$GPRMC,<1>,<2>,<3>,<4>,<5>,<6>,<7>,<8>,<9>,<10>,<11>,<12>*hh<CR><LF>

<1>UTC，格式为 hhmmss（时分秒）。

<2>定位状态，A 表示有效定位，V 表示无效定位。

<3>纬度，格式为 ddmm.mmmm（度分），前导位数不足则补 0。

<4>纬度半球，N 表示北纬，S 表示南纬。

<5>经度，格式为 dddmm.mmmm（度分），前导位数不足则补 0。

<6>经度半球，E 表示东经，W 表示西经。

<7>地面速率，000.0～999.9 节，前导位数不足则补 0。

<8>地面航向，000.0～359.9 度，以真北为参考基准，前导位数不足则补 0。

<9>UTC，格式为 ddmmyy（日月年）。

<10>磁偏角，000.0～180.0 度，前导位数不足则补 0。

<11>磁偏角方向，E 表示东，W 表示西。

<12>模式指示（仅 NMEA0183 3.00 版本输出），A 表示自主定位，D 表示差分，E 表示估算，N 表示数据无效。

(5) GPVTG 命令的格式如下。

$GPVTG,<1>,T,<2>,M,<3>,N,<4>,K,<5>*hh<CR><LF>

<1>以真北为参考基准的地面航向，000～359 度，前面的 0 也将被传输。

<2>以磁北为参考基准的地面航向，000～359 度，前面的 0 也将被传输。

<3>地面速率，000.0～999.9 节，前面的 0 也将被传输。

<4>地面速率，0000.0～1851.8km/h，前面的 0 也将被传输。

<5>模式指示（仅 NMEA0183 3.00 版本输出），A 表示自主定位，D 表示差分，E 表示估算，N 表示数据无效。

3. GPRS 定位模块

通用分组无线服务（General Packet Radio Service，GPRS）是 GSM 中有关分组数据所规定的标准。GPRS 具有充分利用现有的网络，资源利用率始终在线，传输速率高，资费合理等特点。其硬件主要包括 GPRS 芯片或 GPRS 模块、SIM 卡及卡座和天线，软件主

要为 AT（Attention）指令。其主要工作结构如图 4.22 所示。

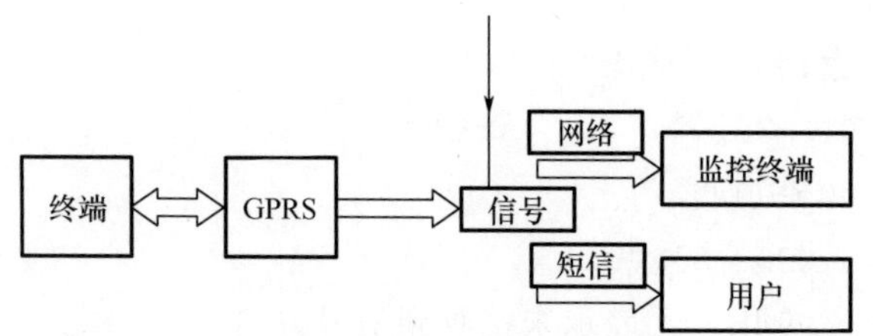

图 4.22　GPRS 主要工作结构

移动终端通过 GPRS 模块获取定位信息，然后通过网络和短信使用 AT 指令分别给监控终端和用户，最终实现物联网用户定位。AT 指令对所传输的数据包大小有定义：即对于 AT 指令的发送，除 AT 两个字符外，最多可以接收 1056 个字符的长度（包括最后的空字符）。每个 AT 命令行中只能包含一条 AT 指令，对于由终端设备主动向 PC 端报告的 URC 指示或响应，也要求一行最多有一个，不允许上报的一行中有多条指示或响应。AT 指令是以 AT 为首，回车符结束的字符串。每个指令执行成功与否都有相应的返回。其他的一些非预期的信息（如有人拨号进来、线路无信号等），模块将有对应的一些信息提示，接收端可做相应的处理。例如：

CDMA modem DTE

AT<CR>

<LF>OK<LF>

ATTEST<CR>

<CR>ERROR<LF>

如果 AT 指令执行成功，返回“OK”字符串；

如果 AT 指令语法错误或 AT 指令执行失败，返回“ERROR”字符串。

USR-GM3（图 4.23）是一款使用简单、可靠的 GPRS 模块，它具有基于位置的服务（Location Based Services，LBS）基站定位功能，可以通过运营商的网络获取 USR-GM3 的大体位置，定位精度一般在 100 米，用来弥补 GPS 定位受天气、高楼、位置等的影响。

图 4.23　USR-GM3 模块

基站定位信息是通过 AT 指令获取，可以配合串口 AT、短信 AT 指令灵活使用。例如，查询指令“AT+LBS?”的查询结果分为两个部分，只要使用返回的 LBS 数据即可以去相应的网址换算对应的坐标，如查询的结果 LAC＝21269，CID＝30321，如图 4.24 所示。

LAC: 21269 CID: 30321 HEX: 查询

图 4.24 坐标换算

单击“查询”按钮之后，可以得到换算之后的位置信息，如图 4.25 所示。

图 4.25 位置信息显示

习 题

一、简答题

1. 简述惯性导航定位的基本原理、应用范围和不足。

2. 简述卫星导航定位的基本原理、应用范围和增强技术。

二、思考题

1. 思考物体（如以野外作业的工作人员为例，以深山散养的牛羊为例等）在不同条件下能使用的定位方法，并描述各种方法的优势及不足。

2. 通过互联网查找定位的新方法，并描述其工作原理。

三、设计题（扩展）

（如果可能的话）对第 1 章提出的物联网项目进行改进，选择合适的定位方法和定位模块并搭建硬件系统。

第5章 数据传输

教学目标

本章主要对数据传输技术和原理进行介绍，首先介绍将信息转换为数据的编码知识；然后详细介绍数据传输的基本原理，包括如何用电平表示二进制，如何实现物理接口的连接，如何对不同的电平进行转换，如何利用通信协议实现二进制数据的传输，如何利用载波表示二进制，以及常用的无线传输技术和模块；最后对互联网接入手段进行了简介，包括互联网中使用的模型和协议，以及网络通信编程中重要的 Socket 函数库、HTTP 协议以及 MVC 模式。

通过本章的学习，读者应该了解数据传输的原理，理解物联网项目信息是如何一层层传递的，能够在具体的物联网项目和应用场景中进行软硬件选型及开发实现数据的传输。

教学要求

知识要点	能力要求	相关知识
编码	(1) 理解编码的原理 (2) 熟悉常用的编码及适用范围	字符编码
二进制的电平表示	(1) 了解电平的基本概念 (2) 熟悉 TTL、LVTTL、CMOS、LVCMOS、LVDS、RS-232、RS-422、RS-485 等电平的基本概念、特点及应用范围	电平
硬件接口	(1) 了解硬件接口的基本概念 (2) 熟悉 UART、IIC、SPI、RS-422、RS-485、USB、R-45 等硬件接口的基本概念、特点及应用范围	硬件接口

续表

知识要点	能力要求	相关知识
不同接口（电平）之间转换	（1）了解接口（电平）转换的原因和原理 （2）熟悉常用接口之间的转换原理、方法及可用模块	接口转换
通信协议	（1）了解通信协议的基本概念 （2）熟悉 UART、IIC、SPI、1-Wire、USB 等常用通信协议的原理、应用范围和使用方法 （3）了解其他常见通信协议的基本概念	通信协议
常见的无线传输技术及模块	（1）了解二进制的载波表示方法 （2）熟悉常用的无线传输技术的原理和应用范围，以及常用的无线传输模块	无线传输
互联网接入	（1）了解 OSI 参考模型和 TCP/IP （2）熟悉利用 Socket 函数库进行网络通信的原理 （3）熟悉利用 HTTP 协议进行通信的原理 （4）熟悉 MVC 模式的快速开发	（1）OSI 参考模型 （2）TCP/IP （3）网络通信编程 （4）MVC 模式

引言

在生活中，“数据”和“信息”经常被混用，我们常会看到诸如“数据传输”“发送信息”“数据接收”“传输信息”等表达，但是事实上这两个概念有所区别，数据对应的英文是 data，而信息对应的英文是 information。

数据是原始的、未经处理和组织的东西，可以是数字、字符串、文字、图片、声音等，脱离具体的上下文或语境，数据通常是没有任何意义的。而信息则是对数据进行处理、组织、结构化，并赋予其一个明确的上下文或语境之后，产生的有明确意义的东西，如图 5.1 所示。

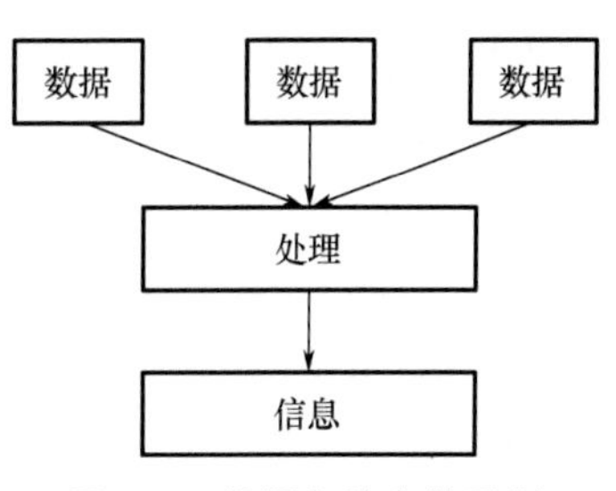

图 5.1 数据和信息的区别

因此，“数据传输”是指对原始数据的发送和接收。而“信息传输”则是指对信息进行数字化处理、编码、发送、接收、解码、还原的过程，数据的发送和接收只是其中的一部分。本章讨论的主要是信息传输中的数据传输。

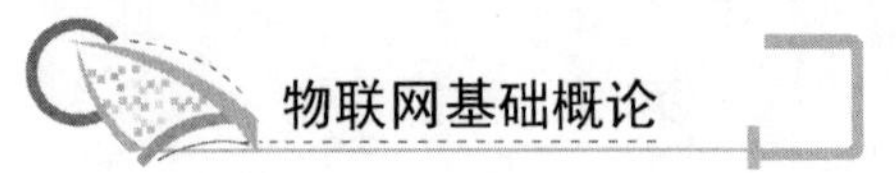

5.1 编　　码

首先简单了解一下信息传输中的编码，然后重点讲解编码后的数据传输，现代信息传输的基础是二进制，所有的信息传输几乎都要经历图 5.2 所示的过程。

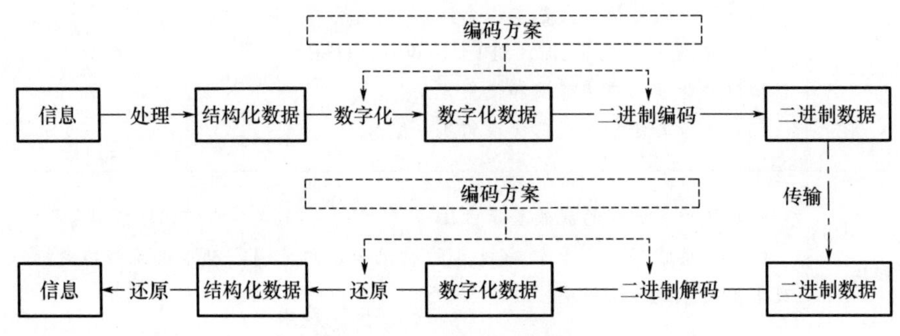

图 5.2　信息传输过程

首先对需要传输的信息进行处理，将其表示为结构化的数据，这时的数据可以是各种形式的，如数字、字符串、文本、图像、声音等，并不要求计算机能够理解；其次对结构化数据进行数字化，即将各种形式的数据统一表示为数字（通常是十进制数）；最后选用一种编码方案，对数字化的数据进行二进制编码，将其转换为二进制数据进行传输（有时候编码方案会贯穿数字化和二进制编码整个过程）。接收方收到数据之后，则根据同样的逆规则对数据进行还原即可得到所传输的信息。

例如，一架飞机要传输一条位置信息给控制中心，如“A745 航班当前位置为东经 121.0523 度，北纬 60.5457 度，高度为 4555 米”，则可以对这则信息进行处理，将其表示为“A745Lng121.0523Lat60.5457Alt4555”；然后将所有的字符转换为数字，如果使用 ASCII 码编码，则“A745Lng121.0523Lat60.5457Alt4555”会被转换成“65 55 52 53 76 110 103 49 50 49 46 48 53 50 51 76 97 116 54 48 46 53 52 53 55 65 108 116 52 53 53 53”这一串十进制数字；最后将十进制数据转换为二进制数据。

需要注意的是，在上面的例子中，信息的处理方式不是唯一的，如可以将该条位置信息表示成“Alt4555Lng121.0523Lat60.5457A745”，使用的编码方案也不是唯一的。

下面就简单介绍几种常用的编码方案。

5.1.1 BCD 码

BCD 码（Binary-Coded Decimal，BCD）是一种十分简单的编码方案，它用 4 个二进制数来表示 0～9 这十个十进制数。这种编码方案是将每个十进制数用一串二进制位来存储和表示。

BCD码

BCD 码按不同的编码方法，又可分为 8421 码、2421 码、5421 码、余 3 码等。其中，8421 码是最常用的 BCD 码。其表示形式如表 5-1 所示。

表 5-1　8421 码

十进制数	8421 码	十进制数	8421 码
0	0000	5	0101
1	0001	6	0110
2	0010	7	0111
3	0011	8	1000
4	0100	9	1001

采用 8421 编码方法编码，其 BCD 码就是由该十进制数的每一位对应的 4 位二进制数组合而成的。例如，圆周率 3.14 的 8421 码为 0011.00010100。

BCD 码的优势在于，可以对十进制数进行非常高精度的表示，而且可以对很长的数字进行运算，相对于一般的浮点式记数法，采用 BCD 码，既可保持数值的精确度，又可减少计算机浮点运算所耗费的时间。它的缺点是增加了实现算术运算电路的复杂度，存储效率低。

5.1.2　ASCII 码

美国信息交换标准代码（American Standard Code for Information Interchange，ASCII 码）是基于拉丁字母的一套计算机编码系统，是现代英文数据传输的基础编码。

ASCII 码于 1967 年首次以规范标准的形式发表，并于 1986 年进行了最后一次更新。标准 ASCII 码共定义了 128 个字符，其中有 33 个特殊控制字符，它们是具有某种控制功能的字符，如换行符、换页符等，并没有具体的图形显示；其余的 95 个字符都是可显示的。

ASCII 码使用指定的 7 位或 8 位二进制数来表示 128 或 256 种可能的字符。标准 ASCII 码也叫基础 ASCII 码，使用 7 位二进制数来表示所有的大写和小写字母、数字 0～9、标点符号，以及一些特殊控制字符。

(1) 0～31 及 127（共 33 个）是控制字符或通信专用字符。

(2) 32～126（共 95 个）是普通字符。其中，32 是空格；48～57 为 0～9 的 10 个阿拉伯数字；65～90 为 26 个大写英文字母；97～122 为 26 个小写英文字母；其余为一些标点符号、运算符号等。

后来，IBM 在标准 ASCII 码的基础上制定了扩展 ASCII 码，使用 8 位二进制数来表示 256 种符号，其中前 128 位和标准 ASCII 码一致，后 128 位则用来显示框线、音标和其他特殊字符。

5.1.3　GB2312 码

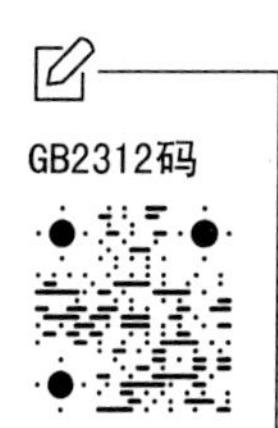

在计算机技术刚进入我国时，计算机还无法显示汉字，为了照顾到信息交互的兼容性，我国在 ASCII 码的基础上制定了一种表示中文的编码方案——GB2312 码。

GB2312 码将每个汉字或符号用两个字节表示。第一个字节称为高字节，范围为 0xA1～0xF7，第二个字节称为低字节，范围为 0xA1～0xFE。

ASCII 码中原本的数字、标点、字母在 GB2312 码中也变为用两个字节表示，这就是常说的“全角”字符，而原来的 ASCII 码字符就称为“半角”字符。

GB2312 码的全称是信息交换用汉字编码字符集，由中国国家标准总局发布，自 1981 年 5 月 1 日起实施。GB2312 码的出现，基本上满足了汉字的计算机处理需要，它所收录的汉字能满足人们的日常所需，但对于某些人名、古汉语等中出现的罕用字，GB2312 还不能顾及，这也促使后来 GBK 及 GB18030 码的出现。

5.1.4　GBK 码和 GB18030 码

GB2312 码只能显示 6763 个常用汉字，而对于一些不常用的汉字则无法显示，因此在 GB2312 码的基础上进行了扩展。

扩展之后的编码方案称为 GBK 码，全称是汉字内码扩展规范。GBK 码包括了 GB2312 码中的所有内容，同时又增加了近 20000 个新汉字（包括繁体字）和符号。

后来，考虑到我国的少数民族也有需求，又在 GBK 码的基础上增加了几千个少数民族的文字，形成了 GB18030 码。

我国的这一系列编码统称为双字节字符集（Double Byte Character Set，DBCS），它最大的特点是两字节长的汉字字符和一字节长的英文字符并存于同一套编码方案里。

5.1.5　Unicode 码

当计算机逐渐在世界各地普及时，许多国家和地区都在 ASCII 码的基础上扩展出了自己的编码体系，但这些编码之间不具有兼容性和互操作性。

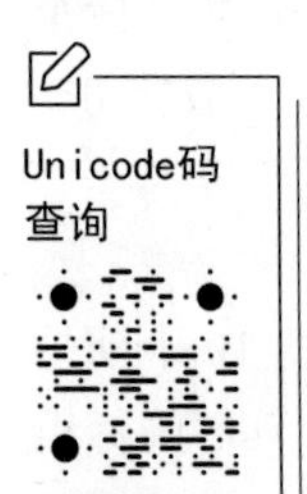

这样缺乏统一的编码造成了不同语言之间交流的困难，为了解决这个问题，国家化标准组织（International Organization for Standardization，ISO）制定了一个规则：废除所有的地区性编码方案，重新制定一套包含世界上所有文化和语言中所有字母和符号的编码，称之为通用多八位编码字符集（Universal Multiple-Octet Coded Character Set，UCS），即现在所称的 Unicode 码。

Unicode 码背后的思想非常简单，Unicode 就像一个电话本，理论上每种语言中的每个字符都被 Unicode 协会指定了一个数字，这个数字是随机给出的，没有任何特殊的含义，它仅仅标记字符和数字之间的映射关系。这个数字的官方术语是码位（Code Point），总是用 U＋开头，如字母 A 表示为 U＋0061。

Unicode 码只是一个用来映射字符和数字的标准，说白了就是一部大字典。它对支持字符的数量没有限制，也不要求字符必须占两个、三个或其他任意数量的字节。Unicode 码并不涉及字符是怎么在字节中表示的，它仅仅指定了字符对应的数字。

5.1.6　UTF 码

Unicode 码不负责将字符编码成内存中的字节，UTF（Unicode Transformation For-

mat，Unicode 转换格式）是实现编码格式转换的方法。UTF 有多个标准，常见的有 UTF-8、UTF-16 和 UTF-32。其中，UTF-8 是互联网上使用最广的一种 Unicode 码实现方式。

UTF-8 是一种变长度的编码方式，它实现了对 ASCII 码的向后兼容，以保证 Unicode 可以被大众接受。它可以使用 1～4 个字节表示一个符号，根据不同的符号而变化字节长度。

UTF码查询

UTF-8 的编码规则很简单，有以下两条。

（1）对于单字节的符号，字节的第一位设为 0，后面 7 位为这个符号的 Unicode 码。因此，对于英语字母，UTF-8 编码和 ASCII 码是相同的。

（2）对于 n 个字节的符号（$n>1$），第一个字节的前 n 位都设为 1，第 $n+1$ 位设为 0，后面字节的前两位一律设为 10。剩下的没有提及的二进制位，全部用来表示这个符号的 Unicode 码。

在 UTF-8 码中，0～127 编号的字符用一个字节来表示，使用和 ASCII 码相同的编码。只有编号 128 及以上的字符才用两个、三个或四个字节来表示。因此，UTF-8 被称为可变长度编码。

表 5－2 给出了 Unicode 符号范围和对应的 UFT-8 编码方式。

表 5－2　Unicode 符号范围和对应的 UFT-8 编码

Unicode 符号范围	UTF-8 编码方式
0000 0000～0000 007F	0xxxxxxx
0000 0080～0000 07FF	110xxxxx 10xxxxxx
0000 0800～0000 FFFF	1110xxxx 10xxxxxx 10xxxxxx
0001 0000～0010 FFFF	11110xxx 10xxxxxx 10xxxxxx 10xxxxxx

以汉字“胡”为例，查找 Unicode 编码表可知“胡”的 Unicode 码是 0x80E1（1000 0000 1110 0001），根据表 5－2，可以发现 80E1 处在第三行的范围内（0000 0800～0000 FFFF），因此“胡”的 UTF-8 编码需要三个字节，即格式为 1110xxxx 10xxxxxx 10xxxxxx。然后从“胡”的最后一个二进制位开始，依次从后向前填入格式中的 x，多出的位补 0。这样就得到了，“胡”的 UTF-8 码为 11101000 10000011 10100001，转换成十六进制就是 0xE883A1。

UTF-16 使用两个或者四个字节来存储字符，存在比较严重的存储空间浪费，因此未普及开。

5.2　数据传输原理

数据传输的本质就是传输 0 和 1，换句话说就是想办法传输 0 和 1 两种状态即可。所以数据传输的首要任务是对 0 和 1 两种状态进行表示，最常用的表示手段是电平表示和载波表示。

5.2.1 二进制的电平表示

二进制的电平表示是利用导线中电压的变化表示逻辑 1 和逻辑 0 两种状态。之所以使用“电平”一词而不是“电压”，是因为关注的是电压值是否大于或小于某个值，而不关注电压确切的大小。

使用电平来表示逻辑 1 和逻辑 0 有两种基本方法，一种是使用一根线上的电平高低来表示；另一种是使用两根线之间的电压差大小来表示。前者称为高低电平表示法，后者称为差分电平表示法。

对于高低电平表示法来说，又有两种表示方法，一种是用高电平表示 1，低电平表示 0；另一种是用高电平表示 0，低电平表示 1。前者称为高态有效（正逻辑），后者称为低态有效（负逻辑）。这两种表示方法没有本质的区别，相比而言前者更符合人的思维方式。

差分电平表示法和高低电平表示法类似，也存在正负逻辑，不同的是它是以两根线之间的电压差作为判断准则。假如有两根线 A 和 B，可以规定 A 的电压减去 B 的电压在某个正值范围内为逻辑 1，也可以规定 A 的电压减去 B 的电压在某个负值范围内为逻辑 1。

不管是使用高低电平表示法还是差分电平表示法，其数据通信的本质都是：当输入端输入逻辑 1 对应的电平状态时，输出端也输出逻辑 1 对应的电平状态，输入端输入逻辑 0 对应的电平状态时，输出端也输出逻辑 0 对应的电平状态，这样就完成了数据的发送和接收。

接下来的问题是如何使用不同的电平状态表示逻辑 1 和逻辑 0。不同的厂商设计了不同的电子器件或硬件接口来实现，最常见的有 TTL 电平方案、CMOS 电平方案、RS232 电平方案和 RS485 电平方案。在此需要注意的是，电平方案如何利用电压来表示逻辑 1 和逻辑 0 与其硬件名称无关，但是由于厂商在设计电子器件（TTL、CMOS）或硬件接口（RS-232、RS-485）时使用了对应的电平方案，所以人们约定俗成地使用电子器件或硬件接口名称作为该电平方案的名称。在介绍常见的电平方案之前，先了解几个与逻辑电平相关的基础概念。

- VCC：电源电压。
- 输入高电平（VIH）：保证逻辑门的输入为高电平时所允许的最小输入高电平，当输入电平高于 VIH 时，则认为输入电平为高电平。
- 输入低电平（VIL）：保证逻辑门的输入为低电平时所允许的最大输入低电平，当输入电平低于 VIL 时，则认为输入电平为低电平。
- 输出高电平（VOH）：保证逻辑门的输出为高电平时的输出电平的最小值，逻辑门的输出为高电平时的电平值都必须大于此 VOH。
- 输出低电平（VOL）：保证逻辑门的输出为低电平时的输出电平的最大值，逻辑门的输出为低电平时的电平值都必须小于此 VOL。
- 阈值电平（VT）：数字电路芯片都存在一个阈值电平，就是电路刚刚勉强能翻转动作时的电平。它是一个介于 VIL～VIH 的电压值。

  对于一般的逻辑电平，VIH、VIL、VOH、VOL 和 VT 的关系为 VOH＞VIH＞VT＞VIL＞VOL。

- IOH：逻辑门输出为高电平时的负载电流（拉电流）。
- IOL：逻辑门输出为低电平时的负载电流（灌电流）。
- IIH：逻辑门输入为高电平时的电流（灌电流）。
- IIL：逻辑门输入为低电平时的电流（拉电流）。

1. TTL 电平

晶体管-晶体管逻辑（Transistor-Transistor Logic，TTL）是市面上较为常见且应用广泛的一种电平方案，它是由得州仪器公司开发的一类集成电路所使用的电平状态。

TTL 电平规定，输入端的输入电压为 2.0V～VCC（电源电压）的所有电压值都是高电平，0.8V 以下的所有电压值都是低电平；而对于输出端的输出电压来说，2.4V～VCC（电源电压）的所有电压值都是高电平，0.4V 以下的所有电压值都是低电平。

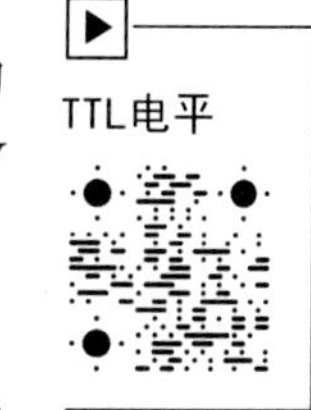

TTL 电平的各参数：VIH≥2V；VIL≤0.8V；VOH≥2.4V；VOL≤0.4V。

TTL 电路的 VCC＝5V±10%，为了稳定工作，电压最低不应低于 4.75V，最高不应高于 5.25V。

2. LVTTL 电平

TTL 电平在 2.4V 与 5V 之间还有很大空闲，这些空闲不但没有好处，还会增大系统功耗，影响速度，因此在 TTL 的基础上，出现了 LVTTL（Low Voltage TTL，低电压 TTL）电平方案。LVTTL 又分 3.3V、2.5V 及更低电压的版本，其中 3.3V 和 2.5V 比较常见。

3.3V LVTTL 电平的各参数：VCC＝3.3V；VIH≥2V；VIL≤0.8V；VOH≥2.4V；VOL≤0.4V。

2.5V LVTTL 电平的各参数：VCC＝2.5V；VIH≥1.7V；VIL≤0.7V；VOH≥2.0V；VOL≤0.2V。

3. CMOS 电平

CMOS 电平和 TTL 电平类似，也是用高低电平来表示电平状态。

CMOS 电平规定，输入端的输入电压大于 0.7 倍 VCC 为高电平，小于 0.3 倍 VCC 则为低电平；而对于输出端来说，输出电压大于 0.9 倍 VCC 为高电平，小于 0.1 倍 VCC 则为低电平。

CMOS 电路的 VCC 工作范围要比 TTL 广，它可以在 5～12V 正常工作，而最常用的 VCC 是 12V。

4. LVCMOS 电平

和 TTL 电平类似，CMOS 电平也有它的低压版本，即 LVCMOS 电平。

3.3V LVCMOS 电平的各参数：VCC＝3.3V；VIH≥2.0V；VIL≤0.7V；VOH≥3.2V；VOL≤0.1V。

2.5V LVCMOS 电平的各参数：VCC＝2.5V；VIH≥1.7V；VIL≤0.7V；VOH≥

2V；VOL≤0.1V。

5. LVDS 电平

上述的高低电平表示法存在一个问题，就是数据传输过程中如果受到强干扰，高低电平突变会造成数据传输出错，基于此出现了差分电平方案。这种方案要求必须使用两根线来表达一个逻辑 1 或逻辑 0 的状态，它采用两根线之间的电压差作为判断依据，这种方案具备极强的抗干扰性。

低电压差分信号（Low Voltage Differential Signal，LVDS）电平是 20 世纪 90 年代才出现的一种用于数据传输和接口技术的电平。它最早是由美国国家半导体公司提出的一种高速串行信号传输电平，由于它具有传输速度快、功耗低、抗干扰能力强、传输距离远、易于匹配等优点，迅速得到诸多芯片制造商和应用商的青睐，并通过美国电信工业协会/电子工业协会（Telecommunication Industry Association/Electronic Industries Association，TIA/EIA）的确认，成为该组织的标准（ANSI/TIA/EIA-644 standard）。LVDS 电平被广泛应用于计算机、通信以及消费电子领域，并被以 PCI-Express 为代表的第三代 I/O 标准采用。其原理如图 5.3 所示。

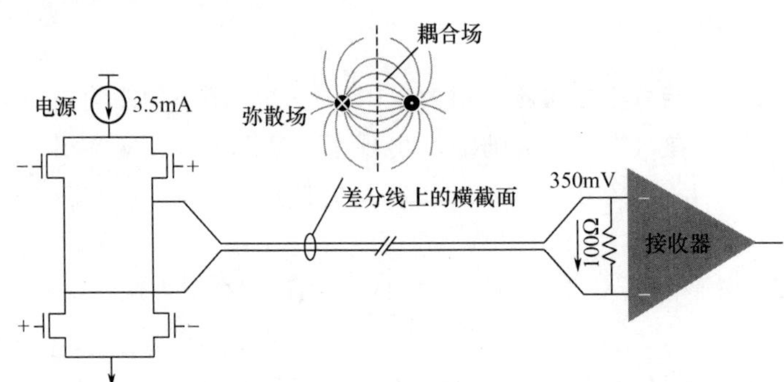

图 5.3　LVDS 电平的原理

LVDS 发送端是一个 3.5mA 的电流源，产生的 3.5mA 的电流通过差分线中的一路流入接收端。由于接收端对于直流表现为高阻，电流通过接收端的 100Ω 匹配电阻产生 350mV 的电压，同时电流经过差分线的另一路流回发送端。当发送端进行状态变化时，通过改变流经 100Ω 电阻的电流方向表示逻辑 0 和逻辑 1。

LVDS 的差分电平是±350mV。

6. RS－232 电平

上述的电平方案主要用于单片机系统中，而 RS－232 是主要用在计算机上的一种电平方案，它采用高低电平表示法。

RS－232 是 EIA 制定的串行数据通信的接口标准，原始编号全称是 EIA-RS－232。它被广泛用于计算机串行接口外设连接。

RS－232 电平规定了在数据线上，在输入端，－15～－3V 的电压值为逻辑 1，＋3～＋15V 的电压值为逻辑 0；在输出端，－15～－5V 的电压值为逻辑 1，＋5～＋15V 的电压值为逻辑 0。

7. RS－422 电平

RS－232 是为本地点对点通信（只能使用一对收发设备）设计的，它的传输距离最大约为 15 米，最高传输速率为 20kb/s。

RS－422 由 RS－232 发展而来，它是为弥补 RS－232 的不足而提出的。为改进 RS－232 通信距离短、速率低的缺点，RS－422 定义了一种平衡通信接口，将传输速率提高到 10Mb/s，传输距离延长到 1200 米（速率低于 100kb/s 时），并允许在一条平衡总线上连接最多 10 个接收器。RS－422 是一种单机发送、多机接收的单向、平衡传输标准，全称为 TIA/EIA-422-A。

RS－232 是一种高低电平，存在着易受干扰的缺点，RS－422 弥补了这个缺点。RS－422 电平是差分电平，它使用两根线 A 和 B 进行数据传输，定义逻辑 1 为 B 线电压＞A 线电压的状态，定义逻辑 0 为 A 线电压＞B 线电压的状态。它规定，对于输入端如果 A 线和 B 线之间的电压差为 2～6V 为逻辑 1，A 线和 B 线之间的电压差为－6～－2V 则为逻辑 0；而对于输出端，如果 A 线和 B 线之间的电压差高于 200mV 为逻辑 1，A 线和 B 线之间的电压差低于 200mV 为逻辑 0。

8. RS－485 电平

RS－485 和 RS－422 一样使用差分电平表示法，两者的区别在于，RS－422 接口包含两组四根（每组两根）数据线，一组用于发送，另一组用于接收。它可以同时发送和接收（全双工模式），而 RS－485 接口只有一组两根数据线，不能同时发送和接收（半双工模式）。

5.2.2　硬件接口

对于单片机系统来说，通常 TTL 或 CMOS 器件都是和 MCU 直接连接的，而 MCU 可以通过读取 TTL 或 CMOS 对应引脚的电平状态来识别 1 或 0 两种逻辑状态，这在简单的电路和应用场景里是没有问题的，但是当单片机系统之间、单片机和计算机之间需要进行大量数据传输时，就需要设计统一的硬件接口进行数据传输工作了。

不同的厂商设计了不同的硬件接口来进行数据传输。硬件接口可以分为串口和并口两大类，两者的区别在于：串口是使用一根数据线将数据一位一位地依次发送，而并口是使用多根数据线同时传输数据。它们分别对应了串行传输和并行传输两种数据传输模式，如图 5.4 所示。

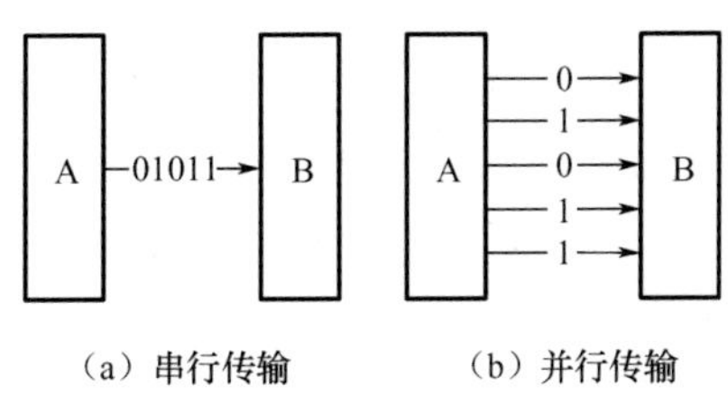

图 5.4　串行传输和并行传输示意

目前，串口逐渐淘汰了并口，而常见的串口包括 UART 接口、IIC 接口、SPI 接口、RS－232 接口、RS－485 接口、USB 接口和 RJ－45 接口。其中，UART 接口、IIC 接口、SPI 接口主要用于单片机系统，RS－232 接口、RS－485 接口、USB 接口主要用于计算机，RJ－45 接口主要用于网络通信，如图 5.5 所示。

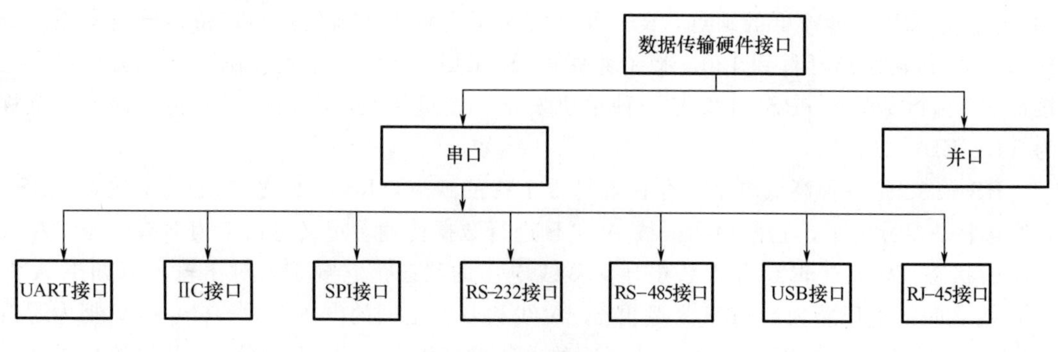

图 5.5　硬件接口分类

1. UART 接口

通用异步收发器（Universal Asynchronous Receiver and Transmitter，UART）的含义比较丰富，它既是一类接口（如 RS－232 接口、RS－499 接口、RS－423 接口、RS－422接口和 RS－485 接口）的统称，又是一种数据通信协议的名称，多数场景里可以把它理解为“使用了 UART 数据通信协议的接口”。

在单片机中，UART 指的是一种双线制的硬件接口，如图 5.6 所示。

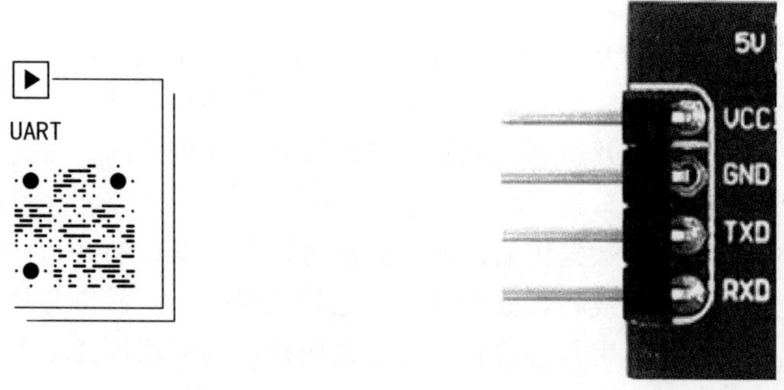

图 5.6　单片机上的 UART 接口

UART 接口有 4 根引脚，分别为 VCC、GND、RXD、TXD，使用 TTL 电平，低电平（OV）表示逻辑 0，高电平（3.3V 或以上）表示逻辑 1。

VCC 引脚用于供电，GND 引脚用于接地，TXD 引脚用于发送数据，RXD 引脚用于接收数据（收发不是一根线，可以同时发送和接收数据，称为全双工方式）。注意：A 和 B 两个实体进行通信的话，A 的 TXD 要接 B 的 RXD，A 的 RXD 要接 B 的 TXD（A 用 TXD 发送，B 用 RXD 接收）。

2. COM接口

在个人计算机中，一般不称UART接口，而称COM接口（Cluster Communication Port，串行通信端口）。由于历史原因，COM接口几乎已经成为RS-232接口的别称，而RS-232接口又是UART接口的一种，所以在个人计算机中，UART接口、COM接口几乎都指RS-232接口。

RS-232接口有两种接口形式，一种是9个引脚（DB-9），另一种是25个引脚（DB-25）。一般计算机上会有两组9引脚的RS-232接口，分别称为COM1和COM2。9引脚的RS-232接口如图5.7所示。

图5.7 RS-232接口的母头（左）和公头（右）

RS-232接口分为公头和母头，它们连接的设备又分为数据终端设备（Data Terminal Equipment，DTE）和数据通信设备（Data Communication Equipment，DCE）两类。

DTE最典型的是计算机主机，而DCE最典型的是调制解调器。通常情况下，DTE上配备公头，而DCE上配备母头。

DTE和DCE的9个引脚的作用如表5-3所示。

表5-3 DTE和DCE引脚的作用（9针）

DTE Pin Assignment(DB-9)				DCE Pin Assignment(DB-9)			
1	DCD	Data Carrier Detect	载波检测	1	DCD	Data Carrier Detect	载波检测
2	RXD	Receive Data	接收数据	2	TXD	Transmit Data	发送数据
3	TXD	Transmit Data	发送数据	3	RXD	Receive Data	接收数据
4	DTR	Data Terminal Ready	数据终端准备好	4	DSR	Data Set Ready	数据准备好
5	GND	Ground (Signal)	信号地	5	GND	Ground (Signal)	信号地
6	DSR	Data Set Ready	数据准备好	6	DTR	Data Terminal Ready	数据终端准备好
7	RTS	Request to Send	请求发送	7	CTS	Clear to Send	清除发送
8	CTS	Clear to Send	清除发送	8	RTS	Request to Send	请求发送
9	RI	Ring Indicator	振铃提示	9	RI	Ring Indicator	振铃提示

25引脚的RS-232现在已很少使用，在此不再赘述。

使用RS-232连接一个DTE和一个DCE，可以使用直连线方式，每一根信号线直连另外一端对应的信号线即可；而如果要直接连接两个DTE，则需要使用交叉线方式，如表5-4所示。

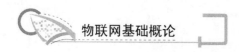

表 5-4 使用 RS-232 接口连接不同类型设备的方法

直连线(DB-9)					交叉线(DB-9)				
(DTE)			(DCE)		(DTE)			(DTE)	
1	DCD	—	DCD	1	1	DCD	—	DCD	1
2	RXD	—	TxD	2	2	RXD	—	TxD	3
3	TXD	—	RxD	3	3	TXD	—	RxD	2
4	DTR	—	DSR	4	4	DTR	—	DSR	6
5	GND	—	GND	5	5	GND	—	GND	5
6	DSR	—	DTR	6	6	DSR	—	DTR	4
7	RTS	—	CTS	7	7	RTS	—	CTS	8
8	CTS	—	RTS	8	8	CTS	—	RTS	7
9	RI	—	RI	9	9	RI	—	RI	9

在实际开发时，一般只需要连接引脚 2、3、5，即接收、发送和接地，就能实现通信。RS-232 接口通信最远距离是 15m，可做到双向传输，最高传输速率为 20kb/s。

注意，单片机的 UART 接口和计算机的 RS-232 接口不能直接相连，因为它们使用的电平不同（单片机的 UART 接口使用 TTL 电平，RS-232 接口使用 RS-232 电平），关于它们的连接方式将在 5.2.3 节讲解。

3. IIC 接口

集成电路总线(Inter-Integrated Circuit，IIC）又称 I2C 或者 I^2C，是由飞利浦半导体公司在 20 世纪 80 年代初设计出来的一种双向、二线制、支持多主多从的同步串行总线。其设计目标是近距离中低速芯片间的通信，多用于连接微控制器和外围设备。它是一种多向控制总线，也就是说，多个芯片可以连接在同一总线结构下，同时每个芯片都可以作为实时数据传输的控制源，所有连接在同一总线上的设备之间都可以互相发送数据，而主从关系则取决于数据传送方向。

IIC 也是一种双线制的硬件接口，如图 5.8 所示。

图 5.8 IIC 接口结构

IIC 的典型工作电压为+3.3V 或+5V，它只使用两条线路进行数据传输，其中 SDA（Serial Data）是串行数据线，SCL（Serial Clock）为串行时钟频率线。IIC 使用 IIC 总线协议进行数据传输工作，详见第 5.2.4 节。

4. SPI接口

串行外设接口(Serial Peripheral Interface，SPI)是另外一种用于近距离芯片之间高速通信的接口。它是由摩托罗拉公司开发的并逐步发展成一种行业规范，主要用于单片机系统，最常见的使用该接口的元器件是SD卡和液晶显示器。

SPI是一种四线串行总线，以主/从方式工作，数据传输过程由主机初始化，如图5.9所示。

图5.9 SPI接口结构

SPI的四条信号线如下。

(1) SCLK是串行时钟线，用来同步数据传输，由主机输出。

(2) MOSI是主机输出从机输入数据线。

(3) MISO是主机输入从机输出数据线。

(4) SS是片选线，低电平有效，由主机输出。

在SPI总线上，某一时刻可以出现多个从机，但只能存在一个主机，主机通过片选线来确定要通信的从机。

SPI的典型工作电压也是+3.3V或+5V，它的数据传输通信协议详见5.2.4节。

5. RS-422和RS-485接口

RS-232接口存在一些不足，包括：接口信号电压高，容易损坏接口电路的芯片；与TTL电平不兼容；传输速率较低；两根信号线之间容易产生干扰；传输距离有限等。

针对RS-232接口的不足，开发了RS-422和RS-485接口。RS-485接口是RS-422的半双工版本。RS-422接口使用四根线来传输数据，分为两组，另一组为TXD+和TXD-，另一组为RXD+和RXD-，分别用来发送和接收数据。RS-485接口使用两根线来传输数据，通常标记为A线和B线，或者DATA+和DATA-。

6. USB接口

通用串行总线(Universal Serial Bus，USB)是连接计算机系统与外部设备的一种串口总线标准，也是一种输入输出接口的技术规范，被广泛应用于个人计算机和移动设备等的数据通信，并扩展至摄影器材、数字电视(机顶盒)、游戏机等其他相关领域。USB是由英特尔等多家公司联合在1996年推出的，已成功替代串口和并口，成为计算机与许多智能设备的必配接口。USB 的发展经历了多个版本，从最初的 USB 1.0 到 USB 3.1，其最大传输速率从 1.5Mb/s 提高到了 10Gb/s。

USB 2.0 采用 4 引脚设计，如图 5.10 所示。

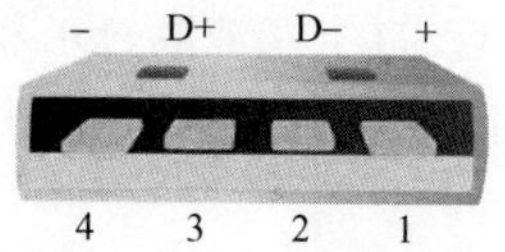

图 5.10 USB 2.0 引脚示意

其中，－代表 GND，＋代表 VCC，D＋和 D－代表两根数据传输线。

USB 3.0 采用 9 引脚设计，为了向下兼容 USB 2.0，其中 4 个引脚和 USB 2.0 完全相同，另外 5 个是专门为 USB 3.0 的传输加速的，如图 5.11 所示。

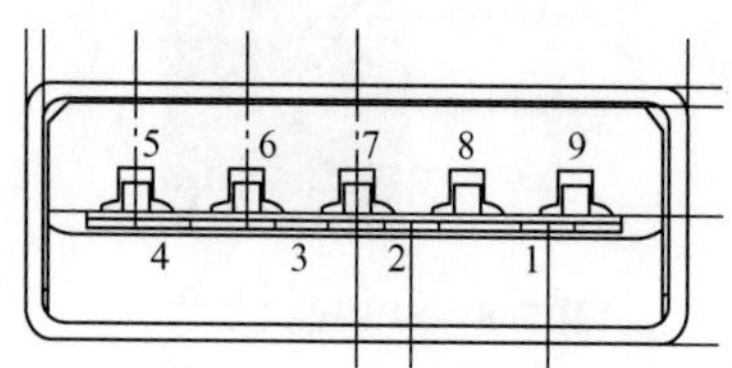

图 5.11 USB 3.0 引脚示意

其引脚的作用如表 5－5 所示。

表 5－5 USB 3.0 引脚的作用

引 脚 号	引 脚 名	描 述
1	VCC	电源线
2	D－	USB 2.0 差分信号线
3	D＋	USB 2.0 差分信号线
4	GND	电源地
5	STDA_SSRX－	高速接收差分线
6	STDA_SSRX＋	高速接收差分线
7	GND_DRAIN	信号地
8	STDA_SSTX－	高速发送差分线
9	STDA_SSTX＋	高速发送差分线

USB 接口形式目前还不统一，出于数码设备设计中体积的考虑，各个厂商设计了各种各样的 USB 接口。比较常见的 USB 接口形式如图 5.12 所示。

7. RJ－45 接口（网卡接口）

RJ－45 接口是网络布线系统中信息插座（即通信引出端）连接器的一种。连接器由插头（接头、水晶头）和插座（模块）组成，广泛用于局域网和宽带上网用户的网络设备之间。RJ－45 接口作为网卡上的标准接口已经逐渐得到大家的公认，平时所说的网卡接口其实就是

指 RJ－45 接口。RJ－45 接口是标准 8 位模块化接口的俗称，又称 8P8C。8P8C（8 Position 8 Contact）的意思是 8 个位置（指 8 个凹槽）、8 个触点（指 8 个金属接点）。

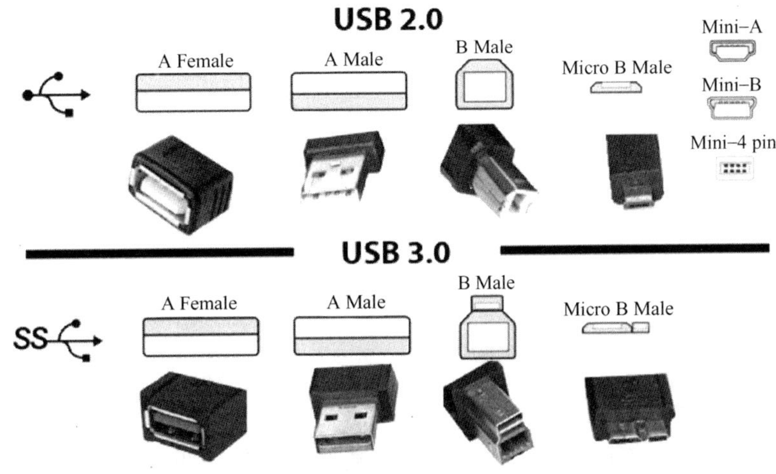

图 5.12 常见的 USB 2.0 和 USB 3.0 接口形式

与 RJ－45 接口相连的总共有 8 根线，按照颜色区分，分别是绿、橙、蓝、棕、绿白、橙白、蓝白、棕白，其中橙白色线和橙色线组成一对差分传输线，绿白色线和绿色线组成一对差分传输线，蓝白色线和蓝色线组成一对差分传输线，棕白色线和棕色线组成一对差分传输线。根据不同的应用场景，RJ－45 接口被分为两类，分别是 TIA/EIA-568-A（简称 T568A）和 TIA/EIA-568-B（简称 T568B），它们之间的区别在于线序，如图 5.13 所示。

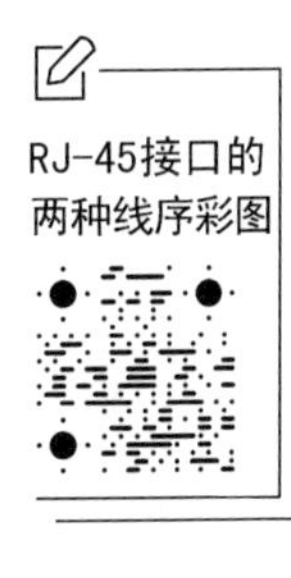

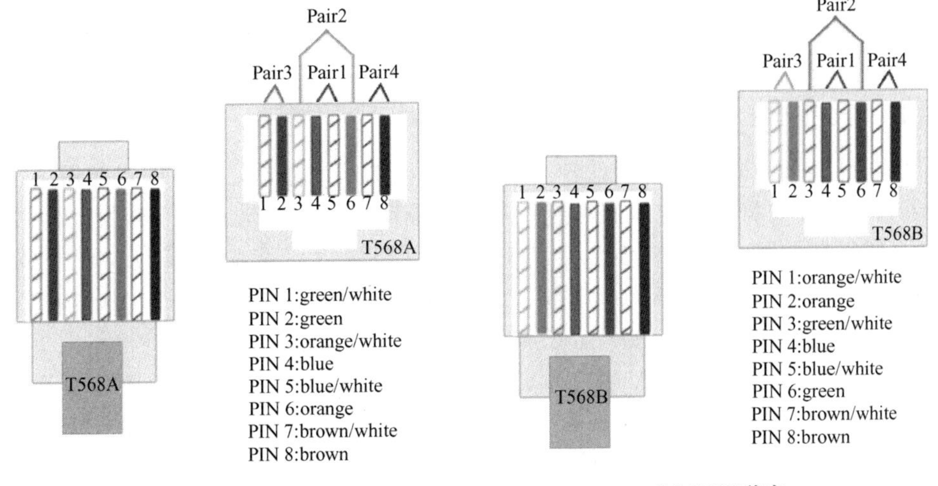

（a）T568A线序　　（b）T568B线序

图 5.13 RJ－45 接口的两种线序

因为存在两种线序，所以就存在四种不同形式的连接线，分别是：

T568A—T568A；

T568B—T568B；

T568A—T568B；

T568B—T568A。

前两者称为直连线，后两者称为交叉线。

这两种线序是为了连接不同类型的网络设备，一类是计算机主机等 DTE 设备，另一类是交换机等 DCE 设备。当相同类型的设备使用 RJ-45 接口连接通信时，必须使用交叉线连接，原因是如果两个 DTE 设备的接口不采用交叉线方式连接引脚的话，双方的引脚都是数据接收（发送）引脚，通信将不能进行。图 5.14 展示了两种类型设备的引脚定义。

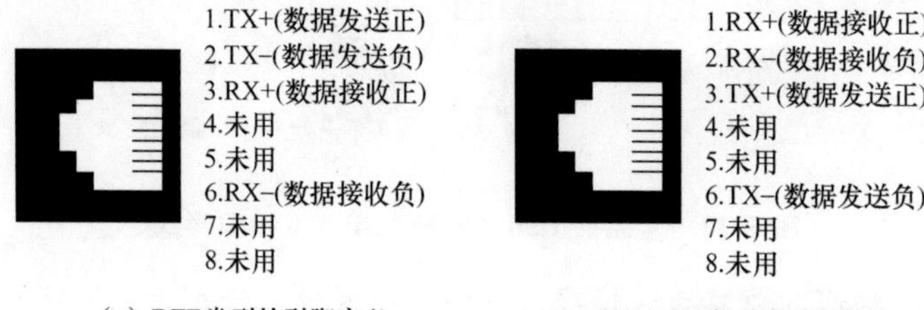

图 5.14 DTE 类型和 DCE 类型的引脚定义

交叉线方法适用于连接主机与主机，或者设备与设备。

直连线方法适用于连接主机与设备。

5.2.3 不同接口（电平）之间的转换

不同类型的硬件接口或电子元器件之间是可以互相连接进行数据传输的，但是并不能直接连接，因为它们使用不同的电平，彼此之间要想实现互连，首先要保证电平一致。下面介绍最常见的接口（电平）转换。

1. TTL 电平和 CMOS 电平之间的转换

TTL 电平和 CMOS 电平之间的转换通常发生在电子元器件之间，即当使用了不同电平的元器件，又需要将它们连接起来进行数据传输时，就需要进行电平转换。如果 TTL 和 CMOS 器件都使用 5V 电源电压，则 CMOS 电路可以直接驱动 TTL 器件，是由于 CMOS 的输出高电平大于 2.0V(0.9×VCC=4.5V)，输出低电平小于 0.8V(0.1×VCC=0.5V)；而 TTL 电路则不能直接驱动 CMOS 器件，是由于 TTL 的输出高电平大于 2.4V，而如果这个电压值在 2.4～3.5V(0.7×VCC=3.5V)，则 CMOS 电路就不能检测到高电平，低电平小于 0.4V(0.3×VCC=1.5V) 满足要求，这时可以在 TTL 电路上加上拉电阻使其输出 5V 高电平来驱动 CMOS 器件。

TTL 器件只能使用 5V 的电源电压，所以如果 CMOS 电器使用超过 5V 的电源电压，则需要保证其输出的高电平值在 5V 左右，可以使用分压电路或电压转换芯片来实现电平的转换。

2. UART接口（TTL电平）和COM接口（RS-232电平）之间的转换

TTL电平和RS-232电平之间的转换是发生在接口之间的转换，即单片机的数据传输接口和计算机的串口需要连接进行数据传输时，则要将单片机使用的TTL电平转换成计算机所使用的RS-232电平（将TTL电平表示逻辑1和逻辑0的电平状态，转换成RS-232电平表示的逻辑1和逻辑0的电平状态）。TTL电平和RS-232电平是完全不同的两套电平系统，它们之间的转换通常通过专门的芯片来完成，而最常见的是MAX232芯片。

MAX232芯片是美信半导体公司专为RS-232标准串口设计的单电源电平转换芯片，使用+5V单电源供电。MAX232芯片及其引脚如图5.15所示。

图5.15 MAX232芯片及其引脚

该芯片的引脚可以简单地分为三个部分。

(1) 芯片的供电电路，包含两个引脚，分别是15和16引脚，其中15脚GND接地，16脚VCC接5V电源。

(2) 数据（电平）转换通道，由7、8、9、10、11、12、13、14脚构成两个数据（电平）通道。其中，13脚（$R1_{IN}$）、12脚（$R1_{OUT}$）、11脚（$T1_{IN}$）、14脚（$T1_{OUT}$）为第一数据（电平）通道；8脚（$R2_{IN}$）、9脚（$R2_{OUT}$）、10脚（$T2_{IN}$）、7脚（$T2_{OUT}$）为第二数据（电平）通道。

TTL数据（电平）可以从11引脚（$T1_{IN}$）、10引脚（$T2_{IN}$）输入转换成RS-232数据（电平）后，从14脚（$T1_{OUT}$）、7脚（$T2_{OUT}$）送到计算机接口；计算机接口的RS-232数据（电平）可以从13引脚（$R1_{IN}$）、8引脚（$R2_{IN}$）输入转换成TTL数据后，从12引脚（$R1_{OUT}$）、9引脚（$R2_{OUT}$）输出。

(3) 电荷泵电路，由1、2、3、4、5、6脚和4只电容构成。功能是产生+12V和-12V两个电源，供COM接口所需。

图5.16展示了一个典型的使用MAX232芯片进行TTL和RS-232电平转换的接线法。

通常，TTL和RS-232之间的电平转换会使用封装好的转换模块进行，如图5.17所示。

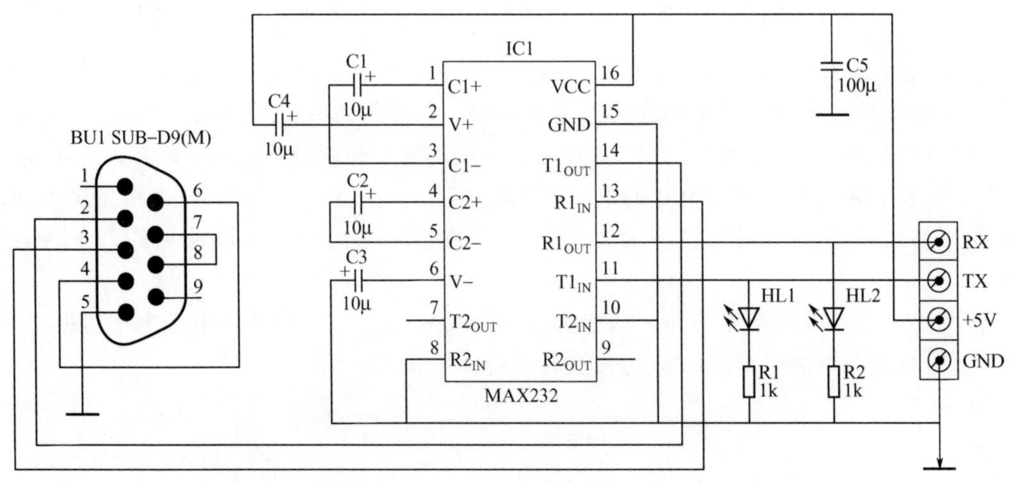

图 5.16　MAX232 芯片进行 TTL 和 RS-232 电平转换的接线

图 5.17　商用 MAX232 模块

3. UART 接口（TTL 电平）和 RS-485 接口（RS-485 电平）之间的转换

类似于 TTL 和 RS-232，TTL 和 RS-485 之间的电平转换也是通过专用芯片进行的，最常用的是 MAX485 芯片，它也是由美信半导体公司设计生产的，如图 5.18 所示。

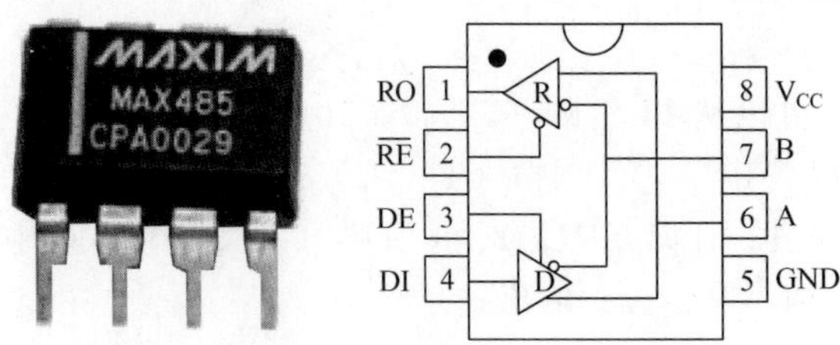

图 5.18　MAX485 芯片及其引脚

MAX485 的引脚比较简单，介绍如下。

(1) RO 和 DI 引脚分别为芯片的输出和输入端，与单片机连接时只需分别与单片机的 RXD 和 TXD 引脚相连即可。

(2) RE 和 DE 引脚分别为接收和发送的使能端，当 RE 为低电平时，器件处于接收状态；当 DE 为高电平时，器件处于发送状态，只需用单片机的一个引脚控制这两个引脚即可控制 MAX485 的接收和发送。

(3) A 和 B 引脚分别为接收和发送的差分信号端，当 A 引脚的电平高于 B 引脚时，代表发送的数据为 1；当 A 引脚的电平低于 B 引脚时，代表发送的数据为 0。

(4) 在 A 和 B 引脚之间加匹配电阻，一般可选 100Ω 的电阻。

同样地，TTL 和 RS-485 之间的电平转换会使用封装好的转换模块进行，如图 5.19 所示。

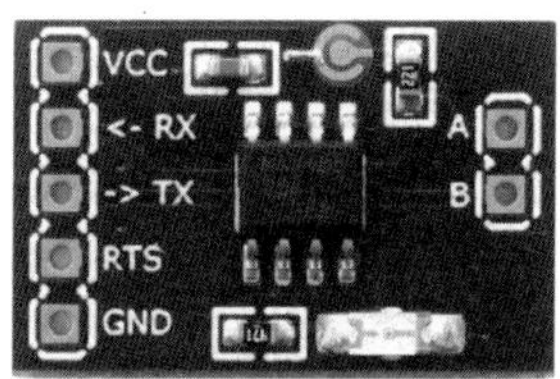

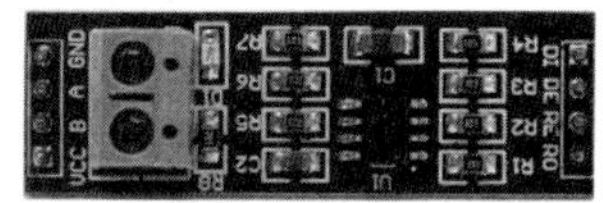

图 5.19 商用 MAX485 模块

4. UART 接口（TTL 电平）和 USB 接口（USB 电平）之间的转换

现今许多计算机特别是便携式，基本已经取消了串口，而 USB 接口基本上成了标配，这时如果需要进行单片机和计算机之间的通信，则需要将 UART 接口的 TTL 高低电平转换成 USB 接口的差分电平。

有许多芯片能完成 TTL 和 USB 之间的电平转换，如 CH340、CH341、PL2303 等，最常用的是 CH340 芯片。

CH340 芯片能将 USB 接口转换为 UART、RS-232、RS-485 等接口，如图 5.20 所示。

图 5.20 CH340 芯片的用途

CH340 芯片有多种封装形式，如图 5.21 所示。

CH340C、CH340E 和 CH340B 内置时钟，无须外部晶振。

CH340B 内置 EEPROM 用于配置序列号，部分功能可定制。

CH340R 提供反极性 TXD 和 MODEM 信号，目前已停产。

以图 5.21 中最常用和最简单的 CH340E 封装为例，其引脚作用如下。

- UD+为 USB 的信号线，直接连接 USB 接口的 D+数据线。
- UD-为 USB 的信号线，直接连接 USB 接口的 D-数据线。
- GND 为公共接地端，直接连接 USB 接口的 GND 引脚。
- RTS 和 CTS 为 MODEM 的信号线。
- V3 接 3.3V 电源电压。
- RXD 和 TXD 接 UART 接口的 TXD 和 RXD 引脚。

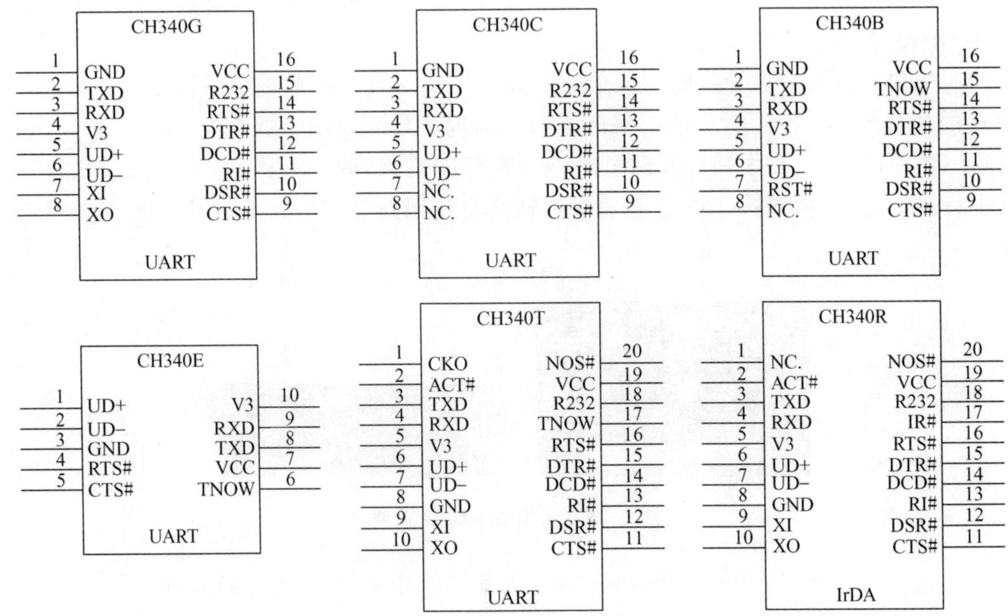

图 5.21　CH340 芯片的封装形式

- VCC 接外部电源。
- TNOW 为串口正在工作的状态指示。

通常，TTL 和 USB 之间的电平转换也会使用封装好的转换模块进行，如图 5.22 所示。

图 5.22　商用 CH340 模块

需要注意的是，因为 UART 接口和 USB 接口使用完全不同的数据通信协议，所以这种转换器在计算端需要安装对应的驱动才能正常工作。

5. UART 接口和 RJ-45 接口之间的转换

UART 接口和 RJ-45 接口之间的转换和前面的转换有所不同，前面的转换都是基于物理层的转换，转换逻辑主要是逻辑 1 和逻辑 0 之间的电平转换。而 RJ-45 接口是在 TCP/IP 协议下工作的，UART 接口和 RJ-45 之间的转换不再是简单的电平变换，它还需要对数据进行封装。它实际上是将 UART 接口发送的数据按照 TCP/IP 协议进行封装变成符合以太网传输标准的数据包，然后将其发送至 RJ-45 接口进行以太网传输。

UART 接口和 RJ-45 接口之间的转换模块如图 5.23 所示。

图 5.23　商用 RJ－45 和 UART 转换模块

需要注意的是，在使用这种转换模块时并不是直接连接上就能工作，还需要使用配置引脚对模块进行配置之后才能正常工作。

6. UART 接口、IIC 接口和 SPI 接口之间的转换

UART、IIC 和 SPI 接口是单片机系统上最常见的三种接口，同时它们还是三种通信协议的名称。这三种通信协议都包含了物理层和数据层两层内容，物理层规定了用几条线实现通信，数据层规定了怎么用高低电平的变化表示数据。

使用 MCU 的通用 I/O 口，配合对应的程序，可以完全模拟三种接口的协议。从这点上来说，这三种接口的每一个引脚本质上都是一个通用 I/O 口，只不过是在不同的接口有不同的规则来控制它的电平发生变化，然后几个引脚之间互相配合完成数据传输工作而已。

这三种接口通常情况都是直连 MCU 的，由 MCU 负责直接和它们通信，很少将这三种接口直接互相连接，如图 5.24 所示。

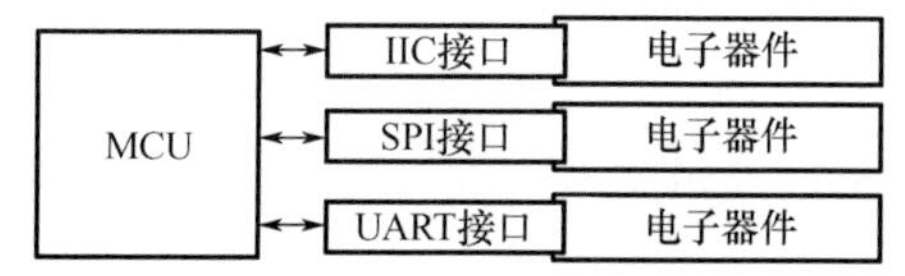

图 5.24　IIC、SPI、UART 三种接口的连接模式

市面上也能看到 IIC、SPI 和 UART 接口互转的物理模块，但是其实这样的模块就是一个单片机系统，它内部的 MCU 不做别的工作，只负责按照某种协议把某个端口的数据解析出来，然后按照另外一种协议发送到另外一个端口。

7. COM 接口（RS－232 电平）和 RS－485 接口（RS－485 电平）之间的转换

前面讲过 TTL 电平和 RS－232、RS－485 电平之间的转换，主要是通过 MAX232 和 MAX485 芯片来完成的，所以 RS－232 和 RS－485 之间最简单的电平转换方案就是将 MAX232 和 MAX485 芯片配合起来完成转换，即先将 RS－232 电平通过 MAX232 芯片转成 TTL 电平，再将 TTL 电平通过 MAX485 芯片转成 RS－485 电平，如图 5.25 所示。

当然这不是唯一的转换方案，使用其他的芯片也可以完成这种转换，通常使用的是商用转换器，如图 5.26 所示。

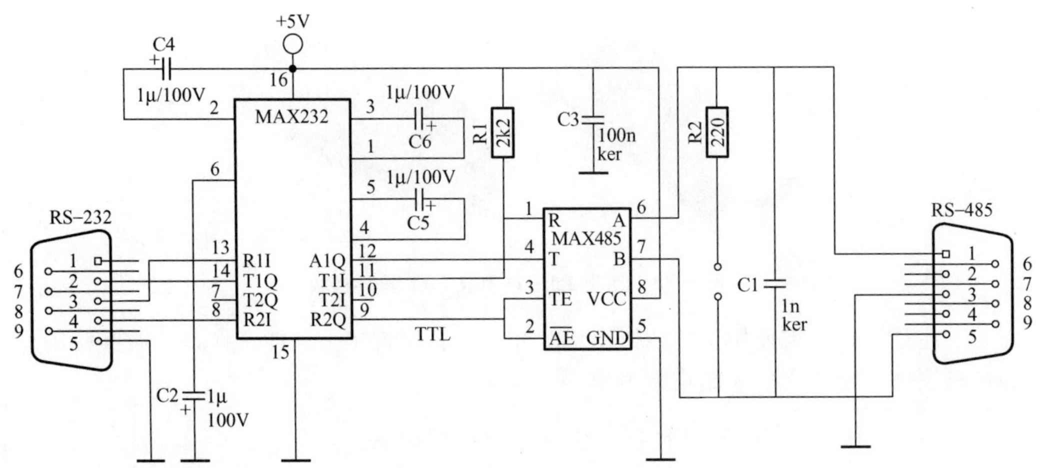

图 5.25　使用 MAX232 和 MAX485 芯片完成 RS-232 和 RS-485 电平之间的转换

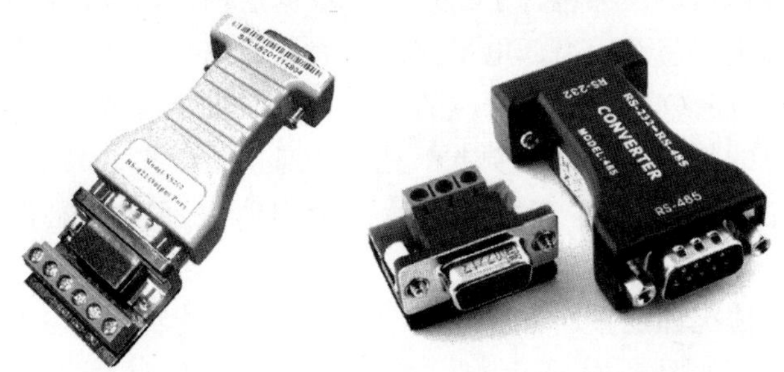

图 5.26　商用 RS-232 和 RS-485 转换器

RS-232 和 RS-485 转换器通常用在两种情况下，一种是计算机和一个远距离的 RS-485 接口设备通信，另一种是计算机和另一台远距离的计算机通信，如图 5.27 所示。

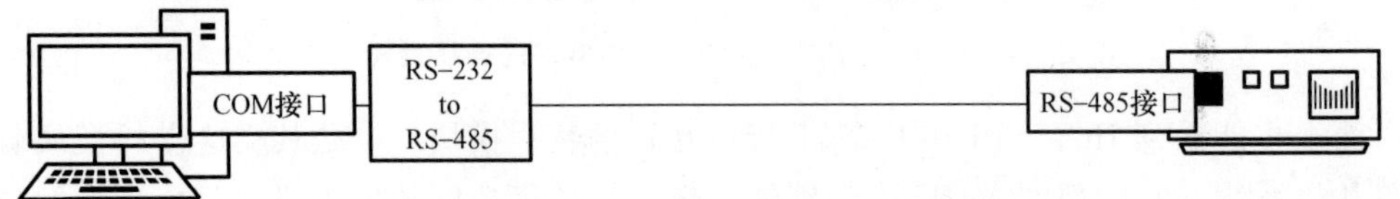

(a) 计算机和远端RS-485接口设备通信

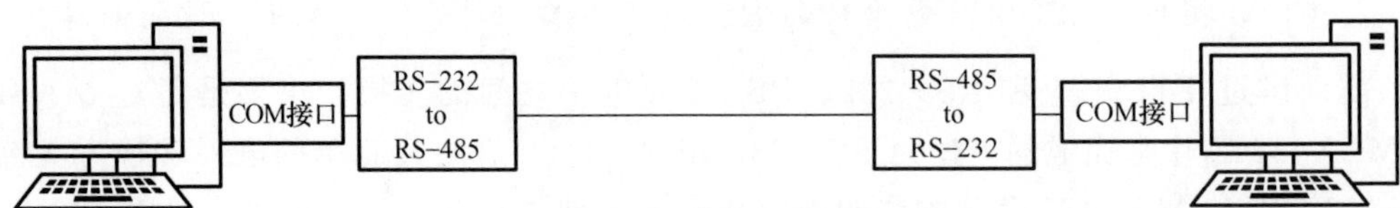

(b) 计算机和远端计算机通信

图 5.27　RS-232 和 RS-485 转换器的典型应用情况

需要注意的是，因为 COM 接口的传输距离有限，所以转换器一定是紧挨着 COM 接口的一端连接。

8. COM接口转RJ-45接口

在第5.2.2节中提到，在计算机中，COM接口指的就是RS-232接口。COM转RJ-45接口有两种典型的应用场景，第一种场景是纯粹将RJ-45接口和双绞线作为计算机与外部设备之间的通信介质，如图5.28所示。

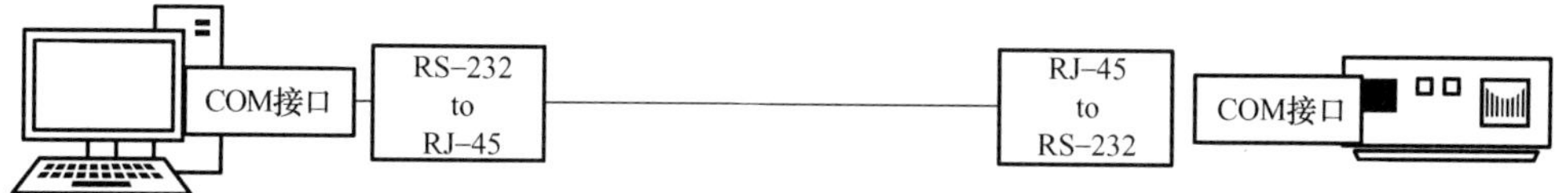

图5.28　COM接口转RJ-45接口的一种应用场景

在这种情况下，RJ-45接口和两个COM接口之间直接相连的双绞线都只是作为一种传输介质存在的，就跟普通的导线一样。例如，某栋建筑物里已经在一面墙体里埋好网线和网线插头，当一个房间里的计算机要和另一个房间里的COM接口设备进行通信时，除了铺设新的通信电缆之外，还可以使用这种方法将预埋的网线作为通信介质进行数据传输。这种应用场景中，只是将双绞线作为普通的数据线使用，需要注意的只是接口和线路之间的连接关系而已。

RJ-45接口有568A和568B两个标准，因为在上面所述的场景中，纯粹是将RJ-45接口和双绞线作为传输介质使用，所以理论上可以将RJ-45的任意两根线连接到COM接口对应的TXD和RXD两个引脚，而网线的另一端只要使用同样两根线连接到RXD和TXD两个引脚即可。

COM接口转RJ-45接口的第二种应用场景则是把COM接口发送的数据直接传输给其他的网络设备，如网卡、集线器、路由器等，这时就不再是简单地把网线作为传输介质了，类似于UART接口与RJ-45接口之间的转换，这种转换是将COM接口发送的数据按照TCP/IP协议进行封装变成符合以太网传输标准的数据包，然后将其发送至RJ-45接口进行以太网传输。这种转换需要依靠特定的转换模块进行，如图5.29所示。

图5.29　商用RS-232和RJ-45转换器

5.2.4　通信协议

当电平方案和不同的硬件接口确定之后，在两个实体之间进行数据传输还必须制定一套规则，否则接收方收到的只是一系列逻辑电平的变化，而要想从这些变化的电平中得到有意义的数据，就必须按照一定的规则对其进行“解读”，这套规则就是通信协议。

在介绍通信协议之前，先了解以下几个专业术语。

- 单工数据传输，只支持数据在一个方向上传输。
- 半双工数据传输，允许数据在两个方向上传输，但是，在某一时刻，只允许数据在一个方向上传输，它实际上是一种切换方向的单工通信。
- 全双工数据传输，允许数据同时在两个方向上传输，因此，全双工通信是两个单工通信方式的结合，它要求发送设备和接收设备都有独立的接收和发送能力。

单工、半双工和全双工数据传输示意如图 5.30 所示。

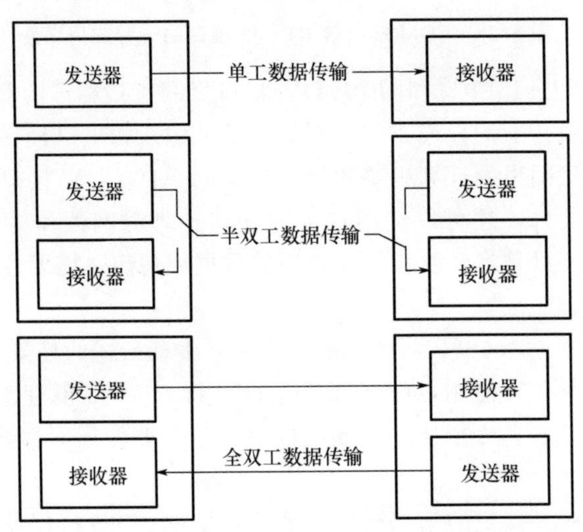

图 5.30　单工、半双工和全双工数据传输示意

- 同步数据传输。这种传输方式下，发送方和接收方使用同一个时钟，发送方和接收方的时钟调整到同一个频率，双方不停地发送和接收连续的数据流。发送方在每次发出数据帧后需要等待接收方的回应之后才能继续发下一个数据帧。其优点在于通信效率高，速度快，数据传输准确率容易保证，可以用于点对多点传输；缺点在于通信过程实现复杂，双方时钟的允许误差较小。
- 异步数据传输。这种传输方式下，发送方和接收方使用各自的时钟，发送方和接收方不需要建立时钟同步，发送端可以在任意时刻开始发送数据，而且发送方发送的数据帧之间的时间间隔可以是任意的（数据帧内部位与位之间的时间间隔是固定的），接收方随时准备接收，因此必须在每一段数据的开始和结束的地方加上标志，即加上开始位和停止位。其优点在于通信过程实现简单，双方时钟可以存在较大误差，缺点在于通信效率低，速度慢，只适合点对点传输，数据传输准确率较难保证。

同步和异步数据传输方式示意如图 5.31 所示。

1. UART 通信协议

UART 通信协议是最常见，也是最简单的一种通信协议。它是一种双线制、全双工、异步串行通信协议。UART 通信协议应用于 UART、RS－232、RS－422、RS－485 等接口。

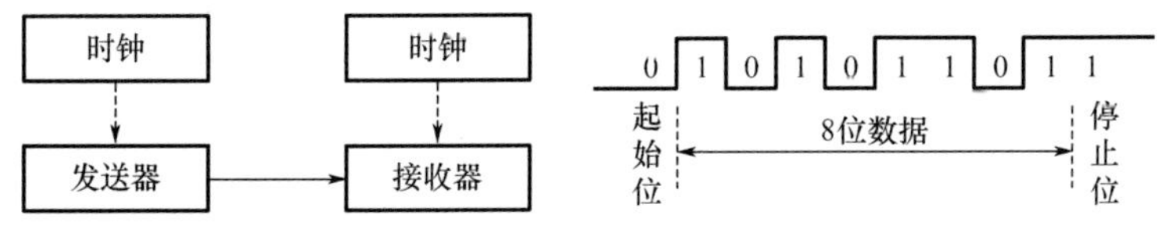

（a）异步数据传输示意

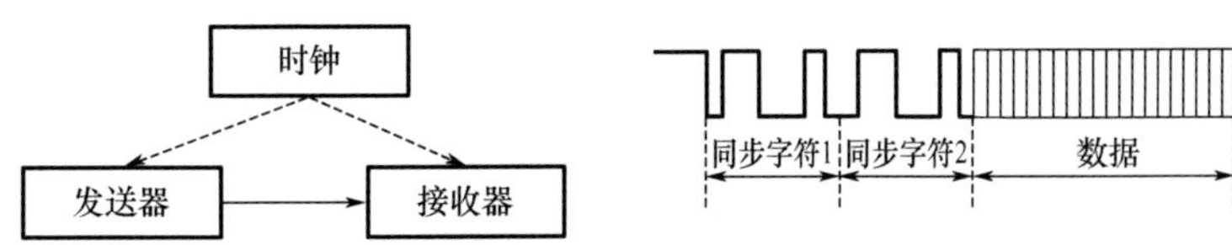

（b）同步数据传输示意

图 5.31　异步和同步数据传输方式示意

UART 通信协议的核心特征包括以下几个。

（1）使用一条传输线进行数据发送或接收。

（2）传输线空闲时为逻辑 1 对应的电平（对于单片机的 UART 接口为 5V，而对于 RS－232 接口则为－15～－3V，为解释方便，以下使用单片机 UART 接口的习惯，将此电平称为高电平，即下文中的高电平指逻辑 1 对应的电平），开始发送之前将高电平转为低电平，代表数据开始发送，这个低电平称为“起始位”。

（3）以一个字符为传输单位，每个字符转换成若干位 0 或 1 组成的数据段，配合起始位、校验位、停止位组合成一个数据帧。

（4）两个数据帧之间的发送时间间隔是不固定的，但是同一个数据帧内部两个相邻位之间的时间间隔是固定的。

（5）UART 传输顺序为低位优先。

因为 UART 是异步通信，不需要在发送和接收双方建立时间同步机制，那么就需要发送方和接收方使用同样的频率来进行数据传输。这个频率在 UART 用波特率（Baud Rate）表征，它在 UART 中被定义为每秒传输的位数（bit），常见的标准波特率有 300、600、1 200、2 400、4 800、9 600、19 200、38 400、43 000、56 000、57 600、115 200 等。例如，300 波特率就代表每秒传输 300 位，非标准的波特率可以自定义使用，但是要求发送方和接收方相同。

UART 完整的一帧数据由起始位、数据位、校验位、停止位组成，结构如图 5.32 所示。

数据传输的开始是一个高电平到低电平的变化，接下来这个持续的低电平称为起始位；起始位后面紧跟着的电平变化代表了一系列的逻辑 1 和逻辑 0，这些逻辑 1 和逻辑 0 组成了数据位，UART 规定可以选择 5、6、7、8 位数据位；跟在数据位后面的称为校验位，校验位可以选择有（1 位）或者无（0 位）；校验位后面的称为停止位，停止位是一个持续一段时间的空闲电平（高电平），可以选择 1、1.5、2 位。下面对数据位、校验位和停止位进行详细解释。

（1）数据位可以选 5、6、7、8 四种数值，如果选择 5 位的话，就相当于规定了每个

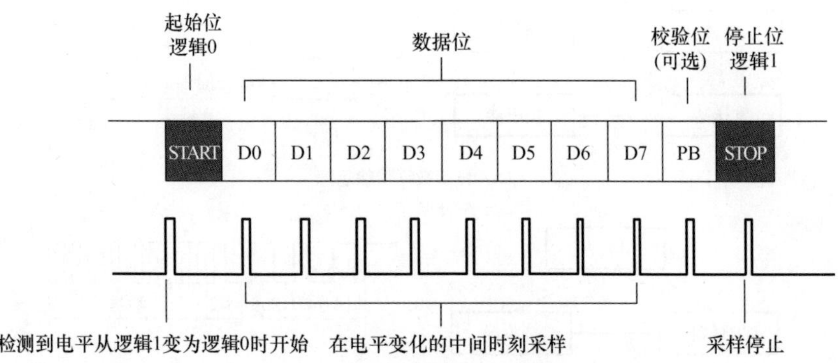

图 5.32 UART 数据帧结构

数据帧只能发送五位二进制，即二进制 00000～11111 这个范围之内的数。如果要发送的二进制为 100000 的话，则只会发送后面 5 位 00000（UART 是低位优先传送，即从右往左，从最低位向最高位依次发送，与之相反的称为高位优先）。因此，如果选择 5 位数据位的话，发送方和接收方都要配置为 5 位数据位，同时发送方要注意发送的数据一定是可以用 5 位表示的，如果数据超出了 5 位，则需要将其拆分为两帧或多帧进行发送，而接收方则需要在接收到两帧或多帧数据之后将其中的数据位重新组合，以还原发送方发送的数据。

5 位数据位因为传送的数据范围狭窄，所以并不常用。通常情况下，数据位个数都选用 7 位或 8 位，原因在于标准 ASCII 码是 7 位的，扩展 ASCII 码是 8 位的，这样正好能在一个数据帧里发送一个 ASCII 码字符。5、6 位存在的意义在于使用特殊的或自定义的编码形式时，可以减少空位浪费，提高传输速度。

例如，某种场合传输的所有数据都是 0～9 的数字，有很多种传输方案可以选择，下面是其中的几种。

- 将所有数字用标准 ASCII 码表示，使用 7 位数据位传输 1 个数字。
- 将所有数字用 BCD 码表示，使用 8 位数据位传输 1 个数字，其中前四位均为 0。
- 将所有数字用 BCD 码表示，使用 8 位数据位传输 2 个数字，其中后四位为第一个数字的 BCD 码，前四位为第二个数字的 BCD 码。
- 将所有数字用 BCD 码表示，使用 5 位数据位传输 1 个数字，其中第一位为 0，后四位为这个数字的 BCD 码。

这四种方案各有优劣，其中第一种方案传输效率最低，但是接收方的数据解析非常简单，编程实现难度低；第二种方案空位浪费严重，传输速度慢，发送方和接收方都需要编写专门的数据解析程序，编程实现难度较高；第三种方案传输效率最高，但是发送方和接收方都需要编写专门的数据解析程序来对数据进行解析，编程实现难度较高；第四种方案存在少量的空位浪费，传输效率中等，发送方和接收方也需要编写专门的数据解析程序，编程实现难度较高。

再如，某种场合传输的所有数据都可以使用 6 位表示，发送方和接收方协商使用自定义编码形式，这时选择 6 位数据位就不会出现空位浪费的情况，可以保证传输效率最

大化。

(2) 校验位的存在是为了验证收发数据的正确性，它可以由用户自由选择有（使用1位进行校验）或者无（不进行校验）。它又分为奇校验和偶校验两种，其原理是：要求数据位中所有“1”的数量加上校验位“1”的数量必须为奇数，则为奇校验，要求必须为偶数，则为偶校验。

例如，大写字母“A”在ASCII码中对应的二进制为“01000001”，如果使用奇校验，那校验位必须为“1”才能满足上述条件，而如果使用偶校验，则校验位必须为“0”才能满足上述条件。假设使用奇校验，如果数据传输过程中出现了干扰导致传输出错，01000001＋1变成了01100001＋1，那么01100001＋1中总共有4个1，不满足奇校验的条件，接收方就会知道该数据帧传输出错，下一步就可以根据具体情况进行错误处理。

(3) 停止位是1、1.5或2位空闲电平（高电平），它是一个数据帧传输结束的标志。1位空闲电平是n个机器周期的高电平，通常情况下n是一个偶数，而1.5倍空闲电平则是$1.5\times n$个 机器周期的高电平，依然是整数倍的机器周期。

停止位除了是数据帧传输结束的标志之外，还有一个重要作用，就是为发送方和接收方不同的时钟提供一定的容忍度。因为UART是异步传输，所以发送方和接收方使用的都是各自的时钟，很可能在通信过程中双方出现了微小的不同步，而停止位提供计算机校正时钟同步的机会。停止位的位数越多，不同时钟同步的容忍程度越大，但是同时数据传输率也越慢。

综上所述，UART数据发送的逻辑是：当开始发送数据帧时，通过TXD先发送起始位，然后发送数据位和校验位，最后再发停止位，发送过程由发送方时钟控制，按照设定好的波特率产生固定时间中断，每次中断只发送1位，经过若干个中断完成1个数据帧的发送。

UART数据接收的逻辑是：接收过程由接收方时钟控制，按照设定波特率的3倍产生固定时间中断，RXD线路空闲时，通过中断不停监视RXD的状态变化，当连续三次采样电平依次为1、0、0时，就认为检测到了起始位，启动一次数据帧的接收，接下来每隔两个中断采样一次RXD线路（保证采样的时间是RXD线路电平变化的中间稳定态），每次采样只采样1位，经过若干个中断完成1个数据帧的接收。

2. IIC通信协议

IIC总线是一种双线制、半双工、同步、支持多主机多从机、主从模式的串行通信协议。它使用两根双向信号线来传输数据，分别是数据线SDA和时钟线SCL。和UART不同，IIC可以在两根总线上挂载多个设备，可以实现Master（主机，通常是单片机）和任意设备Slave（从机）之间的数据传输，每个设备都有一个唯一的地址，该地址用7位表示，所以最多可以挂载128个设备，如图5.33所示。

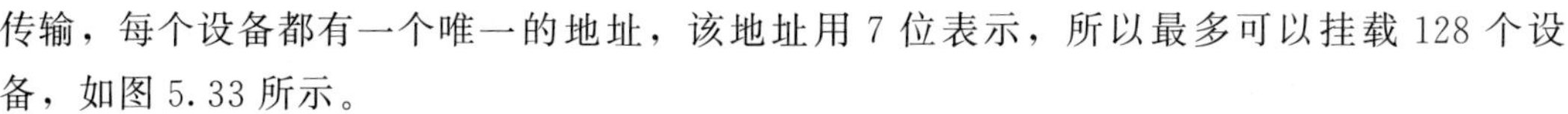

按照主机的连接情况，存在单主机和多主机两种情况。对于单主机来说，不存在线路争用的情况，所有数据的发送都由主机来控制，主机发送数据时会发送接收该信息的设备的地址，每个连接到总线上的设备都能收到该信息，它们会判断是否和自己的地址相符，

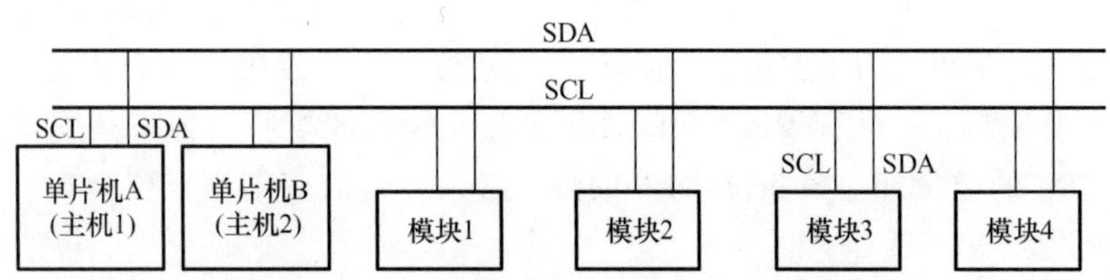

图 5.33　IIC 总线的多主机多从机结构示意

如果相符就接收后续的数据，如果不相符，则忽略后面的数据。

想象一个班级，老师点名一位叫“小明”的同学，所有学生都能听到这个指令，但是只有小明会站起来答应，接下来老师说“你今天放学后打扫卫生”，依然是所有人都能听到这个指令，但是只有小明会接收这条指令。这个过程就类似于 IIC 单主机的通信，一个主机发送指令，所有设备都能接收，但是它们会根据指令中的地址信息和自己的地址进行对比，以判断是否是发送给自己的指令，进而执行对应的操作或忽略。

如果这个班级有多位老师同时发布指令，他们不管别人只管布置各自的任务，这个系统就会产生混乱，这时就需要通过仲裁机制让某个老师先布置任务，其他老师等待。

IIC 通信协议的核心特征有以下几个。

（1）总线接上拉电阻，总线空闲时 SCL 和 SDA 线都为高电平。

（2）SCL 和 SDA 线都是由主机控制的，但是主机可以释放 SDA 的控制权，从机可以将 SDA 线拉低，从机不能对 SCL 线做任何改变。

（3）连接到总线上的任意一个设备输出低电平，都将使 SDA 线的电平被拉低。

（4）主机让 SCL 时钟保持高电平，然后将 SDA 线由高电平变为低电平表示一个开始信号，总线上的设备检测到这个开始信号后就知道主机要发送数据了。

（5）主机让 SCL 时钟保持高电平，然后将 SDA 线由低电平变为高电平表示一个停止信号，总线上的设备检测到这个停止信号后就知道主机已经结束了数据传输，如图 5.34（a）所示。

（6）传输数据时，首先主机将 SCL 线变为低电平，然后根据要传输的位（1 或 0）改变 SDA 线为高或低电平，最后将 SCL 线变为高电平，在 SCL 为高电平时，SDA 的状态是稳定的。在数据线采样（SCL 线为高电平）过程中，SDA 的状态是永远不改变的，SDA 的状态只能在 SCL 为低电平时改变，如图 5.34（b）所示。

（7）IIC 每次传输 8 位数据，和 UART 不同的是 IIC 传输是高位优先。

（8）主机在每次发送完 8 位数据之后，在第 9 个周期会释放总线的控制权（SDA 线由输出变为输入，因为有上拉电阻的存在，这时的 SDA 线还是高电平），等待设备发出的应答信号 ACK（设备将 SDA 线转为低电平，因为主机是输入模式，因此会检测到 SDA 线被拉低，代表着设备已经收到前面的 8 位数据了，反之则为不应答 NACK），如果没有检测到 ACK 信号，则认为刚才的数据没有发送成功，主机视情况进行停止或重发等操作，如图 5.34（c）所示。

IIC 总线写数据的基本时序如下。

（1）当主机要发送一个开始信号时，主机会将 SDA 拉低，因为此时的 SCL 一定是高电平，这样就相当于发出了一个开始信号。

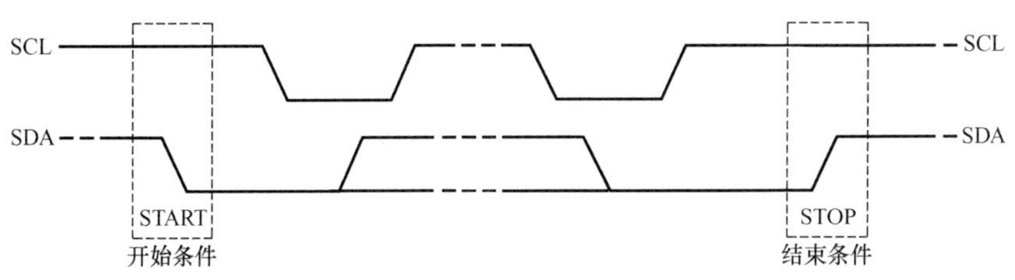

（a）IIC的开始和结束条件

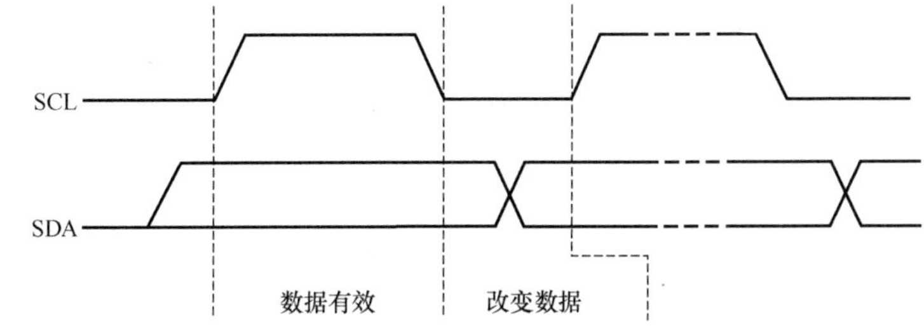

（b）SDA线数据变化条件

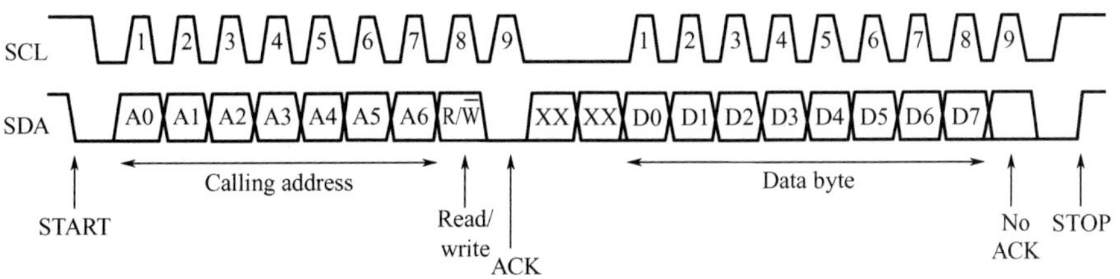

（c）IIC完整数据传输时序

图 5.34 IIC 总线基本时序

（2）连接到 SDA 线的从机会发现这个开始信号，从机便会准备好接收接下来的数据。

（3）主机要发送一个字节，主机会从高往低一位一位地发出这 8 个位。

（4）这时主机会先将 SCL 拉低，然后在 SCL 为低的状态下将一个位准备好放到 SDA 上（如要发送一个 0，主机就会通过拉低 SDA 来表示这个 0），然后主机会把 SCL 拉高（释放）。

（5）此时从机会立刻检测到 SCL 的变化，由此从机便知道主机已经将要发送的位准备好了，从机便会在这个 SCL 的高电平期间尽快（要确保在 SCL 线下一次变化之前）去读取 SDA（低电平代表 0，高电平代表 1），从机就把这个 0 放到自己的移位寄存器中待后续处理。

（6）主机会在一个设定好的时间后把 SCL 再次拉低，然后在 SCL 为低电平期间把下一个位放到 SDA 上，再把 SCL 拉高，之后从机在 SCL 的高电平期间再去读 SDA。如此反复 8 次，一个字节的传输便结束了。

（7）当这 8 个位发送完毕之后，SCL 是处于低电平的（被主机拉低的），SDA 是处于高电平的（主机已经释放了 SDA）。

（8）此时从机如果打算发出一个 ACK 的话，它必须在这个 SCL 被从机拉低的短暂时间内去主动将 SDA 拉低并保持住。

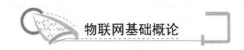

（9）主机会在一个确定的时间后再次将 SCL 拉高，并在拉高的期间去读取 SDA 线的状态，如果读到低电平，则认为收到了来自从机的响应（ACK），否则认为从机没有响应（NACK）刚才发送的那一个字节。这个过程就是 IIC 通信中的第 9 个时钟周期。

（10）当主机读完这个 ACK/NACK 后，会再次将 SCL 拉低，来通知从机释放 SDA。

（11）此时主机可以继续重复上述过程，准备向 SDA 发送下一个字节的第一个位。

（12）主机也可以发送一个 STOP 过去，那么主机会在这个 SCL 为低的时间内将 SDA 拉低，而后再将 SCL 拉高，在 SCL 为高的期间再将 SDA 释放（拉高）。这样，一个 STOP 位就产生了。

（13）此后的 SDA 和 SCL 都是高电平，就是总线空闲状态了。

上面描述了 IIC 写数据的基本时序，因为 IIC 总线是双向线，所以存在着写和读两种操作，而读操作其实就是逆向写。IIC 总线上的设备地址用 7 位表示，而 IIC 每次发送数据却是 8 位，所以将“7 位设备地址＋1 位读写选择”组合起来形成了一个 8 位地址操作字节，其中前 7 位是需要操作的设备的地址，最后 1 位代表了读或写，“0”代表主机向设备发信息（写），“1”代表主机从设备获取信息（读）。它们的基本流程如图 5.35 所示（该流程是最基本的读写流程，不包含未应答的异常处理和多寄存器读取）。

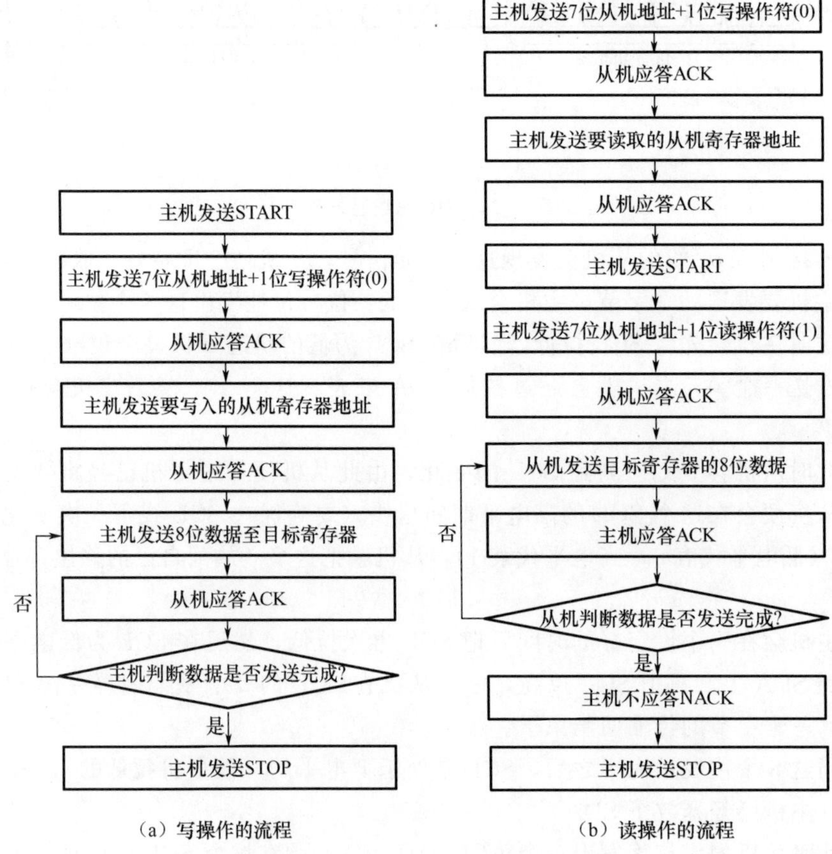

（a）写操作的流程　　（b）读操作的流程

图 5.35　IIC 基本读写操作的流程

结合上述内容，IIC 读写操作的核心原理总结如下。

(1) 写操作：主机控制 SCL 线和 SDA 线，从机只是在 SCL 线为高时被动读取 SDA 线。

(2) 读操作：主机控制 SCL 线，从机在 SCL 为低电平时改变 SDA 的状态，在 SCL 线为高电平时保持 SDA 的状态，主机读取 SDA 线。

另外，关于应答，并不是所有情况都需要应答，下面三种情况不需要应答。

(1) 当从机地址不能被响应时（如从机正忙于其他事而无法响应 IIC 总线的操作，或者这个地址没有对应的从机），在第 9 个 SCL 周期内 SDA 线没有被拉低，即没有 ACK 信号。这时，主机可以酌情发信号终止传输或发信号开始新的传输。

(2) 如果从机在传输过程中不能接收更多的数据时，它也不会发出 ACK 信号。这样，主机就可以酌情发出信号终止传输或发信号开始新的传输。

(3) 主机在进行读操作的时候，在接收完最后一个字节后，也不会发出 ACK 信号。从机释放 SDA 线，以允许主机发出 STOP 信号结束传输。

上述内容都是单主机系统下的通信情况，多主机系统中的读写操作和上面类似，只是多了一个仲裁机制，用于解决多主机同时争用总线的冲突。当总线上有多个主机，它们都有自己的寻址地址，可以作为从节点被别的主机访问，同时它们都可以作为主机向其他的节点发送控制字节和传送数据。但是如果有两个或两个以上的主机都向总线发送启动信号并开始传送数据，就会形成冲突。

IIC 的仲裁机制分为两部分，分别是 SCL 线的同步和 SDA 线的仲裁。

SCL 线的同步是由于总线具有“与”逻辑功能，即只要有一个主机发送低电平时，总线上就表现为低电平。当所有的主机都发送高电平时，总线才能表现为高电平。正是由于总线具有“与”逻辑功能的原理，当多个主机同时发送时钟信号时，在总线上表现的是统一的时钟信号，这就是 SCL 线的同步原理。

SDA 线的仲裁也是建立在总线具有“与”逻辑功能的原理上的。主机在发送 1 位数据后，比较总线上所呈现的数据与自己发送的是否一致。如果是，继续发送；否则，退出竞争。SDA 线的仲裁可以保证 IIC 总线系统在多个主节点同时企图控制总线时通信正常并且数据不丢失。

例如，当有两个主节点 1 和 2 同时发送了起始信号，随后主节点 1 要发送 10110011，主节点 2 要发送 10001111，接下来两个主节点都发送了高电平信号 1，这时总线上呈现的信号为高电平，两个主节点都能检测到总线上的信号与自己发送的信号相同，继续发送数据；第 2 个时钟周期，2 个主节点都发送低电平信号 0，在总线上呈现的信号为低电平，仍继续发送数据；在第 3 个时钟周期，主节点 1 发送高电平信号，而主节点 2 发送低电平信号。根据总线的“与”逻辑功能，总线上的信号为低电平，这时主节点 1 检测到总线上的数据和自己所发送的数据不一样，就断开数据的输出，转为从机接收状态。这样主节点 2 就赢得了总线，而且数据没有丢失，因为总线的数据与主节点 2 所发送的数据一样，而主节点 1 在转为从节点后继续接收数据，同样也没有丢掉 SDA 线上的数据，因此在仲裁过程中数据没有丢失。

总结 IIC 的仲裁机制为：仲裁过程中多主机都不会丢失数据；多主机之间没有优先

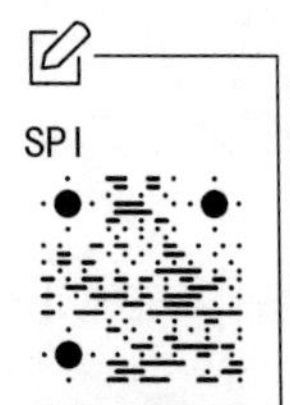

级；总线控制权遵循低电平优先原则，即谁先发送低电平，谁就会掌握总线的控制权。

3. SPI 通信协议

SPI 是一种四线制的全双工、同步、单主机多从机、主从模式的串行通信协议，通常用于 MCU 和存储器、传感器、存储卡等外围设备之间的通信，如图 5.36 所示。

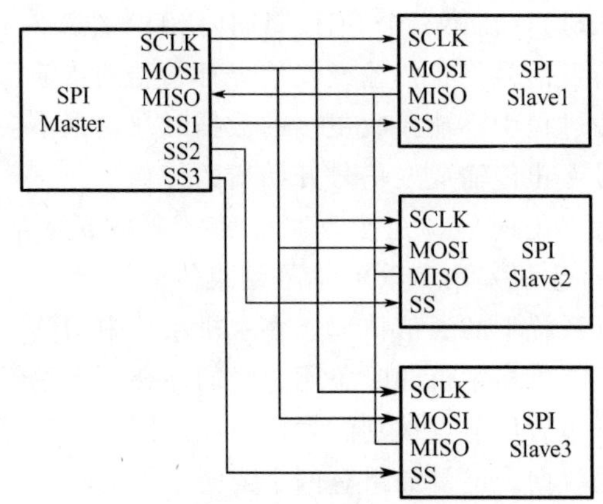

图 5.36　SPI 总线的单主机多从机示意

SPI 使用四根线工作（如果只是单向传输的话，SPI 使用三根线也能工作），分别称为 SDO（Serial Data Out，串行数据输出）/MOSI（Master Output Slave Input，主机输出从机输入），SDI（Serial Data In，串行数据输入）/MISO（Master Input Slave Output，主机输入从机输出），SCK/SCLK（Serial Clock，串行时钟），CS（Chip Select，片选）/SS（Slave Select，从机选择）。这四根线的作用如下：

- SDO/MOSI：主机数据输出，从机数据输入。
- SDI/MISO：主机数据输入，从机数据输出。
- SCK/SCLK：时钟信号，由主机产生，从机只能被动接收。
- CS/SS：从机使能信号，由主机控制。当有多个从机时，因为每个从机上都有一个片选引脚接入主机，当主机和某个从机通信时需要将从机对应的片选引脚电平拉低或拉高。

SPI 和多个从机通信的机制和 IIC 有根本区别，SPI 是靠片选确定和哪个从机通信，而 IIC 是靠地址确定和哪个从机通信，从这一点上来说，SPI 理论上可以连接无数从机，但是事实上从机的数量由主机的 I/O 口数量确定。

SPI 某种意义上像是 UART 和 IIC 通信协议的综合体，它综合了 UART 全双工和 IIC 同步多主控模式的优点。

SPI 有四种工作模式，通常不同的从机在出厂时就配置为某种模式，无法更改。主从之间的通信要想正常进行，必须为同样的模式，因此可以对主机进行配置以适配从机。这四种工作模式由 CPOL 和 CPHA 两个参数确定，这两个参数的概念如下。

CPOL（Clock Polarity，时钟极性），表示 SPI 在空闲时，时钟信号是高电平还是低电平。若 CPOL 被设置为 1，那么空闲时时钟信号 SCK 为高电平；当 CPOL 被设置为 0，则正好相反。

CPHA（Clock Phase，时钟相位），表示 SPI 设备是在 SCK 时钟信号的第几个时钟跳变沿触发数据采样。若 CPHA 被设置为 0，SPI 设备在 SCK 线的第一个时钟跳变沿触发数据采样，在第二个时钟跳变沿发送数据；当 CPHA 被设置为 1，则在 SCK 线的第二个时钟跳变沿触发数据采样，在第三个时钟跳变沿发送数据。

SPI 数据传输时序如图 5.37 所示。

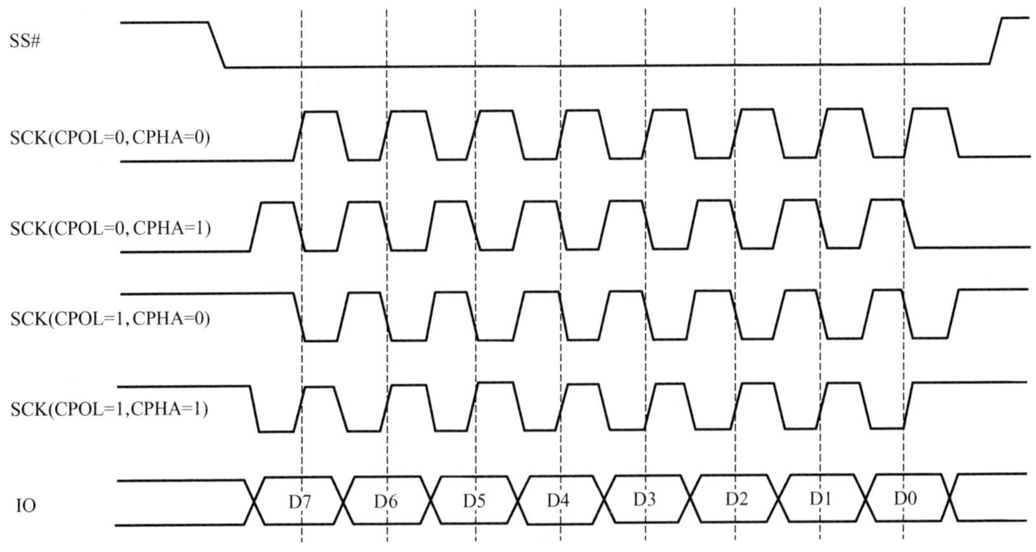

图 5.37 SPI 数据传输时序

（1）如果 CPOL＝0，CPHA＝0，SCK 空闲为低电平，数据线上的数据必须在第一个时钟跳变沿（上升沿）之前准备好，MOSI 和 MISO 线在 SCK 的上升沿采样（需要在上升沿保持稳定），在下降沿发送数据（在下降沿改变电平）。

（2）如果 CPOL＝0，CPHA＝1，SCK 空闲为低电平，数据线上可以在 SCLK 的第一个时钟跳变沿（上升沿）准备数据，MOSI 和 MISO 线在 SCK 的第二个时钟跳变沿（下降沿）采样（需要在下降沿保持稳定），在上升沿发送数据（在上升沿改变电平）。

（3）如果 CPOL＝1，CPHA＝0，SCK 空闲为高电平，数据线上的数据必须在第一个时钟跳变沿（下降沿）之前准备好，MOSI 和 MISO 线在 SCK 的下降沿采样（需要在下降沿保持稳定），在上升沿发送数据（在上升沿改变电平）。

（4）如果 CPOL＝1，CPHA＝1，SCK 空闲为高电平，数据线上可以在 SCLK 的第一个时钟跳变沿（下降沿）准备数据，MOSI 和 MISO 线在 SCK 的第二个时钟跳变沿（上升沿）采样（需要在上升沿保持稳定），在下降沿发送数据（在下降沿改变电平）。

SPI 的传输原理和时序比较简单，主要是在 SCK 的控制下，两个双向移位寄存器进行数据交换，如图 5.38 所示。

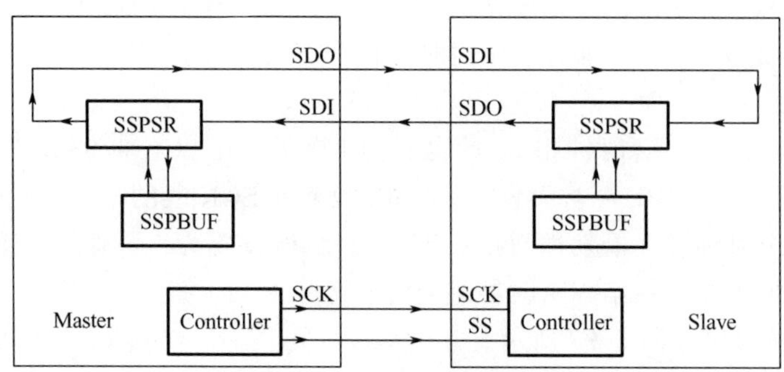

图 5.38 SPI 数据交换

图 5.38 中的组件作用如下。

(1) SSPSR (Synchronous Serial Port Register) 是指 SPI 设备里面的移位寄存器。它的主要作用是根据 SPI 时钟信号状态，往 SSPBUF 里移入或移出数据，每次移动的数据大小由总线宽度（指定地址总线到主机之间数据传输的单位）以及信道宽度（指定主机与从机之间数据传输的单位）决定。

通常情况下，总线宽度总是会大于或等于信道宽度，这样能保证不会出现因主机与从机之间数据交换的频率比地址总线与主机之间的数据交换频率要快，导致 SSPBUF 里面存放的数据为无效数据的情况。

(2) SSPBUF (Synchronous Serial Port Buffer) 是指 SPI 设备里面的内部数据缓冲区。在每个时钟周期内，主机与从机之间交换的数据其实都是 SPI 内部移位寄存器从 SSPBUF 里复制的。SSPBUF 对应了两个寄存器——Tx-Data 寄存器和 Rx-Data 寄存器，分别用来发送和接收数据，可以通过往这两个寄存器里读写数据，来操控 SPI 设备内部的 SSPBUF。

例如，在发送数据之前，先往主机的 Tx-Data 寄存器写入将要发送出去的数据，这些数据会被主机的 SSPSR 根据总线宽度自动移入主机的 SSPBUF，然后这些数据又会被主机的 SSPSR 根据信道宽度从主机的 SSPBUF 移出，通过主机的 SDO 引脚传给从机的 SDI 引脚，从机的 SSPSR 则把从从机的 SDI 接收到的数据移入从机的 SSPBUF。与此同时，从机的 SSPBUF 的数据根据每次接收数据的大小（信道宽度），通过从机的 SDO 发往主机的 SDI，主机的 SSPSR 再把从主机的 SDI 接收的数据移入主机的 SSPBUF，在单次数据传输完成之后，就可以通过从主机的 Rx-Data 寄存器读取主机数据交换得到的数据。

(3) Controller 是指 SPI 设备里面的控制寄存器。它主要通过时钟信号以及片选信号来控制从机。设备的片选操作由程序实现：由程序把 SS/CS 引脚的时钟信号拉低电平，完成 SPI 设备数据通信的前期工作；当程序想让 SPI 设备结束数据通信时，再把 SS/CS 引脚上的时钟信号拉高电平。从机会一直等待，直到接收到主机发过来的片选信号，然后根据时钟信号来工作。

SPI 可以用全双工通信方式同时发送和接收 8（16）位数据，数据传输的过程如下。

(1) 主机启动发送过程，送出时钟脉冲信号。

(2) 主机 SSPSR 的数据通过 SDO 移入从机的 SSPSR，高位在前。

（3）从机 SSPSR 的数据通过 SDI 移入主机的 SSPSR。

（4）8（16）个时钟脉冲过后，时钟停顿，主机 SSPSR 中的 8（16）位数据已经被全部移入从机的 SSPSR，随即又被从机自动装入从机的 SSPBUF，从机的 SSPBUF 满标志位（BF）和中断标志位（SSPIF）置“1”。

（5）同理，从机 SSPSR 中的 8（16）位数据已经被全部移入主机的 SSPSR，随即又被自动装入主机的 SSPBUF，主机的 SSPBUF 满标志位（BF）和中断标志位（SSPIF）置“1”。

（6）主机 CPU 检测到主机的 SSPBUF 的满标志位或中断标志位为 1 后，就可以读取 SSPBUF 缓冲器中的数据。

（7）同样，从机 CPU 检测到从机的 SSPBUF 的满标志位或中断标志位为 1 后，就可以读取 SSPBUF 的数据，这样就完成了一次相互通信过程。

假如主机的 SSPBUF 的数据为 0xaa，从机的 SSPBUF 的数据为 0x55，它们要完成一次数据交换，此时 SPI 配置为 CPOL＝0，CPHA＝1（SCLK 空闲低电平，第一个时钟跳变沿发送数据，第二个时钟跳变沿采样数据），在 8 个时钟周期内，主从机的 SSPBUFF、SDI 和 SDO 的状态变化如表 5－6 所示。

表 5－6　SPI 数据传输示例

SCK 时钟周期	主机的 SSPBUF	从机的 SSPBUF	SDI	SDO
0	10101010	01010101	0	0
第 1 个周期上升沿	0101010x	1010101x	0	1
第 1 个周期下降沿	01010100	10101011	0	1
第 2 个周期上升沿	1010100x	0101011x	1	0
第 2 个周期下降沿	10101001	01010110	1	0
第 3 个周期上升沿	0101001x	1010110x	0	1
第 3 个周期下降沿	01010010	10101101	0	1
第 4 个周期上升沿	1010010x	0101101x	1	0
第 4 个周期下降沿	10100101	01011010	1	0
第 5 个周期上升沿	0100101x	1011010x	0	1
第 5 个周期下降沿	01001010	10110101	0	1
第 6 个周期上升沿	1001010x	0110101x	1	0
第 6 个周期下降沿	10010101	01101010	1	0
第 7 个周期上升沿	0010101x	1101010x	0	1
第 7 个周期下降沿	00101010	11010101	0	1
第 8 个周期上升沿	0101010x	1010101x	1	0
第 8 个周期下降沿	01010101	10101010	1	0

4．UART、IIC、SPI 通信协议的横向对比

上述三种通信协议是单片机系统中最常见的通信协议，表 5－7 对比了它们之间的异同。

表 5-7　UART、IIC、SPI 通信协议的横向对比

	UART	IIC	SPI
适用范围	一般用于设备间通信（单片机和传感器通信、单片机和单片机通信、单片机和计算机通信）	一般用于片间中低速通信（MCU 和外围芯片中低速通信）	一般用于片间高速通信（MCU 和外围芯片高速通信）
线数	双线（TXD，RXD）	双线（SCL，SDA）	四线（SCK，CS，MOSI，MISO）
传输形式	全双工	半双工	全双工
同步形式	异步	同步	同步
时钟规则	双方各用各的时钟	主机产生，从机接受	主机产生，从机接受
传输模式	对等模式	主从模式	主从模式
传输顺序	LSB 低位在前	MSB 高位在前	MSB 高位在前
是否主持多主机	否	是	否
是否支持多从机	否	是	是
从机选择方式	无	地址	片选
传输速度	RS-232：20kb/s RS-422：10Mb/s RS-485：10Mb/s	标准速度：100kb/s 快速模式：400kb/s 高速模式：3.4kb/s	10Mb/s
传输距离	RS-232：15m RS-422：1000m RS-485：1500m	米级（一般用于片间，距离在厘米级）	米级（一般用于片间，距离在厘米级）
空闲电平	高电平	SCL 和 SDA 均为高电平	MOSI 和 MISO 为高电平，SCK 由 CPOL 决定
传输开始标志	数据线拉低标志传输开始	SCL 高电平时 SDA 下降沿标志传输	CS 拉低标志传输开始
传输结束标志	数据线拉高标志传输结束	SCL 高电平时 SDA 上升沿标志传输	CS 拉高标志传输结束
采样时间	按照预设波特率在固定时间采样	SCL 高电平采样	时钟跳变沿采样（由 CPHA 决定）

5. 单总线（1-Wire）通信协议

在某些传感器中，仅使用一根数据线来进行数据传输，如温度传感器 DS18B20，如图 5.39 所示。

1-Wire 是由 Dallas 公司推出的一种通信协议，它适用于低速、小功率的通信设备。它有两种操作模式，即标准模式和超速模式。传输速度前者最大为 16.3kb/s，后者最大为 163kb/s。

1-Wire 采用单根信号线在主机和从机之间传递数据。它只支持单主机，但是支持多从机，数据只能在主机和从机之间传输，而不能在从机和从机之间传输，数据传输遵循低

图 5.39 温度传感器 DS18B20 结构

位优先原则，而且数据传输是双向的（半双工）。它的线路简单，硬件开销少，成本低廉，便于总线扩展和维护。其结构如图 5.40 所示。

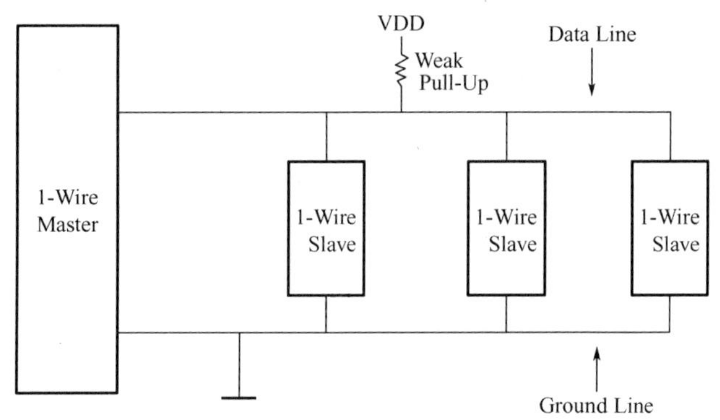

图 5.40 1-Wire 单主机多从机结构

1-Wire 使用一根线完成传输数据的核心在于将"持续时间"作为一个重要参数引入。单总线协议定义了一系列的基本命令序列，包括复位（初始化）、写 0、写 1 和读，所有的控制指令都是由这些基本命令序列组成的。

(1) 复位序列包括两部分，复位脉冲（Reset Pulse）和复位应答（Answer to Reset，ATR）。复位序列的作用是把所有的设备置入确定的状态，从机通过发送 ATR 来确认自己的存在。

总线在空闲态为高电平，复位脉冲是由主机主动拉低的一个至少持续 480μs（480～960μs）的低电平，随后主机会释放总线进入接收模式（因为上拉电阻的作用会产生一个低电平到高电平的上升沿，然后恢复高电平），主机等待 15～60μs 之后对总线进行采样，如果采样到低电平，就代表收到了从机发出的 ATR。从机在检测到总线上持续了 480μs 以上的低电平和随之而来的上升沿之后，就认为主机发出了复位信号，接着从机就会主动拉低总线并至少持续 60μs（60～240μs）作为对主机 RESET 信号的响应，如图 5.41 所示。

如果总线上没有从机，或者从机没有应答，那么重置序列的电平状态如图 5.42 所示。

(2) 写 0 序列是主机将逻辑 0 发送给从机的过程。写 0 序列是主机主动将总线拉低 60μs。从机在总线出现下降沿后大概 30μs 进行采样，如图 5.43 所示。

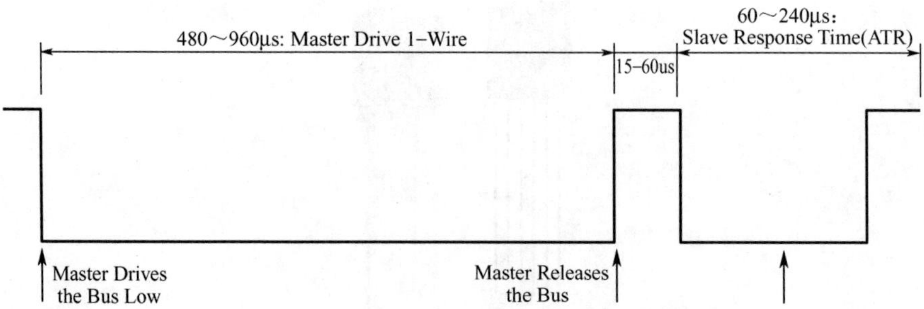

图 5.41　如果总线上至少有一个从机的重置时序

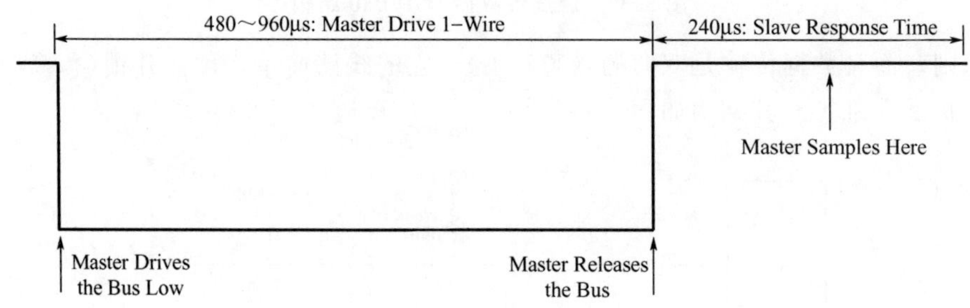

图 5.42　如果总线上没有从机的重置时序

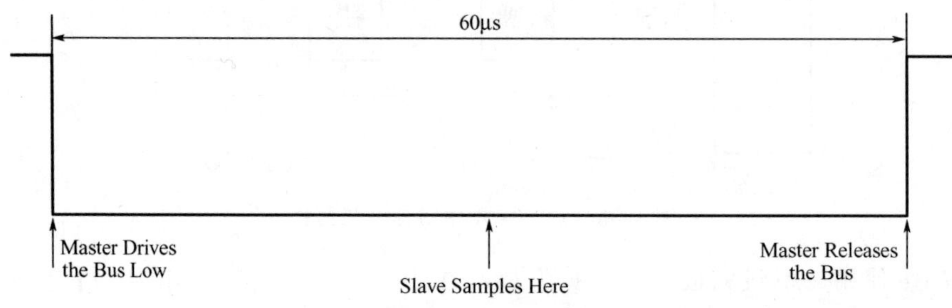

图 5.43　写 0 时序

(3) 写 1 序列是主机将逻辑 1 发送给从机的过程。写 1 序列也是一个持续 60μs 的时间段，主机先将总线拉低（总时间不超过 15μs，典型值是 6μs），然后释放总线，等待 60μs 结束。从机在总线出现下降沿后大概 30μs 进行采样。如图 5.44 所示。

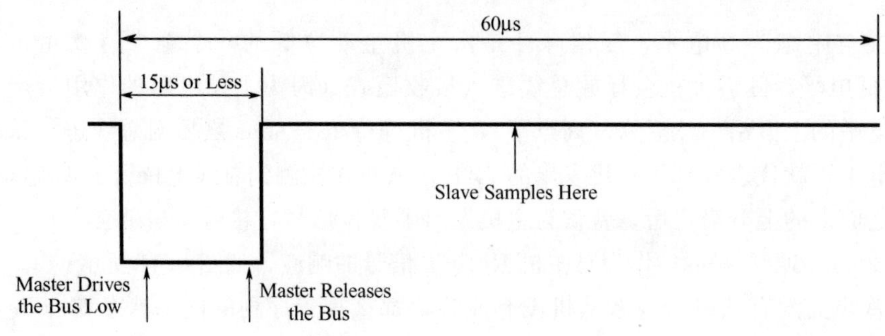

图 5.44　写 1 时序

(4) 读序列是主机从从机读数据的过程。它的时序和写 1 的时序类似，不同的是主机进行读取。下面是主机读 1 和读 0 的两种总线变化状态，如图 5.45 和图 5.46 所示。

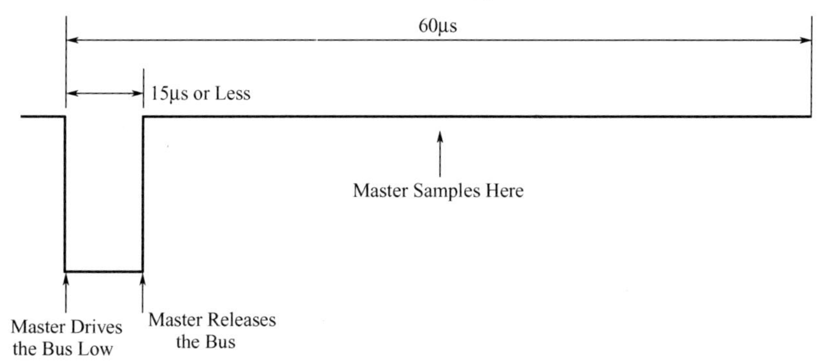

图 5.45 读 1 时序

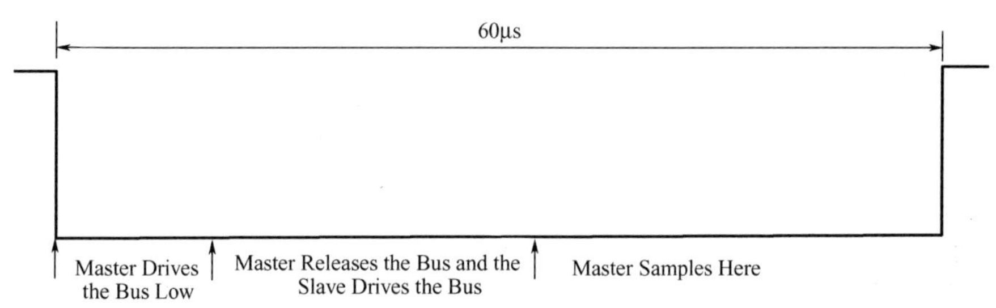

图 5.46 读 0 时序

单总线是一种多从机模式，从机之间和 IIC 通信协议一样靠地址区分。单总线中的从机地址是一个 64 位的二进制序列，每个设备全球唯一，这个二进制序列被称为 ROM 编号。该编号的第 0～7 位是一个厂商编号，8～55 位是设备的序列号，56～63 位是前面 56 位的校验码。

一个典型的单总线通信流程如图 5.47 所示。

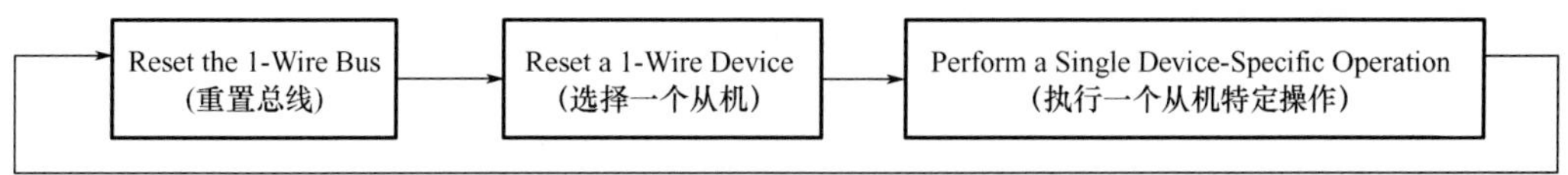

图 5.47 一个典型的单总线通信流程

(1) 每次通信都以一个重置信号开始。

(2) 主机选择一个从机，主机可以在选择之前先通过从机地址判断它是否存在。

(3) 主机必须使用固定的 ROM 指令来配置或选择特定从机。常用的 ROM 指令如下。

- ROM[0x33]用于读取从机的 ROM 编号，仅适用于单从机系统情况。它允许主机直接读取从机的 64 位 ROM 代码，而无须执行搜索 ROM 过程。如果该命令用于多节点系统，则必然发生数据冲突，因为每个从机都会响应该命令。
- ROM[0x55]用于选择特定从机，该命令后面紧跟着需要选择的从机的 64 位 ROM 编号，其他所有从机在此后会一直等待，直到下一个 RESET。

- ROM[0xF0]用于通知所有从机和主机马上要进行一个搜索操作来确定所有从机的ROM编号。系统初始上电时，主机必须找出总线上所有从机的ROM编号，这样主机就能够判断出从机的数目和类型。主机通过重复执行搜索ROM循环（搜索ROM命令跟随着位数据交换），以找出总线上所有的从机。
- ROM[0xCC]，主机能够采用该命令同时访问总线上的所有从机，而无须发出任何ROM编码信息。例如，主机通过在发出跳跃ROM命令后跟随转换温度命令，就可以同时命令总线上所有的温度传感器开始转换温度，这样大大节省了主机的时间。需要注意的是，如果跳跃ROM命令跟随的是读寄存器的命令（包括其他读操作命令），则该命令只能应用于单节点系统，否则将由于多个节点都响应该命令而引起数据冲突。

（4）在主机选择了特定从机之后，就要使用从机特定的功能指令来对从机进行操作，从机指令是一套由从机生产厂家设定的对从机进行操作的指令。

（5）每个操作之后，主机都会发送RESET重置线上设备，随后进行下一轮操作。

6. USB通信协议

上面介绍的几种通信协议都常用于单片机系统中，而在计算机中除了UART通信协议外，用得最多的就是USB通信协议了。USB通信协议相比以上的协议，更加庞大和复杂。下面仅对USB的一些基本概念进行讲解。

USB采用阶梯型星形拓扑结构，一个USB网络中只能有一个主机，主机内设置了一个根集线器Hub，USB最多支持7层阶梯，如图5.48所示。

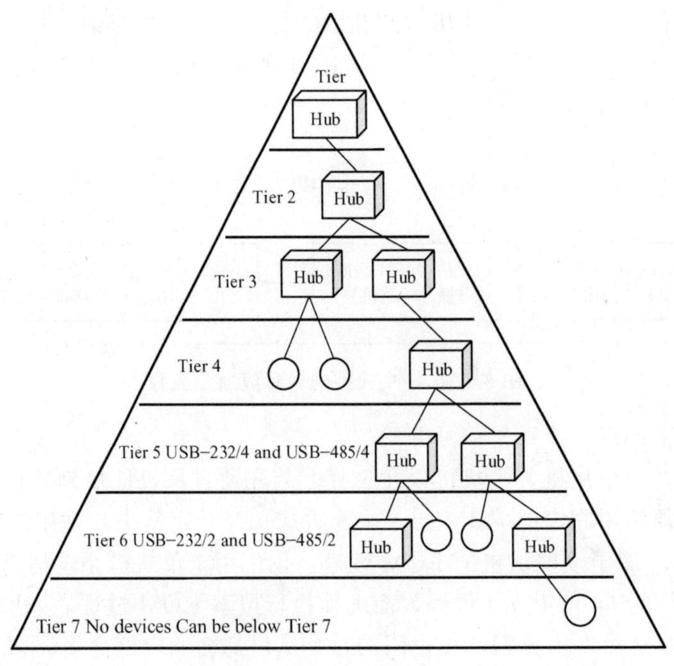

图5.48 USB阶梯型星形拓扑

主机定时对集线器的状态进行查询，当一个新设备接入集线器时，主机会检测到集线器状态的变化，随后发出指令使该端口有效，位于该端口的设备响应主机的指令，返回设备信息，主机收到该信息之后确定使用的驱动程序，为该设备分配唯一的标志地址（0～127）并将该设备加入资源列表，这个设备可称为USB网络中的从机。当该设备从端口移走之后，主机从其资源列表中将之删除。

在学习USB通信协议之前，先复习一下UART通信协议的数据帧格式，如图5.49所示。

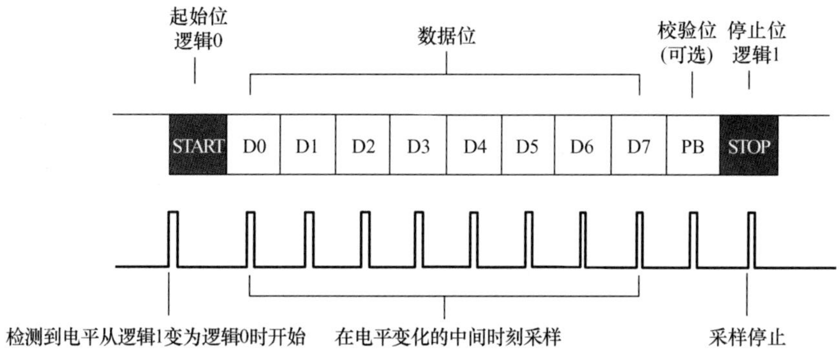

图5.49 UART的数据帧结构

分析UART的数据帧格式，在无数据传输时，总线为高电平，当有数据传输时，发送方拉低数据线，表示数据传输开始，接收方也会检测到这个信号，开始准备接收即将到来的数据，随后两者开始传输数据，结束后发送方拉高电平代表数据结束。

而USB也是用类似的数据帧发送数据的，如下所示。

IDLE	SYNC	IN	ADDR	ENDP	CRC5	EOP	IDLE

IDEL对应UART的空闲状态，SYNC对应UART里的START信号，CRC5对应UART里的校验位，EOP对应UART里的STOP，而IN、ADDR、ENDP则对应了UART里的数据位。USB和UART有两点不同，一是USB用两根差分线来传递各种状态（UART用一个线），二是USB以PACKET为单位传递数据（UART以字符为单位）。

USB有两根差分线D+和D－，总共对应四种状态。

- D+＝1，D－＝0，将这种状态命名为J状态。
- D+＝0，D－＝1，将这种状态命名为K状态。
- D+＝0，D－＝0，将这种状态命名为SE0状态。
- D+＝1，D－＝1，将这种状态命名为SE1状态。

其中，IDEL对应的电平就是J状态，EOP对应的电平是SE0状态，而SYNC对应的电平是一个KJKJKJKK组合的状态。注意，USB虽然也是使用差分线来表示逻辑1和0，但是它和RS-485的表示方式有根本区别，原因在于它使用了一种叫作不归零就反向（Non-Return-to-Zero Inverted，NRZI）的编码形式对逻辑1和0进行表示。

NRZI码是经归零（Return-to-Zero，RZ）码、不归零（Non-Return-to-Zero，NRZ）

码发展而来的。

RZ 码有三个电平，即正电平、负电平和零电平，每传输完一位之后，信号都返回零电平，如图 5.50 所示。

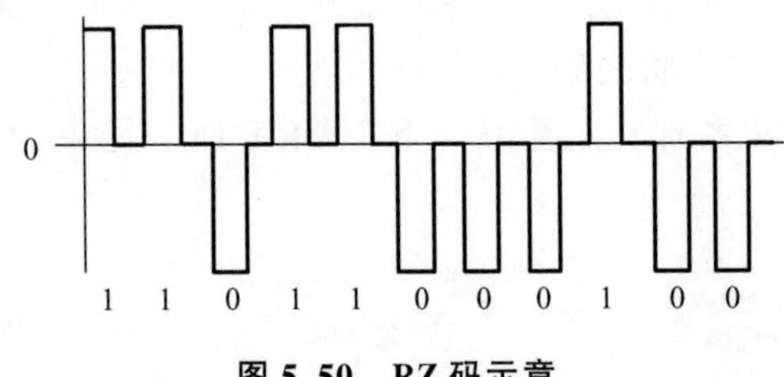

图 5.50　RZ 码示意

RZ 码传输每一位都要将电平归零，有自同步特性，可以替代时钟信号，接收方只要在检测到零电平之后采样就行了。但是这种情况存在着带宽浪费，因为大量的时间都花在了将电平归零上，所以在此基础上发展了 NRZ 码，它不需要归零，如图 5.51 所示。

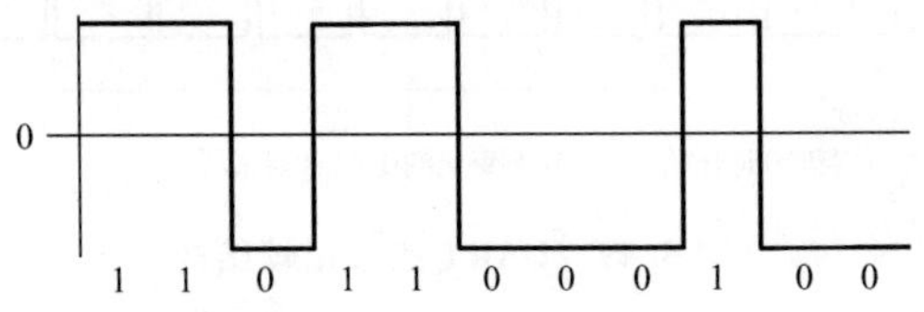

图 5.51　NRZ 码示意

NRZ 码不存在带宽浪费，但是丧失了自同步特性，如果发送方和接收方时钟不同步，发送方连续发了若干个高电平，则接收方没法判断一长段的高电平到底是几个逻辑 1。在 UART 协议里这种情况是靠发送方和接收方设置同样的波特率来解决的，在 IIC 和 SPI 协议里是靠时钟线解决的。

NRZI 码提出了一种新的机制，它用信号的反转代表一个逻辑，信号保持不变代表另外一个逻辑，如图 5.52 所示。

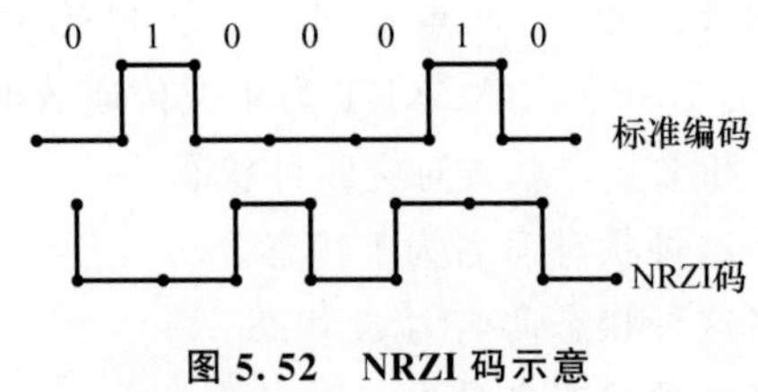

图 5.52　NRZI 码示意

NRZI 码有一个重要的特征，就是即使把它的波形完全反转，它所代表的数据序列还是一样的，这个特征特别适用于像 USB 使用两根差分线进行数据传输的情况。在 USB 中，电平反转代表逻辑 0，电平不变代表逻辑 1。

USB 数据线传输的从根本上来说还是二进制字符串，不过是对二进制字符串进行 NRZI 编码，然后驱动 D+和 D−变化。例如，SYNC 的二进制形式就是 00000001，由于 IDEL 对应的是 J，所以对其进行 NRZI 编码的结果就是 KJKJKJKK 的状态变化。为了避

免混乱，下文不再提 NRZI 码，全部以二进制表示。

USB 数据帧是二进制字符串的组合，但是它规定了几个不同级别的数据组合，首先数字串构成域（有七种），域再构成包，包再构成事务（IN、OUT、SETUP），事务最后构成传输（中断传输、并行传输、批量传输和控制传输）。

（1）域（field）是 USB 数据最小的单位，由若干位组成（至于是多少位由具体的域决定），域可分为以下七个类型。

- 同步域（SYNC），8 位，值固定为 00000001，用于本地时钟与输入同步。SYNC 存在的意义在于解决 NRZI 码丧失的自同步性，方法是发送一个 00000001 的方波作为同步头，让接收方通过这个同步头计算出发送者的频率，然后用这个频率接收之后的数据信号。
- 标识域（PID），由 4 位标识符＋4 位标识符反码构成，表明包的类型和格式。包类型由 4 位 0/1 组成，最多可以有 16 种。PID 的字段结构如下所示。

PID0	PID1	PID2	PID3	$\overline{\text{PID0}}$	$\overline{\text{PID1}}$	$\overline{\text{PID2}}$	$\overline{\text{PID3}}$

常见的 PID 字段类型如表 5-8 所示。

表 5-8　常见的 PID 字段类型

包类型	PID 名	PID 编码	意　义
令牌	OUT	0001B	启动一个方向为主机到从机的传输，并包含了从机地址和标号
	IN	1001B	启动一个方向为从机到主机的传输，并包含了从机地址和标号
	SOF	0101B	表示一个帧的开始，并且包含了相应的帧号
	SETUP	1101B	启动一个控制传输，用于主机对从机的初始化
数据	DATA0	0011B	偶数据包
	DATA1	1011B	奇数据包
握手	ACK	0010B	接收方收到无错误的数据包
	NAK	1010B	接收方未收到数据或发送方未正常发送数据
	STALL	1110B	错误，端点被禁止或不支持控制管道请求
特殊	PRE	1100B	用于启动下行端口的低速设备的数据传输

- 地址域（ADDR），7 位地址，代表了从机在主线上的地址，地址 0000000 被命名为零地址，是任何一个从机第一次连接到主机时，在被主机配置、枚举前的默认地址，由此可知一个 USB 主机最多只能连接 127 个从机。
- 端点域（ENDP），4 位，每个 USB 外设一个唯一的地址，可能包含最多 16 个端点。
- 帧号域（FRAM），11 位，每一个帧都有一个特定的帧号，由主机产生，每个数据帧自动加 1，帧号域最大容量为 0x800，最大值为 0x7FF，当帧序列号达到最大值时自动加 1 归零。
- 数据域（DATA），长度为 0～1 023 个字节，在不同的传输类型中，数据域的长度各不相同，但必须为整数个字节的长度。

● 校验域（CRC），对令牌包和数据包中非 PID 域进行校验的一种方法。CRC 校验在通信中应用很广泛，是一种很好的校验方法。

（2）包（packet）由域组成，它是 USB 总线上数据传输的最小单位，不能被打断或干扰，否则会引发错误。若干个数据包组成一次事务传输，一次事务传输也不能打断，属于一次事务传输的几个包必须连续，不能跨帧完成。一次传输由一次到多次事务传输构成，可以跨帧完成。包分为四类，分别是令牌包、数据包、握手包和特殊包。

● 令牌包。只有主机才能发出令牌包，令牌包可以分为输入包（IN）、输出包（OUT）、设置包（SETUP）（注意这里的输入包是用于设置输入命令的，输出包是用来设置输出命令的，而不是放数据的）。它们被用来在根集线器和从机端点之间建立数据传输，一个 IN 包建立一个从从机到根集线器的数据传输，一个 OUT 包建立从根集线器到从机的数据传输。

输入包、输出包和设置包的格式都是一样的，格式如下。

8 位	8 位		7 位	4 位	5 位
SYNC	PID	PID	ADDR	ENDP	CRC5

● 数据包。数据包包含 4 个域，分别是 SYNC、PID、DATA 和 CRC16。DATA 数据域的位置是根据 USB 从机的传输速度和传输类型决定的，格式如下。

8 位	8 位		0～1 023 位	16 位
SYNC	PID	PID	DATA	CRC16

● 握手包是结构最简单的包，格式如下。

8 位	8 位	
SYNC	PID	PID

（3）事务（transaction）是指在 USB 上数据信息的依次接收或发送过程。事务包括输入事务（IN）、输出事务（OUT）、设置事务（SETUP）、帧开始和帧结尾等类型。

● 输入事务表示主机从总线上某个 USB 从机接收一个数据包的过程。

正常的输入事务，数据传输过程如下。

1. 主机→从机（令牌信息包）	SYNC	IN	ADDR	ENDP	CRC5
2. 从机→主机（数据信息包）	SYNC	DATA0	DATA		CRC16
3. 主机→从机（握手信息包）	SYNC	ACK			

如果从机忙，则数据传输过程如下。

1. 主机→从机（令牌信息包）	SYNC	IN	ADDR	ENDP	CRC5
2. 从机→主机（握手信息包）	SYNC	NAK			

如果从机出错，则数据传输过程如下。

1. 主机→从机（令牌信息包）	SYNC	IN	ADDR	ENDP	CRC5
2. 从机→主机（握手信息包）	SYNC	STALL			

● 输出事务表示主机向总线上某个 USB 从机发送一个数据包的过程。

正常的输出事务，数据传输过程如下。

1. 主机→从机（令牌信息包）	SYNC	OUT	ADDR	ENDP	CRC5
2. 主机→从机（数据信息包）	SYNC	DATA0	DATA		CRC16
3. 从机→主机（握手信息包）	SYNC	ACK			

如果从机忙，则数据传输过程如下。

1. 主机→从机（令牌信息包）	SYNC	OUT	ADDR	ENDP	CRC5
2. 主机→从机（数据信息包）	SYNC	DATA0	DATA		CRC16
3. 从机→主机（握手信息包）	SYNC	NAK			

如果从机出错，则数据传输过程如下。

1. 主机→从机（令牌信息包）	SYNC	OUT	ADDR	ENDP	CRC5
2. 主机→从机（数据信息包）	SYNC	DATA0	DATA		CRC16
3. 从机→主机（握手信息包）	SYNC	STALL			

● 设置事务表示主机要配置总线上的某个 USB 从机。

正常的设置事务，数据传输过程如下。

1. 主机→主机（令牌信息包）	SYNC	SETUP	ADDR	ENDP	CRC5
2. 主机→主机（数据信息包）	SYNC	DATA0	DATA		CRC16
3. 主机→主机（握手信息包）	SYNC	ACK			

如果主机忙，则数据传输过程如下。

1. 主机→主机（令牌信息包）	SYNC	SETUP	ADDR	ENDP	CRC5
2. 主机→主机（数据信息包）	SYNC	DATA0	DATA		CRC16
3. 主机→主机（握手信息包）	SYNC	NAK			

如果主机出错，则数据传输过程如下。

1. 主机→主机（令牌信息包）	SYNC	SETUP	ADDR	ENDP	CRC5
2. 主机→主机（数据信息包）	SYNC	DATA0	DATA		CRC16
3. 主机→主机（握手信息包）	SYNC	STALL			

(4) 传输（transfer）USB 定义了四种传输类型，分别是控制传输（control transfer）、中断传输（interrupt transfer）、批量传输（bulk transfer）和同步传输（isochronous），每种传输类型又分若干个阶段，而每个阶段都由不同的事务组成。有关这部分的内容，在此不再详述，可自行查阅 USB 协议标准。

7. 其他

上面介绍的是在单片机和计算机上最常用的通信协议，也是在进行小型物联网项目开发中经常要使用的，特别是 1-Wire、UART、IIC 和 SPI，而计算机端的协议如 USB、

TCP/IP 等则很少需要自己开发，仅仅了解它们就可以了。

除上述这些轻量型的协议外，还有一些通信协议专门用于大型的系统或工业现场。但是它们最基本的原理和上述协议类似，下面简单介绍几种。

(1) 控制器局域网（Controller Area Network，CAN）总线是一种用于实时应用的串行通信协议。它可以使用双绞线来传输信号，是世界上应用最广泛的现场总线之一。CAN 协议由德国的 Robert Bosch 公司开发，最初用于汽车中各种不同元件之间的通信，以此取代昂贵而笨重的配电线束，后来该协议的健壮性使其用途延伸到其他自动化和工业应用，并最终成为国际标准（ISO 11898）。CAN 总线的传输距离可达 10km（传输速度小于 5kb/s 的情况下），传输速度可达 1Mb/s（传输距离小于 40m 的情况下）。使用 CAN 总线和不使用 CAN 总线的线路对比如图 5.53 所示。

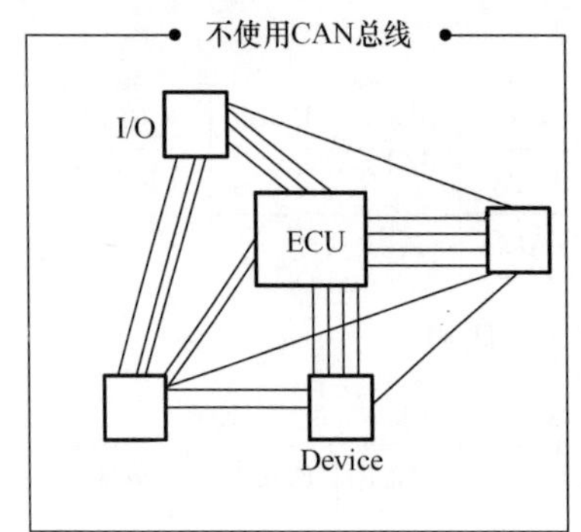

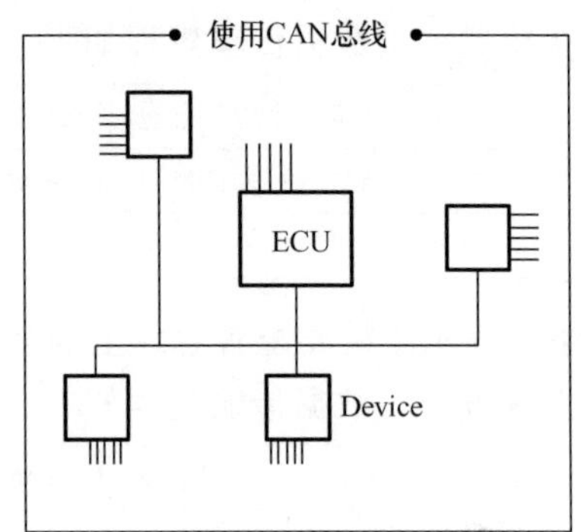

图 5.53 使用 CAN 总线和不使用 CAN 总线的线路对比

类似于 RS-485，CAN 用两根差分线来表示数据；不同的是，它用两根线都是 2.5V 来表示逻辑 1，用 1 根线上升到 3.5V 另外一根线下降到 1.5V 来表示逻辑 0。

类似于 IIC，CAN 使用多主多从的工作方式；不同的是，CAN 不进行寻址，当 CAN 总线上的一个节点发送数据时，它以报文形式广播给网络中的所有节点。对每个节点来说，无论数据是否是发给自己的，都对其进行接收。每组报文开头的 11 位二进制字符为标识符，定义了报文的优先级，这种报文格式称为面向内容的编址方案，在同一系统中标识符是唯一的，不可能有两个节点发送具有相同标识符的报文，如图 5.54 所示。

当一个节点要向其他节点发送数据时，该节点的 CPU 将要发送的数据和自己的标识符传送给本节点的 CAN 芯片，并处于准备状态；当它收到总线分配时，转为发送报文状态。CAN 芯片将数据根据协议组织成一定的报文格式发出，这时网上的其他节点处于接收状态。每个处于接收状态的节点对接收到的报文进行检测，判断这些报文是否是发给自己的，以确定是否接收它。

CAN 总线主要的应用领域是汽车，在现代轿车的设计中，CAN 已经成为必须采用的装置，奔驰、宝马、大众、沃尔沃、雷诺等汽车都采用了 CAN 作为控制器联网的手段。其次，它可以用在大型仪器设备中。大型仪器设备是一种参照一定步骤对多种信息采集、处理、控制、输出等操作的复杂系统，它通常包括多个功能独立的模块，各个模块之间需要传递数据，CAN 总线为模块之间的相互通信提供了解决方案。除此之外，CAN 总线还

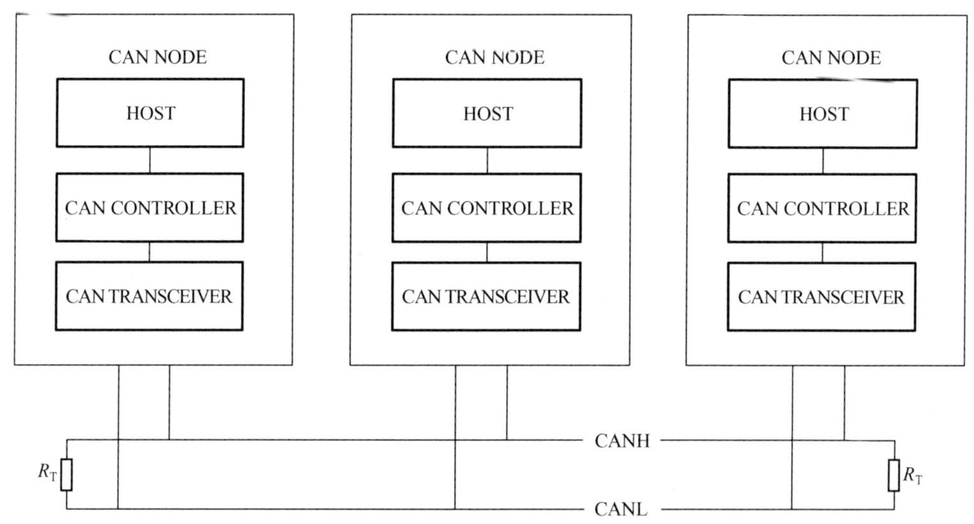

图 5.54 CAN 总线连接多个节点结构

大量用于复杂的工业控制系统中，来驱动多个工业模块互相协调工作。最后，CAN 还在智能建筑、智慧城市等方面发挥了重要的作用。

(2) Modbus 是由 Modicon 公司在 1979 年发明的，是全球第一个真正用于工业现场的总线协议。Modbus 协议又分 Modbus RTU、Modbus ASCII 和 Modbus TCP 三种模式。其中，前两种所用的硬件接口都是串行通信接口（RS-232、RS-422、RS-485），最后一种所用的硬件接口是以太网接口。许多工业设备，包括 PLC、DCS、智能仪表等都在使用 Modbus 协议作为它们之间的通信标准。目前 Modbus 最多应用在 RS-485 接口上，以至于有了“RS-485/Modbus”的写法，事实上这表示“这个 RS-485 接口支持使用 Modbus 协议进行数据传输”。

Modbus 采用主从模式，即主机可对各从机寻址，发出广播信息，称为查询。而其他从机返回信息作为对查询的响应，或处理查询所要求的动作，称为响应。Modbus 协议规定主机查询的信息格式，该信息包括设备地址、请求功能代码、发送数据和错误校验码；从机的响应信息也由 Modbus 协议组织，它包括确认动作的代码、返回数据和错误校验码，如图 5.55 所示。若在接收信息时出现一个错误或从机不能执行要求的动作时，从机会组织一个错误信息，并发给主机作为响应。

在配置每台控制器时，用户需选择通信模式以及串行口的通信参数（如波特率、奇偶校验等），在 Modbus 总线上的所有设备应具有相同的通信模式和串行通信参数。需要注意的是，Modbus 使用的是单主机多从机轮询的通信方式，所以它的实时性并不是很好，因此 Modbus 主要用于非实时控制，最好是时间要求不严格且数据通信量较小的场合。

Modbus 可使用 ASCII 或 RTU 两种通信模式。这两种模式定义了总线上串行传输信息区的“位”的含义，决定信息打包及解码方法。

ASCII 模式在 Modbus 总线上进行通信时，一个信息中的每 8 位看作 2 个 ASCII 字符进行再次编码后传输。而 RTU 模式在 Modbus 总线上进行通信时，信息中的每 8 位作为 2

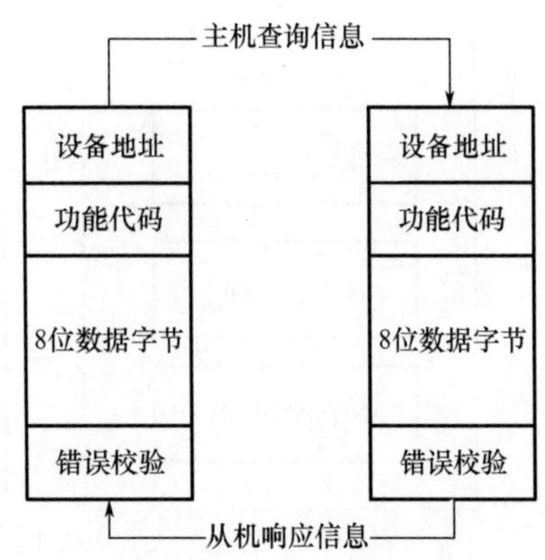

图 5.55　Modbus 查询通信机制

个 16 进制字符（每个字符占 4 位）直接进行传输（不用重新编码）。例如，发送 8 位二进制 11111001，如果是 ASCII 模式传输的话，则将其转换成十六进制表示 0xF9，然后发送的是 ASCII 码中 F（70）对应的二进制码 01000110 和 9（57）对应的二进制码 00111001，而 RTU 模式则直接发送的是 11111001。

这两种模式对应了两种不同的信息帧，即 ASCII 信息帧和 RTU 信息帧。

ASCII 信息帧以字符“:”表示信息的开始，以“回车＋换行符”表示信息的结束，每个字符之间可以有 1s 的间隔时间，格式如下。

开始	地址	功能	数据	纵向冗余检查	结束
1 字符（:）	2 字符	2 字符	n 字符	2 字符	2 字符（回车＋换行符）

RTU 信息帧中，需要至少 3.5 个字符的静止时间（可以由波特率计算得出）作为新的开始，而传输的结束也需要这个静止时间，中间的传输过程中不允许出现大于 1.5 个字符的静止时间，否则该帧信息传输不完整，格式如下。

开始	地址	功能	数据	纵向冗余检查	结束
T1-T2-T3-T4	8 位	8 位	n×8 位	16 位	T1-T2-T3-T4

除上述两种总线外，还有四十余种现场总线和通信协议，如 FIP、ERA、ProfiBus、FINT 等。这些现场总线大都用于过程自动化、医药、加工制造、交通运输、国防、航天、农业和楼宇等领域，其中不足十种的总线占有 80%左右的市场。

这些总线和通信协议虽然各异，但是从根本上讲都或多或少有上面几种协议的影子。在实际应用中，可以用到哪种总线就去学习哪种总线的协议标准。

5.2.5　二进制的载波表示

前面几节讲述的内容都是针对有线传输的，而数据传输的另一方式则是利用无线数据传输技术，如 Wi-Fi、4G、蓝牙、RFID 等。

无线数据传输技术是以电磁波为载体，以空气为传播媒介进行数据传输的技术。电磁波频谱包括一个非常大跨度的频率范围，每一种无线服务都与某一个无线频谱区域相关联。例如，RFID 使用的频率范围为 3kHz～300GHz。

无线数据传输的原理是：将要发送的数据转换成二进制，然后将二进制叠加到某个频率的电磁波（载波）中来改变它规律变化的波形，随后将这个改变之后的波形通过天线发射到空气中；电磁波通过空气传播，在目标位置，另一个天线接收信号传送给接收器，接收器对比原始波形和接收到的波形，识别出来其中变化的部分，将变化部分还原成二进制，就完成了数据的无线传输。

在有线传输中（不包括光纤、电力波等），二进制是以改变电平来表示的，而在无线传输中，二进制则是以改变电磁波形来表示的。对于一个波来说，通常可以用三种方式来改变它的波形，分别是改变它的幅度、频率和相位。与此对应，将二进制数据通过这三种方式加载到电磁波上的手段分别称为调幅（amplitude modulation）、调频（frequency modulation）和调相（phase modulation），如图 5.56 所示。

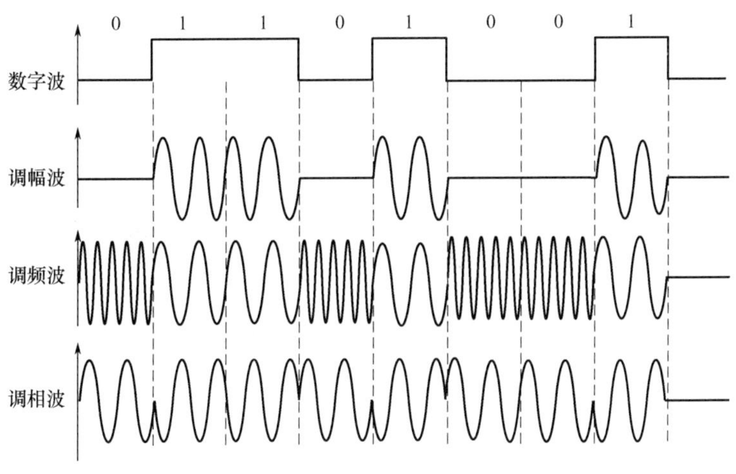

图 5.56 调幅、调频、调相示意

调幅是将不同的数据信息（0 和 1）调制成幅度不同但频率相同的载波信号。例如，高幅值信号表示“1”，低幅值信号表示“0”。

调频是将不同的数据信息（0 和 1）调制成幅度相同但频率不同的载波信号。例如，高频信号表示“0”，低频信号表示“1”。

调相是利用相邻载波信号的相位变化值来表示相邻信号是否具有相同的数据信息值，此时的幅度和频率均保持不变，这种方式类似于 NRZI（不归零就反向）

调相这种调制方式很少用，多数情况下是使用调幅和调频，它们各有利弊。

通常来说，调频比调幅抗干扰能力强，原因在于外界的各种干扰对已调波的影响主要表现为产生寄生调幅，形成噪声。调频可以用限幅的方法，消除干扰所引起的寄生调幅，而调幅制中已调幅信号的幅度是变化的，因而不能采用限幅，也就很难消除外来的干扰。另外，信号的信噪比越大，抗干扰能力就越强，而解调后获得的信号的信噪比与调制系数有关，调制系数越大，信噪比越大，由于调频系数远大于调幅系数，因此，调频波信噪比高，干扰噪声小。最后，调频波的频带宽度比调幅波的频带宽度大得多，调频制的功率利用率比调幅制高。调幅相比调频的优点在于它对阻碍物的穿透能力更强。

5.2.6 常见的无线传输技术及模块

1. GPRS/3G/4G

GPRS是中国移动公司所使用的从GSM中发展出的一种移动数据业务，这一代通常称为2G（2 Generation，2代），随后电信业又发展出3G（3 Generation，3代）和4G（4 Generation，4代）传输技术。

而GPRS DTU、3G DTU、4G DTU则是使用了相应技术的数据传输器（Data Transfer Unit，DTU），它是将串口数据转换为对应网络制式的移动数据或将对应网络制式的移动数据转换为串口数据，并通过无线通信网络进行传送的无线终端设备。这种设备一般一端是RS-232或RS-485接口，另一端是天线接口，只要插入一张SIM卡，它就可以将RS-232或者RS-485接口接收到的数据，通过无线通信网络发送出去，同时它通过天线接收的数据也会通过RS-232或RS-485接口传送给与之相连的主机（可能是计算机，也可能是单片机等），如图5.57所示。

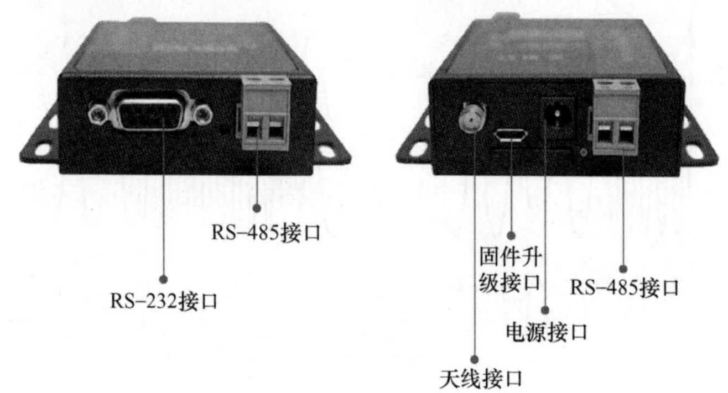

图5.57 无线DTU

这种DTU架起了本地数据和远程服务器之间数据沟通的桥梁。利用这种DTU，可以将采集到的各类传感器的数据，通过无线通信网络传输至远程的服务器及控制中心，以实现数据的实时监测，如图5.58所示。

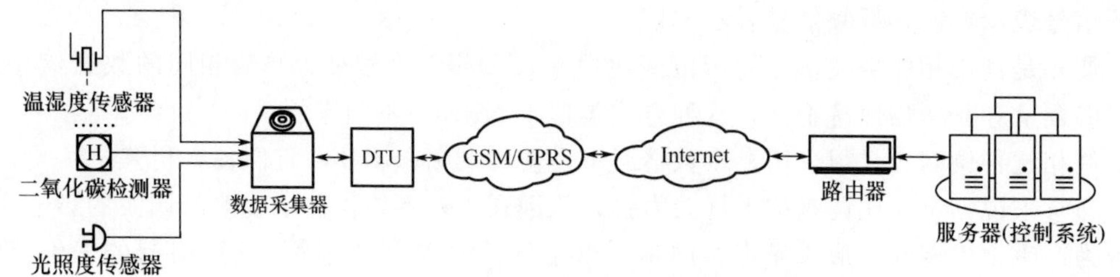

图5.58 无线DTU的典型应用场景

2. Wi-Fi

Wi-Fi是一种允许电子设备连接到一个无线局域网（WLAN）的技术，通常使用2.4GHz或5GHz射频频段。Wi-Fi是一个无线网络通信技术的品牌，由Wi-Fi联盟所持有，目的是改善基于 IEEE 802.11 标准的无线网络产品之间的互通性。Wi－Fi 是当今使用最广的一种无线网络传输技术，几乎所有的智能手机、平板电脑等移动设备都支持 Wi－Fi 上网。

Wi－Fi 技术实际上就是把有线网络信号转换成无线信号，使用无线路由器供支持其技术的相关设备接收。

Wi－Fi 模块分为三类：通用 Wi－Fi 模块、路由器 Wi－Fi 模块和嵌入式 Wi－Fi 模块。通用 Wi－Fi 是用于计算机、平板电脑、智能手机中的模块，它需要 Windows、Linux、Android、IOS 等操作系统的驱动支持；路由器 Wi－Fi 模块是在网络交换设备尤其是路由器中使用的 Wi－Fi 模块，它的工作依赖于路由器内置的 Linux 操作系统；嵌入式 Wi－Fi 模块是指内置了 Wi－Fi 驱动和协议的小型单片机系统。对于物联网开发来说，最常用的是嵌入式 Wi－Fi 模块，包括 RS－232 接口和 UART（TTL）接口两种，如图 5.59 所示。

图 5.59　Wi－Fi 模块

在实际开发中，除对芯片进行必要的配置（需要连接的网络名称、密码等）外，只需要操作计算机或单片机给串口发送我们想要发送的数据即可，完全可以不用关心 Wi－Fi 的运行机理。

Wi－Fi 和 GPRS DTU 模块的区别：GPRS DTU 模块是直接接入的移动通信网络（只有在通信网络覆盖的地方才能收发数据），而 Wi－Fi 接入的是无线接入点，随后无线接入点会把 Wi－Fi 客户端发送过来的数据转给路由设备（多数情况下无线接入点和路由设备是一体的，只有路由设备本身连上互联网之后，Wi－Fi 发送的数据才能被转发到互联网上），GPRS DTU 模块发送出去的数据是符合移动通信网络的格式，而 Wi－Fi 发送的数据则是符合 Wi－Fi 标准的格式，它在被转发到互联网上之前还要被路由设备进行数据重新封装，转换成符合互联网标准的数据格式。

3. 蓝牙

蓝牙（Bluetooth）是爱立信公司于 1994 年发明的一种无线通信技术，用于实现固定设备和移动设备之间的短距离数据交换，它使用的频率为 2.4～2.485GHz。

蓝牙技术的传输距离为 10cm～100m，传输速度为 1Mb/s。蓝牙设备分为三个功率等级，分别是 100mW（20dBm）、2.5mW（4dBm）和 1mW（0dBm），相应的有效工作范围为 100m、10m 和 1m。蓝牙采用数据包的方式以主从形式传输数据，一个主设备至多可与同一微微网（一个采用蓝牙技术的临时计算机网络）中的七个从设备通信，所有设备共享主设备的时钟。

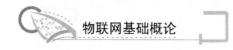

蓝牙所使用的频段是对所有无线电系统都开放的频段，因此使用其中的某个频段都会遇到不可预测的干扰源，如无绳电话、微波炉等，都可能是干扰源。为此，蓝牙特别设计了快速确认和跳频方案以确保链路稳定。跳频技术是把频带分成若干个跳频信道（hop channel），在一次连接中，无线电收发器按一定的码序列（即一定的规律，技术上称为伪随机码，就是假的随机码）不断地从一个信道"跳"到另一个信道，只有收发双方是按这个规律进行通信的，而其他的干扰不可能按同样的规律进行干扰；跳频的瞬时带宽是很窄的，但通过扩展频谱技术使这个窄带宽成百倍地扩展成宽频带，使干扰可能的影响变成很小。

蓝牙规定每一对设备之间进行蓝牙通信时，必须一个为主角色，另一个为从角色，才能进行通信。通信时，必须由主设备进行查找，发起配对，连接成功后，双方即可收发数据。一个具备蓝牙通信功能的设备，可以在主从两个角色间切换，平时工作在从模式，等待其他主设备来连接，需要时，转换为主模式，向其他设备发起呼叫。

蓝牙主设备发起呼叫，首先是找出周围处于可被查找状态的蓝牙设备。主设备找到从设备后，与从设备进行配对，此时需要输入从设备的 PIN 码（也有设备不需要输入 PIN 码）。配对完成后，从设备会记录主设备的信任信息，此时主设备即可向从设备发起呼叫（已配对的设备在下次呼叫时，不再需要重新配对）。链路建立成功后，主从两端之间即可进行双向的数据通信。在通信状态下，主设备和从设备都可以发起断链，断开蓝牙链路。

对于物联网开发，和上面类似，蓝牙模块也有连接计算机端的支持 USB、RS-232、RS-422、RS-485 接口的模块，和连接单片机的支持 UART、IIC、SPI 接口的模块，如图 5.60 所示。

图 5.60 蓝牙模块

对于开发者来说，除对芯片进行必要的配置外，只需要操作计算机或单片机通过串口发送想要发送的数据即可。

4. ZigBee

ZigBee 是基于 IEEE 802.15.4 标准的低功耗局域网协议。根据国际标准规定，ZigBee 技术是一种短距离、低功耗的无线通信技术，其特点是近距离、低复杂度、自组织、低功耗、低数据速率，主要适用于自动控制和远程控制领域，可以嵌入各种设备。ZigBee 可工作在 2.4GHz（全球流行）、868MHz（欧洲流行）和 915MHz（美国流行）三个频段上，分别具有最高 250kb/s、20kb/s 和 40kb/s 的传输速率，它的传输距离为 10～75m，但可以扩展。

ZigBee 是一个最多可由 65535 个无线数传模块组成的一个无线数传网络平台，在整个网络范围内，每一个 ZigBee 网络数传模块之间可以相互通信，每个网络节点间的距离可以从标准的 75m 无限扩展。

ZigBee 功耗极低，由于 ZigBee 的传输速率低，发射功率仅为 1mW，而且采用了休眠模式，因此 ZigBee 设备非常省电。据估算，ZigBee 设备仅靠两节 5 号电池就可以维持长达 6 个月至 2 年的使用时间，这是其他无线设备望尘莫及的。

ZigBee 的通信时延和从休眠状态激活的时延都非常短，典型的搜索设备时延是 30ms，休眠激活的时延是 15ms，活动设备信道接入的时延为 15ms。因此，ZigBee 技术适用于对时延要求苛刻的无线控制（如工业控制场合等）应用。

在 ZigBee 网络中，有三种不同类型的设备，分别称为协调器（coordinator）、路由器（router）和终端节点（end device），如图 5.61 所示。

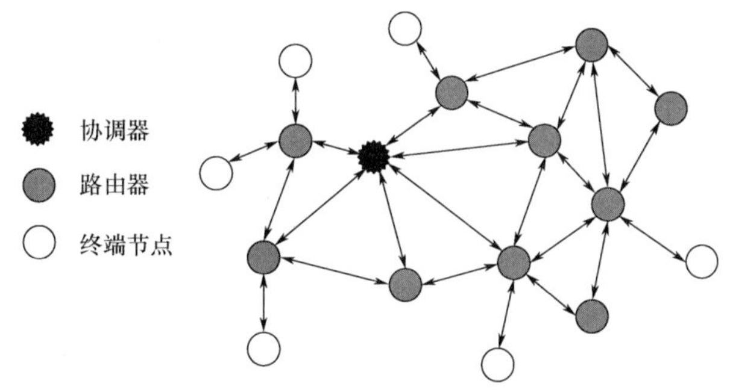

图 5.61　ZigBee 网络示意

每个 ZigBee 网络只允许有一个 ZigBee 的协调器，协调器首先选择一个信道和网络标识（PAN ID），然后创建这个网络，它具有网络的最高权限，是整个网络的维护者，它允许路由和终端节点加入这个网络，并保持网络其他设备的通信。协调器必须常电供电，不能进入睡眠模式，它可以为睡眠的终端节点保留数据，至其唤醒后获取。

ZigBee 是一个“多跳网络”，多数节点之间的数据传输不是直接发送的，而是通过节点一级一级转发的，负责对数据进行转发的节点就是路由器。注意：ZigBee 中的路由器和日常中用的路由器是两个概念，它们的名字相同是因为它们的功能类似。ZigBee 中的路由器的功能是转发 ZigBee 网络中各个节点之间的数据，而日常中用的路由器的功能是转发局域网中的设备和互联网上其他设备之间的数据。ZigBee 中的路由器首先会加入一个 ZigBee 网络，加入网络之后，允许其他路由器或终端节点加入，并可以对网络中的数据进行路由。路由器必须常电供电，不能进入睡眠模式，它可以为睡眠的终端节点保留数据，至其唤醒后获取。

终端节点是 ZigBee 网络的最底层，它只能通过协调器或路由器加入一个 ZigBee 网络，而不允许别的设备加入，它通过其父节点收发数据，不能对网络中的数据进行路由。终端节点可由电池供电，可以进入睡眠模式。

终端节点可以连接路由器或协调器，不能连接其他终端节点；路由器上层可以连接路由器或协调器，下层可以连接路由器或终端节点；协调器只能在下层连接路由器或终端节点。按照不同的连接方法，可以组成不同的网络形式，ZigBee的三种基本组网形式如图5.62所示。

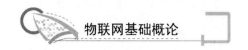

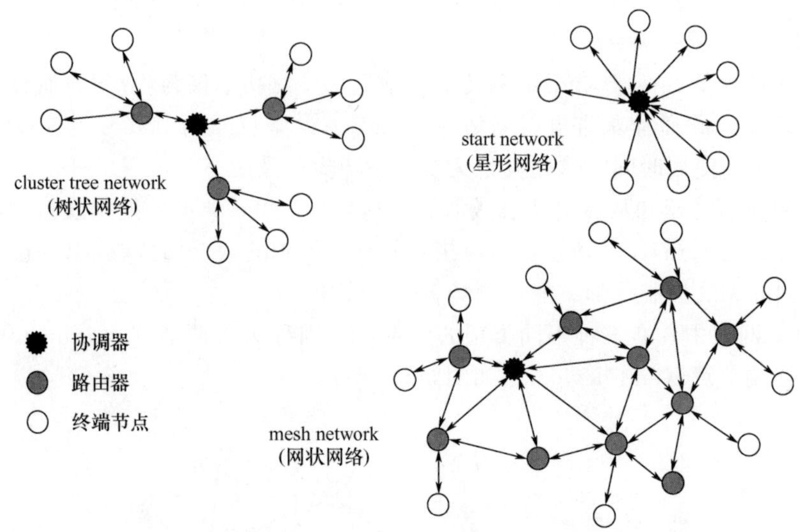

图5.62 ZigBee的三种基本组网形式

ZigBee最大的不足在于，它虽然可以方便地自组网但不能将其数据直接发送至局域网或互联网，要想将ZigBee中的数据接入局域网或互联网中，就必须在其中部署一个既能够读取ZigBee网络数据，又能接入局域网或互联网的设备——ZigBee协调器。ZigBee协调器运行的程序可以读取ZigBee网络的数据并将其发送到局域网或互联网的其他设备上，它可以是计算机也可以是单片机，如图5.63所示。

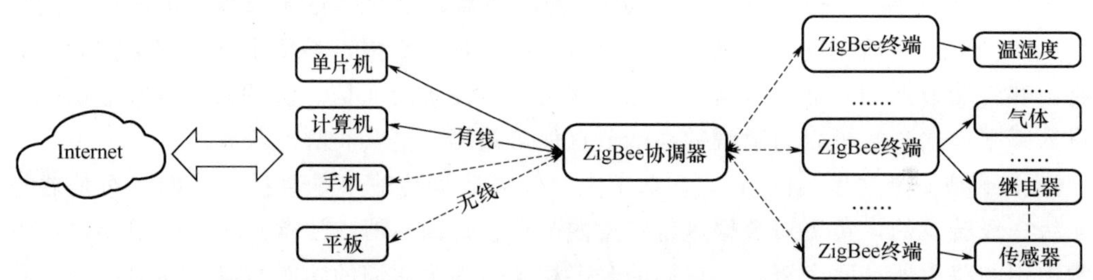

图5.63 ZigBee网络连接互联网的方式

ZigBee设备和其他设备的连接有两种情况，一种情况是ZigBee终端连接传感器或其他采集设备，通常情况下ZigBee终端和其他设备是通过RS-232/422/485接口或UART接口相连的，ZigBee终端的作用就是通过这些接口将传感器等设备发送过来的数据转发至协调器。

另一种情况是ZigBee协调器连接计算机，用于将ZigBee网络中的数据发送到计算机，再由计算机将其发布到局域网或互联网上。这两种情况的ZigBee模块如图5.64所示。

5. 红外传输

红外传输是利用红外线进行传输的技术，多用在电视、空调等的遥控器上。红外传输

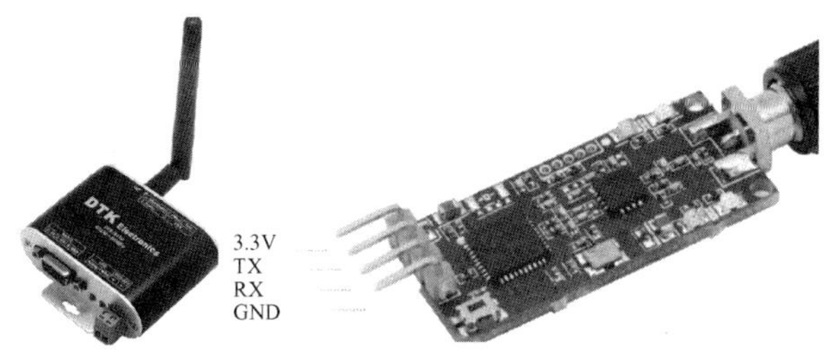

图 5.64 ZigBee 模块

利用可视红光光谱之外的不可视光，就因为红外线也是光的一种，所以它也同样具有光的特性，无法穿越不透光的物体。

红外线的波长为 0.75～1 000μm。红外线可分为三部分，即近红外线，波长为（0.75～1)～(2.5～3）μm；中红外线，波长为（2.5～3)～(25～40）μm；远红外线，波长为（25～40)～1 000μm。

红外传输是一种点对点的传输方式，它只支持两个设备之间的通信，不能同时连接多个设备，它对传输条件的要求比较苛刻，发收双方不能离得太远，要对准方向，且中间不能有障碍物，几乎无法控制信息传输的进度。红外传输的距离通常在 1m 左右，传输速度可达 4Mb/s。

红外传输技术由于存在很多局限性，正逐渐被其他无线传输技术取代。

5.3 互联网接入

当利用传感器、单片机、计算机组成一个系统，获得一系列数据之后，需要将这些数据发送到互联网上，所谓的“发送到互联网上”，其实是“通过一台已经连接到互联网的主机”发送给“另外一台连接到互联网的主机”。多数情况下主机指代的是计算机或服务器。这种形式的数据传输，其实是“跨互联网的进程通信”，它是一台主机中的某个进程和另外一个主机中的某个进程之间进行的通信。

跨互联网的进程通信的首要问题是如何唯一地标识一个进程，在本地计算机可以通过给进程本机唯一的一个 ID 号来解决，但是放在有着数以亿计主机的互联网上，这个方案明显不可行。互联网是靠 TCP/IP 协议族来解决跨互联网的进程通信的，可以说整个互联网是建立在 TCP/IP 协议族上的，TCP/IP 协议族是互联网的根基。

TCP/IP 协议族使用“IP 地址”来唯一地标识一台主机，使用“协议＋端口”来唯一地标识一台主机中的进程，这样就可以利用“IP 地址＋协议＋端口”来唯一地标识网络进程，进而进行网络进程间的通信了。

5.3.1 OSI 参考模型和 TCP/IP

传输控制协议/互联网协议（Transmission Control Protocol/Internet Protocol，TCP/IP）协议族是一套复杂的协议的组合，对于物联网开发来说，只了解它的基本概念和使用方法就可以了。在了解 TCP/IP 协议族之前先来了解一下 OSI 参考模型。

开放系统互联（Open System Interconnect，OSI）参考模型是国际标准化组织（International Organization for Standardization，ISO）和国际电报电话咨询委员会（International Consultative Committee on Telecommunications and Telegraph，CCITT）联合制定的计算机网络互连参考模型，为开放式互连信息系统提供了一种功能结构的框架。它是一种理论上的模型，它的目的是推荐所有公司使用这个规范来设计和控制计算机网络，这样所有公司都有相同的规范，就能实现互相兼容和互连。

OSI参考模型的核心设计思想有两点：一是，通信两端的主机能够互相理解，这要求它们使用相同的协议来传输数据；二是，通信系统模块化，每个模块提供标准化接口，不管谁来开发和具体实现某个模块，它的接口一定是标准的，可以被别人直接调用。

基于上述的思想，OSI参考模型将一个网络框架从低到高分为七层，分别是物理层、数据链路层、网络层、传输层、会话层、表示层和应用层，每一层实现各自的功能和协议，并完成与相邻层的接口通信（调用下层接口，并为上层提供接口）。

下面简单地描述这七层的作用。

（1）物理层负责为上层提供一个可靠的物理介质和通路来表示和传输逻辑0和逻辑1，这一层的传输单位是位（bit）。属于物理层定义的典型规范代表包括EIA/TIA RS-232、EIA/TIA RS-449、V.35、RJ-45、FDDI令牌环网等。

（2）数据链路层负责可靠地传输由逻辑0和逻辑1组成的数据帧，这一层的传输单位是数据帧（frame）。数据链路层协议的代表包括ARP、RARP、SDLC、HDLC、PPP、STP、帧中继等。

（3）网络层负责数据经由哪些具体的路径传输到目标地址，这一层的传输单位是添加了发送地址（IP地址）和接收地址（IP地址）的数据包。网络层协议的代表包括IP、IPX、RIP、OSPF等。

（4）传输层负责确保两个节点之间的数据序列被可靠地传输，这一层的传输单位是经过重新分割或组合并添加了新的包信息，适用于网络传输的数据段（Segment）。传输层协议的代表包括TCP、UDP、DCCP、SCTP、RTP、RSVP、PPTP等。

（5）会话层负责在两个传输节点之间建立、维持和断开通信。

（6）表示层负责将不同形式的信息编码为适合网络传输的格式，并在另外一端还原为不同形式的信息，如文字、声音、图像。

（7）应用层负责为用户应用程序提供接口。会话层、表示层、应用层协议的代表包括HTTP、FTP、TELNET、SMTP、DNS、TFTP、SNMP、DHCP等。

结合前面的内容，“二进制的电平表示”就是物理层内容，它只负责如何表示和传输逻辑0和逻辑1，而UART、IIC、SPI、1-Wire、USB、CAN等协议则规定了物理层的形式和实现了数据链路层的功能。

下面以一个例子介绍这七层是如何工作的（实际情况会更加复杂，这个例子仅是帮助读者理解七层模型的作用）。假如甲、乙两人在两个不同的城市使用QQ聊天，其过程如下。

（1）甲打开QQ的聊天窗口，在聊天窗口输入“你好”，然后单击“发送”按钮。就相当于调用了应用层的内容。

（2）“你好”两个字会在本地计算机按照GB18030码被编码为一段二进制字符，并存储在内存中等待发送。这就相当于实现了表示层的内容。

(3) 在甲单击“发送”按钮之后，会在甲、乙双方计算机的 QQ 进程之间建立一个通信连接。这就相当于实现了会话层的内容。

(4) “你好”在内存中对应的二进制编码会被打包成若干个数据包，每个数据包都记录了这个数据包是从哪个地址、哪个端口，发往哪个地址、哪个端口，使用了什么协议，并且这些数据包会被有序地编号。这就相当于实现了传输层的内容。

(5) 数据包在发送之前会选择通过哪几个路由器一站一站地转发到另外一方。这就相当于实现了网络层的功能。

(6) 数据包在进行路由器之间的转发之前，需要先在本地计算机和上层网络设备之间进行传输，这时候的传输需要由 MAC 地址确定，所以数据包里要加上目的地的 MAC 地址和发送地的 MAC 地址，并将这个数据包分割为若干个数据帧进行传输。这就相当于实现了数据链路层的功能。

(7) 网络传输设备和传输介质将数据帧按位通过物理介质进行发送。这就相当于实现了物理层的功能。

(8) 对于接收到数据包的网络设备而言，每一层网络设备都根据自己的功能对数据中附加的信息进行剥离，一直到乙方的 QQ 窗口上显示“你好”。

OSI 参考模型只是一个“建议”，而 TCP/IP 是 OSI 参考模型的一种“实现”。TCP/IP 将计算机网络具体实现为五层，每一层都工作着不同的设备，运行着不同的协议。OSI 参考模型和 TCT/IP 模型之间的对应关系如图 5.65 所示。

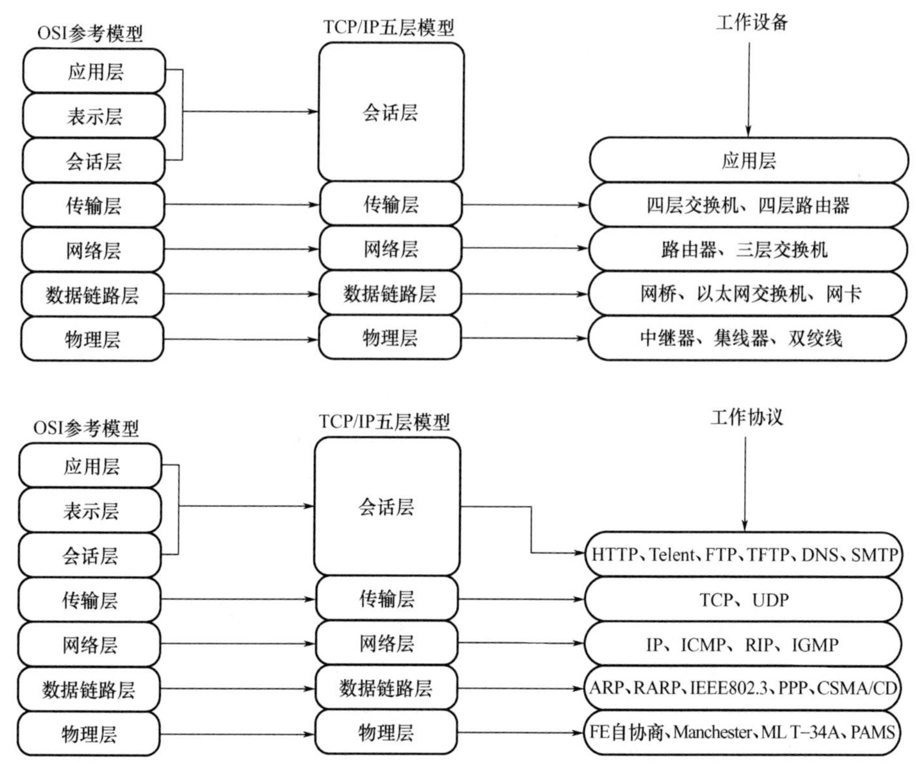

图 5.65　OSI 参考模型和 TCP/IP 模型之间的对应关系

在传输层，通常用 TCP 和 UDP（User Datagram Protocol，用户数据报协议）这两种协议来传输数据，应用层将原始数据发送到传输层，开始按照某些协议对原始数据进行一层一层封装，最后将数据转换成比特流发送到网络上。以 TCP 传输数据为例，对原始数据的封装过程如图 5.66 所示。

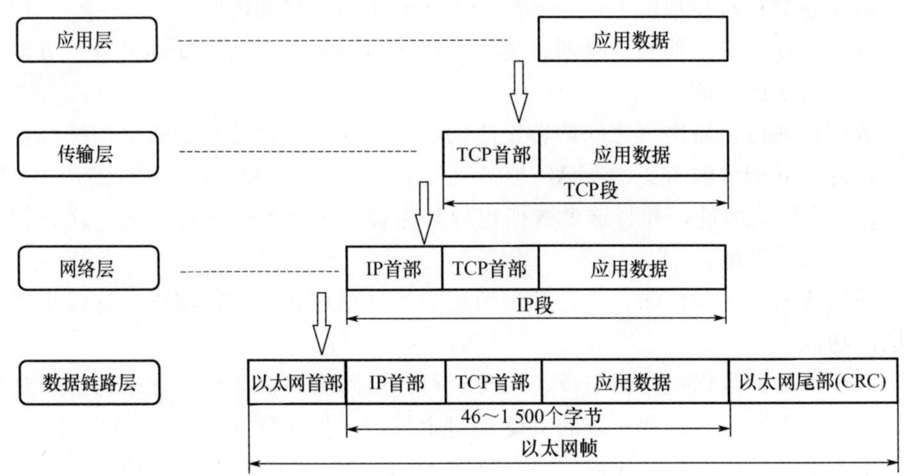

图 5.66　TCP 传输数据的封装过程

每一层数据是由“上一层数据＋本层首部信息”组成的，其中每一层的数据，称为本层的协议数据单元。

物联网开发并不需要了解太多 TCP/IP 协议族的细节，而真正需要掌握的是如何利用 TCP/IP 来自定义互联网上的数据传输，我们需要真正了解和掌握的是 Socket、HTTP 的使用。

5.3.2　Socket

Socket 又称套接字，它是一套编程接口，实现了对 TCP/IP 的封装。程序员可以用它来编写自己的网络通信程序，现在几乎所有的网络应用程序都是基于 Socket。

对于网络通信来说，需要利用 Socket 来建立一个服务器端的应用程序，用于等待外部连接并处理到来的连接请求，同时在客户端需要建立一个应用程序，用于连接远程的服务器，发起连接请求并与之进行数据传输，这种模式称为客户端/服务器（Client/Server，C/S）模式。

Socket 之间的通信可以类比生活中打电话的案例。任何用户在通话之前，首先要先有一部电话，相当于申请一个 Socket，同时要知道对方的电话号码，相当于对方有一个固定的 Socket，然后向对方拨号呼叫，相当于发出连接请求。假如对方在场并空闲，拿起电话话筒，双方就可以进行通话了。双方的通话过程是一方向电话机发出信号和对方从电话机接收信号的过程，相当于向 Socket 发送数据和从 Socket 接收数据。通话结束后，一方挂上电话，相当于关闭 Socket，撤销连接。

下面介绍一些和 Socket 有关的函数，其函数名和作用如下（具体的函数名在不同的

函数库里不一样，但是功能基本相同）。

- Socket()：创建一个 Socket。
- Bind()：绑定一个本地的 IP 和端口号。
- Listen()：让 Socket 侦听传入的连接，并指定侦听队列容量。
- Connect()：初始化与另一个 Socket 的连接。
- Accept()：接收连接并返回一个新的 Socket 用于后续的数据传输。
- Send()：输出数据到 Socket。
- Receive()：从 Socket 中读取数据。
- Close()：关闭 Socket，销毁连接。

Socket 可以使用 TCP 和 UDP 两种协议，TCP 是用得最多和最可靠的协议。以 TCP 为例，利用上面这些函数进行网络通信的基本流程如图 5.67 所示。

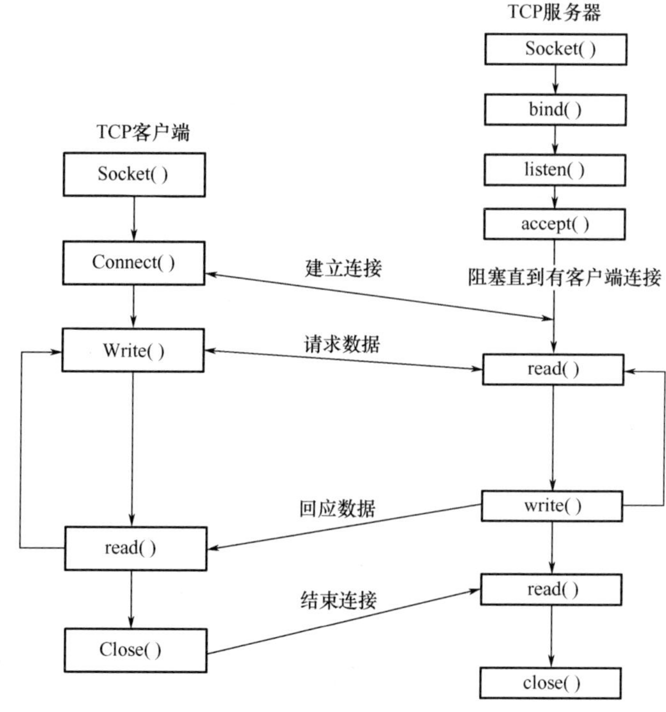

图 5.67 利用 Socket 进行通信的基本流程

如图 5.67 所示，服务器 ServerSocket 并不定位具体的客户端 ClientSocket，而是在某个地址和端口处于等待监听状态，实时监控网络状态。客户端必须知道 ServerSocket 的地址和端口号，进行扫描发出连接请求，目标是服务器的 ServerSocket。当 ServerSocket 监听或收到客户端 ClientSocket 的连接请求时，服务器就响应客户端的请求，建立一个新的通信用 Socket，服务器把这个 Socket 信息发送给客户端，一旦客户端确认连接，则连接建立，随后就可以通过这个 Socket 进行数据传输了。

在连接确认阶段，服务器 ServerSocket 即使在和一个客户端 ClientSocket 建立连接后，ServerSocket 还在处于监听状态，仍然可以接收到其他客户端的连接请求，也就实现了一个服务器可以和多个客户端进行通信（使用多线程来实现）。

Socket最初源于UNIX系统，后来众多公司都对其进行了改进实现了自己的Socket，它们的基本概念是一致的。下面详细介绍微软函数库System.Net.Sockets中的Socket相关函数。

1. Socket()函数

Socket()函数在C#的构造函数原型如下。

```
public Socket(
    AddressFamily addressFamily,
    SocketType socketType,
    ProtocolType protocolType
)
```

这个函数用于创建一个Socket，它有三个输入。

(1) AddressFamily表示协议域，又称协议族（family）。它代表Socket解析地址的寻址方案。常用的协议族有InterNetwork、InterNetworkV6、Ipx等。协议族决定了Socket的地址类型，在通信中必须采用对应的地址，如InterNetwork决定了要使用IPv4地址（32位的），InterNetworkV6决定了要使用IPv6地址，Ipx决定了要使用一个IPX或SPX地址。

(2) SocketType表示该Socket的类型。常用的Socket类型有Raw、Stream、Dgram等。Raw支持基础传输协议访问，Stream支持可靠、双向、基于连接的数据流。

(3) ProtocolType表示该Socket使用的协议。常用的协议是TCP和UDP，它们分别对应TCP传输协议和UDP传输协议。

SocketType和ProtocolType不可以随意组合，如Stream不可以跟UDP组合。

下面的代码示范了创建一个serverSocket。

```
//使用IPv4地址、流式Socket方式、TCP协议传输数据
Socket serverSocket=new Socket(AddressFamily.InterNetwork,
SocketType.Stream,
ProtocolType.Tcp);
```

2. Bind()函数

创建一个Socket()函数之后，需要让它和一个IP地址和端口发生关联，称为"绑定"，由Bind()函数实现。

Bind()函数在C#中的原型如下。

```
public void Bind(EndPoint localEP)
```

EndPoint类是一个抽象类，在编程时使用的是它的一个派生类IPEndPoint，它是一个记录了IP地址和端口的类，其原型是public IPEndPoint(IPAddress address,int port)。

下面的代码示范了利用上面创建的serverSocket绑定一个IP地址和端口。

```
int port=6000;                              //设置监听端口为 6000
string host="127.0.0.1";                    //设置监听 IP 地址为 127.0.0.1
IPAddress ip=IPAddress.Parse(host);         //将主机地址由字符串类型转成 IPAddress 类型
IPEndPoint ipe=new IPEndPoint(ip,port);//使用上面的 IP 地址和端口创建一个 IPEndPoint
serverSocket.Bind(ipe);                     //将 serverSocket 和这个 IPEndPoint 进行绑定
```

3. Listen()函数

在将 Socket 绑定到一个 IP 地址和端口之后，接下来就要让它不停地监听网络上发送过来的连接请求，这由 Listen()函数实现。

Listen()函数在 C# 中的原型如下。

```
public void Listen(int backlog)
```

它仅有一个参数，表示挂起的连接队列的最大长度（这个数是等待连接的数量）。

下面的代码示范了利用上面创建的 serverSocket 进行监听。

```
serverSocket.Listen(0);
```

4. Connect()函数

当一个客户端需要连接一个服务器时，它需要先构造一个 Socket，然后使用 Connect()函数来连接一个远程的服务器 Socket。

Connect()函数在 C# 中的原型如下。

```
public void Connect(EndPoint remoteEP)
```

它仅有一个参数，就是一个远方的终结点，这个终结点是服务器端创建的。

下面的代码示范了客户端创建一个 Socket 并连接到远方终结点。

```
int port=6000;                              //设置要连接的服务器的端口
string host="127.0.0.1";                    //设置要连接的服务器端 IP 地址
IPAddress ip=IPAddress.Parse(host);         //将 IP 地址转成 IPAddress 类型
IPEndPoint ipe=new IPEndPoint(ip,port); //使用 IP 和端口构造一个 IPEndPoint
                                  //构造一个客户端 Socket,使用和服务器同样的配置
Socket clientSocket = new Socket(AddressFamily.InterNetwork, SocketType.Stream,
ProtocolType.Tcp);
clientSocket.Connect(ipe);                  //使用客户端 Socket 连接服务器 Socket
```

5. Accept()函数

当服务器 Socket 检测到有客户端试图连接它时，它会用 Accept()函数来接收连接请求。

Accpet()函数在 C# 中的原型如下。

```
public Socket Accept()
```

它不需要任何输入，它会以同步方式从侦听套接字的连接请求队列中提取第一个挂起的连接请求，然后创建并返回一个新 Socket。

下面的代码示范了服务器 Socket 接收一个连接请求，并创建一个新 Socket。

```
Socket mySocket=listeningSocket.Accept();
```

这个 mySocket 是由服务器创建的用来和客户端进行数据传输用的，而负责监听的 serverSocket 则会继续监听连接请求，一旦有连接请求到来则创建一个新的 Socket 用于新的数据传输（通常情况下会使用多线程技术，服务器会给每个到来的连接请求创建一个线程，并在线程内部创建一个数据传输用的 Socket）。

6. Send()函数

当两个主机已经建立了连接之后，就可以通过数据发送函数来发送信息了，在微软的 Sockets 库里，用于数据发送的函数有多个不同的形式，最简单的就是 Send()函数，其原型如下。

```
public int Send(byte[] buffer)
```

它仅有一个输入，是一个字节数组，这个数组表示要发往对方的数据，在使用这个函数时，需要把发送的数据转换为一个 byte 型的数组。

除了 Send()函数外，Sendfile()函数也是常用的，其原型如下。

```
public void SendFile(string fileName)
```

它的输入是一个文件的路径，作用是将一个文件发送给对方。

下面的代码示范了客户端使用 Send()函数将数据转为 UTF8 编码的 byte 型数组并发送给服务器端。

```
String str="I love china";
byte[] buffer=Encoding.UTF8.GetBytes(str);
clientSocket.Send(buffer);
```

7. Receive()函数

当一个主机给另外一个主机发送了数据之后，接收方就可以通过数据接收函数来接收数据。和数据发送函数一样，在微软的 Sockets 库里，用于数据接收的函数也有很多不同的形式，几乎每个发送函数都有一个对应形式的接收函数，对应 Send()函数的接收函数是 Receive()函数，其原型如下。

```
public int Receive(byte[] buffer)
```

它仅有一个输入，是一个 byte 型数组，这个数组代表了要接收的数据的存放位置，在使用这个函数时，需要确保另外一端发送过来的是一个 byte 型的数组。该函数有一个输出，是一个整型，代表了实际接收到的字节数。

下面的代码示范了服务器使用 Receive()函数来接收数据，并将接收到的数据使用UTF8 编码转为字符串。

```
byte[] buffer=new byte[1024];
int n=serverSocket.Receive(buffer);
string s=Encoding.UTF8.GetString(buffer,0,n);
```

8. Close()函数

当两个主机完成数据传输之后，可以使用 Close()函数来关闭创建的 Socket。

下面的代码示范了关闭一个 Socket。

```
serverSocket.Close();
```

Socket 可以说是网络数据传输的基石，所有其他更高级或更复杂的函数库和应用都是以它为核心进行更高层的封装形成的。

利用 Socket 进行开发给了开发者充分的自由度来定制程序，开发者可以针对具体的情况来定制各种实现细节，但是利用 Socket 进行开发需要重新定制一切细节，开发的难度和工作量比较大，对于快速开发项目来说并不合适，而超文本传输协议（Hyper Text Transfer Protocol，HTTP）是一种符合互联网规范、可以快速进行开发的方式。

5.3.3 HTTP

当前应用程序开发主要分为 C/S 和浏览器/服务器（Brower/Server，B/S）两种模式。B/S 模式因为不需要安装和部署专门的客户端程序（它使用浏览器作为客户端软件），在某些方面 C/S 模式具备了不可比拟的优势。B/S 模式最初诞生时仅仅是作为网站开发的手段，后来业界达成了共识，网站也是应用程序，从此极大地扩展了 B/S 模式的内涵，越来越多的应用开始采用 B/S 模式进行开发。现在 B/S 模式的开发又慢慢走向了两个方向：一种应用几乎完全抛弃了用户界面，它们仅仅利用 HTTP 作为数据交换的方法（如手机 App 的服务器端，它可以完全没有用户界面，只是利用 HTTP 来和手机 App 传输数据）；另一种应用则利用 HTML5、JavaScript、Ajax 等技术打造了堪比桌面应用的非常“豪华”的应用（如网页游戏）。前者通常称为瘦客户端应用，而后者通常称为富客户端应用。

对于物联网开发来说，瘦客户端应用是将数据从本地发往服务器比较好的选择，而 HTTP 是解决客户端和服务器数据传输的完美解决方案。这是因为任何一个能运行 Web 浏览器的客户端都可以使用 HTTP，因此客户端完全不需要额外的配置和部署。此外许多服务器的防火墙也配置为只允许 HTTP 连接，这也同时减少了服务器的配置和部署工作。下面对 HTTP 进行简单介绍。

1. HTTP/HTTPS

HTTP 是用于从万维网（World Wide Web，WWW）服务器传输超文本到本地浏览器的传输协议。HTTP 基于 TCP/IP 协议来传递数据，工作在应用层，可以说 HTTP 是 TCP/IP 更高一层的一种封装。HTTP 通常承载于 TCP 协议之上（有时也承载于 TLS 或

SSL 协议层之上，这时就成了常说的 HTTPS)，如图 5.68 所示。默认 HTTP 的端口号为 80，HTTPS 的端口号为 443。

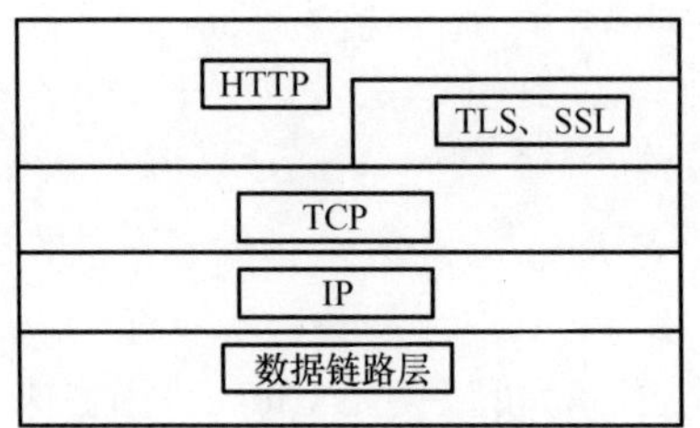

图 5.68 HTTP 协议结构

HTTP 工作于客户端—服务器架构之上。浏览器作为 HTTP 客户端通过 URL 向 HTTP 服务器即 Web 服务器发送所有请求；Web 服务器根据接收到的请求，向客户端发送响应信息，如图 5.69 所示。一次 HTTP 操作称为一个事务。

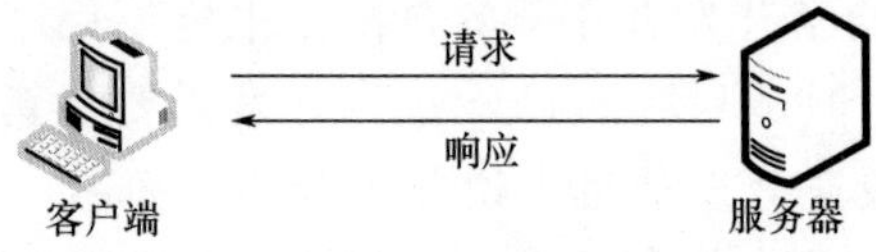

图 5.69 HTTP 数据传输示意

HTTP 请求/响应的流程如下。

(1) 客户端连接到 Web 服务器。一个 HTTP 客户端（通常是浏览器，也可以是其他应用程序），通过 Web 服务器的 IP 地址和 HTTP 端口（默认为 80）建立一个 TCP 套接字连接。

(2) 发送 HTTP 请求。通过 TCP 套接字，客户端向 Web 服务器发送一个文本的请求报文 Request。一个 Request 由请求行、请求头部、空行和请求数据四部分组成。

(3) 服务器接收请求并返回 HTTP 响应。Web 服务器解析 Request，定位请求资源，随后将资源副本放进响应 Response 中写入 TCP 套接字，由客户端读取，Response 由状态行、响应头部、空行和响应数据四部分组成。

(4) 释放连接 TCP 连接。若 Connection 模式为 Close，则服务器主动关闭 TCP 连接，客户端被动关闭连接，释放 TCP 连接；若 Connection 模式为 Keep-Alive，则该连接会保持一段时间，在该时间内可以继续接收请求。

(5) 客户端解析 HTML 内容。客户端首先解析状态行，查看表明请求是否成功的状态代码。然后解析每一个响应头部，响应头部告知以下为若干字节的 HTML 文档和文档的字符集。客户端读取响应数据 HTML，根据 HTML 的语法对其进行格式化，并在浏览器窗口中显示。

以使用浏览器访问网站为例，在浏览器地址栏中输入 URL，按下回车键之后会经历以下过程。

(1) 浏览器向 DNS 服务器请求解析该 URL 中的域名所对应的 IP 地址。

(2) 解析出 IP 地址后，根据该 IP 地址和默认端口 80，和服务器建立 TCP 连接。

(3) 浏览器发出读取文件（URL 中域名后面部分对应的文件）的 HTTP 请求，该请求报文作为 TCP 三次握手的第三个报文的数据发送给服务器。

(4) 服务器对浏览器请求做出响应，并把对应的 html 文本发送给浏览器。

(5) 释放 TCP 连接。

(6) 浏览器将该 HTML 文本进行格式化并显示内容。

HTTP 的特点可总结为以下几点。

(1) 支持 B/S 及 C/S 模式。

(2) 简单快速。客户端向服务器请求服务时，只需传送请求方法和路径。请求方法常用的有 GET、HEAD、POST，每种方法规定了客户端与服务器联系的类型。由于 HTTP 简单，HTTP 服务器的程序规模小，因此通信速度很快。

(3) 灵活。HTTP 允许传输任意类型的数据对象（由 Content-Type 加以标记）。

(4) 无连接。无连接的含义是限制每次连接只处理一个请求。服务器处理完客户端的请求，并收到客户端的应答后，即断开连接，采用这种方式可以节省传输时间。

(5) 无状态。HTTP 是无状态协议。无状态是指协议对于事务处理没有记忆能力。缺少状态意味着如果后续处理需要前面的信息，则它必须重传，这样可能导致每次连接传送的数据量增大。另外，在服务器不需要先前信息时它的响应就较快。

HTTP 所有传输的内容都是明文，客户端和服务器都无法验证对方的身份，安全性较低。超文本传输安全协议（Hyper Text Transfer Protocol Secure，HTTPS）是HTTP的升级版，所有传输的内容都经过了加密，且加密采用对称加密，但对称加密的密钥用服务器方的证书进行了非对称加密。此外，客户端可以验证服务器的身份，如果配置了客户端验证，服务器也可以验证客户端的身份。

下面对 HTML 的细节进行讲解。

2. URL

HTTP 使用统一资源定位符（Uniform Resource Locator，URL）来定位、建立连接和传输数据。URL 被用来在互联网上唯一地标识某一处资源的地址。

以下面这个 URL 为例，介绍 URL 的各部分组成。

http://www.xxxx.com:80/news/index.asp?boardID=5&ID=24618&page=1#name

一个完整的 URL 包括以下几个部分。

(1) 协议部分。该 URL 的协议部分为“http:”，这代表网页使用的是 HTTP。在 Internet 中可以使用多种协议，如 HTTP、HTTPS、FTP 等。在“HTTP”后面的“//”为分隔符。

(2) 域名部分。该 URL 的域名部分为“www.xxxx.com”。在一个 URL 中，也可以使用 IP 地址作为域名。

(3) 端口部分。跟在域名后面的是端口，域名和端口之间使用“:”作为分隔符。端口不是一个 URL 必需的部分，如果省略端口部分，将采用默认端口。

(4) 虚拟目录部分。从域名后的第一个“/”开始到最后一个“/”为止，是虚拟目录部分。虚拟目录也不是一个 URL 必需的部分。本例中的虚拟目录是“/news/”。

（5）文件名部分。从域名后的最后一个“/”开始至“?”为止，是文件名部分；如果没有“?”，则是从域名后的最后一个“/”开始至“#”为止，是文件部分；如果没有“?”和“#”，那么从域名后的最后一个“/”开始至结束为止，都是文件名部分。本例中的文件名是“index.asp”。文件名部分也不是一个URL必需的部分，如果省略该部分，则使用默认的文件名。

（6）锚部分。从“#”开始到最后，都是锚部分。本例中的锚部分是“name”。锚部分也不是一个URL必需的部分。

（7）参数部分。从“?”开始到“#”为止，是参数部分，又称搜索部分、查询部分。本例中的参数部分是“boardID=5&ID=24618&page=1”。URL可以允许有多个参数，参数与参数之间用“&”作为分隔符。

3. Request

客户端通过HTTP给服务器传输的数据是通过发送一段字符来进行的，这段字符称为请求（Request）。Request的结构包括请求行、请求头部（请求报头）、空行和请求数据，其结构如图5.70所示。

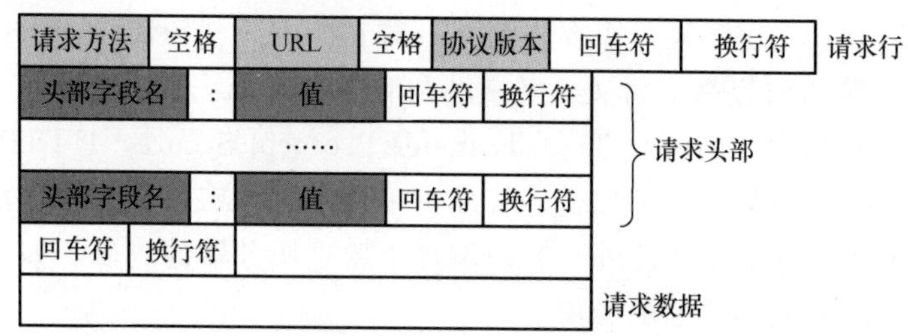

图5.70 Request的结构

（1）请求行标识了该请求的类型、请求的地址和使用的协议版本。其格式如下。

Method Request-URI HTTP-Version CRLF

其中，Method表示请求方法；Request-URI是一个统一资源标识符；HTTP-Version表示请求的HTTP版本；CRLF表示回车和换行（除作为结尾的CRLF外，不允许出现单独的CR或LF字符）。

请求方法是人为定义的请求类型的分类，必须是大写。HTTP 1.0定义了三种请求方法，GET、POST和HEAD方法。HTTP 1.1新增了五种请求方法：OPTIONS、PUT、DELETE、TRACE和CONNECT方法。其含义分别解释如下。

- GET：请求获取Request-URI所标识的资源。
- POST：在Request-URI所标识的资源后附加新的数据。
- HEAD：请求获取由Request-URI所标识的资源的响应消息报头。
- OPTIONS：请求查询服务器的性能，或者查询与资源相关的选项和需求。
- PUT：请求服务器存储一个资源，并用Request-URI作为其标识。
- DELETE：请求服务器删除Request-URI所标识的资源。
- TRACE：请求服务器回送收到的请求信息，主要用于测试或诊断。

- CONNECT：保留将来使用。

这些请求方法中最常用的是 GET 和 POST，将在后面进行详解。

(2) 请求报头允许客户端向服务器传递请求的附加信息以及客户端自身的信息。请求报头是由请求报头族中的若干个组成的，请求报头族中常见的请求报头包括 Host、User-Agent、Accept、Accept-Charset、Accept-Encoding、Accept-Language 等。

- Host 请求报头主要用于指定被请求资源的 Internet 主机和端口号。它通常是从 URL 中提取出来的。例如，在浏览器中输入 http://www.xxxxx.com/index.html，那么浏览器发送的请求消息中，就会包含以下 Host 请求报头域。

```
Host:www.xxxxx.com
```

此处使用默认端口号 80，若指定了端口号 8080，则变成：

```
Host:www.xxxxx.com:8080
```

- User-Agent 请求报头允许客户端将它的操作系统、浏览器和其他属性告诉服务器。这也就是某些论坛能够显示用户操作系统、浏览器名称和版本的原因。
- Accept 报头用于指定客户端接收哪些类型的信息。例如，Accept:image/gif 表明客户端希望接收 GIF 图像格式的资源，而 Accept:text/html 则表明客户端希望接收 HTML 文本。
- Accept-Charset 请求报头域用于指定客户端接收的字符集。例如，Accept-Charset:iso-8859-1，gb2312 可以接收的字符集是 ISO-8859-1 和 GB2312。
- Accept-Encoding 请求报头域类似于 Accept，用于指定可接收的内容编码（文件格式）。例如，Accept-Encoding：gzip.deflate 表示它可以接收 gzip 类型的编码文件。
- Accept-Language 请求报头域类似于 Accept，用于指定一种自然语言。例如，Accept-Language:zh-cn 表示它可以接收简体中文的语言。

(3) 请求数据可以是任意数据，也可以为空。

以 GET 方法为例，下面展示了一个完整 Request 的内容。

```
GET /form.html HTTP/1.1(CRLF)
Accept:image/gif,image/x-xbitmap,image/jpeg,application/x-shockwave-flash,application/vnd.ms-excel,application/vnd.ms-powerpoint,application/msword,*/* (CRLF)
Accept-Language:zh-cn(CRLF)
Accept-Encoding:gzip,deflate(CRLF)
If-Modified-Since:Wed,05Feb 2017 11:21:25 GMT(CRLF)
If-None-Match:W/"80b1a4c018f3c41:8317"(CRLF)
User-Agent:Mozilla/4.0(compatible;MSIE6.0;Windows NT 5.0)(CRLF)
Host:www.xxxxx.com(CRLF)
Connection:Keep-Alive(CRLF)
(CRLF)
```

4. Response

当服务器接收到一个请求，并对其进行解析和数据处理之后，会将一串字符通过 HTTP

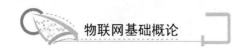

传输给客户端，这段字符称为响应（Response）。Response 也由四部分组成，分别是状态行、响应头部（响应报头）、空行和响应数据，其结构如图 5.71 所示。

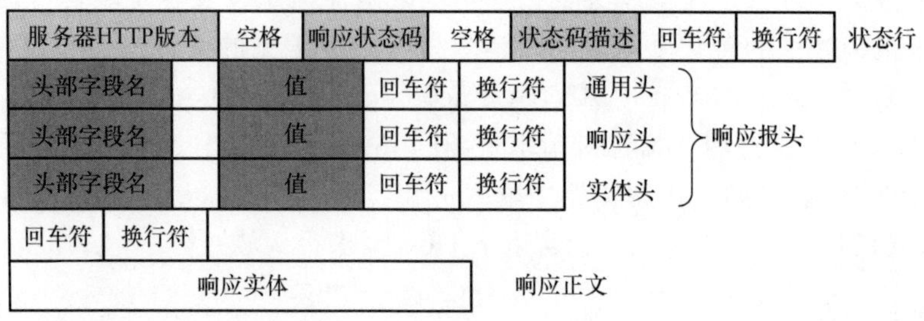

图 5.71　Response 的结构

（1）状态行标识了服务器的状态。其格式如下。

```
HTTP-Version Status-Code Reason-Phrase CRLF
```

其中，HTTP-Version 表示服务器 HTTP 的版本；Status-Code 表示服务器发回的响应状态代码；Reason-Phrase 表示状态代码的文本描述。

响应状态代码由三位数字组成，第一个数字定义了响应的类别，且有五种可能取值。

- 1xx：指示信息，表示请求已接收，继续处理。
- 2xx：成功，表示请求已被成功接收、理解。
- 3xx：重定向，要完成请求必须进行更进一步的操作。
- 4xx：客户端错误，请求有语法错误或请求无法实现。
- 5xx：服务器错误，服务器未能实现合法的请求。

例如，常见的 404 代码就代表了请求的资源不存在。

（2）响应报头允许服务器传递不能放在状态行中的附加响应信息，以及关于服务器的信息和对 Request-URI 所标识的资源进行下一步访问的信息。响应报头族中常见的响应报头包括 Location、Server 等。

- Location 响应报头用于重定向接收者到一个新的位置。Location 响应报头域常用于更换域名时。
- Server 响应报头包含了服务器用来处理请求的软件信息，与 User-Agent 请求报头域是相对应的，如 Server:Apache-Coyote/1.1。

（3）响应正文通常情况下就是 HTML 代码，它们经由客户端的浏览器进行解释之后就变成了用户看到的网页。

下面展示了一个 Response 的内容。

```
HTTP/1.1 200 OK
Date:Fri,22 May 2020 06:07:21 GMT
Content-Type:text/html;charset=UTF-8

<html>
<head></head>
```

```
<body>
    This is a WebPage!
</body>
</html>
```

Request 和 Response 分别对应了两类消息报头族中的请求报头族和响应报头族。除此之外，HTTP 还定义了另外两类消息报头族，即实体报头族和普通报头族。实体报头族中的报头既可以用于 Request，也可以用于 Response；而普通报头族中的报头一部分只能用于 Request，一部分只能用于 Response，只有很少一部分既可以用于 Request，也可以用于 Response。

5. GET 方法和 POST 方法

GET 方法和 POST 方法是 HTTP 中使用最多的两种方法，两者都可以给服务器传递数据，但是存在一定的区别，在讲解它们的区别之前，先看一下两种请求的格式。

一个 GET 请求的例子。

```
GET/employee/? sex=man&name= Jack HTTP/1.1
Host:www.xxxxx.com
User-Agent:Mozilla/5.0(Windows;U;Windows NT 5.1;en-US;rv:1.7.6)
Gecko/20050225 Firefox/1.0.1
Connection:Keep-Alive
(此处有一行空行)
```

一个 POST 请求的例子。

```
POST/HTTP/1.1
Host:www.xxxxx.com/employee
User-Agent:Mozilla/5.0(Windows;U;Windows NT 5.1;en-US;rv:1.7.6)
Gecko/20050225 Firefox/1.0.1
Content-Type:application/x-www-form-urlencoded
Content-Length:40
Connection:Keep-Alive

sex= man&name=Jack
```

从两者的结构可以看出，GET 请求会将发送给服务器的数据放在 URL 后面，以“?”分割 URL 和传输数据，多个参数用 & 连接（上面的例子中传递的数据是 man 和 Jack），如果数据是英文字母、数字，原样发送，如果是空格，转换为+，如果是中文和其他字符，则直接把字符串加密，得出如%E4%BD%A0%E5%A5%BD 形式的字符串，其中%XX 中的 XX 为该符号以十六进制表示的 ASCII 码。

POST 请求会将发送给服务器的数据放在 Request 的请求数据里。

GET 方法和 POST 方法的主要区别如下。

- GET 请求会将发送的数据显示在地址栏中，而 POST 则不会。
- GET 提交的数据大小有限制（因为浏览器对 URL 的长度有限制），而 POST 方法提交的数据没有限制。

- 用 GET 方法提交数据，会带来安全问题。例如，登录一个页面，通过 GET 方法提交数据时，用户名和密码将会出现在 URL 上，如果页面可以被缓存或者其他人可以访问这台机器，就可以从历史记录获得该用户的账号和密码。

6. HTTP 的使用

上文讲述了 HTTP 的原理，下面介绍如何编程使用 HTTP 进行数据传输。

在使用 HTTP 进行数据传输之前，首先假设已经存在一台实现了特定功能并支持 HTTP 的服务器。访问服务器主要有以下几种方法。

（1）可以在浏览器中输入网址，直接对服务器中的某个方法进行访问并得到服务器返回的数据。例如，输入 http://www.xxxx.com/GetBookDetail? id=20122。但是这种访问仅限于服务器中的 GET 方法（POST 方法的数据放在了 Request 的请求数据部分，无法直接使用浏览器进行输入），并且返回的数据显示在浏览器中，无法直接使用。

（2）可以在浏览器中打开服务器提供的页面，在页面中输入数据，然后经由页面本身决定的 GET 或 POST 方法将数据发送至服务器，随后服务器将返回数据显示在客户端浏览器中。这种访问不局限于 GET 或 POST 方法，但是需要服务器首先提供对应的页面，而且返回的数据也是显示在浏览器中的，无法直接对数据进行使用。

（3）在知道服务器具体方法访问细节的情况下，可以利用 HTTP 相关的函数库编写程序，构造 GET 或 POST 方法的 Request，发送给服务器，随后对服务器返回的数据进行解析，获得数据。这种访问可以直接获得服务器返回的数据，并直接使用，但是需要手动构造 Request 并且对服务器返回的数据进行解析，实现比较复杂。

对于物联网开发来说，需要掌握第三种方法的使用，仍以微软函数库为例介绍 HTTP 的编程方法。微软函数库 System.Net 提供了使用 HTTP 进行网络访问的函数，最主要的是 WebRequest()和 WebResponse()函数。

下面的代码示范了 GET 方法的用法。

```
    //构造一个用于 GET 访问的静态方法，接收两个输入，分别是访问网址和字符编码类型，给服务器发送的数据需要放在 URL 里面，如前文所述
    public static string GetURL(string URL,string type)
    {
        //利用 URL 建立 WebRquest
        System.Net.WebRequest wReq=System.Net.WebRequest.Create(Url);
        //得到这个 WebRequest 返回的 WebResponse 实例
        System.Net.WebResponse wResp=wReq.GetResponse();
        //根据 WebResponse 创建用于读取和写入的输入输出流
        System.IO.Stream respStream=wResp.GetResponseStream();
        //构造一个流读取器，用于从 WebResponse 中按特定字符编码进行读取
        using(System.IO.StreamReader reader=new System.IO.StreamReader(respStream,
Encoding.GetEncoding(type)))
```

```
        {
            //一直读取到流的结尾,并将全部数据返回
            return reader.ReadToEnd();
        }
        return "";
    }
```

下面的代码示范了 POST 方法的用法。

```
    //构造一个用于 POST 访问的静态方法,该方法接收三个参数,分别是访问网址、发送给服务器的数
据和数据编码格式
    public string PostURL(string URL,string strPostdata,string strEncoding)
    {
        //使用默认编码
        Encoding encoding=Encoding.Default;
        //使用 WebRequest 的静态方法 Create 来创建一个 HttpWebRequest 对象
        HttpWebRequest request=(HttpWebRequest)WebRequest.Create(URL);
        //定义此对象的访问方法为 POST
        request.Method="post";
        //定义此对象的 Accept 数据类型
        request.Accept="text/html,application/xhtml+ xml,*/* ";
        //定义此对象的 ContentType 数据类型
        request.ContentType="application/x-www-form-urlencoded";
        //将要发往服务器的数据编码为字节数组
        byte[] buffer=encoding.GetBytes(strPostdata);
        //得到欲发送的字节数组长度
        request.ContentLength=buffer.Length;
        //将字节数组通过 Request 输入输出流发送出去
        request.GetRequestStream().Write(buffer,0,buffer.Length);
        //得到服务器返回的数据
        HttpWebResponse response=(HttpWebResponse)request.GetResponse();
        //构造一个流读取器,用于从 WebResponse 中按特定字符编码进行读取
        using(StreamReader reader=new StreamReader(response.GetResponseStream(),Sys-
tem.Text.Encoding.GetEncoding(strEncoding)))
        {
            return reader.ReadToEnd();
        }
    }
```

以上两种方法都可以直接得到服务器返回的字符串，开发者只需根据需求对字符串进行解析就可以得到自己想要的数据，进而对数据进行进一步的处理。

HTTP 提供了一种简单方便的方法在客户端和服务器之间进行数据传输，虽然客户端和服务器都是使用 HTTP 进行数据传输。但是通常情况下只在客户端直接编程使用 HTTP和服务器进行通信，却很少在服务器使用 HTTP 编写一个服务器端程序，原因在于服务器端程序要应对的情况更加复杂，编写服务器端程序难度极大。服务器端程序统称为 Web 应用，通常使用现成的框架来实现，而其中最常用的是 MVC（Model View Controller，模型，视图，控制器）。

5.3.4 MVC

MVC是一种软件设计模式（或者说设计逻辑），最初被大量地用于桌面应用的设计，后来扩展到了Web应用上。它将业务逻辑、数据和界面进行了分离。

MVC主要由以下几个部分组成。

- Model（模型）是应用程序中用于处理应用程序数据逻辑的部分，通常负责建立元模型并建立和数据库的逻辑关联。
- View（视图）是应用程序中处理数据显示的部分，通常负责根据Controller提供的数据创建呈现给用户的界面。
- Controller（控制器）是应用程序中处理用户交互的部分，通常负责从视图读取数据，获得用户输入，并进行数据查询、处理等操作，随后将结构化数据返回给用户，或者将数据发送给视图。
- User（用户）是直接使用MVC程序的人或计算机程序。
- Data（数据）负责对MVC程序中的数据进行存储，它可以是文件或数据库，也可以是程序临时创建的变量、数组等。

一个典型的MVC工作流程如图5.72所示。

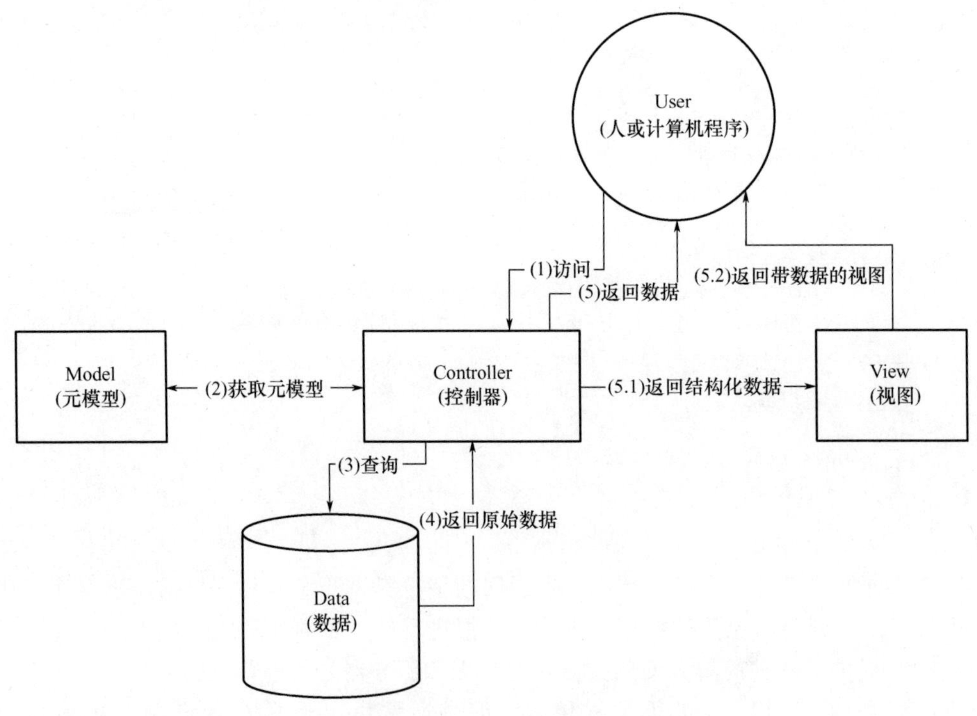

图5.72　MVC工作流程

(1) User通过视图或其他方法访问MVC程序的Controller。

(2) Controller获得用户的输入，并从Model获取相关数据的元模型。

(3) Controller 执行数据查询。

(4) Data 返回原始数据。

(5) Controller 根据数据的元模型对 Data 返回的数据进行组织，一种是将组织后的结构化数据直接返回给 User。

另一种是 (5.1) Controller 将组织后的结构化数据返回给 View；(5.2) View 将嵌入数据的视图返回给 User。

值得一提的是，MVC 模式中，View 并不是必需的。例如，如果 User 是一个客户端程序的话，它直接接收 Controller 返回的数据并对其进行处理即可，并不需要 View 的存在。这个特征给物联网开发带来了很大便利，开发者只需将注意力集中在 Controller 和 Model 上即可。

得益于 MVC 模式的诸多优势，市面上有非常多的 MVC 的框架，最典型的两种是微软的 ASP. NET MVC 和以 Java 语言为核心的 Spring MVC。下面以 ASP. NET MVC 为例简单介绍 Web 应用的开发。

(1) 安装 Microsoft Visual Studio 开发工具，选择“文件”→“新建”→“项目”菜单命令，弹出“新建项目”对话框，在左侧窗格选择“Web”，在右侧窗格选择“ASP. NET Web Application (. NET FrameWork)”，单击“确定”按钮，如图 5.73 所示。

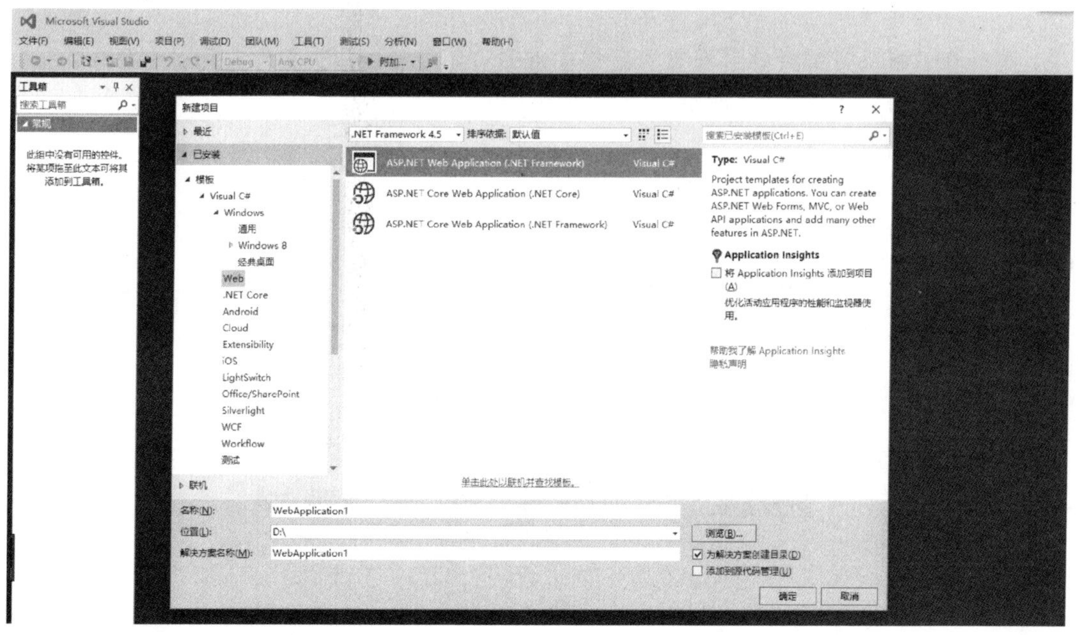

图 5.73 新建项目

(2) 在弹出的“选择模板”对话框中选择“MVC”，并将“更改身份验证”设置为“不进行身份验证”，单击“确定”按钮，如图 5.74 所示。

(3) Visual Studio 会自动创建一个可以运行的模板，按 F5 键即可运行此 Web 应用程序，并通过浏览器对其进行访问。

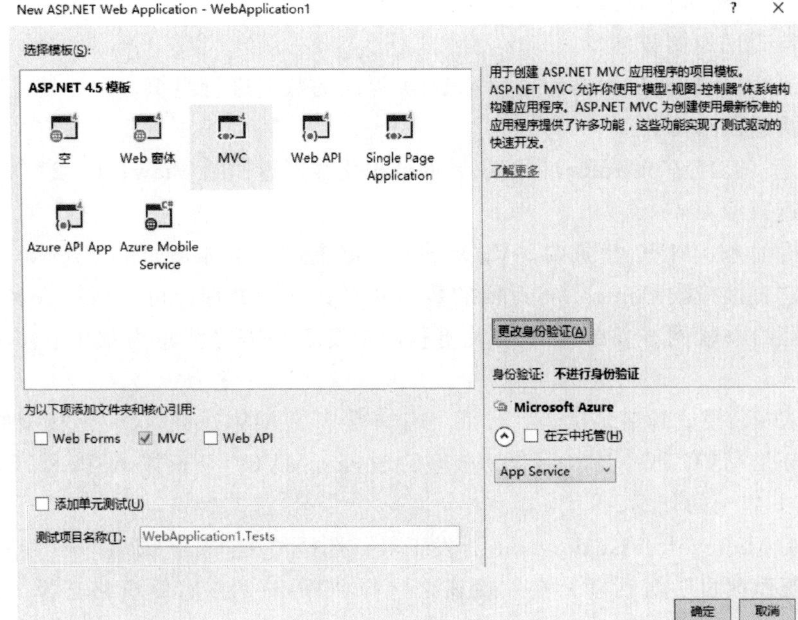

图 5.74　选择模板

（4）在“解决方案资源管理器”窗格中展开“Controllers”文件夹下的“HomeController.cs”文件，如图 5.75 所示。

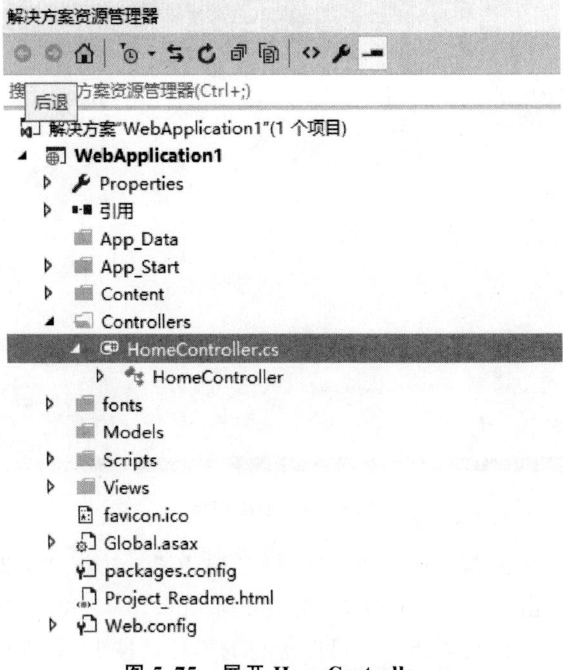

图 5.75　展开 HomeController.cs

该文件中的内容如图 5.76 所示。

```
HomeController.cs
WebApplication1 | WebApplication1.Controllers.HomeController | Index()

using System;
using System.Collections.Generic;
using System.Linq;
using System.Web;
using System.Web.Mvc;

namespace WebApplication1.Controllers
{
    0 个引用
    public class HomeController : Controller
    {
        0 个引用
        public ActionResult Index()
        {
            return View();
        }

        0 个引用
        public ActionResult About()
        {
            ViewBag.Message = "Your application description page.";

            return View();
        }

        0 个引用
        public ActionResult Contact()
        {
            ViewBag.Message = "Your contact page.";

            return View();
        }
    }
}
```

图 5.76 HomeController.cs 文件内容

(5) 在 HomeController.cs 文件中有三个默认方法，是模板里自带的，展示了方法的基本应用。接下来在 Contact()方法的后面添加以下自定义方法。

```
public ActionResult GetUser(string name,string sex)
{
    if(name=="hu" && sex=="man")
    {
        return Content("this user does exist!");
    }
    else
    {
        return Content("this user does not exist!");
    }
```

(6) 按 F5 键运行该程序，在浏览器中的网址后添加“/Home/GetUser? name=hu&sex=man”，按回车键之后将看到浏览器显示“this user dose exist!”，如图 5.77 所示。

至此就创建了一个简单的 Web 应用。在 Home 控制器中实现了一个 GET 方法，它接收客户端传入的两个参数 name 和 sex，并对 name 和 sex 进行判断，返回给客户端一串字

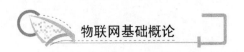

http://localhost:56022/Home/GetUser?name=hu&sex=man

文件(F) 编辑(E) 查看(V) 收藏夹(A) 工具(T) 帮助(H)

this user does exist!

图 5.77 浏览器显示结果

符。在客户端，既可以使用浏览器对这个方法进行访问，也可以利用 HTTP 函数库编程对这个方法进行访问。

该例虽然简单，但是实现了互联网接入最核心的功能，即数据的上传（通过互联网发送给服务器）和数据的获取（从互联网某个服务器获得数据）。对于物联网开发来说，所谓“互连”的核心也就是将“物体”相关的数据“上传到互联网中某个服务器”和“从互联网中某个服务器接收一些数据”。

习　　题

一、简答题

1. 列举两种常见的字符编码，并简述其原理。
2. 简述高低电平和差分电平的区别和工作原理。

二、思考题

1. 请思考物体（以野外工作的油井为例，以地下采矿工人为例，以海上作业的船只为例）在不同条件下采集数据并接入互联网的方法，并描述各种方法的优势及不足。
2. 通过互联网查找两种新的通信协议，并描述其工作原理。

三、设计题（扩展）

对第 1 章提出的物联网项目进行改进，根据通信协议合理选择组件，组成完整的系统，并实现互联网接入和控制。

第6章 快速开发示例

教学目标

本章主要对物联网项目开发流程进行介绍，以环境信息采集系统为例，首先对系统整体进行概念设计，然后根据概念设计对系统各个子模块进行详细设计，包括单片机选择、传感器选择、下位机电路原理图设计、下位机程序开发、上位机程序开发、服务器端程序开发、手机端程序开发。

通过本章的学习，读者应该熟悉物联网项目的整体结构，熟悉整个项目的开发流程，熟悉不同层次模块之间的数据交互关系和接口设计，能够针对具体的应用场景对物联网项目进行初步设计，并开发原型系统。

教学要求

知识要点	能力要求	相关知识
单片机	(1) 了解常见的单片机系统、特点和应用范围 (2) 能够根据具体的项目需求对单片机系统进行选型	(1) 51单片机 (2) AVR单片机 (3) ARM处理器 (4) STM32单片机 (5) Arduino开发板 (6) Raspberry Pi开发板
环境信息传感器	(1) 了解常见的环境信息传感器 (2) 熟悉常见的环境信息传感器的参数、应用范围和限制 (3) 能够根据具体的项目需求选择传感器	(1) 温度传感器 (2) 湿度传感器 (3) 颗粒物浓度传感器

续表

知识要点	能力要求	相关知识
电路原理图	（1）了解电路原理图的初步设计和读法 （2）能够根据具体的项目需求设计简单的电路原理图	电路原理图
下位机程序开发	（1）掌握利用C语言编写单片机程序的方法 （2）掌握利用C语言和传感器通信的方法 （3）掌握利用C语言和上位机进行串口通信的方法 （4）能够根据具体的项目需求编写下位机程序	（1）C语言 （2）单片机原理 （3）串口通信
上位机程序开发	（1）掌握Windows窗体应用程序开发 （2）掌握串口通信程序的开发 （3）掌握HTTP通信的开发 （4）能够根据具体的项目需求编写上位机程序接收串口数据，并能够利用HTTP协议将数据发送至服务器	（1）Windows窗体应用程序开发 （2）Windows串口通信 （3）HTTP通信
服务器端程序开发	（1）了解MVC设计模式 （2）掌握数据库和数据表的设计方法 （3）掌握服务器相关权限的配置 （4）掌握服务器数据接口及数据库读取的基本方法 （5）能够根据具体的项目需求定制数据库及HTTP接口	（1）MVC （2）关系型数据库 （3）HTTP协议 （4）Web接口
手机端程序开发	（1）掌握Android界面设计的基本方法 （2）掌握Android程序设计的基本要素，如Application、Activity、Intent、Fragment等的使用 （3）掌握Android网络访问库OkHttp的使用	（1）Android （2）Java （3）OkHttp

引言

本章以一个简单的环境信息采集系统为例，展示物联网项目的快速开发流程。该项目将利用单片机集成各类传感器，实现对环境信息的采集，随后将采集到的数据进行整合形成数据帧，通过串口发送给上位机，上位机对数据进行解析，并将解析到的环境信息发送

至远程服务器，远程服务器对收到的信息进行存储，并提供接口供外界获取最新的环境信息，而手机 App 则可以通过读取这个接口实现环境信息的实时查看。

该系统的设计要求如下。

- 应用范围：适用于家居、农业、环保等领域。
- 采集环境信息：单点采集温度、湿度、PM2.5 浓度、PM10 浓度。
- 功能：通过单片机集成各类传感器实现环境信息的采集；实现采集数据的整合，打包形成数据包；通过串口将数据包传送至上位机；上位机对接收到的数据包进行解析，并将解析后的数据发送至服务器；服务器将接收到的数据存储到数据库；服务器对外提供数据访问接口；使用手机 App 实现环境信息的实时查看。

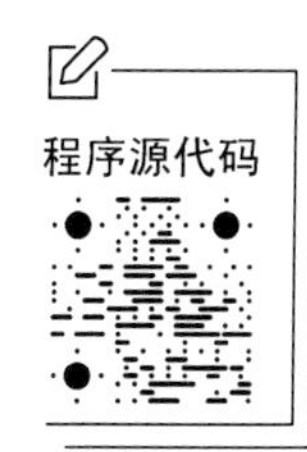

6.1　系统整体概念设计

对系统进行初步的概念设计，设计其硬件层次结构如图 6.1 所示。

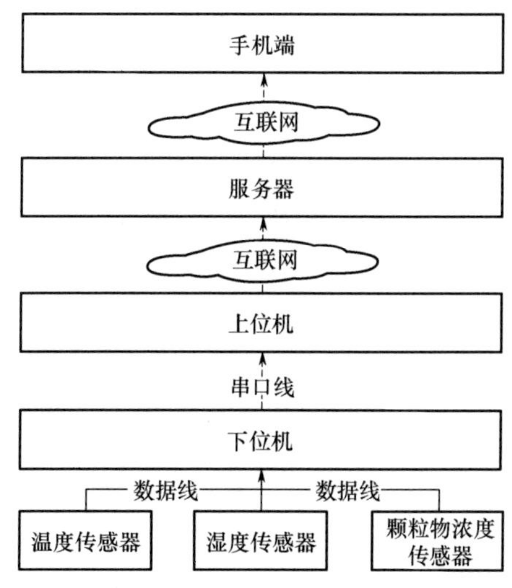

图 6.1　系统硬件层次结构

首先将下位机连接温度传感器、湿度传感器和颗粒物浓度传感器，通过这些传感器采集温度、湿度和 PM2.5 及 PM10 浓度信息，随后将这些信息发送至上位机，上位机将这些信息进行汇总和初步处理，并发送至服务器，服务器将收集到的信息进行存储，并同时对外提供数据服务，供手机端进行数据的实时查看。其中，下位机和传感器之间通过数据线直接连接；下位机和上位机之间通过串口线连接；上位机和服务器之间不直连，而是通过互联网进行通信；服务器和手机端之间同样通过互联网进行通信。

进一步细化其软硬件结构如图 6.2 所示。

下位机软件负责采集传感器观测到的数据，并对数据进行必要的处理之后上传到上位机。上位机软件负责接收下位机上传的数据，并对数据进行必要的处理之后上传至服务

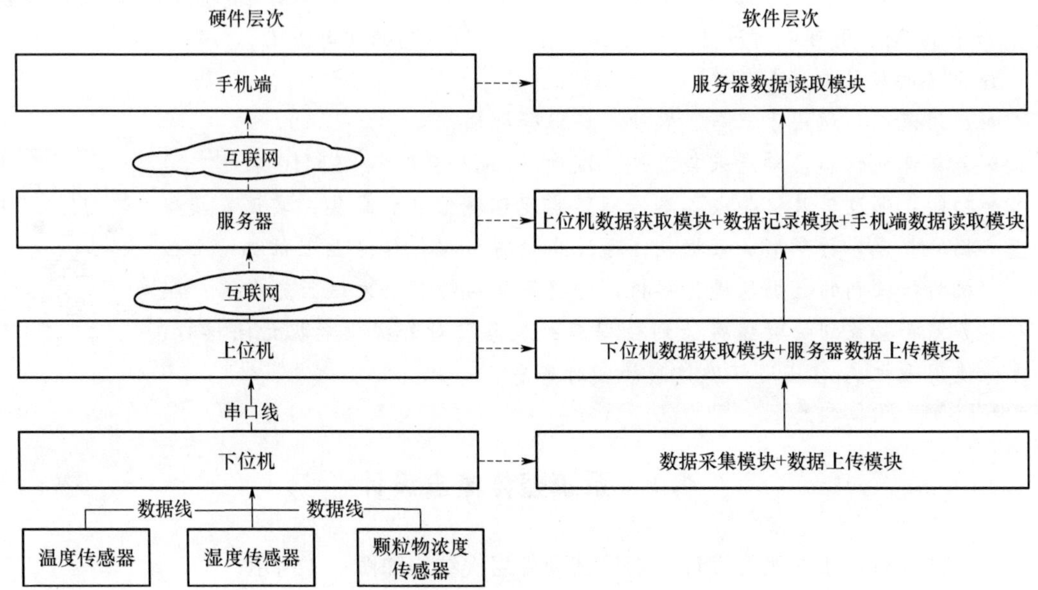

图 6.2　系统软硬件层次结构

器。服务器获取上位机上传的数据，并对数据进行必要的处理之后存储于数据库中，同时为手机端提供数据读取接口。

6.2　系统详细设计

在确定概念设计的基础上，对系统进行详细设计。

6.2.1　单片机选择

使用多传感器进行数据采集需要一个下位机，多数的下位机是一个单片机或嵌入式系统，最常用和最典型的是 51 单片机、AVR 单片机、ARM 处理器、STM32 单片机、Arduino开发板和 Raspberry Pi 开发板，下面对其进行简单介绍。

1. 51 单片机

51 单片机是对所有兼容 Intel 8051 指令系统的单片机的统称，它使用复杂指令集计算机（Complex Instruction Set Computer，CISC）和冯·诺依曼结构。

1980 年，Intel 推出了首款单片机 8051，之后又陆续推出与 8051 指令完全相同的 8031、8032、8052 等系列的单片机，初步形成了 MCS－51 系列。1984 年，Intel 出售了 51 内核，此后，世界上出现了上千种 51 单片机。

目前，国内多数高校讲授的单片机课程都是以此为例，它是一个入门的基础单片机。

多数 51 单片机基本配置为一个 8 位的 CPU，时钟周期 12MHz，内置 4k 程序存储器，128B 数据存储器，4 个 8 位并行 I/O 口，2 个可编程定时/计数器，5 个中断源，1 个全双工 UART 串行通信口。其外观如图 6.3 所示。

图 6.3　51 单片机外观

2. AVR 单片机

AVR 单片机是由 ATMEL 公司于 1997 年研发的高速 8 位单片机，它使用精简指令集计算机（Reduced Instruction Set Computer，RISC）和哈佛结构。AVR 单片机最大的特点是执行速度快，在相同的振荡频率下是 8 位 MCU 中最快的一种单片机。其外观如图 6.4 所示。

图 6.4　AVR 单片机外观

3. ARM 处理器

高级精简指令集机器（Advanced RISC Machine，ARM）是一类使用 32 位 RISC 处理器架构的处理器的统称，其广泛地使用在许多嵌入式系统中。ARM 架构处理器占市面上所有 32 位嵌入式 RISC 处理器 90%以上的比例。

ARM 处理器从最初到现在已经发展了很多代，每一代都使用不同的架构，然后又针对应用场景的不同衍生出不同特点的处理器，如表 6－1 所示。

表 6－1　ARM 架构和处理器家族

ARM 架构	处理器家族
ARMv1	ARM1
ARMv2	ARM2、ARM3
ARMv3	ARM6、ARM7
ARMv4	StrongARM、ARM7TDMI、ARM9TDMI
ARMv5	ARM7EJ、ARM9E、ARM10E、XScale
ARMv6	ARM11、ARM Cortex-M
ARMv7	ARM Cortex-A、ARM Cortex-M、ARM Cortex-R
ARMv8	Cortex-A35、Cortex-A50 系列、Cortex-A72、Cortex-A73

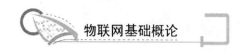

ARM是一个处理器，很难直接单独使用它进行开发，经常使用的是基于ARM处理器的单片机，外观如图6.5所示。STM32单片机是其中的典型。

图6.5 基于ARM处理器的单片机外观

4. STM32单片机

STM32是由意法半导体公司开发的一系列基于ARM Cortex－M0、M0＋、M3、M4及M7内核并具备丰富外设选择的32位单片机，目前提供12大产品线（F0、F1、F2、F3、F4、F7、H7、L0、L1、L4、L4＋、WB），超过800个型号，以应对不同领域和行业的应用。其外观如图6.6所示。

图6.6 STM32单片机外观

以STM32 F1系列为例，该系列使用ARM 32位的Cortex－M3内核，提供以下5个产品型号。

- 超值型STM32F100-24MHz CPU，具有电机控制和CEC功能。
- 基本型STM32F101-36MHz CPU，具有高达1MB的Flash。
- 连接型STM32F102-48MHz CPU，具备USB FS device接口。

● 增强型 STM32F103-72MHz CPU，具有高达 1MB 的 Flash、电机控制、USB 和 CAN。

● 互联型 STM32F105/107-72MHz CPU，具有以太网 MAC、CAN 和 USB 2.0 OTG。

可以把 STM32 理解为 AVR 单片机的增强版。

5. Arduino 开发板

Arduino 不是一个单片机，它是一个开源的单片机开发板，包含硬件（各种型号的 Arduino 板）和软件（Arduino IDE）。硬件是可以用来进行电路连接的 Arduino 电路板；软件则是 Arduino IDE（Integrated Development Environment，集成开发环境）——计算机中的程序开发环境。只要在 IDE 中编写程序代码，将程序上传到 Arduino 电路板后，程序便会告诉 Arduino 电路板要做些什么。

多数的 Arduino 使用的是 AVR 单片机，根据应用场合的不同，分为多个型号，如 UNO、Nano、LilyPad、Ethernet 等。Arduino UNO R3 开发板的外观如图 6.7 所示。

图 6.7　Arduino UNO R3 开发板的外观

6. Raspberry Pi 开发板

Raspberry Pi（树莓派）是由英国的树莓派基金会开发的一款基于 Linux 的单片机开发板。类似于 Arduino，Raspberry Pi 也是一个快速开发平台，不同的是它预装了 Linux 操作系统，对所有硬件的操作都需要在 Linux 平台下进行开发。树莓派搭载的是 ARM 架构的处理器。最新的 Raspberry Pi 4 搭载的是 64 位的 Broadcom BCM2711B0（ARM Cortex A-72）。其外观如图 6.8 所示。

对于本章涉及的环境信息采集系统来说，上述的所有器件都可以使用，都可以满足开发要求。在此以最基础的 51 单片机为例进行讲解。

图 6.8 Raspberry Pi 的外观

6.2.2 传感器选择

1. 温度传感器

对于环境信息采集系统来说，因为温度信息不会发生突变，而且都在正常范围内波动，因此选择廉价的温度传感器即可满足要求。在此选择 DS1820 温度传感器，如图 6.9 所示。

DS1820 是常用的数字式温度传感器，具有体积小，硬件开销低，抗干扰能力强，精度高的特点。它的测量范围为−55℃～+125℃，分辨率最高为 12 位，在−10℃～+85℃的测量精度为±0.5℃，在 12 位分辨率的情况下采样时间在 750ms 左右，典型值为 200ms。它接口形式简单，使用单总线协议进行通信，不需要任何外围原件，还支持多点分布式测温。DB1820 的工作电压为 3.0～5.5V，工作电流是 1mA，VDD 是可选的，DQ 引脚既可以传输数据，也可以为芯片供电，即在 DQ 处于高电平时，通过内部集成的电容将能量存储起来，而当 DQ 处于低电平时，通过内部电容的放电给各模块供电。

2. 湿度传感器

类似于温度信息，湿度信息也不会发生突变，而且都在正常范围内波动，因此选用廉价的湿度传感器即可。在此选择 DHT11 温湿度传感器，如图 6.10 所示。

图 6.9 DS1820 温度传感器

图 6.10 DHT11 温湿度传感器

DHT11 是一款含有已校准数字信号输出的温湿度传感器。它的湿度测量范围为 20%～90%RH，温度测量范围为 0℃～50℃，湿度测量精度为±5%RH，温度测量精度为±2℃，湿度分辨率为1%RH，温度分辨率为1℃。DTH11也使用单总线协议进行通信，供电电压为3～5.5V，工作电流为1mA，采样周期为1s。

3. 颗粒物浓度传感器

颗粒物浓度是指空气中悬浮颗粒的浓度。在此选择北京益杉科技公司开发的A4-CG激光数字式通用颗粒物浓度传感器。该传感器利用激光照射悬浮颗粒物发生散射，接收器在特定角度收集散射光信号，通过数据双频采集技术进行筛分，得出单位体积内等效粒径的颗粒物粒子个数，并计算出单位体积内等效粒径的颗粒物质量浓度，以数字接口或PWM形式输出。

该传感器监测粒径范围为0.3～10μm，颗粒物浓度量程为0～6000ug/m^3，分辨率为1ug/m^3，颗粒物数量量程为0～65535，响应时间小于10s，供电电压为5V，工作电流为15～90mA，使用UART协议进行通信。

该传感器采用串口输出，每1秒发送一个数据包，波特率为9600Bd/s，无校验，有1个停止位，8位数据位，数据包长度为32字节，结构如表6-2所示。

表6-2 颗粒物浓度传感器串口数据包结构

数据帧序号	数据帧位	数据含义
1	起始符1	0x32（固定）
2	起始符2	0x3D（固定）
3	帧长度高8位	帧长度=2×13+2（数据位+校验位）
4	帧长度低8位	
5	数据1高8位	PM1.0的浓度，单位μg/m^3
6	数据1低8位	
7	数据2高8位	PM2.5的浓度，单位μg/m^3
8	数据2低8位	
9	数据3高8位	PM10的浓度，单位μg/m^3
10	数据3低8位	
11	数据4高8位	0.1升空气中直径在0.3μm的颗粒物个数
12	数据4低8位	
13	数据5高8位	0.1升空气中直径在0.5μm的颗粒物个数
14	数据5低8位	
15	数据6高8位	0.1升空气中直径在1.0μm的颗粒物个数
16	数据6低8位	
17	数据7高8位	0.1升空气中直径在2.5μm的颗粒物个数
18	数据7低8位	
19	数据8高8位	0.1升空气中直径在5.0μm的颗粒物个数
20	数据8低8位	

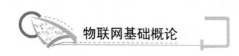

续表

数据帧序号	数 据 帧 位	数 据 含 义
21	数据 9 高 8 位	0.1 升空气中直径在 10μm 的颗粒物个数
22	数据 9 低 8 位	
23	数据 10 高 8 位	内部保留
24	数据 10 低 8 位	
25	数据 11 高 8 位	内部保留
26	数据 11 低 8 位	
27	数据 12 高 8 位	内部保留
28	数据 12 低 8 位	
29	数据 13 高 8 位	内部保留
30	数据 13 低 8 位	
31	数据和校验高 8 位	校验码=(起始符 1+起始符 2+……+数据 13 低 8 位) 的和
32	数据和校验低 8 位	

从表 6-2 可以看出，只用读取该数据帧的第 7～第 10 位即可得到 PM2.5 和 PM10 的浓度值。

6.2.3 下位机电路原理图

设计下位机电路原理图，如图 6.11 所示。

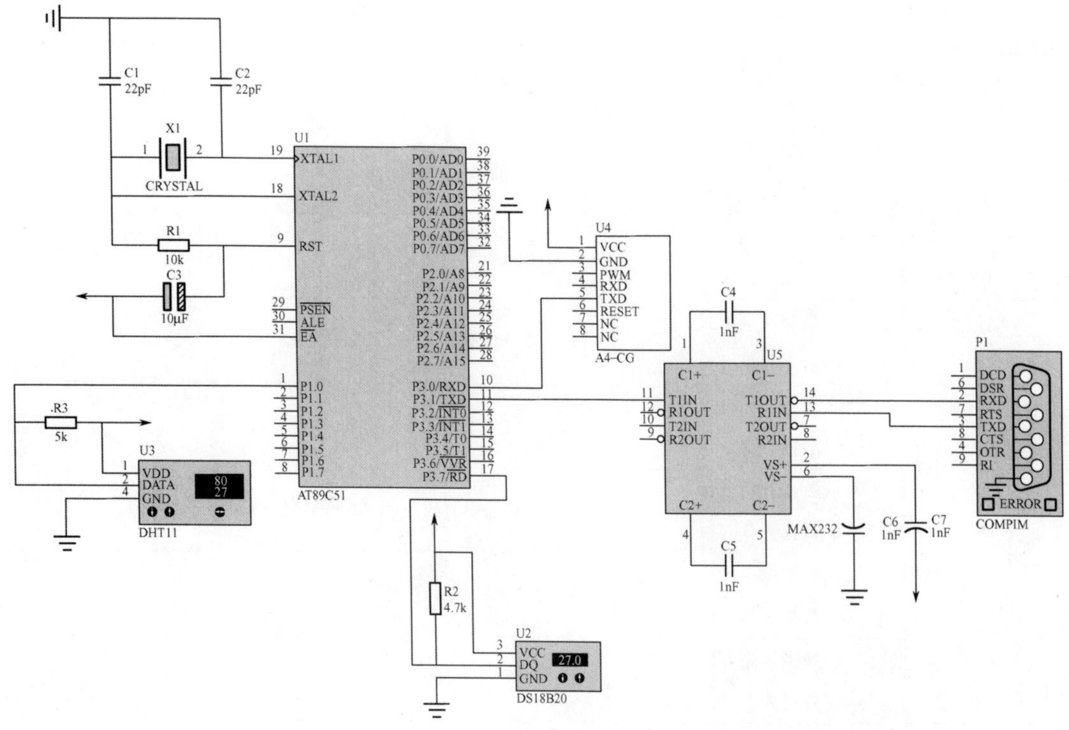

图 6.11 下位机电路原理图

在快速开发时，并不需要按照此原理图焊接电路板，可以使用商用的开发板进行快速开发，只需要将温度传感器的数据线连接到 P3.7 针，将湿度传感器的数据线连接到 P1.0 针，将颗粒物浓度传感器的 TXD 连接到 P3.0 针即可。其中，温度传感器和湿度传感器连接的引脚可以根据自己的需求改变。

6.2.4　下位机程序

在设计并连接完电路之后，接下来就要编写下位机程序进行数据的采集和初步处理。在编程之前先安装 Keil C51 软件，并新建一个工程。

1. 温度读取模块

在工程中新建一个名为 TEMP.H 的头文件，用于定义 DS1820 温度传感器驱动中的变量。

该文件的内容如下。

```
#ifndef __TEMP_H_
#define __TEMP_H_

#include<reg51.h>
//---定义数据类型缩写---//
#ifndef uchar
#define uchar unsigned char
#endif

#ifndef uint
#define uint unsigned int
#endif

//定义全局函数
void Delay1ms(uint);                    //延时 1ms
uchar Ds18b20Init();                    //总线初始化
void Ds18b20WriteByte(uchar com);       //向总线写一个字节
uchar Ds18b20ReadByte();                //从总线读 1 字节
void  Ds18b20ChangTemp();               //开始温度转换
void  Ds18b20ReadTempCom();             //发送温度读取指令
int Ds18b20ReadTemp();                  //读取温度

//定义温度传感器所使用的端口号
sbit DSPORT= P3^7;

#endif
```

如果改变了温度传感器连接的端口，则只用修改 sbit DSPORT=P3^7 这一行即可。随后，在工程中新建一个名为 temp.c 的源文件，用于驱动 DS1820 进行温度数值的读取。该文件的内容如下。

```
#include"temp.h"
//延时 1ms 函数实现
void Delay1ms(uint y)
{
    uint x;
    for(;y> 0;y--)
    {
        for(x=110;x>0;x--);
    }
}
//总线初始化函数实现
uchar Ds18b20Init()
{
    uchar i;
    DSPORT=0;
    i=70;
    while(i--);
    DSPORT=1;
    i=0;
    while(DSPORT)
    {
        Delay1ms(1);
        i++;
        if(i>5)
        {
            return 0;
        }
    }
    return 1;
}
//向总线写 1 字节函数实现
void Ds18b20WriteByte(uchar dat)
{
    uint i,j;
    for(j=0;j<8;j++)
    {
        DSPORT=0;
        i++;
        DSPORT= dat & 0x01;
        i=6;
        while(i--);
        DSPORT=1;
        dat>>=1;
    }
}
//从总线读 1 字节函数实现
```

```
uchar Ds18b20ReadByte()
{
    uchar byte,bi;
    uint i,j;
    for(j=8;j>0;j--)
    {
        DSPORT=0;
        i++;
        DSPORT=1;
        i++;
        i++;
        bi=DSPORT;
        byte=(byte>>1)|(bi<<7);
        i=4;
        while(i--);
    }
    return byte;
}
//开始温度转换函数实现
void  Ds18b20ChangTemp()
{
    Ds18b20Init();
    Delay1ms(1);
    Ds18b20WriteByte(0xcc);
    Ds18b20WriteByte(0x44);
}
//发送读取温度命令函数实现
void  Ds18b20ReadTempCom()
{
    Ds18b20Init();
    Delay1ms(1);
    Ds18b20WriteByte(0xcc);
    Ds18b20WriteByte(0xbe);
}
//读取温度函数实现
int Ds18b20ReadTemp()
{
    int temp=0;
    uchar tmh,tml;
    Ds18b20ChangTemp();
    Ds18b20ReadTempCom();
    tml=Ds18b20ReadByte();
    tmh=Ds18b20ReadByte();
    temp=tmh;
    temp<<=8;
    temp|=tml;
    return temp;
}
```

至此，温度读取模块完成。

2. 湿度读取模块

在工程中新建一个名为 dht11.h 的头文件，用于定义 DHT11 温湿度传感器驱动中的变量。

该文件的内容如下。

```
# include<reg51.h>
# include<intrins.h>
typedef unsigned char U8;
typedef unsigned int U16;

//定义全局函数
void Delay(U16 j);          //定义延时函数
void COM(void);             //定义串行口
U8 RH(void);                //读取湿度

//定义温湿度传感器所使用的端口号
sbitdht=P1^0;
```

如果改变了温湿度传感器连接的端口，则只用修改最后一行即可。

随后，在工程中新建一个名为 dht11.c 的源文件，用于驱动 DHT11 进行湿度数值的读取。

该文件的内容如下。

```
# include<dht11.h>
//定义临时变量
U8 U8FLAG,U8temp;
U8 shidu_shi,shidu_ge,wendu_shi,wendu_ge;
U8 U8T_data_H,U8T_data_L,U8RH_data_H,U8RH_data_L,U8checkdata;
U8 U8T_data_H_temp,U8T_data_L_temp,U8RH_data_H_temp,U8RH_data_L_temp;
U8U8checkdata_temp,U8comdata;
//延时函数实现
void Delay(U16 j)
{
    U8 i;
    for(;j>0;j--)
    {
    for(i=0;i<27;i++);
    }
}
//延时 10μs 函数实现
void  Delay_10μs(void)
{
    U8 i;
    i--;
```

```
    i--;
    i--;
    i--;
    i--;
    i--;
}
//读一个字节
void  COM(void)
{
    U8 i;
    for(i= 0;i<8;i++)
    {
        U8FLAG= 2;
        while((! dht)&&U8FLAG++ );
        Delay_10us();
        Delay_10us();
        Delay_10us();
        U8temp=0;
        if(dht)  U8temp=1;
        U8FLAG= 2;
        while((dht)&&U8FLAG++);
        // if(U8FLAG==1)  break;
        U8comdata<<=1;
        U8comdata|=U8temp;
    }
}

//读取湿度函数实现
U8 RH(void)
{
    dht=0;
    Delay(180);
    dht=1;
    Delay_10us();
    Delay_10us();
    Delay_10us();
    Delay_10us();
    dht=1;
    if(! dht)
    {
        U8FLAG=2;
        while((! dht)&&U8FLAG++);
        U8FLAG=2;
        while((dht)&&U8FLAG++);
        COM();
        U8RH_data_H_temp=U8comdata;
```

```
        COM();
        U8RH_data_L_temp=U8comdata;
        COM();
        U8T_data_H_temp=U8comdata;
        COM();
        U8T_data_L_temp=U8comdata;
        COM();
        U8checkdata_temp=U8comdata;
        dht=1;
        U8temp=(U8T_data_H_temp+ U8T_data_L_temp+
        U8RH_data_H_temp+
        U8RH_data_L_temp);
        if(U8temp==U8checkdata_temp)
        {
            U8RH_data_H=U8RH_data_H_temp;
            U8RH_data_L=U8RH_data_L_temp;
            U8T_data_H=U8T_data_H_temp;
            U8T_data_L=U8T_data_L_temp;
            U8checkdata=U8checkdata_temp;
        }
    }
    return U8RH_data_H;
}
```

至此，湿度读取模块完成。

3. 颗粒物浓度读取模块

因为颗粒物浓度是通过串口读取的，所以将颗粒物浓度数值的读取直接放在主程序中。

4. 主程序

由前文所知，颗粒物浓度传感器固定每一秒通过串口传输一次观测值，温度传感器需要程序主动读取温度，转换时间最长 750ms，湿度传感器需要主动读取湿度，转换时间为 1s。本例中不需要非常频繁地去采集数据，因此设置为每 10s 采集一组数据。

主程序的流程如图 6.12 所示。

定义全局变量如下。

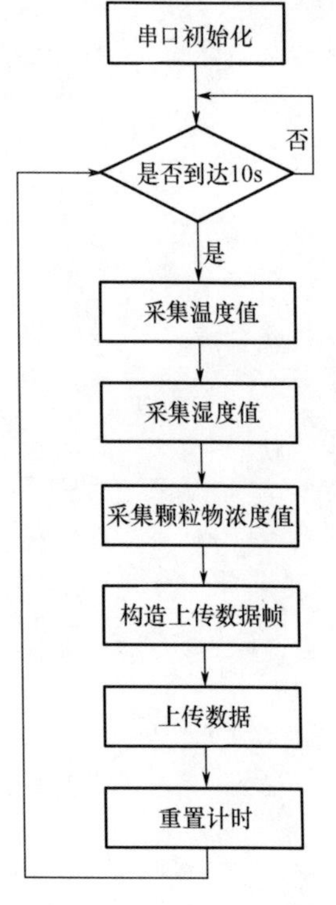

图 6.12　主程序的流程

```
# include< reg51.h>
# include"temp.h"
# include"dht11.h"
//定义全局变量
unsigned char beSendData[19];              //定义上传的数据帧
unsigned char receivePMData[32];           //定义接收到的颗粒物传感器数据帧
unsigned char cnt= 0,sign= 0;              //定义标记位

unsigned char hum,fuhao;                   //定义湿度变量和温度符号
int tem;                                   //定义温度传感器读取得到的温度寄存器数据
int temp;                                  //定义温度变量
int pm10;                                  //定义 PM10 变量
int pm25;                                  //定义 PM2.5 变量
unsigned char i;                           //定义辅助计时变量 i
```

主程序中首先进行串口初始化，定义串口初始化函数如下。

```
void UsartConfiguration()
{
    SCON=0X50;                   //设置串口工作模式
    TMOD=0X21;                   //设置定时器 1 工作模式 2，定时器 0 工作模式 1
    TH1=0XFD;                    //设置定时器 1 用于 9600 波特率串口通信
    TL1=0XFD;
    TH0=0x3C;                    //计时器 0 用于计时
    TL0=0xB0;
    EA=1;                        //打开总中断
    ET0=1;                       //打开定时器 0 中断
    ET1=1;                       //打开定时器 1 中断
    ES=1;                        //打开串行口中断
    PS=1;                        //设置串行口中断优先级为高
    TR1=1;                       //打开定时器 1
    TR0=1;                       //打开定时器 0
}
```

本例中，三种传感器采集四种数据，然后通过串口传输给上位机，因此需要构造一个数据帧，以便上位机进行数据接收和解析。定义此数据帧结构，如表 6-3 所示。

表 6-3　上传至上位机的数据帧格式

位	字　　符	含　　义
0	字符 s	数据帧开始
1	字符＋或－	代表温度的正负
2	字符 0～9 中的一个	温度十位数
3	字符 0～9 中的一个	温度个位数
4	字符 .	小数点
5	字符 0～9 中的一个	温度小数点后 1 位数

续表

位	字　　符	含　　义
6	字符 0～9 中的一个	温度小数点后 2 位数
7	字符 0～9 中的一个	湿度百位值
8	字符 0～9 中的一个	湿度十位数
9	字符 0～9 中的一个	湿度个位数
10	字符 0～9 中的一个	PM10 千位数
11	字符 0～9 中的一个	PM10 百位数
12	字符 0～9 中的一个	PM10 十位数
13	字符 0～9 中的一个	PM10 个位数
14	字符 0～9 中的一个	PM2.5 千位数
15	字符 0～9 中的一个	PM2.5 百位数
16	字符 0～9 中的一个	PM2.5 十位数
17	字符 0～9 中的一个	PM2.5 个位数
18	字符 e	数据帧结束

定义将数字转换为字符的函数如下。

```
unsigned char convertNumberToChar(unsigned char num)
{
    if(num==0)
    {
        return '0';
    }
        else if(num==1)
    {
        return '1';
    }
        else if(num==2)
    {
        return '2';
    }
        else if(num==3)
    {
        return '3';
    }
        else if(num==4)
    {
        return '4';
    }
        else if(num==5)
```

```
    {
        return '5';
    }
        else if(num==6)
    {
        return '6';
    }
        else if(num==7)
    {
        return '7';
    }
        else if(num==8)
    {
        return '8';
    }
        else if(num==9)
    {
        return '9';
    }
        else
    {
        return '*';
    }
}
```

对温度值进行转换的函数如下。

```
int trimTemp(int temp)
{
    float tp;
    if(temp<0)
    {
        temp=temp-1;
        temp=~ temp;
        tp=temp;
        temp=tp*0.0625*100+0.5;
    }
    else
    {
        tp=temp;
        temp=tp*0.0625*100+0.5;
    }
    return temp;
}
```

上传数据帧的函数如下。

```
void sendData(unsigned char c[])
{   unsigned char k=0;
    while(c[k]!='\0')
    {
        SBUF=c[k];
        k++;
        while(!TI);
        TI=0;
    }
}
```

定义构造上传数据帧的函数如下。

```
void constructBeSendData()
{
    beSendData[0]='s';
    beSendData[18]='e';
    beSendData[1]=fuhao;
    beSendData[2]=convertNumberToChar(temp % 10000/1000);
    beSendData[3]=convertNumberToChar(temp % 1000/100);
    beSendData[4]='.';
    beSendData[5]=convertNumberToChar(temp % 100/10);
    beSendData[6]=convertNumberToChar(temp % 10);
    beSendData[7]=convertNumberToChar(hum/100);
    beSendData[8]=convertNumberToChar(hum% 100/10);
    beSendData[9]=convertNumberToChar(hum% 10);
    if(receivePMData[0]==0x32&&receivePMData[1]==0x3D)
    {
        pm10=(receivePMData[8]<<8|receivePMData[9]);
        pm25=(receivePMData[6]<<8|receivePMData[7]);
    }

    beSendData[10]=convertNumberToChar(pm10/10000);
    beSendData[11]=convertNumberToChar(pm10% 1000/100);
    beSendData[12]=convertNumberToChar(pm10% 100/10);
    beSendData[13]=convertNumberToChar(pm10% 10);
    beSendData[14]=convertNumberToChar(pm25/10000);
    beSendData[15]=convertNumberToChar(pm25% 1000/100);
    beSendData[16]=convertNumberToChar(pm25% 100/10);
    beSendData[17]=convertNumberToChar(pm25% 10);
}
```

实现主函数如下。

```
void main()
{
    //初始化串口
```

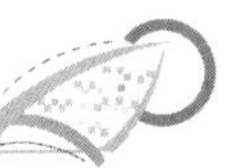

```
    UsartConfiguration();
    //进入主循环
    while(1)
    {
        //如果计数够 10s
        if(i==200)
        {
            //暂停计时器
            TR0=0;
            //读取温度值，放进 hum 变量里
            hum=RH();
            //读取温度传感器寄存器中的原始值，放进 tem 变量里
            tem=Ds18b20ReadTemp();
            //判断温度正负，得到符号位
            if(tem<0)
            {
                fuhao='-';
            }
            else
            {
                fuhao='+';
            }
            //对寄存器温度值进行转换
            temp=trimTemp(tem);
            //读取颗粒物浓度传感器上发的浓度值
            while(1)
            {
   /* 当检测到接收数据时，就先判断接收到的是不是 0x32，如果是就继续接收，如果不是就
跳过，直到收到 0x32 为止* /
                if(RI==1){
                    if(SBUF==0x32)
                    {
                        sign=1;
                    }
                    if(sign==0)
                    {
                        RI=0;
                    }
                    else
                    {
                        RI=0;
                        receivePMData[cnt]=SBUF;
                        cnt++;
                        if(cnt==32)
                        {
                            cnt=0;
```

```
                        sign=0;;
                            break;
                    }
                }
            }
        }
        //构造上传的数据帧
        constructBeSendData();
        //给上位机上传数据
        sendData(beSendData);
        i=0;
        //重新打开定时器
        TR0=0;
        }
    }
}
```

计时器 0 的中断函数如下。

```
void t0(void)interrupt 1
{
    i++ ;
    TH0=0x3C;
    TL0=0xB0;
}
```

至此，完成了下位机程序的编写，下位机每 10s 采集一组数据传送给上位机。下面讲解上位机程序的实现过程。

6.2.5 上位机程序

本例使用微软的 WPF 和 C#完成上位机程序的编写。首先安装 Visual Studio 2017，选择“新建”→“项目”菜单命令，弹出“新建项目”对话框，在左侧窗格选择“Visual C#”，在右侧窗格选择“WPF 应用（.Net Framework)”，设置“名称”为“TempRecord”，如图 6.13所示。

1. 主窗口外观

在解决方案资源管理器中双击 MainWindow.xaml 文件，编辑主窗口外观。其核心代码如下。

```
<Window x:Class="TempRecord.MainWindow"
  xmlns="http://schemas.microsoft.com/winfx/2006/xaml/presentation"
  xmlns:x="http://schemas.microsoft.com/winfx/2006/xaml"
  xmlns:d="http://schemas.microsoft.com/expression/blend/2008"
  xmlns:mc="http://schemas.openxmlformats.org/markup-compatibility/2006"
  xmlns:local="clr-namespace:TempRecord"
```

```
    mc:Ignorable="d"
    WindowState="Normal"
    ResizeMode="CanMinimize"
    Title="MainWindow" Height="600" Width="800">
  <Grid>
  <Button x:Name="SPConBtn" Content="串口配置" HorizontalAlignment="Left" Margin="10,10,0,0"VerticalAlignment="Top" Width="75" Click="SPConBtn_Click"/>
  <Button x:Name="openSPBtn" Content="打开串口" HorizontalAlignment="Left" Margin="111,10,0,0" VerticalAlignment="Top" Width="75" Click="openSPBtn_Click"/>
  <Button x:Name="startRecBtn" Content="开始" HorizontalAlignment="Left" Margin="62,79,0,0" VerticalAlignment="Top" Width="75" Click="startRecBtn_click"/>
  <Button x:Name="stopRecBtn" Content="停止记录" HorizontalAlignment="Left" Margin="62,126,0,0" VerticalAlignment="Top" Width="75" Click="stopRecBtn_click"/>
  <TextBox x:Name="log" HorizontalAlignment="Left" Height="392" Margin="10,169,0,0" TextWrapping="Wrap" Text="程序启动成功" VerticalAlignment="Top" Width="774" VerticalScrollBarVisibility="Auto"/>
  </Grid>
  </Window>
```

图 6.13　新建项目

主窗口的外观如图 6.14 所示。

窗口中各元素的功能如下。

- “串口配置”按钮负责进行串口参数的配置。
- “打开串口”按钮负责打开串口。
- “开始记录”按钮负责开始接收并记录下位机上传的信息。
- “停止记录”按钮负责停止记录。

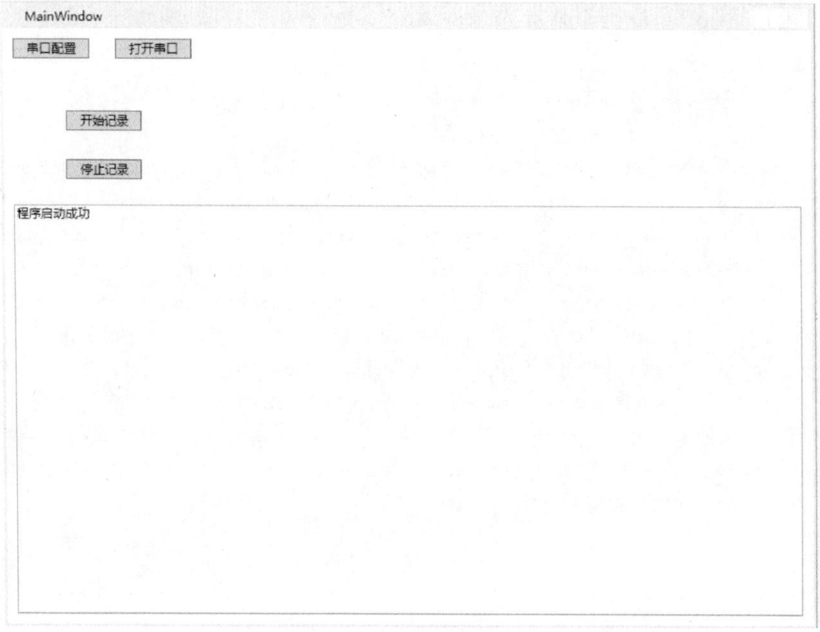

图 6.14 主窗口的外观

- 下面的文本框负责记录并显示日志。

2. 串口配置窗口外观

在解决方案资源管理器上右击，在弹出的快捷菜单中选择“添加”→“窗口”命令，添加一个新的 WPF 窗口，命名为 SerialConfig。

添加完成后，双击 SerialConfig. xaml 文件，编辑界面。其核心代码如下。

```
<Window x:Class="TempRecord.SerialConfig"
  xmlns="http://schemas.microsoft.com/winfx/2006/xaml/presentation"
  xmlns:x="http://schemas.microsoft.com/winfx/2006/xaml"
  xmlns:d="http://schemas.microsoft.com/expression/blend/2008"
  xmlns:mc="http://schemas.openxmlformats.org/markup-compatibility/2006"
  xmlns:local="clr-namespace:TempRecord"
  mc:Ignorable="d"
  Title="SerialConfig" Height="240" Width="200" ResizeMode="NoResize">
<Grid>
<Grid.ColumnDefinitions>
<ColumnDefinition/>
<ColumnDefinition Width="42"/>
</Grid.ColumnDefinitions>
<Label x:Name="label" Content="串口号" HorizontalAlignment="Left" Margin="27,20,0,0"
VerticalAlignment="Top"/>
```

```
    <Label x:Name="label_Copy" Content="波特率" HorizontalAlignment="Left" Margin="
27,45,0,0" VerticalAlignment="Top"/>
    <Label x:Name="label_Copy1" Content="校验位" HorizontalAlignment="Left" Margin=
"27,70,0,0" VerticalAlignment="Top"/>
    <Label x:Name="label_Copy2" Content="数据位" HorizontalAlignment="Left" Margin=
"27,95,0,0" VerticalAlignment="Top"/>
    <Label x:Name="label_Copy3" Content="停止位" HorizontalAlignment="Left" Margin=
"27,120,0,0" VerticalAlignment="Top"/>
    <ComboBox x:Name="serialPortCB" HorizontalAlignment="Left" Margin="85,22,0,0"
VerticalAlignment="Top" Width="78" Grid.ColumnSpan="2"/>
    <ComboBox x:Name="baudRateCB" HorizontalAlignment="Left" Margin="85,48,0,0"
VerticalAlignment="Top" Width="78" Grid.ColumnSpan="2"/>
    <ComboBox x:Name="checkCB" HorizontalAlignment="Left" Margin="85,74,0,0" Verti-
calAlignment="Top" Width="78" Grid.ColumnSpan="2"/>
    <ComboBox x:Name="dataCB" HorizontalAlignment="Left" Margin="85,99,0,0" Verti-
calAlignment="Top" Width="78" Grid.ColumnSpan="2"/>
    <ComboBox x:Name="stopCB" HorizontalAlignment="Left" Margin="85,124,0,0" Verti-
calAlignment="Top" Width="78" Grid.ColumnSpan="2"/>
    <Button x:Name="button" Content="确定" HorizontalAlignment="Left" Margin="65,
171,0,0" VerticalAlignment="Top" Width="75" Click="button_Click"/>

    </Grid>
    </Window>
```

串口配置窗口的外观如图 6.15 所示。

SerialConfig

串口号	˅
波特率	˅
校验位	˅
数据位	˅
停止位	˅

确定

图 6.15　串口配置窗口的外观

窗口中各元素的功能如下。

- “串口号”下拉列表框负责读取本机所有可用串口。
- “波特率”下拉列表框负责设置预设串口波特率。
- “校验位”下拉列表框负责设置预设串口校验位。
- “数据位”下拉列表框负责设置预设串口数据位。
- “停止位”下拉列表框负责设置预设串口停止位。
- “确定”下拉列表框按钮负责关闭窗口并回传设置完的串口参数。

3. 自定义类

在解决方案中添加自定义类 EnvirInfo.cs，用来记录环境信息。其核心代码如下。

```
public class EnvirInfo
{
    public int id { get;set;}                 //id号
    public int temp { get;set;}               //温度
    public int humidity { get;set;}           //湿度
    public int pm25 { get;set;}               //pm2.5浓度
    public int pm10 { get;set;}               //pm10浓度
    public DateTime pubTime { get;set;}  //采集时间
}
```

添加自定义类 serialPortCustomer.cs，用来记录串口配置信息。其核心代码如下。

```
class serialPortCustomer
{
    public string com { get;set;}              //可用串口
    public string com1 { get;set;}             //可用串口
    public string BaudRate { get;set;}         //波特率
    public string Parity { get;set;}           //校验位
    public string ParityValue { get;set;} //校验位对应值
    public string Dbits { get;set;}            //数据位
    public string Sbits { get;set;}            //停止位
}
```

添加自定义类 TaskAsyncHelper.cs，用来处理异步方法。其核心代码如下。

```
public static class TaskAsyncHelper
{
    //<summary>
    //将一个方法 function 异步运行，在执行完毕时执行回调 callback
    //</summary>
    //<param name="function">异步方法，该方法没有参数，返回类型必须是 void</param>
    /* <param name="callback">异步方法执行完毕时执行的回调方法，该方法没有参数，返
回类型必须是 void</param> */
    public static async void RunAsync(Action function,Action callback)
    {
        Func<System.Threading.Tasks.Task> taskFunc= ()=>
        {
            return System.Threading.Tasks.Task.Run(()=>
            {
                function();
            });
        };
        await taskFunc();
        if(callback !=null)
```

```
            callback();
        }

        //<summary>
        //将一个方法 function 异步运行，在执行完毕时执行回调 callback
        //</summary>
        //<typeparam name="TResult">异步方法的返回类型</typeparam>
        //<param name="function">异步方法，该方法没有参数，返回类型必须是 TResult</param>
        /*<param name="callback">异步方法执行完毕时执行的回调方法，该方法参数为
TResult，返回类型必须是 void</param>*/
        public static async void RunAsync<TResult>(Func<TResult>function,Action<TResult
>callback)
        {
            Func<System.Threading.Tasks.Task<TResult>>taskFunc=()=>
            {
                return System.Threading.Tasks.Task.Run(()=>
                {
                    return function();
                });
            };
            TResult rlt=await taskFunc();
            if(callback!=null)
                callback(rlt);
        }
    }
```

因为上位机同时还要负责和服务器使用 HTTP 进行通信，所以添加辅助类 httpHandler.cs，用于处理 HTTP 请求。其核心代码如下。

```
    class httpHandler
    {
        #region Get 请求
        ///<summary>
        ///HTTP GET 方式请求数据
        ///</summary>
        ///<param name="url">URL.</param>
        ///<returns>返回数据</returns>
        public static string HttpGet(string url)
        {
            HttpWebRequest request=(HttpWebRequest)HttpWebRequest.Create(url);
            request.Method="GET";
            request.Accept="*/*";
            request.Timeout=15000;
            request.AllowAutoRedirect=false;

            WebResponse response=null;
```

```
    string responseStr=null;

    try
    {
        response=request.GetResponse();

        if(response !=null)
        {
            StreamReader reader=new StreamReader(response.GetResponseStream
            (),Encoding.UTF8);
            responseStr=reader.ReadToEnd();
            reader.Close();
        }
    }
    catch(Exception)
    {
        throw;
    }
    finally
    {
        request=null;
        response=null;
    }

    return responseStr;
}
# endregion

# region POST 请求
///<summary>
/// HTTP POST 方式请求数据
///</summary>
///<param name="url"> URL.</param>
///<returns> </returns>
public static string HttpPost(string url)
{
    HttpWebRequest request=(HttpWebRequest)HttpWebRequest.Create(url);
    request.Method="POST";
    request.ContentType="application/x- www- form- urlencoded";
    request.Accept="*/*";
    request.Timeout=15000;
    request.AllowAutoRedirect=false;

    WebResponse response=null;
    string responseStr=null;

    try
```

```
    {
        response=request.GetResponse();
        if(response !=null)
        {
            StreamReader reader=new StreamReader(response.GetResponseStream
            (),Encoding.UTF8);
            responseStr=reader.ReadToEnd();
            reader.Close();
        }
    }
    catch(Exception)
    {
        throw;
    }
    finally
    {
        request=null;
        response=null;
    }

    return responseStr;
}

# endregion


# region HTTP POST 方式请求数据
///<summary>
///HTTP POST 方式请求数据
///</summary>
///<param name="url"> URL.</param>
///<param name="param"> POST 的数据</param>
///<returns> </returns>

public static string HttpPost(string url,string param)
{
    HttpWebRequest request=(HttpWebRequest)HttpWebRequest.Create(url);
    request.Method="POST";
    request.ContentType="application/x- www- form- urlencoded";
    request.Accept="*/*";
    request.Timeout=15000;
    request.AllowAutoRedirect=false;

    StreamWriter requestStream=null;
    WebResponse response=null;
    string responseStr=null;
```

```
        try
        {
            requestStream=new StreamWriter(request.GetRequestStream());
            requestStream.Write(param);
            requestStream.Close();
            response=request.GetResponse();
            if(response !=null)
            {
                StreamReader reader=new StreamReader(response.GetResponseStream
                (),Encoding.UTF8);
                responseStr=reader.ReadToEnd();
                reader.Close();
            }
        }
        catch(Exception)
        {
            throw;
        }
        finally
        {
            request=null;
            requestStream=null;
            response=null;
        }

        return responseStr;
    }
    # endregion
}
```

4. 串口配置窗口后台程序

编辑串口配置后台程序 SerialConfig.xaml.cs，后台程序负责初始化界面，并给用户提供下拉列表框对串口参数进行设置。其核心代码如下。

```
public partial class SerialConfig:Window
{
    SerialPort ComPort=new SerialPort();                //声明一个串口
    private string[] ports;                             //可用串口数组

    public SerialConfig()
    {
        InitializeComponent();
        //主窗口初始化
        init();
```

```
    }

    private void init()                                         //主窗口初始化
    {
        IList<String> baudRate=new List<String> ();
        //可用串口下拉控件
        ports=SerialPort.GetPortNames();                        //获取可用串口
        if(ports.Length> 0)//ports.Length> 0说明有串口可用
        {
            for(int i=0;i<ports.Length;i++ )
            {
                baudRate.Add(ports[i]);                         //下拉控件里添加可用串口
            }
            this.serialPortCB.ItemsSource=baudRate;             //资源路径
            serialPortCB.SelectedIndex=0;                       //默认选第1个串口
        }
        else//未检测到串口
        {
            MessageBox.Show("无可用串口");
        }
        //波特率下拉控件
        IList<string> rateList=new List<string> ();             //可用波特率集合
        rateList.Add("1200");
        rateList.Add("2400");
        rateList.Add("4800");
        rateList.Add("9600");
        rateList.Add("14400");
        rateList.Add("19200");
        rateList.Add("28800");
        rateList.Add("38400");
        rateList.Add("57600");
        rateList.Add("115200");

        baudRateCB.ItemsSource=rateList;
        baudRateCB.SelectedIndex=0;

        //校验位下拉控件
        IList<String> comParity=new List<String> ();            //可用校验位集合
        comParity.Add("None");
        comParity.Add("Odd");
        comParity.Add("Even");
        comParity.Add("Mark");
        comParity.Add("Space");
        checkCB.ItemsSource=comParity;
        checkCB.SelectedIndex=0;

        //数据位下拉控件
```

```
        IList<String> dataBits=new List<String> ();//数据位集合
        dataBits.Add("8");
        dataBits.Add("7");
        dataBits.Add("6");
        dataCB.ItemsSource=dataBits;
        dataCB.SelectedIndex=0;

        //停止位下拉控件
        IList<String> stopBits=new List<String> ();//停止位集合
        stopBits.Add("1");
        stopBits.Add("1.5");
        stopBits.Add("2");
        stopCB.ItemsSource=stopBits;
        stopCB.SelectedIndex=0;

        //默认设置
        baudRateCB.SelectedValue="9600";     //波特率默认设置 9600
        checkCB.SelectedIndex=0;             //校验位默认设置值为 0,对应 NONE
        dataCB.SelectedValue="8";            //数据位默认设置 8 位
        stopCB.SelectedValue="1";            //停止位默认设置 1
    }
    //单击"确定"按钮返回 DialogResult 为 true
    private void button_Click(object sender,RoutedEventArgs e)
    {
        this.DialogResult=true;
    }
}
```

5. 主窗口后台程序

编辑主窗口后台程序 MainWindow.xaml.cs。其核心代码如下。

```
# define MULTITHREAD//多线程收发模式，注释本句则使用单线程模式

using System;
using System.Collections.Generic;
using System.IO;
using System.Linq;
using System.Net;
using System.Text;
using System.Threading.Tasks;
using System.Windows;
using System.Windows.Controls;
using System.Windows.Data;
using System.Windows.Documents;
using System.Windows.Input;
using System.Windows.Media;
```

```
using System.Windows.Media.Imaging;
using System.Windows.Navigation;
using System.Windows.Shapes;
using Newtonsoft.Json;
using System.Threading;
using System.IO.Ports;
using System.Windows.Threading;
using System.Collections;
using System.Security.Permissions;
namespace TempRecord
{
    ///<summary>
    /// MainWindow.xaml 的交互逻辑
    ///</summary>
    public partial class MainWindow:Window
    {
        //首先定义变量
        int n=0;
        //服务器地址,根据自己服务器的部署地址进行更改
        private string serverIp="http://192.168.0.88:80";
        //计时器
        private Timer iTimer;
        //定时发送的定时器
        DispatcherTimer autoSendTick=new DispatcherTimer();
        //是否记录的标志
        private bool isRecord;
        SerialPort ComPort=new SerialPort();//声明一个串口
        private bool recStaus=true;//接收状态字
        private bool ComPortIsOpen=false;//COM 口开启状态字，在打开/关闭串口中使用
        private bool Listening=false;/* 用于检测是否没有执行完 invoke 相关操作，仅在
单线程收发使用，但是在公共代码区有相关设置，所以未用# define 隔离*/
        private bool WaitClose=false;
        //数据缓存
        private List<string> dataFrame=new List<string> (4096);

        //每 10 秒传送一个温度、湿度、pm10 和 pm25 值
        private double temp10s;
        private int hum10s,pm1010s,pm2510s;

        //计算每分钟平均值
        Queue tempAverMin=new Queue();
        Queue humAverMin=new Queue();
        Queue pm10AverMin=new Queue();
        Queue pm25AverMin=new Queue();
        //计算每 10 分钟平均值
        Queue tempAverTenMin=new Queue();
```

```
        Queue humAverTenMin=new Queue();
        Queue pm10AverTenMin=new Queue();
        Queue pm25AverTenMin=new Queue();
        //计算一个小时平均值
        Queue tempAverHour=new Queue();
        Queue humAverHour=new Queue();
        Queue pm10AverHour=new Queue();
        Queue pm25AverHour=new Queue();

        private static bool Sending=false;//正在发送数据状态字
        private static Thread_ComSend;//发送数据线程
        Queue recQueue=new Queue();//接收数据过程中，接收数据线程与数据处理线程直接
                                   传递的队列，先进先出
        private SendSetStr SendSet=new SendSetStr();//发送数据线程传递参数的结构体
        private struct SendSetStr//发送数据线程传递参数的结构体格式
        {
public string SendSetData;//发送的数据
public bool SendSetMode;//发送模式
        }
```

实现“串口配置”按钮的功能，当单击时打开串口配置窗口，当窗口被关闭时返回串口配置。其代码如下。

```
//串口配置
private void SPConBtn_Click(object sender,RoutedEventArgs e)
{
    SerialConfig sc=new SerialConfig();
    if(sc.ShowDialog()==true)
    {
        ComPort.PortName=sc.serialPortCB.SelectedValue.ToString();
        //设置当前波特率
        ComPort.BaudRate=Convert.ToInt32(sc.baudRateCB.SelectedValue);
        //设置当前校验位
        ComPort.Parity=(Parity)Convert.ToInt32(sc.checkCB.SelectedIndex);
        //设置当前数据位
        ComPort.DataBits=Convert.ToInt32(sc.dataCB.SelectedValue);
        //设置当前停止位
        ComPort.StopBits=(StopBits)Convert.ToDouble(sc.stopCB.SelectedValue);
    }
}
```

实现“开始记录”按钮功能，代码如下。

```
private void startRecBtn_click(object sender,RoutedEventArgs e)
{
    isRecord=true;
}
```

实现“停止记录”按钮功能，代码如下。

```
private void stopRecBtn_click(object sender,RoutedEventArgs e)
{
    isRecord=false;
}
```

实现“打开串口”按钮功能，如果串口没有打开，就尝试打开串口，如果串口已经是打开状态，则尝试关闭串口。其代码如下。

```
private void openSPBtn_Click(object sender,RoutedEventArgs e)
{
    if(ComPort==null || ComPort.PortName==null)//先判断是否有可用串口
    {
        MessageBox.Show("无可用串口,无法打开!");
        return;//没有串口,提示后直接返回
    }
    //如果串口没有打开
    if(ComPortIsOpen==false)
        {
            //试着打开串口
            try
            {
                ComPort.ReadTimeout=8000;//串口读超时 8 秒
                ComPort.WriteTimeout=8000;//串口写超时 8 秒
                ComPort.ReadBufferSize=1024;//数据读缓存
                ComPort.WriteBufferSize=1024;//数据写缓存

                ComPort.DataReceived+ =new SerialDataReceivedEventHandler(ComReceive);
            //串口接收中断，处理函数为 ComReceive

                //查询串口接收数据线程
                Thread_ComRec=new Thread(new ThreadStart(ComRec));
                _ComRec.Start();//启动线程
                log.Text+ ="启动接收线程;\n";
                ComPort.Open();
                log.Text+ ="端口打开成功;\n";
            }
            catch
            {
                MessageBox.Show("无法打开串口，请检测此串口是否有效或被其他占用!");
                return;
            }
            this.openSPBtn.Content="关闭串口";//按钮显示改为“关闭串口”
            ComPortIsOpen=true;//串口打开状态改为 true
            WaitClose=false;//等待关闭串口状态为 false
        }
```

```
        else //如果串口处于打开状态，则尝试关闭
        {
            try//尝试关闭串口
            {
                ComPort.DiscardOutBuffer();//清空发送缓存
                ComPort.DiscardInBuffer();//清空接收缓存
                WaitClose=true;
                //激活正在关闭状态字，用于在串口接收方法的invoke里判断是否正在关闭串口
                while(Listening)//判断invoke是否结束
                {
                     DispatcherHelper.DoEvents();//循环时，仍进行等待事件中的进程，
                                                 该方法为winform中的方法
                }
                ComPort.Close();//关闭串口
                WaitClose=false;//关闭正在关闭状态字，用于在串口接收方法的invoke里
                                    判断是否正在关闭串口
                SetAfterClose();//成功关闭串口或串口丢失后的设置
            }
            catch//如果在未关闭串口前，串口就已丢失，这时关闭串口会出现异常
            {
                if(ComPort.IsOpen==false)//判断当前串口状态，如果ComPort.IsOpen=
                                              =false，说明串口已丢失
                {
                    SetComLose();
                }
                else//未知原因，无法关闭串口
                {
                    MessageBox.Show("无法关闭串口，原因未知!");
                    return;//无法关闭串口，提示后直接返回
                }
            }
        }
}
```

在串口打开程序里，设置了一个串口中断函数ComReceive()，负责串口数据的监听，当检测到有数据传入时，将数据转移到缓存recQueue中。其代码如下。

```
//接收数据 中断只标志有数据需要读取，读取操作在中断外进行
private void ComReceive(object sender,SerialDataReceivedEventArgs e)
{
    if(WaitClose)return;//如果正在关闭串口，则直接返回
    Thread.Sleep(10);//
    if(recStaus)//如果已经开启接收
    {
        byte[] recBuffer;//接收缓冲区
        try
```

```
        {
            recBuffer=new byte[ComPort.BytesToRead];//接收数据缓存大小
            ComPort.Read(recBuffer,0,recBuffer.Length);//读取数据
            recQueue.Enqueue(recBuffer);//读取数据入列 recQueue(全局)
        }
        catch
        {
            UIAction(()=>
            {
                if(ComPort.IsOpen==false)//如果 ComPort.IsOpen==false,说明串口已丢失
                {
                    SetComLose();//串口丢失后相关设置
                }
                else
                {
                    MessageBox.Show("无法接收数据，原因未知!");
                }
            });
        }
    }
    else//暂停接收
    {
        ComPort.DiscardInBuffer();//清理接收缓存
    }
}
```

在 ComReceive()函数中，UIAction()函数用于在界面刷新显示，SetComLose()函数用于处理异常。其代码如下。

```
void UIAction(Action action)//在主线程外激活线程方法
{
    System.Threading.SynchronizationContext.SetSynchronizationContext (new System.
    Windows.Threading.DispatcherSynchronizationContext(App.Current.Dispatcher));
    System.Threading.SynchronizationContext.Current.Post(_=> action(),null);
}
private void SetComLose()//成功关闭串口或串口丢失后的设置
{
    WaitClose=true;/* 激活正在关闭状态字，用于在串口接收方法的 invoke 里判断是否正在
                    关闭串口* /
    while(Listening)//判断 invoke 是否结束
    {
        DispatcherHelper.DoEvents();/* 循环时，仍进行等待事件中的进程，该方法为 winform
                                    中的方法，WPF 里面没有，这里在后面自己实现*/
    }
    MessageBox.Show("串口已丢失");
```

```
        WaitClose=false;/* 关闭正在关闭状态字，用于在串口接收方法的 invoke 里判断是否正
                           在关闭串口* /
        SetAfterClose();//成功关闭串口或串口丢失后的设置
    }private void SetAfterClose()//成功关闭串口或串口丢失后的设置
    {
        //  openSerialPort.Content="打开串口";//按钮显示为“打开串口”
        ComPortIsOpen=false;//串口状态设置为关闭状态

        }
    public static class DispatcherHelper
    {
        [SecurityPermissionAttribute(SecurityAction.Demand, Flags = SecurityPermis-
sionFlag.UnmanagedCode)]
        public static void DoEvents()
        {
            DispatcherFrame frame=new DispatcherFrame();
             Dispatcher.CurrentDispatcher.BeginInvoke(DispatcherPriority.Background,new
DispatcherOperationCallback(ExitFrames),frame);
            try{ Dispatcher.PushFrame(frame);}
            catch(InvalidOperationException){ }
            }
            private static object ExitFrames(object frame)
            {
                ((DispatcherFrame)frame).Continue=false;
                return null;
            }
    }
```

在串口打开程序里，同时还设置了一个接收线程_ComRec，实现 ComRec()方法，用于将串口接收到的数据进行解析，并进行初步处理。其代码如下。

```
    void ComRec()//接收线程，窗口初始化中就开始启动运行
    {
        UIAction(()=>
        {
            log.Text+= "线程运行中\n";
        });

        EnvirInfo te=new EnvirInfo();
        while(true)//一直查询串口接收线程中是否有新数据
        {
            if(recQueue.Count> 0)/* 当串口接收线程中有新的数据时，队列中有新进的成员 re-
                                    cQueue.Count> 0* /
            {
                UIAction(()=>
                {
```

```
        log.Text+ = "检测到队列中有数据,开始解析\n";
    });

byte[] recBuffer= (byte[])recQueue.Dequeue();//出列 Dequeue(全局)

char[] recData=new char[19];//接收数据转码后缓存
recData=System.Text.Encoding.Default.GetChars(recBuffer);//转码
//如果是 S,代表数据帧开始了
if(recData[0]=='s' && recData[18]=='e')
{
    UIAction(()=>
    {
        log.Text+ ="解析数据帧头部尾部标记正确\n";
    });
    //6 位温度
    this.temp10s=Double.Parse(recData[1].ToString()+ recData[2].ToString()+
    recData[3].ToString()+ recData[4].ToString()+ recData[5].ToString()+
    recData[6].ToString());
    //3 位湿度百分比
    this.hum10s=int.Parse(recData[7].ToString()+ recData[8].ToString()+
    recData[9].ToString());
    //4 位 pm10
    this.pm1010s=int.Parse(recData[10].ToString()+ recData[11].ToString
    ()+ recData[12].ToString()+ recData[13].ToString());
    //4 位 pm25
    this.pm2510s=int.Parse(recData[14].ToString()+ recData[15].ToString
    ()+ recData[17].ToString()+ recData[17].ToString());
    //主窗口显示解析出来的数值
    UIAction(()=>
    {
        log.Text+= "解析完成:温度=+"+ this.temp10s.ToString()+
                    "摄氏度相对湿度="+ this.hum10s.ToString()+
                    "% pm10="+ this.pm1010s.ToString()+
                    "pm25="+ this.pm2510s.ToString()+"\n";
        });
        //对数据进行简单的均值滤波
        TaskAsyncHelper.RunAsync(calAver,CalAverCallback);
    }
    else
    {
        UIAction(()=>
        {
            log.Text+="数据帧头尾格式不对;\n";
        });
    }
}
```

```
        else
        Thread.Sleep(100);//如果不延时,一直查询,将占用 CPU 过高
    }
}
```

均值滤波函数的实现代码如下。

```
//进行计算平均值等处理
public void calAver()
{
    calMin();
    calTenMin();
    calHour();
}
```

其中，计算每分钟的均值，并将结果发送至服务器的函数的实现代码如下。

```
//计算每分钟
private void calMin()
{//先入列，然后判断温度是不是超过 6 个，超过 6 个就计算平均值 并且上传，清空
    this.tempAverMin.Enqueue(temp10s);
    this.humAverMin.Enqueue(hum10s);
    this.pm10AverMin.Enqueue(pm1010s);
    this.pm25AverMin.Enqueue(pm2510s);

    if(this.tempAverMin.Count> =6)
    {
        EnvirInfo info=new EnvirInfo();
        info.temp=AverCalQueue(tempAverMin);
        info.humidity=AverCalQueue(humAverMin);
        info.pm10=AverCalQueue(pm10AverMin);
        info.pm25=AverCalQueue(pm25AverMin);

        tempAverTenMin.Enqueue(info.temp);
        humAverTenMin.Enqueue(info.humidity);
        pm10AverTenMin.Enqueue(info.pm10);
        pm25AverTenMin.Enqueue(info.pm25);

        //将信息转换为 json 格式,然后上传数据至服务器
        string str=JsonConvert.SerializeObject(info);
         string s=httpHandler.HttpGet(this.serverIp+"/EnvirInfoMins/upload? info=
        "+str);;
        UIAction(()=>
        {
            log.Text+="每分钟数据记录成功;\n";
        });
        tempAverMin.Clear();
```

```
    }
}
```

计算每 10 分钟的函数的实现代码如下。

```
private void calTenMin()
{
    if(this.tempAverTenMin.Count>=6)
    {
        EnvirInfo info=new EnvirInfo();
        info.temp=AverCalQueue(tempAverTenMin);
        info.humidity=AverCalQueue(humAverTenMin);
        info.pm10=AverCalQueue(pm10AverTenMin);
        info.pm25=AverCalQueue(pm25AverTenMin);

        tempAverHour.Enqueue(info.temp);
        humAverHour.Enqueue(info.humidity);
        pm10AverHour.Enqueue(info.pm10);
        pm25AverHour.Enqueue(info.pm25);

        //上传数据
        string str=JsonConvert.SerializeObject(info);
         string s=httpHandler.HttpGet(this.serverIp+"/EnvirInfoTenMins/upload?
         info="+str);
        UIAction(()=>
        {
            log.Text+="10 分钟数据记录成功;\n";
        });

        this.tempAverTenMin.Clear();
    }
}
```

计算每 1 小时的函数的实现代码如下。

```
private void calHour()
{
    if(this.tempAverHour.Count>=6)
    {
        EnvirInfo info=new EnvirInfo();
        info.temp=AverCalQueue(tempAverHour);
        info.humidity=AverCalQueue(humAverHour);
        info.pm10=AverCalQueue(pm10AverHour);
        info.pm25=AverCalQueue(pm25AverHour);
```

```
        //上传数据
        string str=JsonConvert.SerializeObject(info);
        string s=httpHandler.HttpGet(this.serverIp+"/EnvirInfoHours/upload? info=
        "+ str);
        UIAction(()=>
        {
            log.Text+="1小时数据记录成功;\n";
        });
        this.tempAverHour.Clear();
    }
}
```

计算队列平均值的函数的代码如下。

```
private int AverCalQueue(Queue q)
{
    int count=q.Count;
    float sum=0;
    int aver=0;
    while(q.Count>0)
    {
        sum=sum+Convert.ToSingle(q.Dequeue());
    }
    aver=Convert.ToInt16(sum/count);
    return aver;
}
```

滤波函数的回调函数的实现代码如下。

```
//发送到服务器
public void CalAverCallback()
{
    this.n++;
    UIAction(()=>
    {
        log.Text+="环境数据滤波及计算完成;\n";
        log.Text+="————————————————————————————————————————\n";
        if(n> 3)
        {
            log.Text="";
            this.n=0;
        }
    });
}
```

至此，完成了上位机程序的编写。上位机程序实现的功能是首先采集下位机上传的数据，并对数据进行均值滤波，然后每分钟给服务器上传一次1分钟结果，每10分钟给服

务器上传一次 10 分钟结果，每小时给服务器上传一次 1 小时结果。下面是服务器端程序的实现。

6.2.6 服务器端程序

服务器端程序主要实现两个任务：一个是为上位机提供接口，收集上位机上传的数据，并将之存储于数据库中；另一个是为手机提供接口，以供手机查看存储的数据。因此，服务器端并不需要界面，只需要提供数据读写接口即可。本例使用 SQL Server 进行数据的持久化存储，使用.NET core MVC 实现 HTTP 接口。服务器端程序的工作流程如图 6.16 所示。

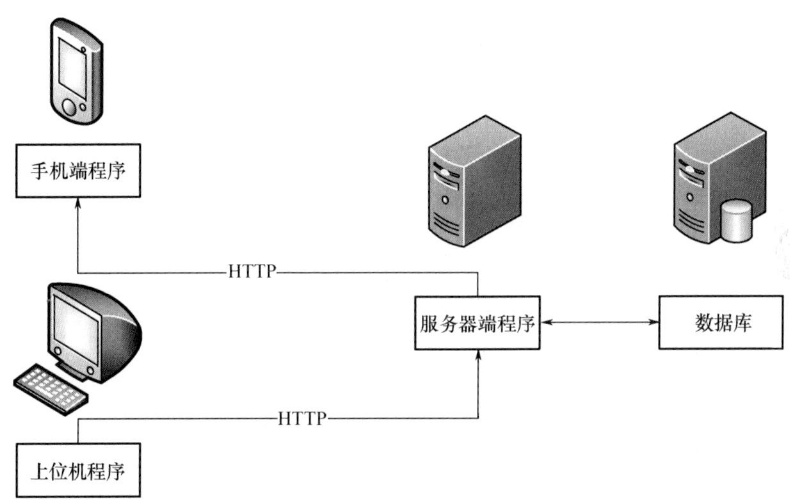

图 6.16 服务器端程序的工作流程

服务器端程序和数据库可以放在一台主机上，也可以分开放在两台主机上，本例中将放在一台主机上。

1. 数据库

建立服务器端程序的第一步是建立数据库。安装 SQL Server 2012，新建数据库 EnvirRecord，然后在该库中建立三个数据表，分别为 EnvirInfoMin、EnvirInfoTenMin 和 EnvirInfoHour，用来记录每分钟、每 10 分钟和每小时的数据，三个数据表的结构都一样，如下所示。

- 主键 Id，int 型，不允许为空，是标识，标识种子 1，标识增量 1。
- temp，int 型，允许为空，用来记录温度值。
- humidity，int 型，允许为空，用来记录湿度值。
- pm25，int 型，允许为空，用来记录 PM2.5 浓度值。
- pm10，int 型，允许为空，用来记录 PM10 浓度值。

数据表的结构如图 6.17 所示。

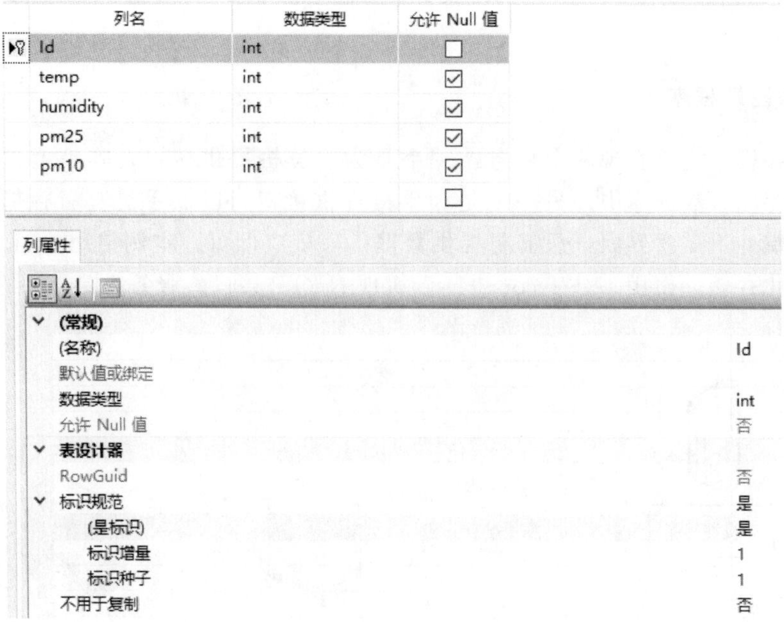

列名	数据类型	允许 Null 值
Id	int	☐
temp	int	☑
humidity	int	☑
pm25	int	☑
pm10	int	☑
		☐

列属性

(常规)	
(名称)	Id
默认值或绑定	
数据类型	int
允许 Null 值	否
表设计器	
RowGuid	否
标识规范	是
(是标识)	是
标识增量	1
标识种子	1
不用于复制	否

图 6.17 数据表的结构

2. Web 服务器软件

服务器端程序要想供互联网访问，需要寄宿在 Web 服务器软件中。可以提供 Web 服务的软件有很多，最常用的有 Apache、IIS、Nginx 等，因为本例的服务器操作系统是 Windows Server，编程语言使用了微软最新的 .NET Core，所以选用 IIS 作为 Web 服务器软件。需在操作系统上安装 IIS 7.0 以上版本。

另外，系统没为 .Net. core 提供支持，因此需要安装 .NET Core SDK 用于程序开发，安装 .NET Core Runtime 用于程序的运行，安装 .NET Core WindowsHosting 用于让 IIS 支持 .NET Core 程序。

3. 权限

因为本例中的服务器端程序是寄宿在 IIS 中的，需要通过 IIS 读取 SQL Server 中的数据，所以必须先进行必要的权限设定。

在 SQL Server 管理器中展开“安全性”→“登录名”，新建登录名“IIS APPPOOL \ DefaultAppPool”，该登录名为 IIS 中的默认应用程序池，待将服务器端程序发布在 IIS 中并将其应用程序池设置为 DefaultAppPool 后，则服务器端程序就拥有了登录数据库软件的权限。

然后，右击登录名“IIS APPPOOL \ DefaultAppPool”，在弹出的快捷菜单中选择“用户映射”命令，在打开的窗口中选中“EnvirRecord”数据库，选中“db_datareader”“db_datawriter”和“db_owner”复选框，则该登录名就有了访问该数据库的权限，如图 6.18 所示。

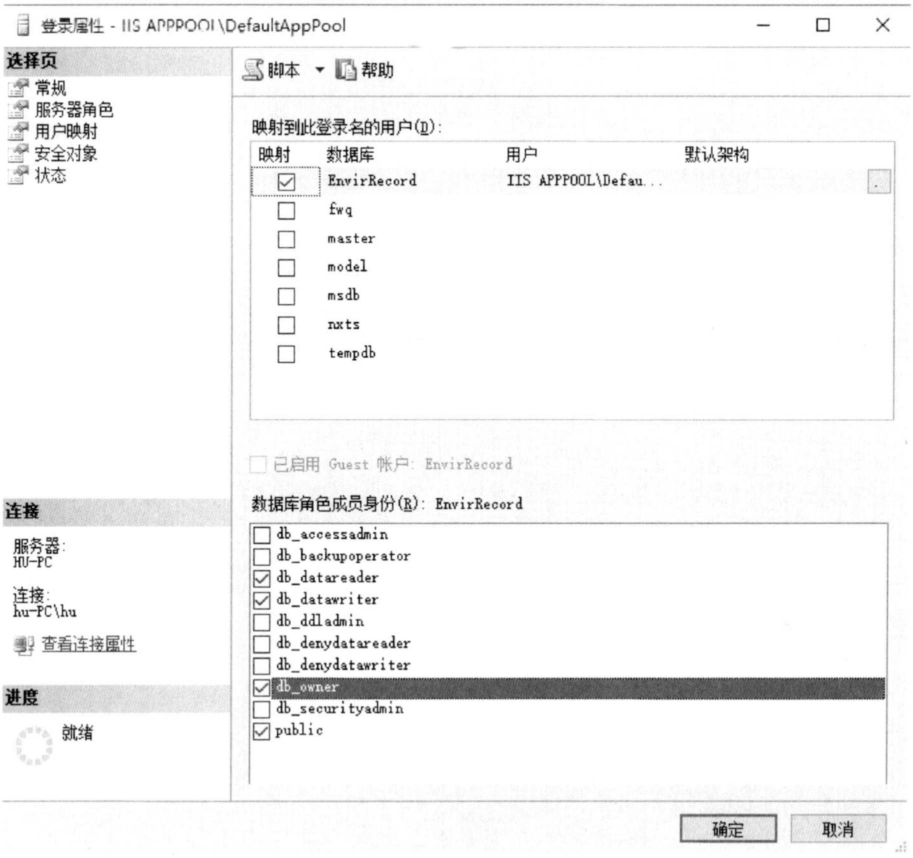

图 6.18　登录名和数据库的用户映射

4. 服务器端程序

安装 Visual Studio 2017，选择“文件”→“新建”→“项目”菜单命令，弹出“新建项目”对话框，在左侧窗格中展开“Visual C＃”→“.NET Core”，在右侧窗格中选择 ASP.NET Core Web 应用程序，自定义项目名称，单击“确定”按钮。在弹出的对话框中选择“Web 应用程序（模型视图控制器）”模板，将“更改身份验证”设置为“个人用户账户”，单击“确定”按钮。Visual Studio 将根据内置的模板生成一个可以快速开发的程序。在解决方案资源管理器中展开该解决方案，结构如图 6.19 所示。

在解决方案资源管理器中双击“appsettings.json”，更改数据库访问字符串 ConnectionStrings。其代码如下。

```
"ConnectionStrings":{
    "DefaultConnection":"Data
    Source=localhost;Database=EnvirRecord;Trusted_Connection=True;MultipleAc-
    tiveResultSets=true"
}
```

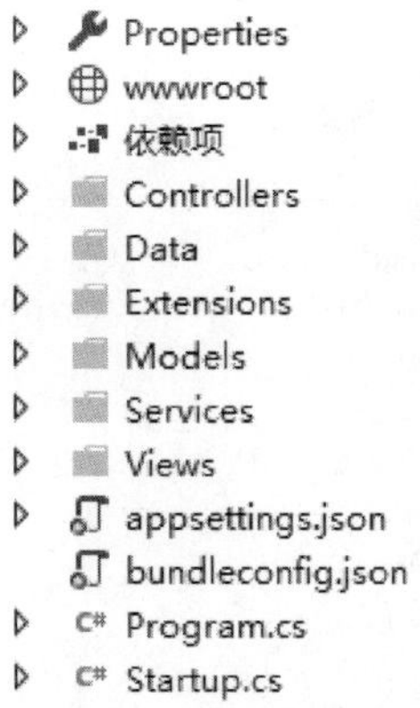

图 6.19 项目结构

在解决方案资源管理器中展开“Models”文件夹，在该文件夹下新建三个类文件，分别为 EnvirInfoMin. cs、EnvirInfoTenMin. cs 和 EnvirInfoHour. cs，这三个类的结构都是一样的。以 EnvirInfoMin. cs 为例，其代码如下。

```
public class EnvirInfoMin
{
    public int Id { get;set;}
    public int temp { get;set;}
    public int humidity { get;set;}
    public int pm25 { get;set;}
    public int pm10 { get;set;}
    public DateTime pubTime { get;set;}
}
```

添加完三个类之后，在解决方案资源管理器中展开“Data”文件夹，双击“ApplicationDbContext. cs”进行编辑，在类内部添加下面三行代码。

```
public DbSet<EnvirInfoMin> EnvirInfoMin { get;set;}
public DbSet<EnvirInfoHour> EnvirInfoHour { get;set;}
public DbSet<EnvirInfoTenMin> EnvirInfoTenMin { get;set;}
```

这样就利用 Entity Framework Core 技术建立了服务器端程序中的自建类 EnvirInfoMin. cs、EnvirInfoTenMin. cs、EnvirInfoHour. cs 和 SQL Server 中 EnvirRecord 数据库中的数据表 EnvirInfoMin、EnvirInfoTenMin、EnvirInfoHour 之间的关联，使得可以在服务器端程序直接操纵数据库中的数据。

接着，在解决方案资源管理器的“Controllers”文件夹上右击，在弹出的快捷菜单中选择“添加”→“控制器”命令，在弹出的对话框中选择“视图使用 Entity Framework 的 MVC 控制器”，如图 6.20 所示。

单击“添加”按钮，在弹出的对话框中，设置“模型类”为“EnvirInfoMin”，“数据上下文类”为“ApplicationDbContext”。因为本例中不使用视图，所以取消选中“生成视

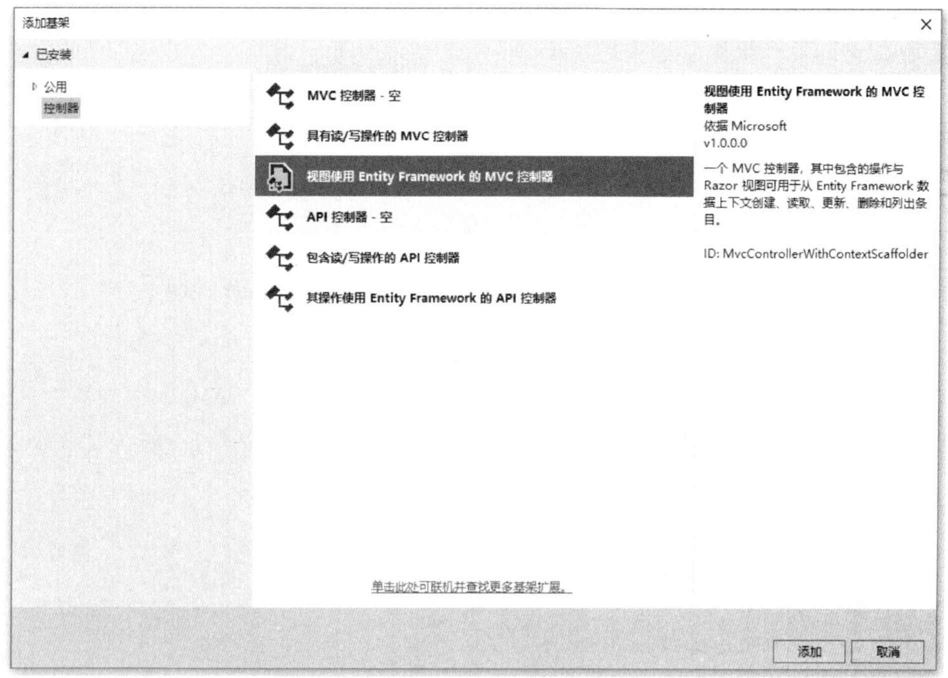

图 6.20　添加控制器

图”复选框；如果项目中需要使用 HTML 页面来查看的话，则选中该复选框将根据模板自动生成视图，如图 6.21 所示。

添加 视图使用 Entity Framework 的 MVC 控制器

模型类(M): EnvirInfoMin (WebApplication.Models)

数据上下文类(D): ApplicationDbContext (WebApplication.Data)

视图:

生成视图(V)

引用脚本库(R)

使用布局页(U):

(如果在 Razor _viewstart 文件中设置了此选项，则留空)

控制器名称(C):

添加　取消

图 6.21　设置控制器属性

随后，会在 Controllers 文件夹下生成一个控制器 EnvirInfoMinsController. cs，该控制器就是上位机上传数据和手机获取数据的接口。双击该文件进行编辑，里面已经有一系列自动生成的代码了，可以将除了下面 5 行之外的所有代码删除，也可以保持全部代码，在最后一个方法的后面添加自定义方法。

```
private readonly ApplicationDbContext _context;

public EnvirInfoMinsController(ApplicationDbContext context)
{
    _context=context;
}
```

添加自定义方法 upload()，用于接收上位机上传的数据。其代码如下。

```
public async Task<IActionResult> upload(string info)
{
    //将上传的 JSON 字符串按照 EnvirInfoMin 类进行反序列化
    EnvirInfoMin dbinfo=JsonConvert.DeserializeObject<EnvirInfoMin>(info);
    //设置发布时间为服务器当前时间
    dbinfo.pubTime=DateTime.Now;
    //在数据表中添加当前记录
    _context.Add(dbinfo);
    //保存数据库
    await _context.SaveChangesAsync();
    //返回 1 作为操作结束的标识
    return Ok("1");
}
```

回忆上位机程序中的 CalMin()函数中有下面这两行代码。

```
string str=JsonConvert.SerializeObject(info);
string s = httpHandler.HttpGet (this.serverIp + "/EnvirInfoMins/upload? info = " +
str);
```

这两行代码的作用就是先把采集到数据 info 序列化为一个 JSON 字符串，然后使用 HTTPGET 访问服务器 EnvirInfoMins 控制器中的 upload()方法，将该字符串作为参数 info 传送给服务器，然后接收返回的结果放在字符 s 中，如果 s 的结果是 1，则代表上传成功。

接着添加自定义方法 getLatestInfo()，用于给手机端返回最新的环境信息数据。其代码如下。

```
public async Task<IActionResult> getLatestInfo()
{
    //得到最新的一条记录
    var envirInfoMin = await _context.EnvirInfoMin.OrderByDescending (p=>p.Id).
    FirstOrDefaultAsync();
    //如果最新记录为空,代表还没有数据,则返回 0
    if(envirInfoMin==null)
    {
    return Ok("0");
```

```
    }
    else
    {
        //如果有最新的记录,就将该记录转换成 json 字符串返回
        string json=JsonConvert.SerializeObject(envirInfoMin);
        return Ok(json);
    }
}
```

同理，添加另外两个类对应的控制器和对应的方法，即完成了服务器端程序的编写。

5. 发布服务器端程序

服务器端程序编写完之后，需要将其打包发布，随后寄宿在 Internet Information Services（IIS）中对外提供服务。其步骤如下。

（1）在解决方案资源管理器中右击项目名，在弹出的快捷菜单中选择“发布”命令，选择程序所在的文件夹，然后选择一个计算机中的位置（如 C:\Services\envirRecord），单击“发布”按钮。完成之后在 C:\Services 目录下会出现一个 envirRecord 文件夹，即为该服务器端程序的所在位置。

（2）打开 IIS 管理器，展开网站，选择“default”，在右侧选择“基本设置”，将“物理路径”修改为 C:\Services\envirRecord，应用程序依然保持为 default，单击“完成”按钮。随后单击右侧的绑定，编辑该网站的 IP 地址和端口绑定设置，本例中使用了本机的局域网 IP 地址 192.168.1.88 和端口 80。

至此，就完成了服务器端程序的发布，可在内网利用 HTTP GET 访问该程序进行。

如果服务器拥有外网 IP，那就可以通过互联网进行访问了。同样地，可以将该程序发布在一个拥有外网 IP 的服务器上，步骤是先将数据库文件复制到服务器上，然后在 SQL Server 中附加此数据库文件，并添加登录名，映射该数据库，随后复制发布后的服务器端程序文件夹，在服务器中的 IIS 中进行和上述一样的配置，即可通过该服务器的 IP 地址和端口对该程序进行访问了。

6.2.7　手机端程序

在完成了服务器端程序之后，接下来就要完成手机端程序了。下面以 Android 手机为例，做一个最简单的 App 来定时刷新最新的环境数据。

首先安装 Java SDK 用来支撑 Java 程序开发，安装 Android SDK 用来支撑 Android 程序开发，安装 Android Studio 用来开发 Android 程序，然后对三者进行必要的配置。

1. 界面设计

在 Android Studio 中新建一个项目，自定义 Application Name 和 Company Domain，最小 SDK 设置为“API23:Android 6.0”，随后在模板中选择“Empty Activity”，其余保持默认设置，单击“Finish”按钮。

展开项目管理器中的“Res”→“layout”文件夹，双击 activity_main.xml 进行编辑，在已有的标签内部放置一个 LinearLayout，用于显示环境信息。其代码如下。

```
<LinearLayout
    android:orientation="horizontal"
    android:layout_width="match_parent"
    android:layout_height="match_parent"
    android:layout_alignParentStart="true"
    android:layout_alignParentTop="true">
    <LinearLayout
        android:orientation="vertical"
        android:layout_width="match_parent"
        android:layout_height="match_parent"
        android:id="@+id/background">
        <LinearLayout
            android:orientation="vertical"
            android:layout_width="match_parent"
            android:layout_height="wrap_content"
            android:weightSum="1">
            <LinearLayout
                android:orientation="horizontal"
                android:layout_width="match_parent"
                android:layout_height="wrap_content"
                android:layout_marginLeft="5dp"
                android:layout_marginRight="5dp"
                android:layout_marginTop="5dp"
                android:layout_margin="5dp"
                android:gravity="center_vertical">
                <TextView
                    android:layout_width="wrap_content"
                    android:layout_height="wrap_content"
                    android:textAppearance="? android:attr/textAppearanceLarge"
                    android:text="观测点 1:"
                    android:id="@+id/textView5"
                    android:textSize="20sp"
                    android:textStyle="bold" />
            </LinearLayout>
            <LinearLayout
                android:orientation="horizontal"
                android:layout_width="match_parent"
                android:layout_height="wrap_content"
                android:layout_marginLeft="5dp"
                android:layout_marginRight="5dp"
                android:gravity="center_vertical"
                android:layout_marginTop="5dp"
                android:layout_margin="5dp">
                <TextView
                    android:layout_width="150dp"
```

```
            android:layout_height="wrap_content"
            android:textAppearance="? android:attr/textAppearanceLarge"
            android:text="温度(摄氏度):"
            android:id="@+id/textView"
            android:textSize="16sp"
            android:gravity="right"
            android:textColor="@android:color/holo_blue_dark" />
        <TextView
            android:layout_width="wrap_content"
            android:layout_height="wrap_content"
            android:textAppearance="? android:attr/textAppearanceLarge"
            android:id="@+id/temp"
            android:textColor="# 004c82"
            android:textStyle="bold" />
    </LinearLayout>
    <LinearLayout
        android:orientation="horizontal"
        android:layout_width="match_parent"
        android:layout_height="wrap_content"
        android:gravity="center_vertical"
        android:layout_margin="5dp">
        <TextView
            android:layout_width="150dp"
            android:layout_height="wrap_content"
            android:textAppearance="? android:attr/textAppearanceLarge"
            android:text="相对湿度:"
            android:id="@+id/textView3"
            android:textSize="16sp"
            android:gravity="right"
            android:textColor="@android:color/holo_blue_dark" />

        <TextView
            android:layout_width="wrap_content"
            android:layout_height="wrap_content"
            android:textAppearance="? android:attr/textAppearanceLarge"
            android:id="@+id/hum"
            android:textColor="# 004c82"
            android:textStyle="bold" />
    </LinearLayout>
    <LinearLayout
        android:orientation="horizontal"
        android:layout_width="match_parent"
        android:layout_height="wrap_content"
        android:gravity="center_vertical"
        android:layout_margin="5dp">
        <TextView
```

```
            android:layout_width="150dp"
            android:layout_height="wrap_content"
            android:textAppearance="? android:attr/textAppearanceLarge"
            android:text="PM10:"
            android:id="@+id/textView2"
            android:textSize="16sp"
            android:gravity="right"
            android:textColor="@android:color/holo_blue_dark" />
        <TextView
            android:layout_width="wrap_content"
            android:layout_height="wrap_content"
            android:textAppearance="? android:attr/textAppearanceLarge"
            android:id="@+id/pm10"
            android:textColor="# 004c82"
            android:textStyle="bold" />
    </LinearLayout>
    <LinearLayout
        android:orientation="horizontal"
        android:layout_width="match_parent"
        android:layout_height="wrap_content"
        android:gravity="center_vertical"
        android:layout_margin="5dp">
        <TextView
            android:layout_width="150dp"
            android:layout_height="wrap_content"
            android:textAppearance="? android:attr/textAppearanceLarge"
            android:text="PM25:"
            android:id="@+id/textView4"
            android:textSize="16sp"
            android:gravity="right"
            android:textColor="@android:color/holo_blue_dark" />
        <TextView
            android:layout_width="wrap_content"
            android:layout_height="wrap_content"
            android:textAppearance="? android:attr/textAppearanceLarge"
            android:id="@+id/pm25"
            android:textColor="# 004c82"
            android:textStyle="bold" />
    </LinearLayout>
    <LinearLayout
        android:orientation="horizontal"
        android:layout_width="match_parent"
        android:layout_height="wrap_content"
        android:gravity="center_vertical"
        android:layout_margin="5dp">
        <TextView
```

```
                android:layout_width="150dp"
                android:layout_height="wrap_content"
                android:textAppearance="?android:attr/textAppearanceLarge"
                android:text="观测时间点:"
                android:id="@+id/textView6"
                android:textSize="16sp"
                android:gravity="right"
                android:textColor="@android:color/holo_blue_dark" />
            <TextView
                android:layout_width="wrap_content"
                android:layout_height="wrap_content"
                android:textAppearance="?android:attr/textAppearanceLarge"
                android:id="@+id/time"
                android:textColor="#004c82"
                android:textStyle="bold" />
        </LinearLayout>
    </LinearLayout>
  </LinearLayout>
</LinearLayout>
```

手机端主界面如图 6.22 所示。

图 6.22　手机端主界面

2. 权限设定

因为手机 App 需要进行网络访问，所以需要设定权限。展开项目管理中的“manifests”→“AndroidManifest.xml”，在 manifest 标签中添加网络访问的权限，代码如下。

```
<uses-permission android:name="android.permission.INTERNET" />
<uses-permission android:name="android.permission.ACCESS_NETWORK_STATE" />
<uses-permission android:name="android.permission.ACCESS_WIFI_STATE" />
```

3. 添加快速开发用类库/模块

可以利用第三方开发的类库和模块进行快速开发。本例需要三个类库，分别是 OkHttp 用于 HTTP 访问；同时它依赖于 OkIO 类库处理数据吞吐；此外因为服务器端程序的 getLatestInfo()方法返回的是一个 JSON 字符串，所以添加一个类库对 JSON 字符串进行解析，本例使用 GSON。

4. 定制 Application

为了易于扩展和维护，因此定制一个全局的 Application 对象 CustomApplication，目前存放全局可用的 ServerIP，还有全局可用的 OkHttpClient。

在项目管理器中的 java-com. xx. myapplicaiton（此处的文件夹名为你的 company domain+项目名）文件夹下“新建”Java Class，命名为 CustomApplication，编辑代码如下。

```
public class CustomApplication extends Application
{
    private static final String VALUE="http://192.168.1.88:80";
    private String ServerIP;

    @Override
    public void onCreate()
    {
        super.onCreate();
        //初始化服务器 IP
        setServerIp(VALUE);//初始化全局变量
    }

    //定义一个全程序可以用的 application 实例
    private static CustomApplication mInstance;
    public static CustomApplication getInstance(){
        if(mInstance==null){
            mInstance=new CustomApplication();
        }
        return mInstance;
    }

    //定义一个全程序可以用的 client 实例
    public static  OkHttpClient client;
    public static OkHttpClient getClient()
    {
        if(client==null)
        {
            client=new OkHttpClient();
        }
        return client;
    }

    //定义服务器 IP 的设置和获取方法
    public void setServerIp(String value)
    {
        this.ServerIP=value;
    }
```

```
    public String getServerIp()
    {
        return ServerIP;
    }
}
```

展开项目管理器中的"manifests"→"AndroidManifest. xml"，为 application 标签中添加一行属性，如下所示。

```
android:name=".CustomApplication"
```

该行代码的意思是整个 App 使用刚才自定义的 CustomApplication 作为默认的 Application 对象。

5. 添加辅助类

在项目管理器中的 java-com. xx. myapplicaiton（此处文件夹名为你的 company domain+项目名）文件夹下新建 Java Class，命名为 OkHttpHandler，使用该类作为辅助类，进一步异步封装 OkHttp，简化 HTTP 访问操作，编辑代码如下。

```
public class OkHttpHandler extends AsyncTask<String,Integer,String> {

    //定义 client
    public OkHttpClient client;
    //设定 Mediatype
    public static final MediaType JSON
            =MediaType.parse("application/json;charset=utf-8");

    //从全局 CustomApplication 得到 client
    public OkHttpHandler(CustomApplication app)
    {
        client=app.getClient();
    }

    @Override
    protected void onPreExecute()
    {

    }


    @Override
    protected String doInBackground(String... params){
        return get(params[0]);

    }
```

```
    //HTTP GET 方法实现
    public String get(String url)
    {
        Request request=new Request.Builder()
                .url(url)
                .build();
        try {
            Response response=client.newCall(request).execute();
            String body=response.body().string();
            return body;
        }catch(Exception e){
        }
        return  "GetWrong";
    }
}
```

同样地，添加自定义类 EnvirInfo，用于对接收到的数据进行 JSON 解析，代码如下。

```
public class EnvirInfo {
    public int Id;
    public int temp;
    public int humidity;
    public int pm25;
    public int pm10;
    public String pubTime;
}
```

添加时间显示辅助类 sdate，用于对时间显示进行优化，代码如下。

```
public class sdate {
    public static String friendly_time(String sdate){
        Date time=toDate(sdate);
        if(time==null){
            return "Unknown";
        }
        String ftime="";
        Calendar cal=Calendar.getInstance();

        //判断是否是同一天
        String curDate=dateFormater2.get().format(cal.getTime());
        String paramDate=dateFormater2.get().format(time);
        if(curDate.equals(paramDate)){
            int hour=(int)((cal.getTimeInMillis()=time.getTime())/3600000);
            if(hour==0)
                ftime=Math.max((cal.getTimeInMillis()=time.getTime())/ 60000,1)+"分
                钟前";
            else
```

```
                ftime=hour+"小时前";
            return ftime;
        }

        long lt=time.getTime()/86400000;
        long ct=cal.getTimeInMillis()/86400000;
        int days=(int)(ct-lt);
        if(days==0){
            int hour=(int)((cal.getTimeInMillis()-time.getTime())/3600000);
            if(hour==0)
                ftime=Math.max((cal.getTimeInMillis()-time.getTime())/ 60000,1)+"
                分钟前";
            else
                ftime=hour+"小时前";
        }
        else if(days==1){
            ftime="昨天";
        }
        else if(days==2){
            ftime="前天";
        }
        else if(days> 2 && days<=10){
            ftime=days+"天前";
        }
        else if(days> 10){
            ftime=dateFormater2.get().format(time);
        }
        return ftime;
    }

    public static Date toDate(String sdate){
        try {
            return dateFormater.get().parse(sdate);
        } catch(ParseException e){
            return null;
        }
    }

    private final static ThreadLocal<SimpleDateFormat> dateFormater=new Thread-
Local<SimpleDateFormat> (){
        @Override
        protected SimpleDateFormat initialValue(){
            return new SimpleDateFormat("yyyy-MM-dd HH:mm:ss");
        }
    };
```

```
    private final static ThreadLocal<SimpleDateFormat> dateFormater2=new Thread-
Local<SimpleDateFormat> (){
        @Override
        protected SimpleDateFormat initialValue(){
            return new SimpleDateFormat("yyyy-MM-dd");
        }
    };
}
```

6. 主界面后台代码

编辑主界面的后台代码 MainActivity.java。首先定义全局变量，代码如下。

```
private CustomApplication app;//定义全局 app
private TextView temp,hum,pm10,pm25,pubtime;//定义主界面 TextView 元素
private EnvirInfo envirInfo;//定义一个 envirInfo 对象用于存放从服务器获取的信息
private String result;//定义一个 string 对象用于存放网络访问的结果
//定义一个 handler 定时访问服务器
private static Handler handlerUpdateInfo=new Handler();
```

随后在 OnCreate()函数里进行必要的变量初始化，代码如下。

```
@Override
    protected void onCreate(Bundle savedInstanceState){
        super.onCreate(savedInstanceState);
        setContentView(R.layout.activity_main);
        //得到全局 application 对象
        app=(CustomApplication)getApplication();
        //实例化 envirInfo
        envirInfo=new EnvirInfo();
       //得到界面元素变量
        temp=(TextView)findViewById(R.id.temp);
        hum=(TextView)findViewById(R.id.hum);
        pm10=(TextView)findViewById(R.id.pm10);
        pm25=(TextView)findViewById(R.id.pm25);
        pubtime=(TextView)findViewById(R.id.time);
    }
```

在 OnResume()和 OnPause()函数中对 handler 进行处理，控制它的运行和停止，代码如下。

```
@Override
    public void onResume(){
        super.onResume();
        handlerUpdateInfo.post(updateInfo);
    }

    @Override
```

```
    public void onPause(){
        super.onPause();
        handlerUpdateInfo.removeCallbacks(updateInfo);
    }
```

handlerUpdateInfo 中使用了一个 Runnable 对象 updateInfo，用来在后台持续进行网络访问，代码如下。

```
private Runnable updateInfo=new Runnable(){
    public void run(){
        new Handler().postDelayed(new Runnable(){
            @Override
            public void run(){
                try {
                    OkHttpHandler handler=new OkHttpHandler(app);
                     final String URL=app.getServerIp()+"/EnvirInfoMins/getLat-
                     estInfo";
                    result=handler.execute(URL).get();
                }catch(Exception e){
                }
                if(result.equals("0")){
                    setResultToToast("失败");
                } else if(result.equals("GetWrong")){
                    setResultToToast("网络错误");
                } else {
                    envirInfo=new Gson().fromJson(result,EnvirInfo.class);
                    temp.setText(Integer.toString(envirInfo.temp));
                    hum.setText(Integer.toString(envirInfo.humidity));
                    pm10.setText(Integer.toString(envirInfo.pm10));
                    pm25.setText(Integer.toString(envirInfo.pm25));
                                        pubtime.setText  ( sdate.friendly  _  time
                                        (envirInfo.pubTime.replace
                                        ("T"," ")));
                }
            }
        },2000);
        handlerUpdateInfo.postDelayed(this,60000);
    }
};
```

其中的 setResultToToast()是一个封装的提示方法，代码如下。

```
private void setResultToToast(final String string){
        Toast.makeText(this,string,Toast.LENGTH_SHORT).show();
}
```

上面代码中最关键的是以下三行代码。

```
OkHttpHandler handler=new OkHttpHandler(app);
final String URL=app.getServerIp()+"/EnvirInfoMins/getLatestInfo";
result=handler.execute(URL).get();
```

第一行实例化了一个 OkHttpHandler 对象，同时把全局 App 作为参数传进去，所以在 OkHttpHandler 的构造函数中就完成了全局 OkHttpClient 的获取；随后定义了一个 HTTPGET 方法的访问字符串 URL，就是要访问服务器程序 EnvirInfoMins 控制器的 getLatestInfo()方法；第三方对这个 URL 进行了访问，并将结果放入 result，如果成功访问的话，对 result 进行 JSON 解析就得到了最新的环境信息。

到此为止，完成了整个项目的开发，该项目虽然简单，但是基本具备了一个物联网项目所需的所有组成。

习　题

设计题

1. 完善此系统，在手机端显示每分钟、每 10 分钟和每小时的环境信息。

2. 优化此系统，改进下位机和上位机之间的数据传输形式，实现无线传输（如蓝牙、WiFi、ZigBee 等），并更新下位机和上位机程序。

3. 扩展下位机功能，增加新的传感器，监测新的环境信息，如二氧化碳浓度、酒精浓度、可燃气体浓度等，随后实现全系统的更新。

4. 扩展整个系统，在下位机实现多点的环境信息采集，随后实现全系统的更新，并在手机端进行多点环境信息的综合显示。

5. 综合以上几点，实现一个多点采集的无线传感网络，进行手机多点信息综合显示，并同时显示各个信息的历史变化趋势。

参考文献

曹林，2015. 人脸识别与人体动作识别技术及应用［M］. 北京：电子工业出版社 .

达尔吉，珀尔拉伯尔，2014. 无线传感器网络基础：理论和实践［M］. 孙利民，张远，刘庆超，等译 . 北京：清华大学出版社 .

董玉红，徐莉萍，2013. 机械控制工程基础［M］. 2 版 . 北京：机械工业出版社 .

范立南，韩晓微，张广渊，2007. 图像处理与模式识别［M］. 北京：科学出版社 .

高守玮，吴灿阳，2009. ZigBee 技术实践教程：基于 CC2430/31 的无线传感器网络解决方案［M］. 北京：北京航空航天大学出版社.

高文，赵德斌，马思伟，2010. 数字视频编码技术原理［M］. 北京：科学出版社 .

高钟毓，2012. 惯性导航系统技术［M］. 北京：清华大学出版社 .

顾英，2001. 惯导加速度计技术综述［J］. 飞航导弹，(6)：78-85.

韩斌杰，2003. GPRS 原理及其网络优化［M］. 北京：机械工业出版社 .

韩丹翱，王菲，2013. DHT11 数字式温湿度传感器的应用性研究［J］. 电子设计工程，21（13）：83-85，88.

胡广书，2012. 数字信号处理：理论、算法与实现［M］. 3 版 . 北京：清华大学出版社 .

胡学龙，2014. 数字图像处理［M］. 3 版 . 北京：电子工业出版社 .

黄保翕，2013. ASP. NET MVC 4 开发指南［M］. 北京：清华大学出版社 .

姜智鹏，赵伟，屈凯峰，2008. 磁场测量技术的发展及其应用［J］. 电测与仪表，(4)：1-5，10.

杰哈，2004. 红外技术应用：光电、光子器件及传感器［M］. 张孝霖，陈世达，舒郁文，等译 . 北京：化学工业出版社.

井云鹏，2013. 气体传感器研究进展［J］. 硅谷，6（11）：11-13.

李俊宏，湛邵斌，2009. 条码技术的发展及应用［J］. 计算机与数字工程，37（12）：115-118，154.

李蔚田，2012. 物联网基础与应用［M］. 北京：北京大学出版社 .

梁久祯，2013. 无线定位系统［M］. 北京：电子工业出版社 .

梁平原，陈炳权，谭子尤，2011. 无线传感器网络数据采集关键技术及研究进展［J］. 吉首大学学报（自然科学版），32（1）：56-62.

刘化君，2017. 计算机网络原理与技术［M］. 3 版 . 北京：电子工业出版社 .

刘建，陈宏宝，2015. 无线 wifi 最优热点组网通信技术的研究［J］. 无线互联科技，(8)：31-32.

刘建萍，2002. 谈网络 OSI 参考模型与 TCP/IP 参考模型［J］. 福建电脑，(6)：25-26.

陆永宁，2000. IC 卡应用系统［M］. 南京：东南大学出版社 .

马莉，陶国成，郭霞，2003. OSI 参考模型与现场总线通信模型的发展与应用［J］. 现代电子技术，(2)：23-25.

聂尔豪，于重重，苏维均，等，2014. Wi- Fi 实时定位算法研究［J］. 计算机应用研究，31（7）：2164-2167.

钱志鸿，王义君，2013. 面向物联网的无线传感器网络综述［J］. 电子与信息学报，35（1）：215-227.

钱志鸿，杨帆，周求湛，2006. 蓝牙技术原理、开发与应用［M］. 北京：北京航空航天大学出版社 .

乔鑫，2016. 位移传感器的技术及其发展趋势探索［J］. 中文科技期刊数据库（全文版）自然科学，(10)：00264-00264.

曲行丽，杨廷剑，2011. 流量测量技术综述［J］. 科技信息，(22)：749，754.

阮陵，张翎，许越，等，2015. 室内定位：分类、方法与应用综述［J］. 地理信息世界，22（2）：8-14，30.

史蒂文斯，2000. TCP/IP 详解：卷 1 协议［M］. 范建华，胥光辉，张涛，等，译. 北京：机械工业出版社.

田启川，刘正光，2008. 虹膜识别综述［J］. 计算机应用研究，（5）：1295-1300，1314.

王长松，吕卫阳，马祥华，等，2015. 控制工程基础［M］. 北京：高等教育出版社.

王昊，王艳营，2014. 通信网络基础［M］. 北京：北京大学出版社.

王金甫，王亮，2012. 物联网概论［M］. 北京：北京大学出版社.

王平，2014. 物联网概论［M］. 北京：北京大学出版社.

王曙光，2016. 指纹识别技术综述［J］. 信息安全研究，2（4）：343-355.

王涛，2013. HTTP 协议技术浅析［J］. 中国新技术新产品，（22）：14.

王小祥，2016. 增量式旋转编码器的简介与应用［J］. 数字技术与应用，（10）：118-119.

王映辉，2010. 人脸识别：原理、方法与技术［M］. 北京：科学出版社.

吴欢欢，周建平，许燕，等，2013. RFID 发展及其应用综述［J］. 计算机应用与软件，30（12）：203-206.

伍灵杰，2010. 数据采集系统中数字滤波算法的研究［D］. 北京：北京林业大学.

席瑞，李玉军，侯孟书，2016. 室内定位方法综述［J］. 计算机科学，43（4）：1-6，32.

小泉修，2004. Web 技术：HTTP 到服务器端［M］. 王浩，译. 北京：科学出版社.

徐小龙，2017. 物联网室内定位技术［M］. 北京：电子工业出版社.

严怀成，黄心汉，王敏，2005. 多传感器数据融合技术及其应用［J］. 传感器技术，（10）：6-9.

杨小冬，2013. 自动指纹识别系统原理与实现［M］. 北京：科学出版社.

尹义龙，杨公平，杨璐，2015. 指静脉识别研究综述［J］. 数据采集与处理，30（5）：933-939.

于继明，2015. 物联网工程应用与实践［M］. 北京：北京大学出版社.

翟宪立，陈爽，2011. 光纤光栅温度传感器研究进展［J］. 计测技术，31（3）：35-40，43.

张军，2010. 智能温度传感器 DS18B20 及其应用［J］. 仪表技术，（4）：68-70.

赵曦，贾曦，黄荐渠，2007. 现代长度测量方法综述［J］. 自动化仪表，（11）：12-15.

郑方，李蓝天，张慧，等，2016. 声纹识别技术及其应用现状［J］. 信息安全研究，2（1）：44-57.

中关村物联网产业联盟，长城战略咨询，2010.《物联网产业发展研究（2010）》发布［J］. 工业控制计算机，23（05）：87.

周钦河，2013. 浅谈光电传感器在自动控制中的应用［J］. 科技创新与应用，（28）：24.

周珊，2009. 压力传感器及其应用实例［J］. 科学大众：科学教育，（10）：114.

祝宏，曾祥进，2007. 多传感器信息融合研究综述［J］. 计算机与数字工程，（12）：46-48，126，161.

北大版 · 本科电气类专业规划教材

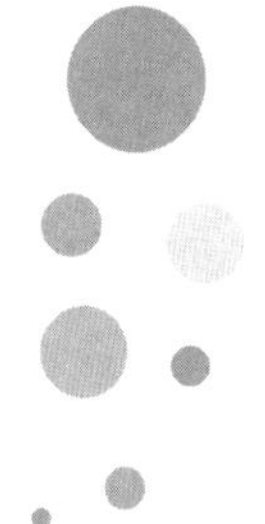

部分教材展示

扫码进入电子书架查看更多专业教材，如需申请样书、获取配套教学资源或在使用过程中遇到任何问题，请添加客服咨询。